高等教育质量工程信息技术系列教材

新概念Java
程序设计大学教程

（微课版）

陶利民　张基温　编著

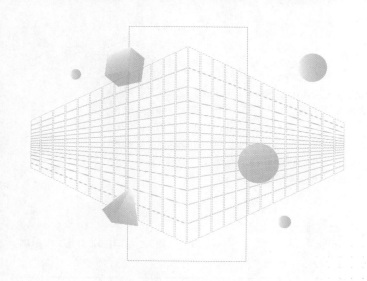

清华大学出版社
北京

内 容 简 介

本书基于目前在工业界使用最为广泛的 JDK 8 编写，结构新颖、概念清晰、面向应用。全书共 14 章，分为 3 篇：第一篇为入门篇，用 6 个例子引导读者尽早逐步建立面向对象的思维方式和培养基本的程序设计能力，将 Java 基本语法贯穿其中；第二篇为应用篇，主要介绍基于 API 的开发，包括输入/输出流与对象序列化、Java 网络程序设计、图形用户界面开发和 JDBC 数据库编程，本篇旨在培养读者的基本应用程序开发能力；第三篇为晋级篇，主要介绍 Java 高级技术，包括设计模式、Java 泛型编程与集合框架、Java 多线程和函数式编程，本篇旨在培养读者的中高级应用程序开发能力。通过这 3 篇可以达到夯实 Java 程序编程基础、面向应用、领略全貌的教学效果，并适应不同层次的教学需求。

本书采用问题体系，具有零起点、快起动、立意新、重内涵的特点，可作为高等院校相关专业程序设计课程的教材，也可供培训机构使用，还可作为 Java 爱好者、程序开发人员的参考书。

图书在版编目（CIP）数据

新概念 Java 程序设计大学教程：微课版/陶利民，张基温编著. —北京：清华大学出版社，2023.11
高等教育质量工程信息技术系列教材
ISBN 978-7-302-63237-5

Ⅰ.①新…　Ⅱ.①陶…②张…　Ⅲ.①JAVA 语言－程序设计－高等学校－教材　Ⅳ.①TP312.8

中国国家版本馆 CIP 数据核字（2023）第 056654 号

责任编辑：白立军　薛　阳
封面设计：杨玉兰
责任校对：郝美丽
责任印制：沈　露

出版发行：清华大学出版社
　　　　　网　　　址：https://www.tup.com.cn，https://www.wqxuetang.com
　　　　　地　　　址：北京清华大学学研大厦 A 座　　　　　邮　　编：100084
　　　　　社 总 机：010-83470000　　　　　　　　　　　　邮　　购：010-62786544
　　　　　投稿与读者服务：010-62776969，c-service@tup.tsinghua.edu.cn
　　　　　质量反馈：010-62772015，zhiliang@tup.tsinghua.edu.cn
　　　　　课件下载：https://www.tup.com.cn，010-83470236
印 装 者：三河市龙大印装有限公司
经　　销：全国新华书店
开　　本：185mm×260mm　　　　　印　　张：32　　　　　字　　数：779 千字
版　　次：2023 年 12 月第 1 版　　　　　　　　　　　印　　次：2023 年 12 月第 1 次印刷
定　　价：89.00 元

产品编号：092692-01

前 言

作为一种现代程序设计语言,Java已经发展为集过程式编程、面向对象编程、函数式编程和泛型编程为一体的程序设计平台,并且它具有简单性、健壮性、安全性、动态性、平台独立与可移植性等优势,可以在网络环境下编写分布式、多线程、嵌入式应用程序。

随着大数据、"互联网+"、云计算、人工智能等新兴产业的发展,Java软件人才的需求量越来越大。现状是高校作为Java软件人才的培养输送基地,所培养的学生与企业所需要的人才存有脱节,不能满足企业对应专业岗位的需要。毕业生需要参加一些社会机构组织的Java技术培训或上岗前要经过长时间的培训才能适应岗位工作,这都大大增加了学生的就业成本和企业的用人成本。这些现象,都是Java教学中需要思考的问题。这一局面的形成有多方面的原因:Java教学内容仅停留在知识点本身,没有形成一个完整的知识体系;教学内容过于陈旧,与企业需求严重脱节;重语法轻实践的教学方式;学生没有形成完整的深入人心的面向对象编程思维;等等。这一局面正是编者不断进行程序设计教材探索的动力。

书名《新概念Java程序设计大学教程》中所谓"新概念",并非编者在一种程序设计语言中添加什么概念,而是希望建立一种新的程序设计教学的模式来改变程序设计教学效率不高甚至不成功的现状。相较于同类教材,本书具有如下特色。

1. 先入为主地让学生一开始就进入面向对象的世界

人人都说,由于对象反映的是真实世界的对象,面向对象程序设计比较直接,容易理解。但是实际情况是,学生学习了面向对象程序设计后,写出来的程序却是面向过程的。原因就在于我们许多教材是从面向过程开始介绍面向对象的。这种先入为主的面向过程,是不能很好地培养面向对象的思维和方法的。特别是有的高校学生在学习Java之前已经学习过C语言,C语言是一种面向过程的程序设计语言,要从面向过程的思维转向面向对象的思维是一个很难的过程;尤其是C语言学得越好,这种转变越难。只有尽早地、先入为主地从面向对象开始,才能让学习者根深蒂固地掌握面向对象的思维和方法。

2. 本书没有采用传统的语法体系,而是采用基于问题的体系编写

计算机程序设计教材的创新,首先要改变程序设计教材基于语法体系的结构。说到底,语法体系的程序设计教材都是程序设计语言手册的翻版。这种语法体系造就了重语法教学、轻思维训练的教学模式,是学习了程序设计课程却不会编写程序的祸根。

本书没有沿袭Java教材从数据类型、控制结构开始的思路,而是在第一篇直接用6个实例按照"定义类—定义引用—创建对象—操作对象"的过程进行面向对象思维的训练,形成面向对象的思维主线,把数据类型、控制结构等语法嵌入其中。这6个实例就像一根绳子把散落的珍珠(基础语法知识点)串起来,让其形成一个整体(知识体系)。

第二篇通过输入/输出流与序列化、网络编程、图形用户界面开发和JDBC数据库编程的学习加深对于API意义和应用的理解,为开发简单应用程序奠定基础。

第三篇通过设计模式、泛型编程、多线程技术和函数式编程的学习掌握 Java 高级技术，为培养中高级应用程序开发能力提供保障。

3. 引入设计模式与面向对象程序设计准则内容

不了解设计模式，就没有掌握面向对象的真谛。没有学习设计模式只能开发简单的应用程序，学习掌握了设计模式才能开发复杂的大规模的应用软件。就如初出茅庐的设计师只能设计出简单的建筑，很难设计出雄伟的高楼大厦。在面向对象程序设计的实践中，人们发掘出了一些模式。这些模式对于设计者具有标杆性的启示作用。但是，就 23 种模式来说，也不是一门程序设计课程所能容纳的。所幸，人们又从这些模式中总结出了开闭原则、面向抽象、接口分离、单一职责、迪米特等法则。这些法则精炼，指导意义更大。但是，它们又非常抽象，本书通过几个实例介绍了几种常用设计模式的应用实践。

4. 立足工业界构建知识体系，遵循良好的编程规范

编者有多年的 Java 平台下企业项目设计开发经验，了解 Java 开发主流技术和框架，熟悉 Java 编程规范和最佳实践。本书基于目前在工业界使用最为广泛的 JDK 8 编写，介绍了 Lambda 表达式、函数式接口、方法引用、Stream API、Date Time API 和 Optional 类等新特性内容。另外，本书示例程序无论是类名、方法、变量的命名，还是代码的组织风格及注释的使用，都遵循 Java 程序员的惯例和约定，其目的是使读者从一开始就能养成良好的编程习惯。

由于教材容量有限，部分需要进一步学习的内容及案例实践以知识链接二维码的形式给出，读者可扫码自主学习。

在本书的编写过程中参考了部分图书资料和网站资料，在此向其作者表示感谢。

因时间仓促，加之编者水平和经验有限，书中难免存在疏漏与不妥之处，恳请读者批评指正。

编　者

2023 年 4 月

目　录

第一篇　入　门　篇

第三篇 晋 级 篇

第一篇

入 门 篇

第1章　职员类：对象与类

课程练习

现实世界中，随处可见的任何一个物体或实体都可以称之为对象，即万物皆对象。对象可以是有形的，比如一架飞机，也可以是无形的，比如一个项目计划；对象可以是有生命的个体，比如一个人或一只猫，也可以是无生命的个体，比如一辆汽车或一台计算机；对象还可以是一个抽象的概念，如天气的变化或操作鼠标所产生的事件。

面向对象程序设计，是一种通过对象的方式，把现实世界映射到计算机世界的程序设计方法。面向对象程序设计认为世界是由各种各样的对象所组成的，每种对象都有各自的内部状态和运动规律。任何一个问题的求解，都是该问题域中的对象间相互作用和运动的结果。因此，使用面向对象程序设计方法求解问题，就需要经过如下几步。

（1）分析描述问题域中的所有对象，将具有相同行为的对象作为一种类（class），并指出用哪些关键属性区分和描述该类对象。

（2）用计算机语言（如 Java 语言）描述类，实现从问题世界的模型到计算机世界表述的转变。

（3）用问题域内具体对象的属性值，创建计算机世界内的对象（object）——将类具体化。

（4）组织有关对象的行为，实现问题的初始状态到目标状态的演进，便得到了问题的解。

在这里，第（1）步非常关键，又非常复杂。因为一个问题中会遇到许多对象，例如一个公司要统计所有职员的信息（如姓名、年龄、工资），就要一个一个地描述每个职员对象。若这个公司有 1000 名职员，就要分别定义 1000 个职员对象。这个工作不仅烦琐，而且效率很低，因为许多对象有相同的组成部分。解决的方法是抽象。

抽象是人类区别于动物的一种高级思维。抽象就是忽略事物的非本质特征，只注意那些与当前目标有关的本质特征，从而找出事物的共性，把具有共同性质的事物划分为一类，得出一个抽象的概念。例如，石头、树木、汽车、房屋等都是人们在长期的生产和生活实践中抽象出来的概念。抽象的本质就是舍弃特性，提取共性。在程序设计中，抽象是一种非常有力的武器，通过对事物的抽象、概括、描述，可实现客观世界向计算机世界的转化。在面向对象的程序设计中，通过抽象，可以把每个对象（object），通过分类，抽象为类（class）。再用类作母体来生成对象。如在图 1.1 中共有 22 个人，通过分类可以将他们分为学生、工人、职员和运动员 4 个类。于是，在面向对象编程中，烦琐而低效的对象定义，就简化成类定义。在此，分类的依据有两个方面：一是属性，二是行为。

- 属性。属性具有两层意义：一层意义表明这类对象的属性项特点，如运动员需要用项目、名次描述；学生需要用年级、专业、成绩描述；职员需要用岗位、薪酬描述；工人需要用工种、级别描述等。不同的类之间具有一定的差别。另一层意义在于用这些属性的值对一个类中的个体进行区分。例如，职员张三与李四，有名字、性别、年龄、岗位和薪酬的不同。

图 1.1　一群人的分类

- 行为。学生的主要行为是学习而不取得报酬;运动员的主要行为是训练和比赛;工人的主要行为是通过劳动获取报酬而不占有生产资料;职员的主要行为是管理某种事务并获取报酬。

本章通过职员类的定义,来介绍类的组成及其所涉及的有关知识和方法。

1.1　Java 类的设计

1.1　Java 类
的设计

1.1.1　从现实世界到 Java 类代码

1. 现实世界中的对象分析

现实世界中的对象可以从两个方面进行描述:属性和行为。属性属于静态特征,可以用某种数据来描述;行为属于动态特征,是对象所表现的行为或具有的功能。属性实际的值标识着对象本身的状态;行为可以改变属性的值而导致对象状态的变化。

表 1.1 给出了 5 个职员对象的属性数据。

表 1.1　职员对象及其属性

姓　名	职工号	部　门	所学专业	工龄	基本工资	年龄	性别
张伞	01012005	技术研发部	计算机科学与技术	8	3388.88	52	男
李思	04023008	品质管理部	经济学	5	4477.77	29	女
王武	06012003	人力资源部	人事管理	3	5599.99	26	男
陈留	07003005	项目一部	通信技术	2	6677.88	43	女
郭起	03005005	项目二部	自动控制	6	7788.99	31	男

这些对象都有相同的行为:升职、加薪、获取姓名、获取工资……

2. 将职员对象抽象为职员类

类是从一群对象中抽取共性的特征(属性)和行为产生的一个抽象概念。那么将对象抽象成类,就从特征和行为这两方面入手。

将现实世界中的职员对象抽象为职员类,首先是把职员对象的属性作为职员类中的属性(见表1.2)。这些职员类的属性项目用于区别其他类,例如,职员类的属性项目与学生类的属性项目是不同的。而这些职员类的属性值用于区别不同的对象,即张伞与李思的属性值是不同的。这里,仅选取了其中有代表性的4种数据。在类中,属性用变量表示。

表 1.2 职员类的 4 个属性及其表示

属性项	职员姓名	职员年龄	职员性别	基本工资
属性名	emplName	emplAge	emplSex	emplBaseSalary
取值范围	字符串	整数	一个字符	6 位数字(整数 4 位,小数 2 位)
数据类型	String	int	char	double

表1.3为根据现实世界中职员对象的行为分析,在类中行为用方法表示。在此仅列出了职员类的5个方法。用方法名+()的形式表示它们,方法是行为的符号。如表1.3所示,方法分为以下两种。

表 1.3 职员类的 5 个方法

名称	构 造 器	getEmplName( )	getEmplAge( )	getEmplSex( )	getEmplBaseSalary( )
功能	创建并初始化对象	获取对象的姓名	获取对象的年龄	获取对象的性别	获取基本工资

(1) 构造器(constructor)——用于创建并初始化对象的属性。构造器通常也称为构造方法。

(2) 其他方法——常常与属性值的给定(set)、获取(get)和使用有关。

如图1.2所示,类可以使用UML(Unified Modeling Language,统一建模语言)中的类图(Class Diagram)来描述。类图是一种UML静态视图,它用来说明类的结构。图1.2(a)为职员类的类图,它由三部分组成,即类名、属性和方法。属性和方法也称为类的元素或成员。类的元素有两种基本的访问属性,即公开(public)和私密(private)。公开成员可以由外部的方法直接访问,其前标以“＋”号;私密成员不可以由外部(如其他类的方法)直接访问,其前标以“－”号。图1.2(b)是两种简化的类图。

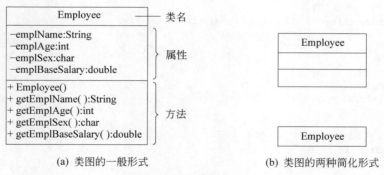

(a) 类图的一般形式　　　　　(b) 类图的两种简化形式

图 1.2　UML 的类图

用类图描述类模型比用文字和表格描述要简单明了得多。

3. 职员类的 Java 语言描述

为了计算机能处理类,还需要用面向对象的程序设计语言来描述。

【代码 1-1】 用 Java 语言描述的职员类。

```java
1    /** 职员类 */
2    class Employee {
3        /** 职员名 */
4        private String emplName;
5        /** 职员年龄 */
6        private int emplAge;
7        /** 职员性别 */
8        private char emplSex;
9        /** 基本工资 */
10       private double emplBaseSalary;
11
12       /** 无参构造器:构造一个具有默认值的职员 */
13       public Employee() {
14       }
15
16       /** 有参构造器:构造一个具有指定参数的职员 */
17       public Employee(String name, int age, char sex, double baseSalary) {
18           emplName =name;
19           emplAge =age;
20           emplSex =sex;
21           emplBaseSalary =baseSalary;
22       }
23
24       /** 设置职员姓名 */
25       public void setEmplName(String name) {
26           emplName =name;
27       }
28
29       /** 设置职员年龄 */
30       public void setEmplAge(int age) {
31           emplAge =age;
32       }
33
34       /** 设置职员性别 */
35       public void setEmplSex(char sex) {
36           emplSex =sex;
37       }
38
39       /** 设置基本工资 */
40       public void setEmplBaseSalary(double baseSalary) {
41           emplBaseSalary =baseSalary;
42       }
43
44       /** 获取职员姓名 */
45       public String getEmplName() {
46           return emplName;
47       }
48
49       /** 获取职员年龄 */
50       public int getEmplAge() {
51           return emplAge;
52       }
53
54       /** 获取职员性别 */
55       public char getEmplSex() {
56           return emplSex;
```

```
57        }
58
59        /** 获取基本工资 */
60        public double getEmplBaseSalary() {
61          return emplBaseSalary;
62        }
63   }
```

1.1.2 关于 Java 类组成的说明

1. Java 类结构

一个 Java 类由类头和类体两部分组成，格式为：

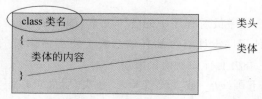

（1）类头由关键字 class 和一个类名标识符组成。类名的首字母一般要大写，且当类名由几个单词复合而成时，每个单词的首字母应大写（驼峰命名法），如 BankAccount、WestLake、UserMessage 等。类名最好容易识别，且能见名知意。

（2）两个花括号及其之间的内容称为类体，类体的内容由一组类成员构成。类成员分为三部分：成员变量（用于描述属性，也称字段、数据成员或数据域，如代码 1-1 中的第 4、6、8、10 行，emplName、emplAge、emplSex 和 emplBaseSalary 是 Employee 类的 4 个属性）、成员方法（用于描述行为，如代码 1-1 中的 setEmplName( )、setEmplAge( )、setEmplSex( )、setEmplBaseSalary( )、getEmplName( )、getEmplAge( )、getEmplSex( ) 和 getEmplSalar( )）和构造器。Java 的语句以分号结束。

2. 类的数据成员

类的每个数据成员都要用两部分描述：数据类型＋数据成员标识符。数据类型决定了一种数据的存储方式、空间大小、可操作方式等。在 Java 程序中，每一个数据都属于一个类型，在使用一个数据前必须声明它是什么类型。String、int、char 和 double 是 Java 的 4 种数据类型，分别用于描述字符串数据、整数、字符和浮点数。在本例中，姓名是一串字符，应当是 String 类型；年龄是整数，应当是 int 类型；性别用一个字符表示，应当是 char 类型；工资可能会有整有零，应当是 double 类型。

3. 类的方法成员

类的方法用于描述计算机操作行为的实现过程，用返回类型＋方法名＋（参数列表）表示。关于每一部分的意义将在 1.2 节介绍。

4. 构造器

构造器用于生成对象并初始化对象属性。它是类的一种特殊行为，其特殊之处在于：

（1）不需要标注返回类型。

（2）构造器与类同名。例如，Employee( ) 和 Employee(String name, int age, char sex, double baseSalary) 都可以是类 Employee 的构造器。

5. private 和 public

现代程序设计提倡对数据的私密性保护，在数据操作上有了内外有别的规定。于是在设计类时,使用了两个访问权限控制关键字 private 和 public:凡是只能被类内部访问的成员,都认为是私密成员,用关键字 private 标记;其他允许被外部访问的成员称为公开成员,用关键字 public 标记。另外,还有保护权限(protected)和默认权限(未指定访问权限)。

由于构造器必须供外部调用,所以构造器必须公开。另外,一般数据成员都要设置为私密成员,外部需要调用时,只能通过某些公开的方法(如 setXxx()、getXxx()等)使用。

6. 关键字与标识符

关键字(keyword)也称保留字,是对 Java 编译器有特殊意义的词。例如,int、String、private、public 及 void 等。

标识符(identifier)是程序员对程序中的各个元素(如变量、方法、类或标号等)加以命名时使用的命名记号。各种程序设计语言都有自己关于使用标识符的规则。Java 语言中,标识符是一个字符序列,在语法上有如下使用限制。

(1) 必须要以字母、下画线(_)或美元符($)开头,后面可以跟字母、下画线、美元符或数字。

(2) Java 是区分字母大小写的,如 name 和 Name 就代表两个不同的标识符。

(3) 不可以将关键字(或保留字)单独作为标识符。例如:

合法标识符实例:userName、User_Name、_sys_val、$ change、class8。

非法标识符实例:2mail、#room、class。

(4) 在一个作用域(一对花括号)中,必须是唯一的。即在一对花括号中,不允许有相同名字的标识符。

在集成开发环境(Integrated Development Environment,IDE)Eclipse 中,可以方便地进行 Java 代码的编辑、存储、编译和运行。将代码 1-1 在 Eclipse 编辑器上输入,它会将关键字(红色)、标识符(黑色)、注释(绿色)和字符串(紫色)分别用不同的颜色显示出来,特别有利于检查错误。

> **注意:**
> 代码中的行号并不是程序的组成部分,加上行号是为了讲解方便。所以在输入代码时,不要输入行号。

7. 注释

在代码 1-1 中,"/**"和"* /"及其中间的内容称为注释,是程序编写者给程序阅读者留下的关于代码的一些说明。程序在被编译时,将会忽略这些内容。在编写程序代码时,加上充分而必要的注释是良好程序设计风格的一部分。

8. Java 代码格式

(1) 在输入程序时,从顶层开始,每一层缩进一定的位置(一般是 4 个字符),可以使程序非常清晰,便于阅读、查错。

(2) 加上适当注释,便于程序阅读、维护。类、类成员变量、类成员方法的注释使用 Javadoc 规范,即/** 注释内容 */格式的注释。方法内部的单行注释,在被注释语句上方另起一行,使用//注释。方法内部的多行注释,使用/* 注释内容 */格式的注释。

习题

1. 整型有 long、int、short、byte 四种，它们在内存中分别占用（　　）。
   A. 1B、2B、4B、8B
   B. 8B、4B、2B、1B
   C. 4B、2B、1B、1B
   D. 1B、2B、2B、4B
2. 下列选项中，不合法的 Java 标识符是（　　）。
   A. $ persons
   B. TwoUsers
   C. * point
   D. _endline
3. 在下列关于构造器的描述中，正确的是（　　）。
   A. 构造器是类的一种特殊方法，其名字与类名可不相同
   B. 构造器的返回类型只能是 void 类型
   C. 一个类中只能显式定义一个构造器
   D. 构造器的主要作用是初始化类的实例
4. 以下说法错误的是（　　）。
   A. Java 是一种面向对象程序设计语言
   B. Java 源程序文件名必须与公共类名完全相同
   C. 每个 Java 程序至少应该有一个类
   D. Java 程序编译的结果（字节码文件）中包含的是实际机器的 CPU 指令
5. 使用（　　）来定义一组具有相同类型的对象。
   A. 类
   B. 对象
   C. 方法
   D. 数据域
6. 若定义了一个类 public class MyClass，则其源文件名应当为（　　）。
   A. MyClass.src
   B. MyClass.j
   C. MyClass.java
   D. 任何名字都可以

知识链接

链 1.1　Java 语言的特点

链 1.2　数据类型与字面值常量

链 1.3　Java 关键字与标识符

链 1.4　Java 注释

链 1.5　Java 开发工具包 JDK

1.2　Java 类的方法设计

1.2　Java 类的方法设计

　　一个 Java 类方法是类中一段用名字定义的程序代码，用于描述类的一个行为。定义好后，就可以用名字进行调用。本节主要介绍方法的定义及调用。

1.2.1　方法结构

　　一个 Java 方法的结构包括方法头和方法体两大部分。方法头包括修饰符、返回值类型、方法名和方法的参数；方法体包含具体的语句，定义该方法的功能。方法定义的语法格式如下：

```
修饰符 返回值类型 方法名(参数列表) {
    方法体语句
}
```

说明：

（1）方法名：方法的名称，如 getEmplAge、getEmplSex、getEmplBaseSalary、getEmplName。每一个方法名都应当是一个合法的 Java 关键字。

（2）参数列表：参数列表指明方法的参数类型、顺序和参数的个数。参数类型用于限定调用方法时传入参数的数据类型；参数名是一个变量，用于接收调用方法时传入的数据。方法名和参数列表共同构成方法签名。

（3）返回值类型：用于限定方法返回值的数据类型。

（4）修饰符：修饰符告诉编译器如何调用该方法，如前面介绍过的 public 和 private 是对方法访问权限的限定。除此之外，还有一些其他修饰符，将在后面陆续介绍。

（5）圆括号是方法的标志，即使没有参数，但方法定义时也必须在方法名后有一对圆括号。

（6）一对花括号是方法体的标志，即使方法体内容为空，但方法定义时也必须在方法头后有一对花括号。

（7）方法定义不能嵌套，即不能在方法内部再定义另外一个方法。

例如，定义一个方法 add()求两个整数的和。这个名为 add 的方法有两个 int 型参数：num1 和 num2，方法返回两个整数的和。图 1.3 说明了这个方法的组成。

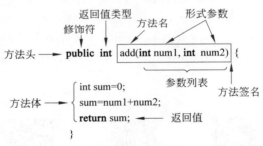

图 1.3　方法定义包括方法头和方法体

1.2.2　方法参数

参数用于给定方法的计算环境。例如，方法 public void setEmplName(String name)中的参数 name 就是要给出设置数据成员 emplName 的环境。给方法定义参数，要注意以下几点。

（1）参数由类型定义符和参数名两部分组成。类型定义符可以是基本类型关键字，也可以是类名或其他类型名。参数名应当是合法的标识符。

（2）一个方法可以有多个参数，也可以没有参数，例如，代码 1-1 中职员类的方法 getEmplAge()、getEmplSex()、getEmplBaseSalary()、getEmplName()没有参数。如果方法不需要接收任何参数，则参数列表为空，即()内不写任何内容。

1.2.3　方法调用与方法返回

1. 方法调用

一个方法的定义仅表明了一个方法的组成内容，只有在调用时才执行。方法调用的基

本格式为:

```
方法名(实际参数列表)
```

方法调用执行以下两个操作。

(1) 流程转移,即程序流程从当前方法调用处转移到方法定义处。如图 1.4 所示,当当前程序执行到方法 add() 调用时,会把程序流程从当前位置转移到方法 add() 的定义代码处。

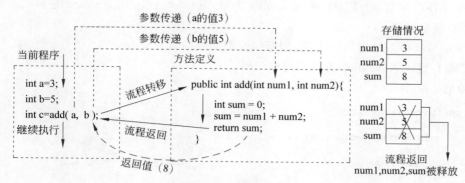

图 1.4　方法调用与返回

(2) 参数传递,将调用语句中的参数传递给方法定义中对应的参数。如在图 1.4 中,把 a 和 b 分别传递给参数 num1 和 num2。这里 a 和 b 称为实际参数,简称实参;num1 和 num2 称为形式参数,简称形参。这说明,定义方法时所使用的每个参数名都仅作为一个占位符,只有调用时才有实际值。所以,方法定义就像一个剧本,方法定义中的参数就像是剧本中的角色,实际参数就像演员,只有演出时角色才能落实。

在参数传递之前,要为形式参数 num1 和 num2 按照类型各分配一个存储空间。

2. 方法返回与 return

1) 方法返回的操作

如图 1.4 所示,一个方法执行结束,也要执行以下 3 个操作。

(1) 值返回,在图 1.4 中就是用 sum 的值代替调用表达式 add(a,b)。

(2) 撤销在执行方法 add() 过程中创建的所有对象,如图 1.4 中的变量 num1、num2 和 sum。这些定义在方法中的变量称为局部变量。

(3) 流程返回,即结束被调用方法的执行,将流程返回直到方法调用结束处。例如,在图 1.4 中,将 8 返回到调用表达式 add(a,b)处,接着执行把 8 送给 c 的操作。

2) return 语句

上述 3 个返回操作都要由 return 进行。return 的格式为:

```
return 返回表达式;
```

如果方法没有返回值,如方法 setEmplName(String name)、setEmplAge(int age)、setEmplSex(char sex)和 setEmplBaseSalary(double baseSalary),这时,return 语句只返回流程并撤销在方法执行过程中创建的所有局部变量,格式如下:

```
return ;
```

也可以省略 return 语句,由方法定义的后花括号执行 return 的功能。

3) 方法的返回类型

在方法定义的前部所声明的方法的返回类型表示要求该方法返回值的类型。因此,return 后面的返回表达式的类型必须与方法的返回类型兼容,即最好一致;如果不一致,就要是能转换为返回类型的类型。例如,方法 getEmplBaseSalary() 的返回类型为 double,则其 return 语句返回的 emplBaseSalary 最好是 double 类型;如果不是,也可以是 int 类型,在返回时编译器将这个 int 类型转换为 double 类型。但如果 emplBaseSalary 是 string 类型或 char 类型,就会出错。

如果不需要该方法返回一个值,则返回值类型应声明为 void。

【代码 1-2】 测试 add() 方法的完整代码。

TestAdd.java

```
1   public class TestAdd {
2       /** 主方法 */
3       public static void main(String[] args) {
4           int a = 3;
5           int b = 5;
6           //调用 add() 方法
7           int c = add(a, b);
8           System.out.println(a + "+" + b + "=" + c);
9       }
10
11      /** 计算两个数的和 */
12      public static int add(int num1, int num2) {
13          int sum = 0;
14          sum = num1 + num2;
15          return sum;
16      }
17  }
```

程序运行结果如下。

```
3+5=8
```

说明:

(1) main() 方法称为主方法,是程序执行的入口(起点),也称为入口方法。普通方法之间可以相互调用,但 main() 方法可以调用其他方法,其他方法不能调用 main() 方法。

(2) 由于在 main() 方法中直接调用 add() 方法,且 main() 方法是静态(static)方法,因此,被调用方法 add() 的方法头也要添加一个静态修饰符 static(第 12 行)。这样做的理由将在第 3 章中深入讨论。

(3) println() 是对象 out 的一个方法,而这个 out 是 System 类的一个 static 成员,static 类成员可以用类名直接调用。所以当要用 println() 方法向显示器输出时要写成 System.out.println()。前一个圆点表明 out 是类 System 的一个成员,后一个圆点表明 println() 是 out 的一个成员。

(4) println() 方法的功能是输出一个字符串并换行。在这个方法的参数中有一串字符,Java 还可以隐式地将其后面用 + 连接的任何数据转换为字符串连接在前面的字符串后面。另一方法 print() 的功能也是输出一个字符串,但不换行。

习题

1. 方法签名由( )组成。

A. 方法名 　　　　　　　　　　 B. 方法名和参数列表

C. 返回值类型、方法名和参数列表 　　 D. 参数列表

2. 方法重载是指( )。

A. 两个或两个以上的方法取相同的方法名,但形参的个数或类型不同

B. 两个以上的方法取相同的名字和具有相同的参数个数,但形参的类型可以不同

C. 两个以上的方法名字不同,但形参的个数或类型相同

D. 两个以上的方法取相同的方法名,并且方法的返回类型相同

3. 下面( )应该被定义为一个 void 方法。

A. 定义一个方法,输出 1~100 的整数

B. 定义一个方法,返回一个 1~100 的随机整数

C. 定义一个方法,检查当前的秒数是否是一个 1~100 的整数

D. 定义一个方法,将一个大写字母转换为小写字母

4. 下面的代码片段执行后的输出是( )。

```
static void func (int a, String b, String c) {
    a =a +1;
    b.trim ();
    c =b;
}
public static void main (String[] args) {
    int a =0;
    String b ="Hello World";
    String c ="OK";
    func (a, b, c);
    System.out.println (""+a +"," +b +"," +c);
}
```

A. 0,Hello World,OK 　　　　　　 B. 1,HelloWorld,HelloWorld

C. 0,HelloWorld,OK 　　　　　　 D. 1,Hello World,Hello World

5. 当调用一个有参方法时,实参的值传递给了形参,这被称为( )。

A. 方法调用 　　 B. 值传递 　　 C. 引用传递 　　 D. 名字传递

6. 如下程序的输出结果是( )。

```
public class Main {
    public static void main(String[] args) {
        System.out.println(xMethod(5, 500L));
    }
    public static int xMethod(int n, long l) {
        System.out.println("int, long");
        return n;
    }
    public static long xMethod(long n, long l) {
        System.out.println("long, long");
        return n;
    }
}
```

A. 显示 int, long 和 5

B. 显示 long，long 和 5

C. 程序正确运行，但显示 5 以外的内容

D. 编译错误，不能确定哪个 xMethod() 被调用了

知识链接

链 1.6　方法重载　　　　　　链 1.7　基本数据类型转换

1.3 主方法
与类的测试

1.3　主方法与类的测试

　　仅定义类并不是程序设计的最终目的，面向对象程序设计的最终目的是要用对象的运动和状态来模拟问题及其题解空间。简单地说，实际问题的求解是通过具体对象（也称类的实例）的活动表现的。此外，类的设计是否正确也要通过对象的活动和状态是否正确来判断。

1.3.1　对象生成的过程

　　类是创建对象的模板，创建对象也称为类的实例化，对象是类的实例。类规定了对象所能拥有的属性和行为。类就相当于制造飞机时的图纸，用它来制造的飞机就相当于对象。

　　图 1.5 为创建一个对象的过程与建设一个工厂的过程进行对比。

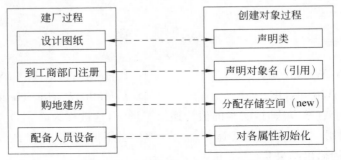

图 1.5　创建对象与建设工厂的过程对照

创建一个对象的过程如下。

（1）声明一个对象引用变量。

声明一个对象引用变量就是向编译器注册一个类对象的名字。声明对象引用变量的一般格式为：

类名 对象引用变量名；

例如，声明类 Employee 的引用变量 li4，应当使用

Employee li4 =**null;**

说明：这样就向系统注册了一个对象的引用名字 li4，说明它是 Employee 类型，并用＝

null 表明该引用变量暂时还没有指向任何具体的存储位置,称此时的 li4 为一个空对象。因此 li4 暂时还不能使用,否则会引起空指针错误。虽然从 JDK 1.5 起不再要求声明一个对象引用变量时必须使用赋值号以及后面的 null,但用 null 显式地说明其尚未初始化可以避免出现一些不必要的错误,这是初学者应当养成的良好习惯。

（2）为对象分配存储空间并初始化。

空对象还不能使用,必须给它分配存储空间并初始化后才能使用。为对象分配存储空间并初始化分别用 new 操作和调用构造器进行,这两步通常合并在一个语句中执行。其语法格式如下。

```
对象引用变量名 =new 类名(实参列表);
```

例如,将已经定义的引用变量名 li4 指向具体的对象,可以用下面的语句进行:

```
li4 =new Employee("Lis",29, 'm', 4477.77);
```

图 1.6 表明了从对象声明到对象创建的过程。

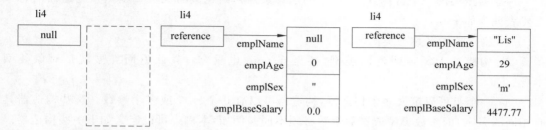

(a) 声明一个Employee引用变量　(b) 用new存储分配并进行默认初始化　(c) new调用构造器显式初始化

图 1.6　Employee 对象创建过程

上述两个语句常常可以合并为一个语句:

```
Employee li4 =new Employee("Lis", 29, 'm', 4477.77);
```

Java 执行这个语句的过程如下。

① 声明一个对象引用变量(如图 1.6(a)所示)。

② 操作符 new 为各成员变量分配存储空间,并自动初始化为变量类型的默认值(如图 1.6(b)所示)。

③ 调用构造器显式进行有关成员变量的初始化(如图 1.6(c)所示)。

④ 返回对象的引用赋给引用变量。操作符 new 能返回所创建的引用。"引用"可理解为指向对象所分配内存空间的"首地址"。可以定义变量来保存引用,这种变量就称为引用变量。

说明:

① 以上语句实际产生了两个东西:一个是 li4 引用变量,一个是 Employee 对象。

② 类是一种自定义的引用数据类型,因此定义的 Employee 类型的变量(li4)实际上是一个引用变量,它被存放在栈(stack)内存中,li4 引用变量存储的是 Employee 对象的引用;而真正的 Employee 对象则存放在堆(heap)内存中。方法结束后栈内存中变量的存储空间就会被释放,而堆内存中的对象不会随方法的结束而销毁。

③ 当一个对象被成功创建以后,这个对象被保存在堆内存中,Java 程序不允许直接访问堆内存中的对象,只能通过该对象的引用操作该对象。

④ 数据域(成员变量)的默认值:创建对象时若没有初始化数据域,系统会设置默认值。对象引用类型数据域的默认值为 null,数值类型(short、int、long、byte)数据域的默认值为 0,boolean 类型的默认值为 false,而 char 类型的默认值为'\u0000'(空格)。然而,Java 并没有给方法中的局部变量赋默认值。

⑤ 上述涉及的引用数据类型、栈和堆等知识点请阅读相关知识链接进一步学习。

创建对象之后,接下来就可以使用该对象做如下事情。

(1) 访问对象的实例变量。

(2) 调用对象的方法。

1.3.2 构造器

构造器是类的一个特殊方法,用于创建对象并初始化其有关成员变量。构造器的特殊主要表现为如下几点。

(1) 构造器的名称与类同名。

(2) 构造器无须声明返回类型,甚至连 void 也没有。默认返回类型就是对象类型本身。

(3) 一个类可以定义多个构造器,构造器可以有 0 个、1 个或多个参数。这些构造器具有相同的名字,但参数类型或参数个数必须不同。例如,本例中可以定义如下一些构造器。

```
Employee (){};
Employee (String name){…};
Employee (String name,int age,char sex) {…};
Employee (double baseSalary) {…};
Employee (String name,int age,char sex, double baseSalary) {…};
```

这种形式称为构造器重载。实际上,任何方法都可以重载,即可以使用同一个名字定义不同参数的方法。对于重载的方法,编译器将会根据参数的数量和类型找到相应的方法实体进行调用,这个过程称为联编。例如,对于声明

```
Employee li4 =null;
```

如果使用

```
li4 =new Employee (4477.77);
```

则将调用 Employee (double baseSalary)。

若使用

```
li4 =new Employee ();
```

则将调用 Employee()。

在上述构造器中有一个构造器没有参数,这个构造器称为无参构造器。

(4) 任何类都至少要有一个构造器。如果程序员没有给类显式地定义一个构造器,则Java 编译器会自动为其生成一个默认的无参构造器。形式如下。

```
Employee (){
}
```

但是,若程序员定义了任何一个构造器,则编译器不再生成默认的构造器。例如,在本例中定义了构造器

```
Employee (String name,int age,char sex, double baseSalary);
```

若没有定义 Employee(),却使用下面的调用,将会出现错误。

```
li4 =new Employee ();
```

(5) 在用 new 创建对象时,编译器首先计算需要的存储空间,然后对构造器要调用的实际参数(自变量)进行计算。若已经没有足够的内存空间提供给将要创建的对象,则不会调用构造器,不会计算构造器调用的实际参数。

(6) 在用 new 创建对象时,首先会对该对象的实例变量赋予默认初值,之后才自动调用构造器。

(7) 实际上,类的构造器是有返回值的,当使用 new 关键字来调用构造器时,构造器返回该类的实例,可以把这个类的实例当成构造器的返回值,因此构造器的返回值类型总是当前类,无须定义返回值类型。

1.3.3 对象成员的访问

对象成员是通过对象引用变量来访问的,该变量包含对象的引用。
访问对象成员变量的格式如下。

```
引用名.成员变量名
```

访问对象成员方法的格式如下。

```
引用名.成员方法名(实参表)
```

这里的圆点称为域操作符或成员操作符,即指明一个成员属于哪个对象。例如,可以用表达式 li4.setEmplAge(18)将对象 li4 的年龄设置为18,也可以用表达式 li4.getEmplAge()获取 li4 的年龄。

1.3.4 主方法与主类

一个 Java 类的测试与应用必须通过方法进行。一个程序可以有很多方法,但是程序若要在命令方式下运行,必须有一个特殊的方法——主方法。主方法的特殊性表现在以下几点。

(1) 它是命令方式下运行的 Java 程序的一个入口,相当于一个程序运行时的总指挥。

(2) 它的名字是固定的——main()。

(3) 它的首部必须是 public static void。public 表明它是外部可以访问的。static 表明该方法是静态的——它只是类的方法,可以用类名调用而无须使用一个对象引用调用。只有这样,main()才可以作为程序的起点由操作系统直接调用。void 表明它没有返回值。

(4) main()方法用于命令方式,可以接收命令行中的一个或多个字符串作为其参数,传入到程序中来。表示几个字符串的形式是 String[] args,这就是 main()的形式参数。

一个 Java 程序中可以有多个类,但只能有一个类是主类。在 Java 应用程序中,这个主类就是指包含 main()方法的用 public 修饰的类。

1.3.5　在 Eclipse 中测试 Employee 类

在 Eclipse 中进行 Employee 类测试之前,要先学习知识链接:使用 Eclipse 开发 Java 程序。

【代码 1-3】　测试 Employee 的主方法代码。

```
1   /** 主方法 */
2   public static void main(String[] args) {
3       //创建对象
4       Employee li4 =new Employee("Lis", 29, 'm', 4477.77);
5
6       //输出对象属性值
7       System.out.println("职员姓名: " +li4.getEmplName());
8       System.out.println("职员年龄: " +li4.getEmplAge());
9       System.out.println("职员性别: " +li4.getEmplSex());
10      System.out.println("职员基本工资: " +li4.getEmplBaseSalary());
11
12      //修改一个属性值再输出,对象 li4 的状态发生了变化
13      li4.setEmplBaseSalary(2234.56);
14      System.out.println("修改过后的职员基本工资: " +li4.getEmplBaseSalary());
15  }
```

1.3.6　主方法必须作为一个类的成员

Java 一切皆对象,并且一切来自类。主方法不可以独立存在,必须作为一个类的成员才能被调用。习惯上把包含使用 public static void 修饰的 main()方法的 public 类称为主类。主类可以单独定义,也可以用已经定义的类兼任。

【代码 1-4】　单独设计一个主类。

TestEmployee.java

```
1   /** 单独主类 */
2   public class TestEmployee {
3       /** 主方法 */
4       public static void main(String[] args) {
5           //创建对象
6           Employee li4 =new Employee("Lis", 29, 'm', 4477.77);
7
8           //输出对象属性值
9           System.out.println("职员姓名: " +li4.getEmplName());
10          System.out.println("职员年龄: " +li4.getEmplAge());
11          System.out.println("职员性别: " +li4.getEmplSex());
12          System.out.println("职员基本工资: " +li4.getEmplBaseSalary());
13
14          //修改一个属性值再输出,对象 li4 的状态发生了变化
15          li4.setEmplBaseSalary(2234.56);
16          System.out.println("修改过后的职员基本工资: " +li4.getEmplBaseSalary());
17      }
18  }
19
20  /** 职员类 */
21  class Employee {
22      //……
23  }
```

程序运行结果如下:

说明：

（1）在类的内部，类的成员方法和构造方法可以直接访问本类的成员变量，类的成员方法可以直接调用本类的其他成员方法，但不能调用构造方法；构造方法可以直接调用本类的成员方法，通过 this 关键字也可以调用本类的其他构造方法。

（2）在类的外部，要通过对象名来访问其成员。其中，类的公开（public）成员可以通过对象名被访问，如 li4.getEmplName()。而类的私密（private）成员在类的外部不可以被访问，如 li4.emplName，是不可以的。

【代码 1-5】 用已经定义的类作为主类。

Employee.java

```
1    /** 职员类 */
2    class Employee {
3        /** 主方法 */
4        public static void main(String[] args) {
5            //创建对象
6            Employee li4 = new Employee("Lis", 29, 'm', 4477.77);
7
8            //输出对象属性值
9            System.out.println("职员姓名：" + li4.getEmplName());
10           System.out.println("职员年龄：" + li4.getEmplAge());
11           System.out.println("职员性别：" + li4.getEmplSex());
12           System.out.println("职员基本工资：" + li4.getEmplBaseSalary());
13
14           //修改一个属性值再输出，对象 li4 的状态发生了变化
15           li4.setEmplBaseSalary(2234.56);
16           System.out.println("修改过后的职员基本工资：" + li4.getEmplBaseSalary());
17       }
18
19       /** 职员名 */
20       private String emplName;
21       /** 职员年龄 */
22       private int emplAge;
23       /** 职员性别 */
24       private char emplSex;
25       /** 基本工资 */
26       private double emplBaseSalary;
27
28       /** 无参构造器 */
29       public Employee() {
30       }
31
32       /** 有参构造器 */
33       public Employee(String name, int age, char sex, double baseSalary) {
34           emplName = name;
35           emplAge = age;
36           emplSex = sex;
37           emplBaseSalary = baseSalary;
38       }
39
40       //……其他代码
41
42   }
```

注意：

（1）其他成员方法（包括构造器）可以不是 public 的，但主方法必须是 public 的。

（2）一个 Java 程序可以定义多个类，每个类都可以有一个 main() 方法，但在某一个时刻只有一个 main() 方法会被执行。

习题

1. 对于任意一个类，用户所能定义的构造器个数至多为（　　）。

    A. 0　　　　　　　　B. 1　　　　　　　　C. 2　　　　　　　　D. 任意多个

2. Java 源程序经编译生成的字节码文件扩展名为（　　）。

    A. .class　　　　　　B. .java　　　　　　C. .exe　　　　　　D. .html

3. 下面的 main() 方法中，可以作为程序入口方法的是（　　）。

    A. public void main（String argv[]）　　　　B. public static void main（）

    C. public static void main（String args）　　D. public static void main（String[] args）

4. JVM 用于运行（　　）。

    A. 源代码文件　　　B. 字节码文件　　　C. 注释文件　　　D. 可执行文件

5. 对于 Circle x = new Circle（）；下列说法（　　）最正确。

    A. 变量 x 中存放的是一个整数值

    B. 变量 x 中存放的是一个 Circle 类型的对象

    C. 变量 x 中存放的是一个对 Circle 类型对象的引用

    D. 可以给变量 x 赋一个整数值

6. 构造函数何时被调用？（　　）

    A. 类定义时　　　　　　　　　　　　B. 创建对象时

    C. 调用对象方法时　　　　　　　　　D. 使用对象的变量时

7. 小王本来体重为 70kg，经过减肥，体重降到 45kg。试从这个问题领域中识别对象、类、属性、状态和状态的变化。

8. 编写程序。定义一个人类（Person），该类中应该有两个私有属性：姓名（name）和年龄（age）。定义构造方法，用来初始化数据成员；再定义显示方法（display），将姓名和年龄打印出来。然后在测试主类的 main() 方法中创建人类的实例，并将其信息显示出来。

9. 编写程序。设计一个圆类 Circle，该类拥有：

（1）1 个私有成员变量，存放圆的半径。

（2）2 个构造方法（不带参数的构造方法、带参数的构造方法）。

（3）4 个公有方法成员（设置半径、获取半径、计算圆的周长、计算圆的面积）。

再设计一个主类测试圆形类，要求：

（1）定义一个圆形对象 c1，然后从键盘输入一个数值 r 并将其设定为 c1 的半径，计算并显示 c1 的周长和面积。

（2）再定义一个圆形对象 c2，并将其半径初始化为 2r，计算并显示 c2 的周长和面积。

（3）再定义一个圆形对象 c3，先通过方法获取 c2 的半径，然后把它设置为 c3 的半径，计算并显示 c3 的周长和面积。

（4）再定义一个圆形对象 c4，并用 c1 初始化 c4，计算并显示 c4 的周长和面积。

知识链接

链 1.8　编译与解释　　链 1.9　类文件与包　　链 1.10　栈内存和　　链 1.11　基本类型与引用
　　　　　　　　　　　　　　　　　　　　　　　　　　　　堆内存　　　　　　　　　类型的区别

1.4　内容扩展

1.4　内容扩展

1.4.1　this 关键字

this 是一个特殊的引用，用来表示当前对象，即调用 this 所在方法的那个对象。this 关键字只能用于方法内部。

1. 使用 this 访问当前对象成员

可以用 this 关键字引用本对象的实例成员。

【代码 1-6】　使用 this 改写的 Employee 类构造器。

```
1    public Employee(String emplName, int emplAge, char emplSex, double emplBaseSalary) {
2        this.emplName = emplName;
3        this.emplAge = emplAge;
4        this.emplSex = emplSex;
5        this.emplBaseSalary = emplBaseSalary;
6    }
```

这样修改后，在每个初始化表达式中赋值号前后用了同样的名字，但带有 this 前缀的一定是属性，不带 this 前缀的一定是参数，这样就不会因给参数起名字而费心思了。在类的内部访问类的成员时，加上 this 关键字也可以增加代码的可读性。

2. 使用 this 调用构造器

this 关键字可用于调用本类的另一个构造器。

【代码 1-7】　用 this() 代表本类构造器。

```
1    class Employee {
2        /** 职员名 */
3        private String emplName;
4        /** 职员年龄 */
5        private int emplAge;
6        /** 职员性别 */
7        private char emplSex;
8        /** 基本工资 */
9        private double emplBaseSalary;
10
11       /** 无参构造器 */
12       public Employee() {
13       }
14
15       /** 重载构造器 */
16       public Employee(String name) {
17           emplName = name;
18       }
19
20       /** 重载构造器 */
```

```
21    public Employee(String name, int age) {
22        //相当于调用 Employee (name)
23        this(name);
24        emplAge = age;
25    };
26
27    /** 重载构造器 */
28    public Employee(String name, int age, char sex) {
29        //相当于调用 Employee (name,age)
30        this(name, age);
31        emplSex = sex;
32    }
33
34    /** 重载构造器 */
35    public Employee(String name, int age, char sex, double baseSalary) {
36        //相当于调用 Employee (name,age,sex)
37        this(name, age, sex);
38        emplBaseSalary = baseSalary;
39    }
40  }
```

注意:

在一个构造器中使用 this()时,必须把它放在第一行,见代码 1-7 的第 23、30、37 行。

3. 使用 this 返回当前对象

方法中使用 return this 可以返回当前对象的引用(就是实际调用这个方法的对象),这样做的好处就是可以用这个方法的返回值连续多次调用该对象的方法,以达到简化代码的目的。

【代码 1-8】 修改 Employee 类的 set 方法。

```
1    /** 设置职员姓名 */
2    public Employee setEmplName(String name) {
3        this.emplName = name;
4        return this;
5    }
6
7    /** 设置职员年龄 */
8    public Employee setEmplAge(int age) {
9        this.emplAge = age;
10       return this;
11   }
12
13   /** 设置职员性别 */
14   public Employee setEmplSex(char sex) {
15       this.emplSex = sex;
16       return this;
17   }
18
19   /** 设置基本工资 */
20   public Employee setEmplBaseSalary(double baseSalary) {
21       this.emplBaseSalary = baseSalary;
22       return this;
23   }
```

说明:将 Employee 类中所有 set 方法的返回值类型改为 Employee,返回值设为 this。这样,在设置属性值后可将当前对象的引用返回,以便继续使用当前对象。

在 main()方法中进行如下调用。

```
1   public static void main(String[] args) {
2       //创建对象
3       Employee zh1 =new Employee();
4       zh1.setEmplName("zhangsan").setEmplAge(55).setEmplSex('m').setEmplBaseSalary
        (1234.56);
5       //输出对象属性值
6       System.out.println("职员姓名: "+zh1.getEmplName());
7       System.out.println("职员年龄: "+zh1.getEmplAge());
8       System.out.println("职员性别: "+zh1.getEmplSex());
9       System.out.println("职员基本工资: "+zh1.getEmplBaseSalary());
10  }
```

说明：第 4 行连续调用 Employee 对象的 set 方法设置对象的属性。这种连续多次调用同一对象方法的操作方式，称为链式调用。

1.4.2 方法参数的传递

Java 只有一种参数传递方式：值传递。也就是说，方法得到的是所有参数值的一个拷贝，这样，方法就不能修改传递给它的任何实参变量的内容。

1. 基本数据类型参数的传值

当传递基本数据类型的参数时，传递的是值的拷贝。

在代码 1-9 中，在调用 changeValue( )方法时（第 5 行），x 的值传递给形参 a。在 changeValue( )方法中 a 的值增 1（第 10 行），而 x 的值保持不变。

【代码 1-9】 基本数据类型参数传递值示例。

TestPassByValue.java

```
1   public class TestPassByValue {
2       public static void main(String[] args) {
3           int x =5;
4           System.out.println("调用 changeValue 方法之前,x 的值: "+x);
5           changeValue(x);
6           System.out.println("调用 changeValue 方法之后,x 的值: "+x);
7       }
8
9       private static void changeValue(int a) {
10          a =a +1;
11          System.out.println("changeValue 方法内部,a 的值: "+a);
12      }
13  }
```

程序运行结果：

```
调用 changeValue 方法之前,x 的值: 5
changeValue 方法内部,a 的值: 6
调用 changeValue 方法之后,x 的值: 5
```

图 1.7 说明了基本数据类型在参数传递时并没有传进变量本身，而是创建了一个新的相同数值的变量，函数修改这个新变量并没有影响原来变量的数值，这也是按值传递的特点。

2. 引用类型参数的传值

当传递引用数据类型的参数时，传递的是引用的地址拷贝。

给方法传递一个对象，实际上是将对象的引用传递给方法。代码 1-10 中将一个 Employee 对象 zh1 作为参数传递给方法 changeSalary（第 5 行），这也是一种值传递。这个值就是一个对 Employee 对象的引用值。

图 1.7　基本数据类型参数的传值

【代码 1-10】　引用类型参数传值示例。

TestPassObject.java

```
1   public class TestPassObject {
2       public static void main(String[] args) {
3           Employee zh1 = new Employee("zhangsan", 55, 'm', 1234.56);
4           System.out.println("修改 salary 之前: " + zh1.getEmplBaseSalary());
5           changeSalary(zh1);
6           System.out.println("修改 salary 之后: " + zh1.getEmplBaseSalary());
7       }
8
9       /** 修改 salary * /
10      public static void changeSalary(Employee e) {
11          e.setEmplBaseSalary(e.getEmplBaseSalary() * 1.5);
12      }
13  }
```

程序运行结果：

```
修改 salary 之前: 1234.56
修改 salary 之后: 1851.84
```

图 1.8 说明了将对象 zh1 传递给方法，方法形参 e 得到的就是实参的对象引用。这样，实参、形参就指向了同一个 Employee 对象，在 changeSalary() 方法中就可以改变 Employee 对象的属性值；但是，不能通过形参去改变实参变量中存储的引用值，即不能改变实参所指向的对象。

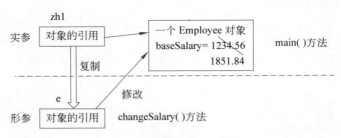

图 1.8　引用数据类型参数的传值

1.4.3　数据域的封装

为了避免对数据域（成员变量）的直接修改，应该使用 private 修饰符将数据域声明为私密的，这称为数据域封装。其目的，一是保护数据，二是易于维护类。

数据域封装将成员变量封闭在了类内部，这样提高了数据的安全性；不过，想要操作这些成员变量怎么办呢？可以通过以下两种方法实现。

第一种方法：通过 public 方式的构造器（或称构造方法），对象一实例化就对该变量赋值。例如：

```
public Employee(String name, int age, char sex, double baseSalary) {
    emplName = name;
    emplAge = age;
    emplSex = sex;
    emplBaseSalary = baseSalary;
}
```

不过，后期再想获取或修改这些数据域的值就困难了。

第二种方法：声明 setter 方法（称为修改器）和 getter 方法（称为访问器）存取对象的属性。

（1）setter 方法：设置对象的属性值，可以增加一些检查的措施，如检查年龄是否在合理范围内。语法格式为：

```
public void setAttributeName(attributeType parameterName);
```

说明：方法名 setAttributeName 中的 AttributeName 部分应与属性名保持一致。
例如：

```
/** 设置职员年龄 */
public void setEmplAge(int age) {
    emplAge = age;
}
```

（2）getter 方法：读取对象的属性值，只是简单地返回属性值。语法格式为：

```
public attributeType getAttributeName();
```

说明：方法名 getAttributeName 中的 AttributeName 部分也应与属性名保持一致。
例如：

```
/** 获取职员年龄 */
public int getEmplAge() {
    return emplAge;
}
```

1.5 本章小结

1.5 本章小结

1. 面向对象程序设计的基本过程

对象和类是面向对象程序设计中很重要的两个基本概念。对象是具有明确语义边界并封装了状态和行为的实体，由一组属性和作用在这组属性上的一组操作构成，它是构成系统的一个基本单位，用于描述客观事物。类是对具有相同属性和操作的一组对象的抽象描述，也就是说，它为属于该类的全部对象提供了统一的抽象描述。对象是类的实例。

本章以职员类为例，介绍了面向对象程序设计的基本过程。

（1）分析问题域，抽取对象，分析对象所具有的静态特征——属性和动态特征——行为。

（2）关注对象共有的特征，将对象抽象成类。

（3）用面向对象程序设计语言——Java，将类描述出来，用成员变量表示属性，用成员方法表示行为。

（4）用类作为模板来生成对象，设置对象的属性，调用对象的方法，进行类的测试。

在设计类时将属性和行为放在一起当成一个整体，这体现了封装的思想。封装（Encapsulation）是面向对象方法的重要原则，就是把对象的属性和操作（或服务）结合为一个独立的整体，并尽可能隐藏对象的内部实现细节；只对外公开简单的接口，便于外界使用，从而提高系统的扩展性、可维护性。

面向对象具有三大基本特征：封装、继承和多态，这些特征后面还会陆续学习到。

2. 理解类与对象的关系

学习面向对象程序设计，理解类和对象的关系很重要。

（1）在现实世界中，"类"是一组具有相同属性和行为的对象的抽象。例如，张三、李四、王五等为职员对象，而"职员"类是抽象出来的类。

（2）类和对象之间的关系是抽象和具体的关系。类是多个对象进行抽象的结果，一个对象是类的一个实例。例如，职员是一个类，它是由千千万万个具体的职员抽象而来的一般概念。同理，学生、教师、计算机等都是类。

（3）类是对象的蓝图，是建立对象的模板，它规定该类型的对象有哪些属性、哪些方法等。通过类这个模板，可以创建许许多多的对象，并且这些对象具有相同的属性及行为，只是对象属性的取值不同。对象是类的实例，创建对象的过程，就是类的实例化过程。类与对象之间的关系，如同一个模具与用这个模具铸造出来的铸件之间的关系，模具相当于类，铸件就是对象。

（4）类在现实世界中并不真正存在。例如，"人"是类，而在地球上并没有抽象的"人"，只有一个个具体的人，例如，张三、李四、王五……同样，"职员"是类，而世界上没有抽象的"职员"，只有一个个具体的职员。

图 1.9 说明了 Employee 类与其对象的关系。

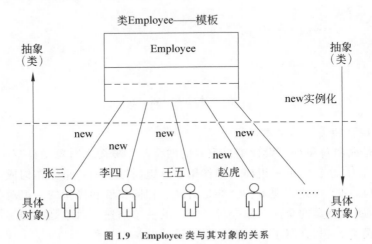

图 1.9　Employee 类与其对象的关系

习题

1. Java 程序的基本编程单元是（　　）。

　A. 方法　　　　　　　B. 数据　　　　　　　C. 类　　　　　　　D. 对象

2. 下列关于变量的叙述哪个是错的？（　　　）

    A. 实例变量是类的成员变量

    B. 在方法中定义的局部变量在该方法被执行时创建

    C. 实例变量用关键字 static 声明

    D. 局部变量在使用前必须被初始化

3. 在调用方法时，若要使方法改变实参的值，可以（　　　）。

    A. 用基本数据类型作为参数　　　　　　B. 用对象作为参数

    C. A 和 B 都对　　　　　　　　　　　　D. A 和 B 都不对

4. 关于 Java 中 this 关键字的说法正确的是（　　　）。

    A. this 关键字是在对象内部指代自身的引用

    B. this 关键字可以在类中的任何位置使用

    C. this 关键字和类关联，而不是和特定的对象关联

    D. 同一个类的不同对象共用一个 this

5. 编写程序。用 Java 描述下面的类，自己决定类的成员并设计相应的测试程序。

（1）一个学生类。

（2）一个运动员类。

（3）一个公司类。

6. 编写程序。定义一个"点"类（Point3D）用来表示三维空间中的点，类体的成员变量 x，y，z 分别表示三维空间的坐标。类体中具有如下成员方法的定义。

（1）构造方法 Point3D（）可以生成具有特定坐标的点对象。

（2）setX（）、setY（）、setZ（）为可以设置三个坐标的方法。

（3）getX（）、getY（）、getZ（）为可以获取三个坐标的方法。

（4）getDistance（）为可以计算该点到另一点的距离的方法。

对 Point3D 类进行测试。

7. 编写成绩计算类（ScoreCalc）。此类的属性有 3 门课（Java、C++、DB）的成绩，此类的方法有构造方法、计算总成绩、显示总成绩、计算平均成绩和显示平均成绩。在 main（）方法中测试此类。

8. 设计一个长方体类 Cuboid，它能计算并输出长方体的体积和表面积。在 main（）方法中测试此类。

9. 设计一个 BankAccount 类，这个类包括：

（1）一个 int 型的 balance 表示账户余额。

（2）一个无参构造方法，将账户余额初始化为 0。

（3）一个带一个参数的构造方法，将账户余额初始化为该输入的参数。

（4）一个 getBalance（）方法，返回账户余额。

（5）一个 withdraw（）方法：带一个 amount 参数，并从账户余额中提取 amount 指定的款额。

（6）一个 deposit（）方法：带一个 amount 参数，并将 amount 指定的款额存储到该银行

账户上。

设计一个主类进行测试,分别输入账户余额、提取额度以及存款额度,并分别输出账户余额。

知识链接

链 1.12　标准流与 I/O　　链 1.13　Java 编程风格　　链 1.14　使用命令行方式　　链 1.15　使用 Eclipse 开发
流对象　　　　　　　　　　　　　　　　　　　　　　开发 Java 程序　　　　Java 程序

第2章 算术计算器类：流程控制结构

课程练习

选择是最简单的智能行为，重复是发挥计算机高速计算优势的基本机制。本章以算术计算器类为例介绍 Java 程序的选择结构、循环结构、异常处理及相关的基础知识。

2.1 二项式算术计算器类

2.1 二项式
算术计算
器类

设计一个计算器类，用于进行加、减、乘、除四则运算。

2.1.1 计算器类设计

1. 计算器建模

1) 现实世界中计算对象的共同行为

如图 2.1 所示，在现实世界中，简单的算术计算对象有 58×3、$20-12$、$36+5$、$82\div8$ 等。对这些算式对象进行分析、抽象，可以得到每个算式对象要完成的、必须具有的行为就是计算。这是计算器区别于其他物体的最重要行为，是定义计算器类（Calculator）对象的依据。

图 2.1 简单算式对象

2) 计算对象建模

分析现实世界中的计算对象，可以发现它们有如下一些特征。

(1) 行为：操作——计算，即加、减、乘、除。

(2) 属性，包括：

① 被操作数（operand1）。

② 操作数（operand2）。

这样，就可以有如下两种抽象模型。

(1) 方案 1：将两个操作数作为属性，将操作符作为方法，并且为不同的操作符设计对应的方法。由此可以得到图 2.2 所示的 Calculator 类模型。在这个类中有两个成员变量（先假定它们是整数），并且都设置为私密成员；加、减、乘、除运算各实现一个独立功能，形成 4 个成员方法，并用构造器初始化运算数，总共可以设计 6 个成员方法，并且它们都是公开成员。

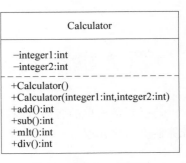

图 2.2　Calculator 类模型

（2）方案 2：将两个操作数和一个操作符都作为属性，另外设计一个计算方法。

这里暂时考虑使用方案 1。

2. Calculator 类的 Java 描述

【代码 2-1】　用 Java 语言描述 Calculator 类代码。

Calculator.java

```java
1   public class Calculator {
2       /** 被运算数 */
3       private int integer1;
4       /** 运算数 */
5       private int integer2;
6
7       /** 无参构造器 */
8       public Calculator() {
9       }
10
11      /** 有参构造器 */
12      public Calculator(int integer1, int integer2) {
13          this.integer1 = integer1;
14          this.integer2 = integer2;
15      }
16
17      /** 加运算方法定义 */
18      public int add() {
19          return integer1 + integer2;
20      }
21
22      /** 减运算方法定义 */
23      public int sub() {
24          return integer1 - integer2;
25      }
26
27      /** 乘运算方法定义 */
28      public int mlt() {
29          return integer1 * integer2;
30      }
31
32      /** 除运算方法定义 */
33      public int div() {
34          return integer1 / integer2;
35      }
36  }
```

2.1.2　变量与赋值运算符

1. 变量的概念

变量（variable）这个词来自代数。在过程式编程中，变量用于描述计算的环境。由于某一步计算的结果，往往是下一步计算的环境，为此必须存储每一步计算的结果，以供后面的计算使用。因此,变量就必须与相应的存储空间相绑定。简单地说,一个变量应当具有如下三个要素。

(1)变量名:在计算机底层,要用地址来指定存储空间,这样就给程序的编写带来许多不便。解决的办法是用名字代表地址。这个名字就称为变量名。在不同的程序设计语言中,规定有相应的变量命名规则。Java 也有自己的变量命名规则。

(2)变量的数据类型:在编写计算机应用程序时,会遇到各种各样的数据。为了降低程序设计的复杂性,就要把数据分为一些有限的类型。对于不同的数据类型,系统会为其提供不同大小的存储空间和存储方式。在 Java 中变量必须属于某个特定的数据类型,可以是基本数据类型或引用数据类型。

表 2.1 列出了 Java 中基本数据类型在内存中所占用的字节数和取值范围。

表 2.1 基本数据类型占用的字节数及取值范围

数 据 类 型	占用的字节数/B	取 值 范 围	默 认 值
byte(字节型)	1(8 位)	$-128\sim127$	(byte)0
short(短整型)	2(16 位)	$-32\ 768\sim32\ 767$	(short)0
int(整型)	4(32 位)	$-2\ 147\ 483\ 648\sim2\ 147\ 483\ 647$	0
long(长整型)	8(64 位)	$-9\ 223\ 372\ 036\ 854\ 775\ 808\sim$ $9\ 223\ 372\ 036\ 854\ 775\ 807$	0L
float(单精度浮点数)	4(32 位)	0 和 $\pm$(3.402 823 5E+38f $\sim$ 1.402 3984 6E$-$45f)	0.0f
double(双精度浮点数)	8(64 位)	0 和 $\pm$(1.797 693 134 862 315 70E+308$\sim$ 4.940 656 458 412 465 44E$-$324)	0.0
char(字符型)	2(16 位)	'\u0000'$\sim$'\uffff '(Unicode 码)或 0$\sim$65 535	'\u0000'(空格)
boolean(布尔型)	1(8 位)	true 或 false	false

引用数据类型有类、接口、枚举、数组、字符串和包装类,引用类型的默认值为 null。

注意:Java 语言中成员变量才有默认值,而局部变量不会有默认值。

(3)变量值:在存储空间中存放的内容就是变量值(如果是基本类型,存放的就是具体值;如果是引用类型,存放的是内存地址;若是 null,表示不指向任何对象)。

2. 变量的声明

将一个变量名与特定类型的存储空间进行绑定的操作,称为变量的声明。在 Java 语言中,所有的变量在使用前必须先声明。声明一个变量,就是告知编译器为此变量分配适当数量的存储单元。声明变量的基本格式如下:

数据类型 变量名;

例如:

```
int x;              //声明一个整型变量 x
double area;        //声明一个双精度类型变量 area
char ch;            //声明一个字符型变量 ch
```

可以一起声明多个同类型的变量,变量名之间用逗号隔开,声明格式如下:

数据类型 变量名 1, 变量名 2, …, 变量名 n;

例如：

```
int x、y、z;              //同时声明了三个整型变量 x、y、z
```

3. 变量初始化与赋值

一个变量通过声明操作与一个存储空间绑定后，实际上就有了一个隐形的值，这个隐形的值是不确定的。贸然使用了具有不确定值的变量可能会造成计算的错误。为避免这个错误，就应当显式地执行变量名与值绑定的操作。显式地进行变量名与值的绑定操作用赋值操作符"＝"进行。这个操作，可以在声明的同时进行，这称为变量的初始化；也可以在声明之后执行，这称为变量的赋值。例如：

```
int sum=0;               //将变量 sum 初始化为 0
```

也可以使用下面的代码：

```
int sum;                 //变量的声明
sum=0;                   //变量的赋值
```

变量名是 sum。数据类型是 int。变量的值是 0。

图 2.3 说明了变量所具有的三个要素。

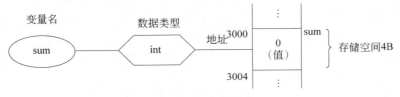

图 2.3　变量的三个要素

> **注意：**
>
> 赋值时，左边变量的数据类型必须与右边的数据类型兼容，即左边变量的数据类型的取值范围要不小于右边的数据类型。例如：
>
> ```
> int y = 2.0;
> ```
>
> 上面的赋值语句是非法的，因为 y 的数据类型是整型 int，而 2.0 是默认类型 double，左边变量的数据类型的取值范围要小于右边的数据类型。若要把 2.0 赋值给整型变量 y，则要用数据类型强制转换。

变量之所以称为变量，是因为它们的值在程序执行过程中是可以改变的。例如，下面的代码段演示了两次计算圆面积过程中，变量值的变化。第一次将 radius 的初始值设为 1.0（第 3 行），计算圆的面积 area（第 4 行），此时两者值的存储情况见图 2.4(a)；然后，第 2 次将 radius 的重新设为 2.0（第 8 行），再次计算圆的面积 area（第 9 行），此时两者值的存储情况见图 2.4(b)。

```
1   double radius,area;
2   /* 计算第一个圆面积 */
3   radius =1.0;                      //变量 radius 的值为 1
4   area =3.14159 * radius * radius;  //变量 area 的值为 3.14159
5   system.out.println(area);
6
```

```
7    /* 计算第二个圆面积 */
8    radius =2.0;                          //变量 radius 的值为 2.0
9    area =3.14159 * radius * radius;      //变量 area 的值为 12.56636
10   system.out.println(area);
```

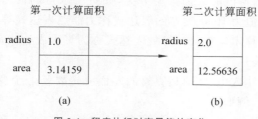

图 2.4　程序执行时变量值的变化

2.1.3　算术运算符

　　Java 语言运算符是说明特定操作的一种特殊符号,用以表示数据的运算、赋值和比较等。算术运算符主要用于进行基本的算术运算,如加法、减法、乘法、除法等。Java 中常用的算术运算符见表 2.2。

表 2.2　Java 常用的算术运算符

操 作 符	＋	－	*	/	％
含 　义	加	减	乘	除	求余
示 　例	8＋13	34－12	5 * 9	26/5	29％5

说明:

　　(1) 除法的运算结果与运算对象的数据类型有关。当两个操作数都是整型时,除法的结果就是整数,小数部分会被截去。例如,7/2 的结果是 3 而不是 3.5,－7/2 的结果是－3 而不是－3.5。若两个操作数中有一个或两个都是浮点型数据,则运算结果也是浮点型,不会截去小数部分。例如,7.0/2、7/2.0、7.0/2.0 的结果都是 3.5。

　　(2) 求余运算符的被除数和除数可以是整数,也可以是浮点数(与 C/C++ 是不同的),但所得余数的正负只和被除数相同。例如,9％4 的结果是 1,7.5％2 的结果 1.5,－23％5 的结果是－3。若出现负数,则取余运算的基本步骤为:先求两个数绝对值的余数,求得的结果再加上被除数的符号,就是最终的结果。在程序设计中,经常使用求商和求余运算符来分解整数的各位数字。例如,分解十进制整数 456 的个位、十位和百位数字。

```
int a=456,g,s,b;    //g:个位 s:十位 b:百位
g=a%10;             //g=6
s=a/10%10;          //s=5
b=a/100;            //b=4
```

　　除了算术运算符,Java 还提供了其他运算符,以后会陆续介绍。

2.1.4　表达式与运算规则

1. 表达式

表达式是关于计算机求值的形式化表示。或者说,表达式的职能就是求值。由于值属

于特定类型的,所以表达式具有类型和值两个要素。一个常数、一个变量或者用操作符连接的常数或变量,只要符合 Java 语法规则,都是合法的 Java 表达式。例如,123、23.45、'A'、"red"、23 * 4＋45/8－10％3 等都是表达式。

表达式可以根据所求得值的数据类型分类,如将所求得的值为 int 类型的表达式称为整型表达式,将所求得的值为 float 类型的表达式称为浮点表达式等。表达式也可以根据运算符种类分类,如将使用算术运算符计算的表达式称为算术表达式,将使用赋值运算符进行操作的表达式称为赋值表达式。

应当注意,在赋值表达式中,赋值运算符的左面一定要是一个变量(左值),其右边可以是任何一个合法表达式。例如:

```
int a =3 * 8-7;
```

2. 表达式的运算规则

当一个表达式中含有多个操作符时,优先级高者先与其操作数结合。在 Java 中,算术操作符的优先级别高于赋值操作符,乘、除的优先级别高于加、减。例如,表达式 int x ＝2 ＋ 3 * 6 是用赋值号后面的运算结果(20)初始化变量 x。但是,允许程序员用圆括号强制性地提高某些子表达式的优先级别,例如,在表达式 3 * (2 ＋ 5)中,要先进行 2 ＋ 5 的运算得 7,再乘 3 得 21。

除了运算的优先级别,操作符还具有结合性。算术操作符都具有自左向右的结合性,是指有几个连续的同等级算术运算表达式时最左面的操作符先与其操作数结合。例如,a ＋ b ＋ c ＋ d 的求值顺序相当于((a ＋ b) ＋ c) ＋ d。而赋值操作符具有自右向左的结合性。例如,对声明

```
int a =3;
int b =4;
int c =5;
```

语句

```
c =b =a;
```

在执行时首先进行操作 b＝a,即将变量 a 的值赋给变量 b,表达式 a＝b 的值也为 3;然后将表达式 b＝a 的值赋给变量 c,使表达式 c＝b＝a 的值也为 3。

习题

1. 对于声明 int a ＝ 7, b ＝ －5;,表达式 a ％ b 的值为(　　)。
   A. 2　　　　　　　　B. －2　　　　　　　　C. 0　　　　　　　　D. 编译错误
2. 对于声明语句 int a＝5,b＝3;,表达式 b＝(a＝(b＝b＋3)＋(a＝a * 2)＋5)执行后,a 和 b 的值分别为(　　)。
   A. 10,6　　　　　　　B. 16,21　　　　　　　C. 21,21　　　　　　　D. 10,21
3. 表达式(11＋3 * 8)/4％3 的值是(　　)。
   A. 31　　　　　　　　B. 0　　　　　　　　C. 1　　　　　　　　D. 2
4. 定义变量如下:

```
int i =18;
long n =5;
```

```
float f = 9.8f;
double d = 1.2;
String s = "123";
```

以下赋值语句不正确的是(   )。

    A. n= f ＋ i;   B. f = n ＋ i;

    C. s = s ＋ i;   D. s = s ＋ i ＋ f ＋ d

知识链接

链 2.1　Java 常量与 final

2.2　二项式算术计算器类的测试

2.2.1　Calculator 类的测试主函数

Calculator 类比较简单,特别是 add()、sub()和 mlt(),只要简单地输入两个数据就可以测试。复杂一点的是 div(),需要如下 3 组测试数据。

(1) 第 1 个数大,第 2 个数小。

【代码 2-2】　用于测试的主方法。

```
1  public static void main (String[] args) {
2      Calculator c1 = new Calculator (25,18);
3      System.out.println ("和为: "+c1.add ());
4      System.out.println ("差为: "+c1.sub ());
5      System.out.println ("积为: "+c1.mlt ());
6      System.out.println ("商为: "+c1.div ());
7  }
```

第 1 个数为 25,第 2 个数为 18。

测试结果如下:

```
和为: 43
差为: 7
积为: 450
商为: 1
```

(2) 第 1 个数小,第 2 个数大。

第 1 个数为 18,第 2 个数为 25。

测试结果如下:

```
和为: 43
差为: - 7
积为: 450
商为: 0
```

可以看出,对于整数的除运算,Java 语言采取了取整舍余的算法。所以对于 25÷18,得到结果 1;对于 18÷25,则得到结果 0。这样的规则有时是有风险的,例如,人们不小心写了表达式:

```
18 / 25 * 100000;
```

测试得到的结果是 0,这显然不是预期的结果。

（3）第 2 个数为 0。

下面是使用"18,0"对于本例进行测试的结果。可以看出,程序正确地执行了加、减、乘运算,而对于除则给出如图 2.5 所示的异常信息。

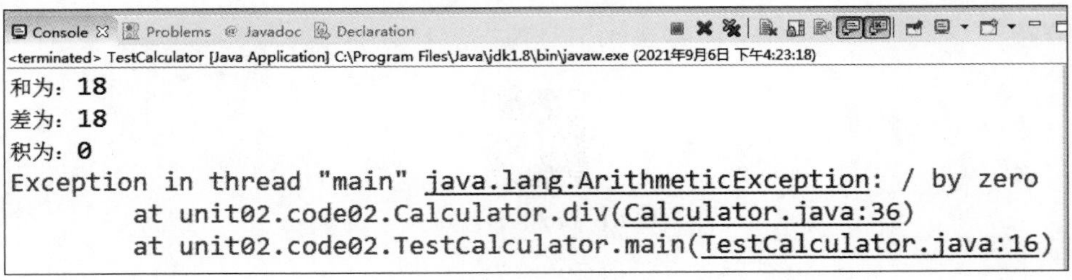

图 2.5　被零除造成的异常

这些异常信息是系统给出的。

2.2.2　从键盘输入测试数据

进行 Calculator 类的测试时,若能从键盘输入被运算数、运算数,就能灵活方便地获取测试数据。

【代码 2-3】　从键盘输入测试数据。

TestCalculator.java

```
1    import java.util.Scanner;
2
3    public class TestCalculator {
4        public static void main (String[] args) {
5            int number1,number2;
6            //创建 Scanner 对象
7            Scanner input=new Scanner(System.in);
8
9            System.out.print("请输入被运算数: ");
10           //输入一个整数
11           number1=input.nextInt();
12           System.out.print("请输入运算数: ");
13           number2=input.nextInt();
14           Calculator c1 =new Calculator (number1,number2);
15           System.out.println ("和为: "+c1.add ());
16           System.out.println ("差为: "+c1.sub ());
17           System.out.println ("积为: "+c1.mlt ());
18           System.out.println ("商为: "+c1.div ());
19           //关闭输入流
20           input.close();
21       }
22   }
```

程序运行结果:

```
请输入被运算数: 34 ↵
请输入运算数: 7 ↵
和为: 41
差为: 27
```

第 1 行语句从 java.util 包导入 Scanner 类，Java 使用 Scanner 类从控制台输入数据。

第 7 行语句创建一个 Scanner 对象，以读取来自 System.in 的输入。Java 使用 System.out 表示标准输出设备，用 System.in 表示标准输入设备。默认情况下，输出设备是显示器，输入设备是键盘。

第 11 行语句从键盘读入一个输入。用户输入一个整型数然后按回车键之后，该数值就被读入并赋值给变量 number1。读入双精度浮点数调用 Scanner 对象的 nextDouble()方法，读入字符串调用 Scanner 对象的 next()方法或 nextLine()方法。Scanner 类的更多方法请阅读相关知识链接。

第 20 行语句关闭输入的流，释放内存。输入流使用完后要及时关闭。

2.2.3 用选择结构规避被零除风险

1. 关系运算符与布尔类型

关系（比较）运算符是逻辑表达式中的主要成分。在 Java 中，关系运算符有表 2.3 中的 6 种。

表 2.3　Java 关系（比较）运算符

操作符	>	>=	<=	<	==	!=
含义	大于	大于或等于	小于或等于	小于	等于	不等于

说明：关系运算符也称比较运算符，即所进行的是比较操作或关系判断。它们的操作结果只能是一个逻辑值（即布尔类型的值）：用 true 和 false 表示命题是否成立。例如，$3 < 5$ 的值为 true，即这个命题成立；$3 == 5$ 和 $3 > 5$ 的值都为 false，即这两个命题都不成立。

关系运算符的优先级别比算术运算符低，但比赋值运算符高。例如：

```
boolean b;
b = 2 + 3 > 3 * 2;
```

操作结果：b 的值为 false。

2. if 语句

if-else 结构的语法格式以及程序流程图如图 2.6 所示。

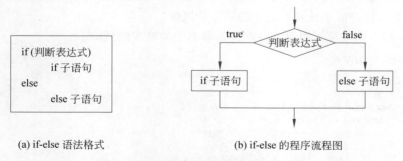

(a) if-else 语法格式　　　　　　　(b) if-else 的程序流程图

图 2.6　if-else 结构的语法格式和程序流程图

说明：

（1）if-else 是二选一的分支结构，即根据一个判断条件来控制程序执行的流程。若判断表达式的值为 true，执行 if 子语句；值为 false，则执行 else 子语句。

（2）判断表达式的值必须是 boolean 型的（true/false）。

（3）if 子语句和 else 子语句在语法上要求一条语句。子语句可以是单条语句也可以是语句块（即复合语句，用一对花括号括起来的多条语句）。

（4）Java 也提供了一个条件运算符（?:），也称为三元运算符，可用于取代某些情况的 if-else 语句，语法形式为：

```
布尔表达式 ? 表达式 1 : 表达式 2
```

运算过程为：如果布尔表达式的值为 true，则返回表达式 1 的值，否则返回表达式 2 的值。例如，以下代码用于找出 a，b 中的较大者。

```
int a =10, b =5, max;
max =a >b ? a : b;
```

等价于：

```
int a =10, b =5, max;
if (a >b) {
    max =a;
} else {
    max =b;
}
```

可以看出，使用条件运算符更简洁。

（5）if-else 语句是双分支选择结构，也有单分支选择结构的 if 语句，语法格式如下。

```
if (判断表达式)
     子语句
```

例如，用单分支的 if 语句找出 a，b 中的较大者。

```
int a =10, b =5, max;
max =a;
if (max <b) {
    max =b;
}
```

3. 用选择结构规避被零除风险

在进行除法运算之前，先用 if 语句判断除数是否为零，是则不能相除，不是则可以相除。这样就可以规避简单计算器类中的被零除风险。

【代码 2-4】 用选择结构规避简单计算器类中的被零除风险。

TestCalculator.java

```
1    public class TestCalculator {
2        /** 主方法 */
3        public static void main(String[] args) {
4            int number1 =18, number2 =0;
5            Calculator c1 =new Calculator(number1, number2);
6
7            System.out.println("和为: " +c1.add());
8            System.out.println("差为: " +c1.sub());
9            System.out.println("积为: " +c1.mlt());
10           if (number2 !=0) {
```

```
11                    System.out.println("商为: " +c1.div());
12              } else {
13                    System.out.println("除数不能为零!");
14              }
15        }
16  }
```

程序执行结果:

```
和为: 25
差为: 25
积为: 0
除数不能为零!
```

2.2.4 用异常处理规避被零除风险

异常(exception)不是语法错误,也不是逻辑错误,而是由一些具有某种不确定性的事件引发的 JVM(Java Virtual Machine,Java 虚拟机)对 Java 字节代码无法正常解释而出现的程序不正常运行,如数组下标越界、数据溢出(超出类型定义范围)、除数为零、无效参数、内存溢出、使用没有授权的文件等。因此,异常主要是程序运行时错误引起的。

一个程序在出现异常的情况下还能不能运行是衡量程序是否健壮(也称鲁棒性)的基本标准,为此需要具有一定的、高效率的异常处理机制,使程序在遇到运行中异常的情况下给出异常原因和位置,把问题明明白白地上交给调用者,而不是不明不白地停顿或稀里糊涂地关机,使用户摸不着头脑,如有可能再接着继续运行得到计算结果。

在图 2.5 中给出的异常信息包括异常类型"ArithmeticException:/byzero",即这个异常是一个算术异常,进一步说明是被零除异常引起,紧接着指出了异常出现的位置:

```
at unit02.code02.Calculator.div(Calculator.java:36)
at unit02.code02.TestCalculator.main(TestCalculator.java:16)
```

其中,36 和 16 为异常所在的程序行的顺序号。

这些信息是 Java 编译系统给出的,因为 Java 编译系统提供了一套完善的异常处理机制。Java 将异常封装到一个类中,出现错误就会抛出相应类型的异常。例如,ArithmeticException 就是 java.lang 包中定义的一个异常类,代表由算术运算引发的异常,如被零除。

Java 中的异常用 Exception 类表示,在 java.lang 包中定义了一些具体异常对应的异常类,其中主要的异常类如表 2.4 所示。

表 2.4　主要的异常类

异 常 类	描　　述
ArithmeticException	数学异常类
ArrayIndexOutOfBoundsException	数组下标越界异常类
ClassCastException	类型强制转换异常类
IllegalArgumentException	非法参数异常类
IndexOutBoundsException	下标转换异常类
IOException	输入/输出流异常类

异 常 类	描 述
NoSuchMethodException	方法未找到异常类
NullPointerException	空指针异常类
NumberFormatException	字符串转换为数字异常类
UnsupportedOperationException	不支持的操作异常类

在程序设计和运行的过程中,程序员应尽可能规避错误,但使程序被迫停止的错误仍然不可避免。Java 提供了异常处理机制来帮助程序员检查可能出现的错误,以提高程序的可读性和可维护性。

Java 异常处理包括 4 个环节——监视、抛出、捕获和处理,即监视可能产生异常的语句,将出现的异常抛出,由对应的异常处理部分捕获并进行处理。其基本结构如下。

```
try {
    可能产生异常的语句
}
catch (异常类 1  引用) {
    处理异常类 1 的语句
}
catch (异常类 2  引用) {
    处理异常类 2 的语句
}
...
finally {
    最终处理语句
}
```

代码 2-5 用异常处理规避简单计算器类中的被零除风险。

【代码 2-5】 在 main()中捕获并处理异常的主方法。

TestCalculator.java

```
1   public class TestCalculator {
2       /** 主方法 */
3       public static void main(String[] args) {
4           Calculator c1 = new Calculator(18, 0);
5
6           System.out.println("和为: " + c1.add());
7           System.out.println("差为: " + c1.sub());
8           System.out.println("积为: " + c1.mlt());
9           try {
10              System.out.println("商为: " + c1.div());
11          } catch (ArithmeticException ae) {
12              System.err.println("捕获异常: " + ae);
13          } finally {
14              System.out.println("主方法执行结束");
15          }
16      }
17  }
```

程序执行结果:

```
和为: 18
差为: 18
积为: 0
```

说明：

（1）在 Java 的异常处理中 try 是必须要有的，而 catch、finally 二者至少要有一个。

（2）try 用于监视异常。将要被监视的代码（就是可能抛出异常的代码）放在 try 子句之内，当 try 子句内发生异常时，就此中断 try 子句内后面的语句，将异常抛出。

（3）catch 用于捕获异常。try 子句后面可以有一个 catch 子句，也可以有多个 catch 子句分别用来匹配不同类型的异常对象。catch 的作用是捕获一种匹配的异常并进行处理。为此，每个 catch 关键字后面要有一个异常形式参数，当 try 子句中抛出的异常对象（相当于异常实际参数）与该异常形式参数类型匹配时，就会执行该 catch 子句中的处理语句。try 子句中的代码中只会出现一种类型的异常，只能有一个 catch 捕获，不可能同时匹配多个 catch；并且一旦匹配上其中一个 catch 之后，便不会匹配剩余的 catch；因此，catch 子句最多只执行一个或一个也不执行。

（4）异常类是 catch 进行匹配捕获的根据。异常类可以由程序员定义，也可以由系统预先定义。异常对象可以由 JVM 自动生成（如本例），也可以由程序员用 throw 关键字生成。

（5）finally 子句总是会被执行。finally 子句主要执行一些补充性操作，是一个可选的子句，一旦设置，无论是否出现异常都要执行。需要注意的是：finally 不能单独使用，必须和 try 语句或 try…catch 语句连用。

（6）对于本例来说，也可以把这个异常处理结构放到 div() 方法中，见代码 2-6。

【代码 2-6】 在 div() 方法中捕获并处理异常。

```
1   /** 除运算方法定义，异常不交上层处理  */
2   public int div() {
3       int result = 0;
4       //捕获异常
5       try {
6           result = integer1 / integer2;
7       }
8       catch (ArithmeticException ae) {              //处理异常
9           System.err.println("产生异常: " + ae);
10      } finally {
11          System.err.println("******除计算结束******");
12      }
13      return result;
14  }
```

对于可预知的错误，可用 if-else 结构进行相应处理；对于一些不可预知的错误，则用异常处理比较合适。采用 if-else 结构是一种面向过程的处理方法，而采用异常则是面向对象的处理方法。两种方法的比较见表 2.5。

表 2.5 采用分支结构与异常处理错误的比较

处理方式	优　　点	缺　　点
分支结构	自己控制逻辑，代码逻辑会比较清晰	当情况复杂时会用到过多的 if-else，导致逻辑理解困难
异常	（1）异常会被 JVM 自动捕捉，可以减少逻辑代码。 （2）异常很容易定位代码出现问题的位置，方便测试	（1）异常发生但是没有正确捕获时，会异常抛出到用户页面。 （2）异常开销大，性能比较差

习题

1. 对于以下代码：

```
int i = 6;
if (i <= 6)
    System.out.println("hello");;
else
    System.out.println("bye-bye");;
```

(   )是对的。

    A. 输出 hello   B. 不能编译

    C. 输出 hello bye-bye   D. 输出 bye-bye

2. finally 块中的代码将(   )。

    A. 总是被执行

    B. 如果 try 块后面没有 catch 块时，finally 块中的代码才会执行

    C. 异常发生时才被执行

    D. 异常没有发生时才被执行

3. 下列关于异常处理的描述中，错误的是(   )。

    A. 程序运行时异常由 Java 虚拟机自动进行处理

    B. 使用 try-catch-finally 语句捕获异常

    C. 使用 throw 语句抛出异常

    D. 捕获到的异常只能在当前方法中处理，不能在其他方法中处理

4. 下面程序的执行结果是(   )。

```java
public class Test {
    public static void main(String[] args) {
        try {
            return;
        } finally {
            System.out.println("Thank you!");
        }
    }
}
```

    A. 无任何输出   B. Thank you!   C. 编译错误   D. 以上都不对

5. 对于下面的代码段：

```java
public class Test {
    public static void main(String[] args) {
        try {
            method();
            System.out.println("Hello World");
        } catch (ArrayIndexOutOfBoundsException e) {
            System.err.println("Exception 1");
        } finally {
            System.out.println("Thank you!");
        }
    }
}
```

当 method()方法正常运行并返回时，会显示信息(   )。

    A. Hello World   B. Thank you!   C. Exception 1   D. A + B

6. 编写程序。定义一个三角形类，输入 a、b 和 c，若它们能构成三角形，则输出三角形周长，否则输出"Invalid"。

7. 编写程序。定义方法 public static double squareRoot(double x)，求 x 的平方根，如果 x 是负数，则抛出 ArithmeticException 异常，否则调用数学类中的 sqrt()方法返回 x 的平方根。编写一个 main()方法，输入一个数，调用 squareRoot()方法，显示它的平方根或处理异常。

知识链接

链 2.2　Scanner 类

链 2.3　Console 类

链 2.4　程序错误

2.3　能自动识别计算类型的二项式计算器类

2.3　能自动识别计算类型的二项式计算器类

真实的计算器是用户输入两个操作数和操作符后就可以自动进行相应的计算，并且在按下"="键后就会输出结果。而前面设计的计算器类是用户给出两个数据之后要进行加、减、乘、除 4 种计算，不能按照用户需求只进行一种计算。希望改进的是用户一次给定两个运算数据和运算类型——创建一个对象，然后程序进行相应的计算。为此需解决如下问题。

（1）在 Calculator 类中增加一个 operator 变量，这个变量用于存储用户输入的计算类型——用一个字符表示，即 operator 变量是 char 类型。

（2）构造器做相应修改。

（3）代替原来的 4 个计算方法，改用一个 calculate()。这个方法可以根据用户指定的计算类型选择对应的计算表达式——使程序具有一定的智能。

下面将学习如何用选择结构来改进计算器。

2.3.1　用 if-else 选择结构实现 calculate()方法

if-else 可以赋予程序在两种以及多种可能的情形中选择其中一种的能力，使程序具有简单的智能。

【代码 2-7】采用嵌套的 if-else 结构的 Calculator 类定义。

```
1   public class Calculator {
2       /** 主方法 */
3       public static void main(String[] args) {
4           Calculator c1 = new Calculator(18, '/', 5);
5           System.out.println("计算结果: " + c1.calculate());
6       }
7
8       private int integer1;
9       private int integer2;
10      /** 操作符 */
11      private char operator;
12
13      /** 无参构造器 */
14      public Calculator() {
15      }
```

• 43 •

```
16
17          /** 有参构造器 */
18    public Calculator(int integer1, char operator, int integer2) {
19          this.integer1 = integer1;
20          this.operator = operator;
21          this.integer2 = integer2;
22    }
23
24    public int calculate() {
25          int result = 0;
26          if (operator == '+') {
27                result = integer1 + integer2;
28          } else if (operator == '-') {
29                result = integer1 - integer2;
30          } else if (operator == '*') {
31                result = integer1 * integer2;
32          } else if (operator == '/') {
33                result = integer1 / integer2;
34          } else {
35                System.out.println("没有这种运算符!");
36          }
37          return result;
38    }
39 }
```

程序运行结果：

计算结果：3

方法 calculate()所描述的算法(解题思路)可以用如图 2.7 所示的程序流程图表示。

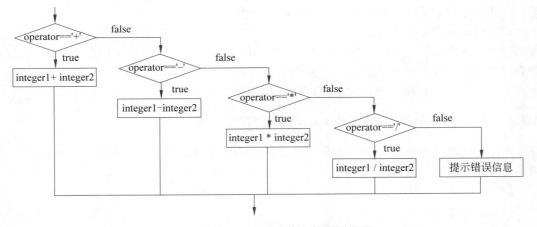

图 2.7   calculate()方法中算法的程序流程图

这种结构由一系列的 if-else 二分支结构嵌套组成一个多分支结构,但只能选择执行其中的一个分支,习惯上也将之称为 else-if 结构。其执行过程是从最前面的 if 开始,判断其后面一对圆括号中的逻辑表达式(也称布尔表达式或条件表达式)的值,如果是 true,则选择这个分支;如果是 false,则进入下一个 if-else 结构进行同样的判断,直到找到一个满足条件的分支。如果找不到满足条件的分支,就进入最后的 else 分支,最后的 else 分支是列举条件的分支之外的其他条件的分支。

采用这个结构,方法 calculate()可以按照用户选定的运算种类进行相应的运算。如果用户指定的运算超出了四则运算范围,则提示错误信息。

图 2.8 为嵌套 if-else 结构的语法格式和一般流程。

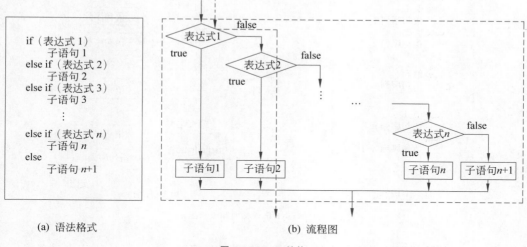

(a) 语法格式　　　　　　　　　　　　(b) 流程图

图 2.8　if-else 结构

说明:

(1) 采用"子语句"来称呼每个分支,因为一个 if-else 在语法上也是一个语句。

(2) 每个分支中的"子语句"是一个广义的概念,因为 Java 语句有简单语句和复合语句(语句块)两种。简单语句是用分号结尾的语句,而复合语句是用一对花括号括起来的两个及两个以上的语句。复合语句在语法上相当于一个语句。因此,若一个子语句是一个简单语句,则不需要使用花括号将之括起。

2.3.2　用 switch 选择结构实现 calculate() 方法

1. switch 结构概述

switch 结构是一种多中取一的选择结构,也称为开关结构,其语法格式和流程图如图 2.9 所示。

(1) switch 结构由 switch 头和 switch 体两部分组成。

(2) switch 头由关键字 switch 和一个表达式组成。

(3) switch 体由括在一对花括号中的多个语句序列组成,其中一个语句序列由关键字 default 引导,其余的语句序列都由关键字 case 后加值标记引导;default 分量是可选的,它没有标记,用于未列举出的其他情况,通常作为最后一个语句序列。case 分量可以有零至多个,但 default 分量至多有一个。

(4) switch 头中表达式的值及 case 关键字后的值必须是 char、byte、short、int、String 或枚举类型。并且 case 关键字后值的类型必须与 switch 关键字后表达式的类型相同。

(5) case 关键字后的值必须是常量或常量表达式,且不能重复出现。

(6) 当流程到达 switch 结构后就计算其后面的表达式,看其值与哪个 case 后面的值匹配(相等):若有匹配的 case 标记,便找到了进入 switch 体的入口,开始执行从这个入口标

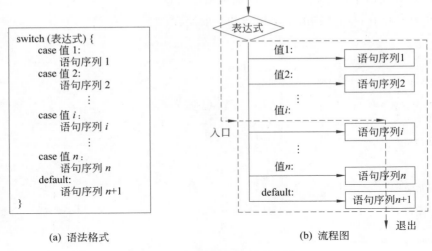

(a) 语法格式　　　　　　　　　　　(b) 流程图

图 2.9　switch 语法格式和流程图

号引导的语句序列以及后面的各个语句序列；若没有匹配的 case 标记，就认为是各个 case 标记以外的其他情形，以 default 作为进入 switch 体的入口。这个过程如图 2.9(b) 中的虚线所示。当选择了一个入口后，该 switch 结构就会从这个入口一直往下执行，只有在如下情况下才会结束。

① 执行到该 switch 体的最后结束花括号处。

② 遇到一个 break 语句。

2. switch 结构实现的 calculate( ) 方法

【代码 2-8】 采用 switch 结构的 calculator( ) 方法定义。

```
1   public int calculate() {
2       int result = 0;
3       switch (operator) {
4       case '+':
5           result = integer1 + integer2;
6           break;
7       case '-':
8           result = integer1 - integer2;
9           break;
10      case '*':
11          result = integer1 * integer2;
12          break;
13      case '/':
14          result = integer1 / integer2;
15          break;
16      default:
17          System.out.println("没有这种运算符!");
18      }
19      return result;
20  }
```

3. switch 结构与 if-else 结构的比较

表 2.6 从 5 个方面对 switch 结构与 if-else 结构进行了比较。

表 2.6 switch 结构与 if-else 结构比较

比 较 内 容	switch	if-else
子结构之间的关系	串联,可以用 break 语句进行隔离	并联
子结构的结构	语法上的一个语句	语法上的多个语句
选择的内容	一个入口	一个分支
判断表达式的类型	byte(Byte)、char(Character)、short(Short)、int(Integer)、枚举。Java 7 开始增加了 String 的多中取一判断	基于 boolean 类型的二中选一判断
n 个子结构的最多选择次数	1 次	n-1 次

习题

1. 选择下面程序的运行结果( )。

```java
public class Agg{
    static public int l =10;
    public static void main(String[] args) {
        switch (l) {
        default:
            System.out.print("没有匹配的值。");
        case 1:
            System.out.print("1。");
        case 5:
            System.out.print("5。");
        case 10:
            System.out.print("10。");
        }
    }
}
```

A. 编译时错误   B. 5。10。   C. 10。   D. 运行时错误

2. 下面的方法,当输入为 2 的时候返回值是( )。

```java
public static int getValue(int i) {
        int result =0;
        switch (i) {
        case 1:
            result =result +i;
        case 2:
            result =result +i * 2;
        case 3:
            result =result +i * 3;
        }
        return result;
}
```

A. 0   B. 2   C. 4   D. 10

3. 下列代码段执行后,k 的值是( )。

```java
int i =10, j =18, k =30;
switch(j-i) {
    case 8 : k++;
    case 9 : k +=2;
    case 10: k +=3;
    default: k /=j;
}
```

A. 31   B. 32   C. 2   D. 33

4. 编写程序。企业发放的奖金根据利润提成。利润低于或等于 10 万元时,奖金可提

10％；利润高于 10 万元，低于 20 万元时，低于 10 万元的部分按 10％提成，高于 10 万元的部分可提成 7.5％；20 万～40 万时，高于 20 万元的部分，可提成 5％；40 万～60 万时高于 40 万元的部分，可提成 3％；60 万～100 万时，高于 60 万元的部分，可提成 1.5％，高于 100 万元时，超过 100 万元的部分按 1％提成，从键盘输入当月利润，求应发放奖金总数。

知识链接

链 2.5　Math 类　　链 2.6　浮点数的判等运算　链 2.7　Java 7 增强的 switch 语句

2.4　用 while 结构实现
多项式算术计算器

2.4　用 while 结构实现多项式算术计算器

2.4.1　while 循环结构

Java 有 3 种重复控制结构，即 while、do-while 和 for。不管哪种重复结构，都要包含以下用于控制重复过程的 3 个部分：初始化部分、循环条件和修正部分。这里先学习 while 结构。

如图 2.10 所示为 while 结构的程序流程图。其基本格式如下：

```
while (循环条件) {
    循环体
}
```

while 循环执行流程如下。

（1）计算循环条件的值。

（2）如果计算结果为 true，执行循环体内的语句，执行完后转步骤（1）；如果计算结果为 false，就终止循环，跳到 while 循环的末尾，继续往下执行。

图 2.10　while 结构的程序流程图

2.4.2　用 while 结构实现的多项式算术计算器

代码 2-9 是采用 while 结构实现多项式算术计算器，可实现连续的算术运算，输入“＝”，则结束运算得到结果。Calculator 类采用代码 2-7 中的定义。

【代码 2-9】　采用 while 结构实现多项式算术计算器。

```
1    import java.util.Scanner;
2
3    public class TestCalculator {
4        /** 主方法 */
5        public static void main(String[] args) {
6            Scanner input=new Scanner(System.in);
7            int operand1=0,operand2=0;
8            //初始化循环变量
9            char operator='+';
10
11           System.out.print("输入一个操作数：");
```

```
12          operand1=input.nextInt();
13          //吸收掉上一输入的回车结束符
14          input.nextLine();
15          System.out.print("输入一个操作符: ");
16          //取输入字符串索引为 0 的字符
17          operator=input.nextLine().charAt(0);
18          //循环条件判断,花括号内为循环体
19          while(operator!='=') {
20              System.out.print("再输入一个操作数: ");
21              operand2=input.nextInt();
22              //吸收掉上一输入的回车结束符
23              input.nextLine();
24              //创建 Calculator 的匿名对象,再通过匿名对象调用 calculate()方法
25              operand1=new Calculator(operand1,operator,operand2).calculate();
26              System.out.print("输入一个操作符: ");
27              operator=input.next().charAt(0);
28          }
29          System.out.println("计算结果: "+operand1);
30          input.close();
31      }
32 }
```

程序运行结果:

```
输入一个操作数: 12 ↵
输入一个操作符: + ↵
再输入一个操作数: 6 ↵
输入一个操作符: * ↵
再输入一个操作数: 2 ↵
输入一个操作符: = ↵
计算结果: 36
```

说明:

(1) while 语句是 Java 语言最基本的重复控制语句(或称循环控制语句)。程序执行这个结构时首先判断循环条件(本例为 operator! ='=')是否满足,如果满足则执行循环体,否则跳过该循环语句。在执行完一次循环体后也要做同样的判断。简单地说,while 结构就是只要循环条件满足才重复执行循环体一次。

(2) 一个重复控制结构不能永远地执行下去,为此在循环体内必须有能够改变循环条件的操作,并且这种改变能使循环条件最后不再满足。这种改变一般是针对一个或几个变量进行的。这种影响循环过程的变量称为循环变量,在本例中 operator 就是循环变量。在循环体中修正循环变量的表达式称为修正表达式。此外,在循环结构前面一般还需要循环变量的初始化语句。循环变量的初始化值也是决定循环次数的一个因素。

习题

1. 若 k 为整型变量,则下面 while 循环执行的次数为(   )。

```
k =10;
while(k >=5)
    k = k -1;
```

A. 4 次   B. 7 次   C. 5 次   D. 6 次

2. 以下代码段的输出结果是(   )。

```
int i =0;
while(true) {
```

```
    if(++i >10)
        break;
}
System.out.println(i);
```

    A. 10   B. 12   C. 9   D. 11

3. 假设 int x＝4，y＝100，下列语句的循环体共执行（   ）。

```
while (y / x >3) {
    if (y % x >3) {
        x = x +1;
    } else {
        y = y / x;
    }
}
```

    A. 1 次   B. 2 次   C. 3 次   D. 4 次

4. 编写一个 Java 程序，在屏幕上输出 $1!+2!+3!+\cdots+10!$ 的和。

5. 编写程序。打印出所有的"水仙花数"，所谓"水仙花数"是指一个三位数，其各位数字的立方和等于该数本身。例如，153 是一个"水仙花数"，因为 $153=1^3+5^3+3^3$。

2.5 内容
扩展

2.5　内 容 扩 展

2.5.1　逻辑运算符

    逻辑运算符也称为布尔运算符。逻辑运算符具有多条件联合运算的功能，关系运算符没有这个功能。逻辑运算符要求操作数的数据类型为 boolean 类型，运算后返回的结果也是 boolean 类型（true 或 false）。

    逻辑运算符有四个：逻辑与"＆＆"，逻辑或"||"，逻辑非"!"，逻辑异或"^"，见表 2.7。

表 2.7　逻辑运算符

运算符	描　　述	实　例	结　果
＆＆	称为逻辑与运算符。当且仅当两个操作数都为真，条件才为真	6＞5＆＆3＜4	true
||	称为逻辑或操作符。如果任何两个操作数任何一个为真，条件为真	2＜1||7＞5	true
!	称为逻辑非运算符。用来反转操作数的逻辑状态。如果条件为 true，则逻辑非运算符将得到 false	!(5＞8)	true
^	称为逻辑异或运算符。当且仅当两个操作数的布尔值不相同，条件为真	6＞5^8＜4	true

Java 逻辑运算符真值表，见表 2.8。

表 2.8　逻辑运算符的真值表

A	B	A＆＆B	A||B	!A	A^B
true	true	true	true	false	false
false	true	false	true	true	true
true	false	false	true	false	true
false	false	false	false	true	false

    ＆＆ 和 || 运算符都具有短路特性，以提高操作符的运算效率。所谓短路计算，是指系统

从左至右进行逻辑表达式的计算,一旦出现计算结果已经确定的情况,则计算过程即被终止。

对于＆＆运算来说,如果左端的表达式的结果为 false,则右端的表达式不再运算,整个表达式的结果就确定为 false。例如:

```
int a = 6;
int b = 7;
if(a++<5 && ++b ==8)
    System.out.println(a +", " +b);          //不输出
else
    System.out.println(a +", " +b);          //输出结果为 7，7
```

上面的例子说明:＆＆前面的算式进行了运算,＆＆后面的算式没有进行运算。

对于‖运算来说,如果左端的表达式的结果为 true,则右端的表达式就不再运算,整个表达式的结果就确定为 true。例如:

```
int a = 6;
int b = 7;
if(++a > 6 || ++b ==8){
    System.out.println(a +", " +b);          //输出结果：7，7
}
```

上面的例子说明:‖前面的算式进行了运算,而‖后面的算式没有进行运算。

逻辑运算符的优先级为:! 运算级别最高,^运算符高于＆＆和‖运算符,＆＆运算符高于‖运算符。! 运算符的优先级高于算术运算符,而＆＆、‖和^运算符则低于关系运算符。结合方向是:逻辑非(单目运算符)具有右结合性,逻辑与、逻辑或、逻辑异或(双目运算符)具有左结合性。

例 2.1   编写一个程序,要求用户从键盘输入某年的年份,若是闰年,则在屏幕上显示"闰年";否则在屏幕上显示"平年"。

判断闰年的方法:如果某年能被 4 整除而不能被 100 整除,或者能被 400 整除,则这一年是闰年。如果用一整型变量 year 表示年份,则判断其是否为闰年的逻辑表达式为(year % 4 == 0 && year % 100 ! = 0) ‖ (year % 400 == 0)。

【代码 2-10】 例 2.1 的实现代码。

LeapYear.java

```
1   import java.util.Scanner;
2
3   public class LeapYear {
4       public static void main(String[] args) {
5           int year;
6           boolean isLeapYear;
7           Scanner input = new Scanner(System.in);
8           System.out.print("请输入年份: ");
9           year = input.nextInt();
10          isLeapYear = (year % 4 ==0 && year % 100 !=0) || (year % 400 ==0);
11          if (isLeapYear) {
12              System.out.println("闰年");
13          } else {
14              System.out.println("平年");
15          }
16          input.close();
```

```
17        }
18    }
```

程序运行结果（运行两次）：

```
请输入年份：2004 ↵
闰年
请输入年份：2015 ↵
平年
```

说明：

（1）代码第 10 行赋值运算符的右边是判断闰年的逻辑表达式，其值为 true，说明 year 是闰年；其值为 false，说明 year 是平年。逻辑表达式的值存放在变量 isLeapYear 中。

（2）代码第 11～15 行是 if 语句，如果 isLeapYear 的值是 true，则执行 if 语句的 if 子句，在屏幕上显示"闰年"；否则执行 if 语句的 else 子句，在屏幕上显示"平年"。

2.5.2 抛出异常

1. 用 throws 向上层抛出异常

一个方法带有 throws 关键字，用于声明该方法可能抛出的异常，表明自己不处理某些异常而是将这些异常交由上层（调用者）捕获处理。这类方法的格式如下：

```
public 返回值类型 方法名(参数列表)    throws 异常类型列表 {
        语句

}
```

【代码 2-11】 在 div() 方法中抛出异常。

Calculator.java

```
1    class Calculator {
2        /** 被运算数 */
3        private int integer1;
4        /** 运算数 */
5        private int integer2;
6
7        /** 无参构造器 */
8        public Calculator() {
9        }
10
11       /** 有参构造器 */
12       public Calculator(int integer1, int integer2) {
13           this.integer1 =integer1;
14           this.integer2 =integer2;
15       }
16
17       //其他方法
18
19       /** 仅抛出异常而不处理异常 */
20       public int div() throws ArithmeticException {
21           return integer1 / integer2;
22       }
23    }
```

CalcuTest.java

```
1    public class CalcuTest {
2        public static void main(String[] args) {
3            Calculator c1 =new Calculator(18, 0);
4
```

```
5              //监视并抛出异常
6              try {
7                System.out.println("和为: " +cl.add());
8                System.out.println("差为: " +cl.sub());
9                System.out.println("积为: " +cl.mlt());
10               System.out.println("商为: " +cl.div());
11             }
12             //捕获并处理异常
13             catch (ArithmeticException ae) {
14                 System.err.println("捕获异常:" +ae);
15             } finally {
16                 System.out.println("div方法执行结束");
17             }
18         }
19     }
```

程序执行结果：

```
和为: 18
差为: 18
积为: 0
捕获异常: java.lang.ArithmeticException: / by zero
div方法执行结束
```

说明：

（1）throws 用于声明在该方法中不被捕获处理而直接抛出的检查型异常，交给上层（调用者）处理。对于调用者来说，不管是否会产生异常，在调用该方法时都必须进行异常处理。这个声明所约定的异常类型具有严格的强制性，它要求方法不可抛出约定之外的异常类型。

（2）检查型异常被认为是可以合理地发生，并可以通过处理从程序运行中恢复的异常。相对而言，非检查型异常被认为是不能从程序运行中合理恢复的异常或错误。应该说，附录 B 中列出的 RuntimeException 的子类以及 Error 子类都是非检查型异常。非检查型异常不必由 throws 子句抛出，它们随时可能发生，JVM 会捕获它们。

（3）throws 后面的异常类型列表是用逗号分隔的检查型异常，用来指定该方法交上层处理的异常类型。为了安全，检查型异常应当尽量完整、具体。

（4）主方法也可以抛出异常交其上层——JVM 捕获处理。图 2.5 就是这样一种处理的结果。下层抛出，交上层处理，好处是可以在上层集中进行处理。例如，下层有 10 个方法，可能的异常类型有两种，上层只需要两种类型的处理。若要写到下层，总共要 20 个处理。

2. 用 throw 直接抛出异常

throw 是一个用于由程序员直接抛出异常的关键字。

【代码 2-12】 在 div()方法中用 throw 抛出异常。

Calculator.java

```
1   class Calculator {
2       /** 被运算数 */
3       private int integer1;
4       /** 运算数 */
5       private int integer2;
6
7       //其他代码
```

```
8
9        /** 指定抛出异常的类型,交上层处理 */
10       int div() throws ArithmeticException {
11           int temp = 0;
12           //捕获异常
13           try {
14               temp = integer1 / integer2;
15           } catch (ArithmeticException ae) {
16               //直接抛出异常,交上层处理
17               throw ae;
18           }
19           return temp;
20       }
21   }
```

说明:

在本例的方法 div()中,throw 子句置于 try 子句中抛出异常交上层处理,这是一种常用形式,但是并不是说 throw 一定是向上层抛出异常。

【代码 2-13】 用 throw 直接抛出异常。

ThrowDemo.java

```
1   public class ThrowDemo {
2       public static void main(String[] args) {
3           try {
4               throw new Exception("直接抛出异常示例!");
5           } catch (Exception e) {
6               System.err.println(e);
7           }
8       }
9   }
```

程序执行结果:

```
java.lang.Exception: 直接抛出异常示例!
```

2.5.3 实例学习——有理数的类封装

通过前面的学习,已经知道面向对象编程的核心思想之一就是封装,即将属性和操作属性的行为封装在一起。面向对象编程的基本步骤就是通过抽象把一个个具体实例的共有属性与行为提取出来,形成一个类模板;再由这个类模板创建具体的对象,然后通过对象调用方法产生行为,以达到程序所要实现的目的。本节通过对有理数进行类封装,以更深入地学习理解面向对象编程的思维和方法。

1. 有理数对象建模——RationalNumber(有理数)类

有理数是整数和分数的集合,整数也可看作分母为 1 的分数。分数可进行四则运算,两个分数四则运算的结果可仍为分数。每个有理数都是一个对象,每个对象都有属性(分子和分母)和行为(加、减、乘、除运算)。可以使用一个类对有理数进行建模。这个类的 UML 图如图 2.11 所示。

图 2.11 中的 UML 图表示的 RationalNumber 类具有的属性(成员变量)和行为(成员方法)说明如下。

(1) 两个 int 成员变量 numerator 和 denominator:分别表示分子和分母。

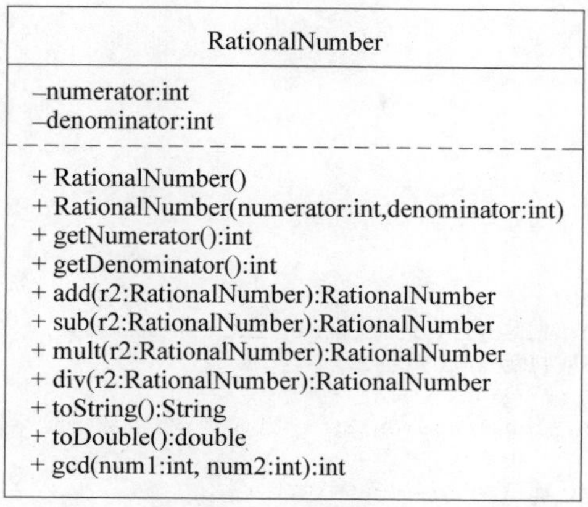

RationalNumber
–numerator:int –denominator:int
+ RationalNumber() + RationalNumber(numerator:int,denominator:int) + getNumerator():int + getDenominator():int + add(r2:RationalNumber):RationalNumber + sub(r2:RationalNumber):RationalNumber + mult(r2:RationalNumber):RationalNumber + div(r2:RationalNumber):RationalNumber + toString():String + toDouble():double + gcd(num1:int, num2:int):int

图 2.11　RationalNumber 类是对有理数的建模

（2）RationalNumber()：无参构造器，为成员变量 numerator 和 denominator 设置默认值，并利用默认值构造有理数对象。

（3）RationalNumber(int numerator，int denominator)：有参构造器，利用 numerator 和 denominator 提供的参数构造有理数对象。

（4）int getNumerator()方法：返回有理数的分子部分。

（5）int getDenominator()方法：返回有理数的分母部分。

（6）RationalNumber add(RationalNumber r2)方法：调用该方法的有理数与参数指定的另一个有理数 r2 做加法运算，并返回一个 RationalNumber 对象。

（7）RationalNumber sub(RationalNumber r2)方法：调用该方法的有理数与参数指定的另一个有理数 r2 做减法运算，并返回一个 RationalNumber 对象。

（8）RationalNumber mult(RationalNumber r2)方法：调用该方法的有理数与参数指定的另一个有理数 r2 做乘法运算，并返回一个 RationalNumber 对象。

（9）RationalNumber div(RationalNumber r2)方法：调用该方法的有理数与参数指定的另一个有理数 r2 做除法运算，并返回一个 RationalNumber 对象。

（10）String toString()方法：返回有理数的分数表示。

（11）double toDouble()方法：返回有理数的小数表示。

（12）int gcd(int num1，int num2)方法：求两个数的最大公约数，这是进行有理数简化的辅助方法。

2. RationalNumber（有理数）类的实现

代码 2-14 是 RationalNumber(有理数)类的实现代码。

【代码 2-14】　RationalNumber(有理数)类的实现代码。

RationalNumber.java

```
1    /** RationalNumber(有理数)类 */
2    public class RationalNumber {
3        /** 分子 */
4        private int numerator;
```

```java
 5          /** 分母 */
 6          private int denominator;
 7
 8          /** 无参构造器 */
 9          public RationalNumber() {
10              this.numerator = 0;
11              this.denominator = 1;
12          }
13
14          /** 有参构造器 */
15          public RationalNumber(int numerator, int denominator) {
16              //不合法有理数判断,分母不为 0
17              if (denominator == 0) {
18                throw new IllegalArgumentException("非法参数:分母不能为 0");
19              }
20              int gcd = gcd(numerator, denominator);
21              //分母为正则分子乘 1,分母为负则分子乘-1
22              this.numerator = ((denominator > 0) ? 1 : -1) * numerator / gcd;
23              //分母都化为正
24              this.denominator = Math.abs(denominator) / gcd;
25          }
26
27          /** 返回分子 */
28          public int getNumerator() {
29              return numerator;
30          }
31
32          /** 返回分母 */
33          public int getDenominator() {
34              return denominator;
35          }
36
37          /** 加法运算 */
38          public RationalNumber add(RationalNumber r2) {
39              int newDenominator = this.denominator * r2.getDenominator();
40              int numerator1 = this.numerator * r2.getDenominator();
41              int numerator2 = r2.getNumerator() * this.denominator;
42              int newNumerator = numerator1 + numerator2;
43              //创建新的有理数对象,作为加运算的返回结果
44              RationalNumber newRN = new RationalNumber(newNumerator, newDenominator);
45              return newRN;
46          }
47
48          /** 减法运算 */
49          public RationalNumber sub(RationalNumber r2) {
50              int newDenominator = denominator * r2.getDenominator();
51              int numerator1 = numerator * r2.getDenominator();
52              int numerator2 = r2.getNumerator() * denominator;
53              int newNumerator = numerator1 - numerator2;
54              //创建新的有理数对象,作为减运算的返回结果
55              RationalNumber newRN = new RationalNumber(newNumerator, newDenominator);
56              return newRN;
57          }
58
59          /** 乘法运算 */
60          public RationalNumber mult(RationalNumber r2) {
61              int newNumerator = numerator * r2.getNumerator();
62              int newDenominator = denominator * r2.getDenominator();
63              //创建新的有理数对象,作为乘运算的返回结果
64              RationalNumber newRN = new RationalNumber(newNumerator, newDenominator);
```

```
65          return newRN;
66       }
67
68       /** 除法运算 */
69       public RationalNumber div(RationalNumber r2) {
70          int newNumerator = this.numerator * r2.getDenominator();
71          int newDenominator = this.denominator * r2.getNumerator();
72          //创建新的有理数对象,作为除运算的返回结果
73          RationalNumber newRN = new RationalNumber(newNumerator, newDenominator);
74          return newRN;
75       }
76
77       /** 返回有理数的分数表示 */
78       public String toString() {
79          return this.numerator + "/" + this.denominator;
80       }
81
82       /** 返回有理数的小数表示 */
83       public double toDouble() {
84          return this.numerator * 1.0 / this.denominator;
85       }
86
87       /** 求两个数的最大公约数 */
88       private int gcd(int num1, int num2) {
89          int m = Math.abs(num1);
90          int n = Math.abs(num2);
91          int temp = 1;
92          while (n != 0) {
93             temp = m % n;
94             m = n;
95             n = temp;
96          }
97          return m;
98       }
99   }
```

3. RationalNumber(有理数)类的测试

已经有了 RationalNumber 类,下面对该类进行测试。将 RationalNumber 类作为模板创建若干个对象,并让对象之间进行交互,做四则运算来完成程序所要达到的目的。代码 2-15 中的 RationalNumberTest 类是 RationalNumber 类的测试类,它使用 RationalNumber 对象进行两个分数的四则运算,并计算 $\dfrac{1}{2} + \dfrac{2}{3} + \cdots + \dfrac{n}{n+1} + \cdots$ 的前 10 项的和。

【代码 2-15】 RationalNumber(有理数)类的测试代码。

```
1   import unit02.code14.RationalNumber;
2
3   /** RationalNumber 类的测试类 */
4   public class RationalNumberTest {
5       public static void main(String[] args) {
6          RationalNumber result;
7          RationalNumber r1 = new RationalNumber(6, 8);
8          RationalNumber r2 = new RationalNumber(5, 7);
9          result = r1.add(r2);
10         System.out.println(r1.toString() + "+" + r2.toString() + "=" + result.toString());
11         result = r1.sub(r2);
12         System.out.println(r1.toString() + "-" + r2.toString() + "=" + result.toString());
13         result = r1.mult(r2);
14         System.out.println(r1.toString() + "*" + r2.toString() + "=" + result.toString());
```

```
15          result =r1.div(r2);
16          System.out.println(r1.toString()+"÷"+r2.toString()+"="+result.toString());
17          System.out.println("计算 1/2+2/3+…n/(n+1)+…的前 10 项和.");
18          RationalNumber sum =new RationalNumber(0, 1);
19          for (int n =1; n <=10; n++) {
20            sum =sum.add(new RationalNumber(n, n +1));
21          }
22          System.out.println("用分数表示的计算结果: " +sum.toString());
23          System.out.printf("用小数表示的计算结果: %.4f", sum.toDouble());
24      }
25  }
```

程序执行结果:

```
3/4+5/7=41/28
3/4-5/7=1/28
3/4 * 5/7=15/28
3/4÷5/7=21/20
计算 1/2+2/3+…n/(n+1)+…的前 10 项和.
用分数表示的计算结果: 221209/27720
用小数表示的计算结果: 7.9801
```

说明:

(1) 第 9 行,实现了两个有理数相加;参与加法运算的两个有理数,一个是调用 add()方法的 r1(称为当前对象),另一个是传给 add()方法的参数 r2。另外三个运算的理解类似。

(2) 第 20 行,在 for 循环中通过多次调用 sum 对象的 add()方法实现有理数对象的累加,这是一种链式调用。之所以 sum 对象能进行链式调用,就是其 add()方法的返回结果也是一个有理数对象。有理数对象另外三个方法 sub()、mult()和 div()的返回结果也是一个有理数对象,因此,也能对其进行链式调用,以实现累减、累乘和累除。

2.6 本章小结

2.6 本章
小结

本章的主要内容如下。

(1) 设计了一个简单计算器类并进行测试,涉及算术运算符与算术表达式、变量与赋值、运算符的优先级与结合性及从键盘输入数据等基础知识。

(2) 利用选择结构对计算器类进行改进,使之能按用户需求进行某一种运算,涉及关系运算与布尔类型、if-else 语句、switch 语句等内容。

(3) 利用选择结构、异常处理规避被零除风险,并对两种方案进行了比较。

(4) 用循环结构实现了可连续计算的多项式算术计算器。

习题

1. 编写程序。简单呼叫器:在使用呼叫器时会输入呼叫器号码、用户姓名、用户地址。呼叫器上有 3 个按钮,分别用于呼叫保安、呼叫保健站、呼叫餐厅。呼叫时,呼叫器会自动发布呼叫者的呼叫器号码、姓名和地址,同时还有用户的请求内容。

请编写模拟该呼叫器功能的程序,并编写相应的测试用例。

2. 编写程序。报站器:某路公共汽车沿途经过 n 个车站,车上配备一个报站器。报站器有如下功能。

（1）车子发动，报站器会致欢迎词："这是第 x 路公交线路上的第 x 号车，我们很高兴为各位乘客服务。"

（2）每到一个站时，司机按动一个代表站点的数字按钮，报站器会提示乘客："xxx 站到了，要下车的乘客请从后门下车。"

现设有 5 个站：长白山站、燕山站、五台山站、泰山站、衡山站。

请用一个面向对象的程序仿真这个报站器，并编写相应的测试用例。

第3章 算法基础：穷举、迭代与递归

算法（Algorithm）是指解题方案的准确而完整的描述，是一系列解决问题的清晰指令。算法具有以下五个重要的特征。

（1）有穷性（Finiteness）：算法必须能在执行有限个步骤之后终止。

（2）确切性（Definiteness）：算法的每一步骤必须有确切的定义。

（3）输入项（Input）：一个算法有零个或多个输入，输入是在执行算法时需要从外界取得的一些必要信息。

（4）输出项（Output）：一个算法有一个或多个输出，以反映对输入数据加工后的结果。没有输出的算法是毫无意义的。

（5）可行性（Effectiveness）：算法中执行的任何计算步骤都是可以被分解为基本的可执行的操作步骤，即每个计算步骤都可以在有限时间内完成（也称之为有效性）。

算法的描述与所采用的工具有关。这里讨论的是采用电子数字计算机进行问题求解的算法，它通常由操作、控制结构和数据结构 3 要素组成。其中，操作包括算术逻辑操作、关系操作和输入/输出操作；控制结构包括模块结构和流程控制结构（顺序、分支和重复）；数据结构指数据的组织形式。通常，求解同一类问题，算法也会由于思维模式不同而不同。这些不同的算法，往往会表现出不同的执行时间和不同的系统资源（主要是存储空间）占用，分别称为算法的时间效率和空间效率。

本章介绍三种最常用、最基本的算法：穷举、迭代和递归。

3.1 素数序列产生器

3.1 素数序列产生器

3.1.1 问题描述与对象建模

素数又称质数，是指在大于 1 的整数中除了 1 和它本身外不再有其他约数的数。素数序列产生器的功能是输出一个自然数区间中的所有素数。

1. 素数序列产生器建模

1）现实世界中的素数序列计算对象

本题的意图是建立一个自然数区间，如图 3.1 所示的[11，101]、[350，5500]、[3，1000]等区间内的素数序列。每一个正整数区间的素数序列就是一个对象。

2）用类图描述的素数序列产生器

对这个问题建模，就是考虑定义一个具有一般性的素数产生器——PrimeGenerator 类。这个类的区间下限为 lowerNaturalNumber，区间

图 3.1 不同的求素数对象

上限为 upperNaturalNumber。这两个值分别用一个变量存储,作为类 PrimeGenerator 的两个成员变量。

类 PrimeGenerator 成员方法除了构造器和主方法外,还需要 getPrimeSequence()——给出素数序列,于是可以得到如图 3.2 所示的 PrimeGenerator 类初步模型。

2. getPrimeSequence()方法的基本思路

getPrimeSequence() 方法的功能是给出［lowerNatural－Number,upperNaturalNumber］区间内的素数序列。基本思路是从 lowerNaturalNumber 到 upperNaturalNumber 逐一对每一个数进行测试,看其是否为素数,如果是则输出(用不带回车的输出,以便显示出一个序列);否则继续对下一个数进行测试。

PrimeGenerator
−lowerNaturalNumbe:int −upperNaturalNumber:int
+PrimeGenerator() + getPrimeSequence ():void

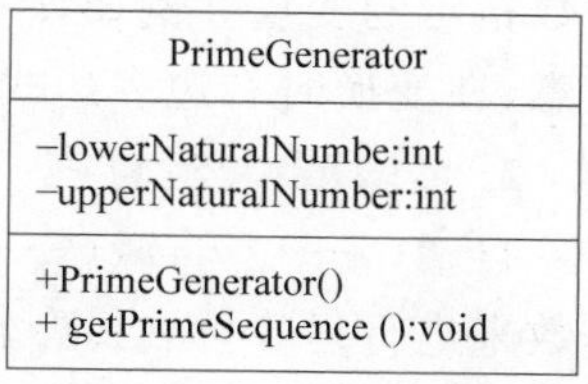

图 3.2 PrimeGenerator 类初步模型

每次测试使用的代码相同,只是被测试的数据不同,也就是说,这样一个方法中的代码要不断重复执行,直到达到目的为止,这种程序结构称为重复结构,也称循环结构。

在实现 getPrimeSequence()方法时有以下两种考虑。

(1) 用 isPrime()判定一个数是否为素数。

为了将 getPrimeSequence()方法设计得比较简单,把测试一个数是否为素数的工作也用一个方法 isPrime()进行,所以 getPrimeSequence()方法就是重复地对区间内的每个数用 isPrime()方法进行测试。

isPrime()方法用来对某个自然数进行测试,看其是否为素数。其原型应当为:

```
boolean isPrime(int number);
```

测试一个自然数是否为素数的基本方法是把这个数 number 依次用 2～number/2 去除,只要有一个能整除,该数就不是素数。

所以,这两个方法都要采用重复结构。

(2) 在 getPrimeSequence()方法中直接判定一个数是否为素数。

3.1.2 isPrime()判定素数方法的实现

1. 复合赋值运算符

复合赋值是指先执行运算符指定的运算,然后再将运算结果存储到运算符左边操作数指定的变量中。在 Java 中,表达式 m＝m＋1 可以简化为 m＋＝1。＋＝是加和赋值的组合操作符,称为赋值加。例如,i＋＝5 相当于 i＝i＋5。除赋值加外,复合赋值操作符还有－＝、*＝、/＝ 等,见表 3.1。

表 3.1 复合赋值运算符

操 作 符	含 义	示 例
＋＝	加和赋值操作符,它把左操作数和右操作数相加赋值给左操作数	a＋＝40 等同于 a＝a＋40
－＝	减和赋值操作符,它把左操作数和右操作数相减赋值给左操作数	a－＝40 等同于 a＝a－40
*＝	乘和赋值操作符,它把左操作数和右操作数相乘赋值给左操作数	a*＝40 等同于 a＝a*40
/＝	除和赋值操作符,它把左操作数和右操作数相除赋值给左操作数	a/＝40 等同于 a＝a/40
％＝	取模和赋值操作符,它把左操作数和右操作数取模后赋值给左操作数	a％＝40 等同于 a＝a％40

复合赋值运算符同简单赋值运算符一样，也是双目运算符，需要两个操作数。不同的是，复合赋值运算符要先执行运算符自身要求的运算后，再将运算后的结果赋值给左边的操作数指定的变量。例如，a＊＝b＋20 的等价形式是 a＝a＊(b＋20)，而不是 a＝a＊b＋20。注意，在变换时右边表达式要先加上括号。复合赋值操作符的优先级别与赋值操作符相同。

2. 自增/自减运算符

自增(＋＋)/自减(－－)运算符是一种特殊的算术运算符，在算术运算符中需要两个操作数来进行运算，而自增/自减运算符是一个操作数。＋＋ 与 －－ 的作用是使变量的值增 1 或减 1。操作数必须是一个整型或浮点型变量。自增、自减运算的含义及其使用实例如表 3.2 所示。

表 3.2　自增、自减运算的含义及其使用实例

操作符	含　义	示　例	运算结果
i＋＋	将 i 的值先使用，再加 1 赋值给 i 变量本身	int i ＝ 1; int j ＝ i＋＋;	i ＝ 2 j ＝ 1
＋＋i	将 i 的值先加 1 赋值给变量 i 本身后，再使用	int i ＝ 1; int j ＝ ＋＋i;	i ＝ 2 j ＝ 2
i－－	将 i 的值先使用，再减 1 赋值给变量 i 本身	int i ＝ 1; int j ＝ i－－;	i ＝ 0 j ＝ 1
－－i	将 i 的值先减 1 后赋值给变量 i 本身，再使用	int i ＝ 1; int j ＝ －－i;	i ＝ 0 j ＝ 0

说明：

(1) 运算的基本规则为：前缀自增/自减法(＋＋a，－－a)，先对变量 a 进行自增或者自减运算，再引用变量 a 的值进行表达式运算；后缀自增/自减法(a＋＋，a－－)，先引用变量 a 的值进行表达式运算，再对变量 a 进行自增或者自减运算。

(2) 自增/自减只能作用于变量，不允许对常量、表达式或其他类型的变量进行操作。

(3) 自增/自减运算可以用于整数类型 byte、short、int、long，浮点类型 float、double，以及字符类型 char。

(4) 在 Java 1.5 以上版本中，自增/自减运算可以用于基本类型对应的包装器类 Byte、Short、Integer、Long、Float、Double 和 Character。

(5) 自增/自减运算结果的类型与被运算的变量类型相同。

3. 采用 do-while 结构的 isPrime() 方法

while 结构的执行特点是"符合条件才进入"；do-while 结构的执行特点是"先执行一次再说"。所以 while 结构的循环体可能一次也不执行，而 do-while 结构最少要执行一次。图 3.3 为 do-while 结构的程序流程图。其基本格式如下：

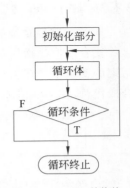

图 3.3　do-while 结构的程序流程图

```
do {
    循环体
} while (循环条件);
```

注意：do-while 结构的最后要以分号结束。

下面先实现素数序列产生器的 isPrime()方法,然后再实现整个 PrimeGenerator 类。

isPrime()方法的基本思路是用 2~number/2 中的数 m 依次去除被检测的数 number,只要有一次能被整除,就证明 number 不是素数,循环除就不再进行,这种解决问题的方法就是穷举法。

穷举法的基本思路是:对于要解决的问题,列举出它所有可能的情况,逐个判断有哪些是符合问题所要求的条件,从而得到问题的解。穷举一般采用重复结构,并由以下 3 个要素组成。

(1) 穷举范围:问题所有可能的解,应尽可能缩小穷举范围。

(2) 判定条件:用于判断可能的解是否是问题真正的解。

(3) 穷举结束条件:用于判断是否结束穷举。

穷举算法是一种最简单、最直接且易于实现的算法,但运算量大,其依赖于计算机的强大计算能力来穷尽每一种可能的情况,从而达到求解的目的。穷举算法效率不高,但适用于解决一些规模不是很大的问题。

【代码 3-1】 采用 do-while 结构实现 isPrime()方法。

```java
1   public class PrimeGenerator {
2       /** 主方法 */
3       public static void main(String[] args) {
4           PrimeGenerator ps1 = new PrimeGenerator();
5           System.out.println(ps1.isPrime(2));
6           System.out.println(ps1.isPrime(14));
7       }
8
9       /** 判定素数方法 */
10      private boolean isPrime(int number) {
11          int m = 2;
12
13          //1 及小于 1 的数都不是素数,2 是素数
14          if (number <= 1) {
15              return false;
16          } else if (number == 2) {
17              return true;
18          }
19
20          do {
21              //若能找到用来整除 number 的数 m,则 number 不是素数
22              if (number % m == 0) {
23                  return false;
24              }
25              //取下一个数
26              ++m;
27          } while (m < number / 2);
28
29          return true;
30      }
31  }
```

程序执行结果:

```
true
false
```

说明:在本代码中,穷举范围是 2~number/2,判定条件是 number % m == 0,穷举结束条件是 m < number / 2。

3.1.3 PrimeGenerator 类的实现

PrimeGenerator 类的实现主要是实现其 getPrimeSequence()方法。

1. 使用 isPrime()判定素数的 PrimeGenerator 类的实现

如前所述,循环结构是通过初始化部分、循环条件和修正部分来控制循环过程的。while 结构和 do…while 结构将这 3 个部分分别放在不同位置,而 for 结构则把这 3 个部分放在一起,形成如下形式:

```
for (初始化部分; 循环条件; 修正部分) {
    循环体
}
```

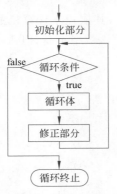

图 3.4　for 结构的程序流程图

这样可以使人对循环过程的控制一目了然,特别适合用在循环次数可以预先确定的情况,所以也把 for 循环称为计数循环。图 3.4 为 for 结构的程序流程图。

使用 isPrime()判定素数的 PrimeGenerator 类的实现,就是在实现 getPrimeSequence()方法时会使用到 isPrime()方法。getPrimeSequence()方法要实现的功能是将[lowerNaturalNumber, upperNaturalNumber]区间内的每一个数依次用 isPrime()方法进行测试,判断是否是素数,具有明显的计数特征,所以应采用 for 结构。当然,isPrime()方法也适合用 for 结构。

下面介绍使用 for 结构实现 getPrimeSequence()方法。

【代码 3-2】 采用 for 结构的 getPrimeSequence()方法,PrimeGenerator 类的完整代码。

```java
1   public class PrimeGenerator {
2       /** 主方法 */
3       public static void main(String[] args) {
4           //创建 PrimeGenerator 的对象
5           PrimeGenerator ps1 = new PrimeGenerator(2, 20);
6           //获取素数序列
7           ps1.getPrimeSequence();
8       }
9
10      /** 区间下限 */
11      private int lowerNaturalNumber;
12      /** 区间上限 */
13      private int upperNaturalNumber;
14
15      /** 带参构造器 */
16      public PrimeGenerator(int lowerNaturalNumber, int upperNaturalNumber) {
17          this.lowerNaturalNumber = lowerNaturalNumber;
18          this.upperNaturalNumber = upperNaturalNumber;
19      }
20
21      public void getPrimeSequence() {
22          System.out.print(lowerNaturalNumber + "到" + upperNaturalNumber +
23                                          "之间的素数序列为: ");
24          //循环控制
25          for (int m = lowerNaturalNumber; m <= upperNaturalNumber; m++) {
26              if (isPrime(m))
```

```
27              System.out.print(m +",");
28          }
29      }
30
31      /** 判定素数方法 */
32      private boolean isPrime(int number) {
33          int m =2;
34
35          //1 及小于 1 的数都不是素数,2 是素数
36          if (number <=1) {
37              return false;
38          } else if (number ==2) {
39              return true;
40          }
41
42          do {
43              //若能找到用来整除 number 的数 m,则 number 不是素数
44              if (number %m ==0) {
45                  return false;
46              }
47              //取下一个数
48              ++m;
49          } while (m <number / 2);
50
51          return true;
52      }
53  }
```

程序执行结果:

2 到 20 之间的素数序列为: 2, 3, 5, 7, 11, 13, 17, 19,

2. 重复结构中的 continue 语句

前面设计的 getPrimeSequence() 代码疏忽了一个问题,即没有考虑用户给出的区间下限小于 2 的情况,也没有考虑给出的区间上、下限反了的情况。下面的代码弥补了这一缺陷。

【代码 3-3】 进一步完善的 getPrimeSequence() 代码。

```
1   public void getPrimeSequence() {
2       System.out.print(lowerNaturalNumber +"到" +upperNaturalNumber +
3                                           "之间的素数序列为:");
4       //区间反了时交换
5       if (lowerNaturalNumber >upperNaturalNumber) {
6           int temp =lowerNaturalNumber;
7           lowerNaturalNumber =upperNaturalNumber;
8           upperNaturalNumber =temp;
9       }
10
11      //循环控制
12      for (int m =lowerNaturalNumber; m <=upperNaturalNumber; m++) {
13          if (m <2) {
14              //短路一次循环中后面的部分,减少 isPrime()方法的调用次数
15              continue;
16          }
17          if (isPrime(m)) {
18              System.out.print(m +",");
19          }
20      }
21  }
```

continue 语句是跳过循环体中剩余的语句而强制执行下一次循环,其作用为结束本次

循环，即跳过循环体中下面尚未执行的语句，接着进行下一次是否执行循环的判定。

3. 不用 isPrime() 判定素数的 PrimeGenerator 类的实现

若不使用 isPrime() 函数，则 getPrimeSequence() 函数成为一个嵌套的循环结构。

【代码 3-4】 采用嵌套循环结构的 getPrimeSequence() 函数。

```
1    public void getPrimeSequence() {
2        System.out.print(lowerNaturalNumber +"到" +upperNaturalNumber +
3                                            "之间的素数序列为：");
4        for (int m =lowerNaturalNumber; m <=upperNaturalNumber; m++) {
5            boolean flag =true;
6
7            //1 及小于 1 的数都不是素数
8            if (m <=1) {
9                continue;
10           }
11
12           for (int n =2; n <m; n++) {
13             if (m %n ==0) {
14                   //发现 number 能被一个数整除，就断定它不是素数
15                   flag =false;
16                   break;
17               }
18           }
19           if (flag)
20               System.out.print(m +",");
21       }
22   }
```

说明：

（1）在代码 3-4 中，为了测试一个数是否为素数，采用了一个标记变量 flag。流程一进入外 for 循环中，就将定义一个 flag 并初始化为 true。在内 for 循环中，一旦发现被测试数不是素数，就将 flag 置为 false，并用 break 跳出内循环，否则一直到对被测试数进行完全测试后退出内循环。在内循环外，首先检测 flag 有无改变，如果无，则打印被测试数，然后跳到外循环的增量处取下一个数测试；如果有，则直接跳到外循环的增量处取下一个数测试。

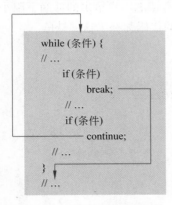

图 3.5　break 与 continue 的作用

（2）在代码 3-4 中使用了 break 语句，它的作用是强行结束当前的循环。不管是哪种循环，一旦在循环体中遇到 break，系统将完全结束该循环，开始执行循环之后的代码。图 3.5 对 break 和 continue 的作用进行了比较。可以看出，二者有如下区别与联系。

① break 是对循环和 switch-case 结构有效，而 continue 只对循环结构有效。

② 当结构嵌套时，break 语句只对当前层循环或当前层 switch-case 结构有效。continue 也是只对当前层循环有效。

③ break 的作用是跳出，continue 的作用是短路。

④ 这两种操作都是在一定的条件下才能执行，所以在循环体中这两个语句常与 if-else

结构相配合。

（3）在这个方法中，变量 m 定义在 for 循环体之前（属初始化部分），其作用域为函数作用域。n 和 flag 都定义在内 for 循环体前、外循环内，具有语句作用域。

习题

1. 设 $x=1$，$y=2$，$z=3$，则表达式 $y+=z--/++x$ 的值是（   ）。

   A. 3   B. 3.5   C. 4   D. 5

2. 在 Java 语言中，下列哪些语句关于内存回收的说明是正确的？（   ）

   A. 程序员必须创建一个线程来释放内存

   B. 内存回收程序负责释放无用内存

   C. 内存回收程序允许程序员直接释放内存

   D. 内存回收程序可以在指定的时间释放内存对象

3. 下面有关 for 循环的描述正确的是（   ）。

   A. for 循环体语句中，可以包含多条语句，但要用大括号括起来

   B. for 循环只能用于循环次数已经确定的情况

   C. 在 for 循环中，不能使用 break 语句跳出循环

   D. for 循环是先执行循环体语句，后进行条件判断

4. 下列关于变量作用域的描述，错误的是（   ）。

   A. 在某个作用域定义的变量，仅在该作用域内是可见的，而在该作用域外是不可见的

   B. 在类中定义的变量的作用域在该类中的方法内是可以使用的

   C. 在方法中定义的变量的作用域仅在该方法内

   D. 在方法中作用域可嵌套，在嵌套的作用域中可以定义同名变量

5. 编写程序。一个球从 100m 高度自由落下，每次落地后反跳回原高度的一半；再落下，求它在第 10 次落地时，共经过多少米？第 10 次反弹多高？

3.2 阶乘计算器的迭代实现

3.2.1 问题描述与对象建模

1. 阶乘计算器建模

一个非负整数 n 的阶乘是所有小于或等于 n 的正整数之积，即 n！＝1×2×3×…×(n－1)×n。

本题的意图是每一个非负整数都是一个对象，可以计算其阶乘。对于这个问题的建模，就是考虑定义一个具有一般性的阶乘计算器——FactorialCalculator。这个类有一个数据成员 n，用来存储非负整数，其成员方法除了构造器、get 方法、set 方法和主方法外，还需要 fact()——用来计算阶乘，于是可以得到如图 3.6 所示的 FactorialCalculator 类

FactorialCalculator
−n:int
+ FactorialCalculator(n:int) + fact( ):long + setN(n:int):void + getN( ):int

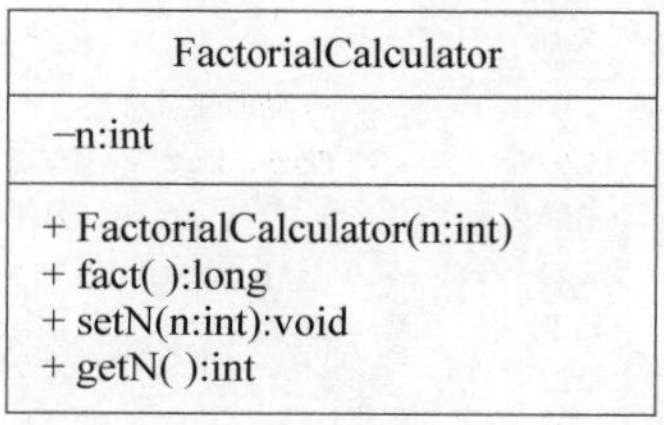

图 3.6 FactorialCalculator 类初步模型

初步模型。

2. fact()方法的基本思路

fact()方法的功能是计算非负整数的阶乘。其基本思路采用累乘法,就是反复地把1,2,3,…,n−1,n累乘起来,也体现了循环的思想。累乘是迭代算法策略的基础应用,迭代法也称"辗转法",是一种不断用变量的旧值递推出新值的解决问题的方法。采用累乘法计算n的阶乘步骤如下。

(1) 初始化:i=1,factorial=1

(2) factorial * i→factorial

(3) i+1→i

(4) 转至步骤(2)重复执行,直到i大于n结束。

3.2.2　FactorialCalculator 类的实现

FactorialCalculator 类的实现,主要是实现其 fact()方法。

【代码 3-5】 FactorialCalculator 类的完整代码。

```java
1   public class FactorialCalculator {
2       /** 主方法 */
3       public static void main(String[] args) {
4           //创建 FactorialCalculator 类对象
5           FactorialCalculator fc=new FactorialCalculator(6);
6           //调用对象的 fact()方法计算阶乘
7           System.out.println(fc.getN()+"!="+fc.fact());
8           fc.setN(10);
9           System.out.println(fc.getN()+"!="+fc.fact());
10      }
11
12      private int n;
13
14      /** 带参构造器 */
15      public FactorialCalculator(int n) {
16          this.n =n;
17      }
18
19      /** 用迭代法计算阶乘 */
20      public long fact() {
21          long factorial =1;
22
23          if (n <0) {
24              //抛出不合理参数异常
25              throw new IllegalArgumentException("必须为非负整数!");
26          }
27
28          //循环控制
29          for (int i =1; i <=n; i++) {
30            //每循环一次进行乘法运算
31            factorial * =i;
32          }
33
34          return factorial;
```

```
35          }
36
37      public int getN() {
38          return n;
39      }
40
41      public void setN(int n) {
42          this.n =n;
43      }
44  }
```

程序运行结果：

```
6!=720
10!=3628800
```

习题

1. 一个数如果恰好等于它的因子之和,这个数就称为“完数”。例如,6＝1＋2＋3。编写程序找出 1000 以内的所有完数。

2. 编写程序。求 s ＝ a ＋ aa ＋ aaa ＋ aaaa ＋ aa…a 的值,其中,a 是一个数字。例如 2＋22＋222＋2222＋22222(此时共有 5 个数相加),几个数相加由键盘输入值控制。

3.3　阶乘计算器的递归实现

3.3　阶乘计算器的递归实现

3.3.1　什么是递归

若一个算法直接或者间接地调用自己本身,则称这个算法是递归算法。递归可以把一个大型复杂的问题层层转换为一个或多个与原问题相似的规模较小的问题来求解,通过少量语句,实现重复计算。在函数实现时,因为解决大问题的方法和解决小问题的方法往往是同一个方法,所以就产生了函数调用它自身的情况。

适宜于用递归算法求解的问题的充分必要条件是：

(1) 可以通过递归调用来缩小问题规模,简化后的新问题与原问题有着相同的解决形式。

(2) 某一有限步的子问题有直接的解存在,即递归必须有简洁的退出条件。

当一个问题存在上述两个基本要素时,该问题的递归算法的设计方法是：

(1) 把对原问题的求解设计成包含对子问题的求解形式。

(2) 设计递归出口。

递归算法解题通常显得很简洁,结构清晰,可读性强；但递归算法的运行效率较低,无论是耗费的计算时间,还是占用的存储空间,都比非递归算法要多。

3.3.2　阶乘的递归计算

通常求 n! 可以描述为：

$$n! \ =1\times2\times3\times\cdots\times(n-1)\times n$$

也可以写为：

$$n!=n\times(n-1)\times\cdots\times3\times2\times1=n\times(n-1)!$$

这样,一个整数的阶乘就被描述成为一个规模较小的阶乘与一个数的积。用函数形式描述,可以得到以下递归模型。

$$fact(n)=\begin{cases}非法 & (n<0) & (1)\\1 & (n=0) & (2)\\n\times fact(n-1) & (n>0) & (3)\end{cases}$$

其中,式(1)和式(2)给出了递归的终止条件,称为递归出口,式(1)或式(2)皆可作为递归出口;式(3)给出了 fact(n)和 fact(n-1)之间的关系,称为递归体。

一般地,一个递归模型由递归出口和递归体两部分组成,前者确定递归何时结束,后者确定递归求解时的递归关系。递归模型必须有明显的结束条件,即至少有一个递归出口,这样就不会产生无限递归的情况了。

3.3.3 用递归实现阶乘计算器

用递归实现阶乘计算器,主要是将 fact()方法改为用递归实现。

【代码 3-6】 用递归实现的 fact()方法。

```
1   public class FactorialCalculator {
2       /** 主方法 */
3       public static void main(String[] args) {
4           //创建 FactorialCalculator 类对象
5           FactorialCalculator fc = new FactorialCalculator(5);
6           //调用对象的 fact()方法计算阶乘
7           System.out.println(fc.getN() + "!=" + fc.fact(fc.getN()));
8       }
9
10      private int n;
11
12      /** 带参构造器 */
13      public FactorialCalculator(int n) {
14          this.n = n;
15      }
16
17      /** 用递归法计算阶乘 */
18      public long fact(int n) {
19          long factorial = 1;
20
21          if (n < 0) {
22              //抛出不合理参数异常
23              throw new IllegalArgumentException("必须为非负整数!");
24          } else if (n == 0) {
25              return 1;
26          } else {
27              factorial = n * fact(n - 1);
28              return factorial;
29          }
30      }
31
32      public int getN() {
33          return n;
34      }
35
```

```
36        public void setN(int n) {
37            this.n = n;
38        }
39    }
```

程序运行结果：

```
5!=120
```

说明：

（1）递归由两个过程组成：递推和回归。递推就是把复杂问题的求解推到比原问题简单一些的问题的求解；当获得最简单的情况后，逐步返回，依次得到复杂的解，就是回归。将求 n! 转换成求(n−1)!，而(n−1)! 又可以转换成(n−2)!，(n−1)! ＝(n−1)×(n−2)!，…，重复这个过程，直至 0! ＝1。0! ＝1 称为结束条件。这个过程称为"递推"。当"递推"到结束条件时，就可以开始"回归"，通过 0! 求出 1!，通过 1! 求出 2!，…，通过(n−2)! 求出(n−1)!，最后通过(n−1)! 求出 n!。这个过程称为"回归"。"回归"就是一个值"回代"的过程。图 3.7 体现了求 fact(4)的递归计算过程。

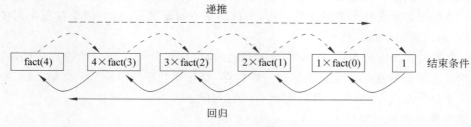

图 3.7　求 fact(4)的递归计算过程

（2）递归过程不应无限制地进行下去，当调用有限次后，就应当到达递归调用的终点得到一个确定值（例如图 3.7 中的 fact(0)＝1），然后进行回代。在这样的递归过程中，程序员要根据数学模型写清楚调用结束的条件。

习题

1. 编写程序。输入两个正整数 m 和 n，使用递归求其最大公约数。
2. 编写程序。一个人赶着鸭子去每个村庄卖，每经过一个村子卖去所赶鸭子的一半又一只。这样他经过了七个村子后还剩两只鸭子，问他出发时共赶了多少只鸭子？经过每个村子卖出多少只鸭子？要求使用递归实现。

3.4　内容扩展

3.4.1　用静态成员变量记录素数的个数

若想记录素数序列产生器对象所生成的素数总个数，可用静态成员变量来存储不同素数序列产生器对象生成的素数个数总和。

1. 静态成员变量的性质

不用 static 修饰的成员变量称为实例变量，而用 static 修饰的成员变量称为静态成员变

3.4　内容
扩展

量（简称静态变量、静态域、静态属性、静态字段等）。静态成员变量具有如下一些重要特性。

（1）具有类共享性。静态成员变量不用作区分一个类的不同对象，而是为该类的所有对象共享，所以也称为类属变量（简称类变量）。当要使用的变量与对象无关又不是一个方法中的局部变量时，就需要定义一个静态成员变量。static 成员的这一特性使得可以使用一个静态变量 count 作为素数序列产生器对象之间的共享变量，存储素数生成的个数。

同样，类的 static 方法（静态方法）也称为类方法，即当一个方法与生成的对象无关时可以将其定义为静态方法，最典型的静态方法是 main()。

（2）静态成员变量可以被任何（静态或非静态）方法直接使用，可以由类名直接调用，也可以用对象名调用。例如，System.in、System.out 和 System.err 表明 in、out 和 err 是 System 的静态成员。这是与实例变量的不同之处，实例变量只能由类的实例调用。但是，静态方法只能对静态变量进行操作。

（3）静态成员变量不用区分不同对象，所以不通过构造器初始化，而是在类声明中直接显式初始化。若不直接显式对其进行初始化，编译器将对其进行默认初始化。如果是对象引用，则默认初始化为 null；如果是基本类型，则初始化为基本类型相应的默认值。

（4）静态成员变量每个类只存储一份，为该类所有对象共享；而实例变量每个对象都会存储一份，为该类每个对象私有。

（5）类中的静态成员变量，在该类被加载到内存时，就分配了相应的内存空间，并且所有对象的这个静态变量都分配给相同的一处内存，以达到共享的目的；而实例变量只有在创建对象时才会分配内存空间，并且分配到不同的内存空间。

2. 带有静态成员变量的 PrimeGenerator 类定义

【代码 3-7】 带有静态成员变量的 PrimeGenerator 类定义。

```
1    public class PrimeGenerator {
2        /** 主方法 */
3        public static void main(String[] args) {
4            PrimeGenerator ps1 = new PrimeGenerator(2, 20);
5            ps1.getPrimeSequence();
6            //用类名 PrimeGenerator 调用其静态变量 count
7            System.out.println("\n已生成素数个数: "+PrimeGenerator.count);
8            PrimeGenerator ps2 = new PrimeGenerator(40, 70);
9            ps2.getPrimeSequence();
10           System.out.println("\n已生成素数个数: "+PrimeGenerator.count);
11       }
12
13       /** 存储素数产生的个数 */
14       static int count = 0;
15
16       /** 区间下限 */
17       private int lowerNaturalNumber;
18       /** 区间上限 */
19       private int upperNaturalNumber;
20
21       /** 带参构造器 */
22       public PrimeGenerator(int lowerNaturalNumber, int upperNaturalNumber) {
23           this.lowerNaturalNumber = lowerNaturalNumber;
24           this.upperNaturalNumber = upperNaturalNumber;
25       }
26
27       private void getPrimeSequence() {
```

```
28            System.out.print(lowerNaturalNumber +"到" +upperNaturalNumber +
29                                            "之间的素数序列为: ");
30          //循环控制
31          for (int m =lowerNaturalNumber; m <=upperNaturalNumber; m++) {
32            if (isPrime(m)) {
33                //记录素数个数
34                count++;
35                System.out.print(m +",");
36            }
37          }
38      }
39
40      /** 判定素数方法 */
41      private boolean isPrime(int number) {
42          //其他代码
43      }
44  }
```

程序运行结果:

```
2 到 20 之间的素数序列为: 2,3,5,7,11,13,17,19,
已生成素数个数: 8
40 到 70 之间的素数序列为: 41,43,47,53,59,61,67,
已生成素数个数: 15
```

说明:

(1) lowerNaturalNumber、upperNaturalNumber 属于实例变量。创建类的对象时,不同对象的实例变量,有不同的副本,它们存储在相互独立的内存空间中。一个对象的数据成员的值的改变不会影响到另一个对象中同名的数据成员。

(2) count 属于类变量。一个类的类变量(静态变量),所有由这个类生成的对象都共用这个类变量,类装载时就分配存储空间。静态变量将变量值存储在一个公共的内存地址。因为它是公共的地址,所以如果一个对象修改了静态变量的值,则所有对象中这个变量的值都会发生改变。若想让一个类的所有实例共享数据,就要使用静态变量。

图 3.8 反映了实例变量及静态变量的存储情况。从图中可以看出,属于实例的实例变量(lowerNaturalNumber 和 upperNaturalNumber)存储在互不相关的内存中,静态变量(count)是被同一个类的所有实例所共享的。

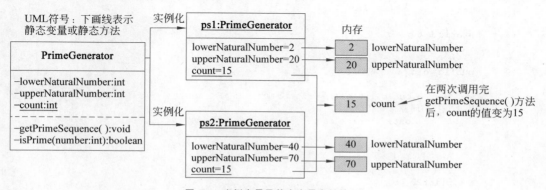

图 3.8 实例变量及静态变量存储情况

3.4.2 静态成员方法——类方法

1. 静态成员方法的性质

在 Java 类中不仅可以有静态成员变量——类属性,还可以有静态方法——类方法,就是用 static 修饰的方法,它们与类属性一样对于所有的类对象是公共的。没有被 static 修饰的方法就是非静态方法,也称为实例方法。

(1) 静态成员方法可以由类名直接调用,也可以用对象名调用。而实例方法必须用对象名访问。

(2) 静态方法只能直接访问静态成员(静态变量和静态方法),而不能直接访问非静态成员(实例变量和实例方法);而非静态方法既可以直接访问静态成员,也可以直接访问非静态成员。静态成员和实例成员的关系总结如表 3.3 所示。

表 3.3 静态成员和实例成员的关系

√: 能访问 ×: 不能访问	实 例 成 员		静 态 成 员	
	实例方法	实例属性	静态方法	静态属性
实例方法	√	√	√	√
静态方法	×	×	√	√

【代码 3-8】 静态成员和实例成员访问示例。

StaticInstMethodDemo.java

```
1   public class StaticInstMethodDemo {
2       /** 主方法 */
3       public static void main(String[] args) {
4           StaticInstMethodDemo simd =new StaticInstMethodDemo();
5           //用对象名调用实例方法
6           simd.print11();
7           //用对象名调用静态方法
8           simd.print21();
9           //用类名调用静态方法
10          StaticInstMethodDemo.print21();
11      }
12
13      /** 实例变量 */
14      int a =3;
15      /** 静态变量 */
16      static int b =5;
17
18      /** 实例方法 */
19      public void print11() {
20          //能访问实例变量 a
21          System.out.println("in print11 method: a=" +a);
22          //能访问静态变量 b
23          System.out.println("in print11 method: b=" +b);
24
25          //能访问实例方法 print12
26          print12();
27          //能访问静态方法 print22
28          print22();
29      }
30
31      /** 实例方法 */
32      public void print12() {
33          System.out.println("in print12 method: 实例方法");
```

```
34          }
35
36          /** 静态方法 */
37          public static void print21() {
38              //不能访问实例变量 a
39              //System.out.println("a="+a);
40              //能访问静态变量 b
41              System.out.println("in print21 method: b=" +b);
42
43              //不能访问实例方法 print12
44              //print12();
45              //能访问静态方法 print22
46              print22();
47          }
48
49          /** 静态方法 */
50          public static void print22() {
51              System.out.println("in print22 method: 静态方法");
52          }
53  }
```

运行结果：

```
in print11 method: a=3
in print11 method: b=5
in print12 method: 实例方法
in print22 method: 静态方法
in print21 method: b=5
in print22 method: 静态方法
in print21 method: b=5
in print22 method: 静态方法
```

说明：如果类的成员没有使用任何访问权限修饰符，那么该成员只能被同包的其他类成员访问，如 StaticInstMethodDemo 类的数据成员 a 和 b。

（3）静态方法中不能使用 this、super 关键字。

（4）类的静态方法和实例方法在内存中都只存储一份，同一类的多个对象在内存中共用这一份方法代码。不过，两者分配入口地址的时机不一样。对于静态方法，在该类被加载到内存时就分配了相应的入口地址。从而静态方法不仅可以被类创建的任何对象调用执行，也可以直接通过类名调用。静态方法的入口地址直到程序退出才被取消。对于实例方法，只有该类创建对象后才会分配入口地址，从而实例方法可以被类创建的任何对象调用。需要注意的是，当创建第一个对象时类中的实例方法会分配入口地址，当再次创建对象时就不再分配入口地址。也就是说，方法的入口地址被所有的对象共享，当所有的对象都不存在时，方法的入口地址才被取消。

main()方法就是一个静态方法，当所在的类加载时即分配了入口地址，因而使 JVM (Java Virtual Machine)无须创建对象即可直接调用它。

如何判断一个变量或方法应该是实例的还是静态的？如果一个变量或方法依赖于类的某个具体实例，那就应该将它定义为实例变量或实例方法。如果一个变量或方法不依赖于类的某个具体实例，就应该将它定义为静态变量或静态方法。

2. 将 isPrime()定义为静态方法

分析素数序列产生器的 isPrime()方法可以发现，在这个方法中不对任何实例变量进行操作，即它与类的实例无关，仅与类有关。或者说，isPrime()方法为类的所有实例共享。这样的方法可以定义为静态方法。

【代码 3-9】 将 isPrime()定义为静态方法。

```java
1   public class PrimeGenerator {
2       /** 主方法 */
3       public static void main(String[] args) {
4           PrimeGenerator ps1 = new PrimeGenerator();
5           //用对象名调用静态方法
6           System.out.println(ps1.isPrime(2));
7           //用类名调用静态方法
8           System.out.println(PrimeGenerator.isPrime(14));
9       }
10
11      /** 判定素数方法 */
12      private static boolean isPrime(int number) {
13          int m = 2;
14
15          //1 及小于 1 的数都不是素数,2 是素数
16          if (number <=1) {
17            return false;
18          } else if (number ==2) {
19            return true;
20          }
21
22          do {
23            //若能找到用来整除 number 的数 m,则 number 不是素数
24            if (number %m ==0) {
25                return false;
26            }
27            //取下一个数
28            ++m;
29          } while (m <number);
30
31          return true;
32      }
33  }
```

3.4.3 变量的作用域和生命期

1. 变量的访问属性

Java 语言要求所有程序元素都放在有关类中。在本章中,getPrimeGenerator()和 isPrime()都是类 PrimeGenerator 的成员方法。细心的读者可能已经发现,在这两个方法中各有一个变量 m。那么这两个变量会产生冲突吗? 答案是不会,因为它们各自有自己的作用域(scope)和生命期。

变量的访问属性主要涉及 4 个方面,即生命期(也称存储期)、访问权限、作用域和可见性。这好比要访问一个人,首先要确定叫这个名字的人是否在世,如果他还没有出生或者已经死亡,即他不在生存期内,那是绝对无法访问的;其次,要看这个人是否在要访问的范围内,例如,活动的权限范围就在某个城市,那么要访问的这个人虽然活着,但不属于这个城市,也不可访问;第三,要看有没有权限见这个人;第四,要看这个人名有没有被覆盖,例如,有一位名字为王明的县领导,还有一个普通家庭中也有一个叫王明的人,显然,在家里说:"王明吃饭",不会是叫县领导王明吃饭。这就是家里的"王明",覆盖了县里的领导"王明"。

2. 变量的作用域

变量的作用域是指变量名在程序正文中有效的区域。"有效"指的是在这个区域内该变量名对于编译器是有意义的。因此,变量的作用域由变量的声明语句所在的位置决定,即在哪个范围域中声明的变量,其作用域就是那个区域。根据定义变量位置的不同,可以将变量分成两大类:成员变量(实例变量和类属变量)和局部变量。下面分为实例变量、类属变量和局部变量三种情形进行讨论。

1) 实例变量的作用域

实例变量声明在类定义中,所以实例变量的作用域在类的每个实例——对象中,即一个类实例的所有成员方法都可以引用它。

2) 类属变量的作用域

类属变量的作用域是一个类代码区域以及该类的所有实例中。

3) 局部变量的作用域

局部变量是声明在某个代码块中的变量,可以分为如下 3 种情形讨论。

(1) 声明在一个代码块(即用花括号括起来的一组代码,包括方法体中声明的变量)中的变量,其作用域就在这个代码区间内,在这个区间外部的任何引用都会导致编译错误或不正确的结果。例如在本章中,getPrimeGenerator()方法体中定义的 m 只能在 getPrimeGenerator()方法体中被引用,在 isPrime()方法体中定义的 m 只能在 isPrime()方法体中被访问。两个 m 各自独立,在各自的作用域内被引用,不会产生混淆。如果在 getPrimeGenerator()方法体中企图引用在 isPrime()方法体中定义的 m,将导致错误。

(2) 方法参数也是一个局部变量,其作用域是整个方法体。

(3) 异常处理参数也是一个局部变量,它们一般声明在一个 catch 后面的圆括号中作为这个 catch 的参数,作用域在其后面的代码块中。

3. Java 数据实体的生命期

这里将在 Java 程序运行中占有一块独立的存储空间的数据称为数据实体。所谓数据实体的生命期,是指该数据实体从获得分配的存储空间到该空间被回收之间的时间区间。

1) 变量的生命期与对象的生命期

如前所述,Java 数据类型可以分为基本类型和引用类型两大类。相应的数据对象可以分别称为变量和对象。变量的生命期是由编译器自动分配与回收的,例如:

- 类属变量的生命期是与类相同,即从类被装载到类被撤销。
- 实例变量的生命期是与对象相同,即从对象被创建到对象被撤销。
- 局部变量的生命期是与所在的程序块有关,即从声明开始到所在的块结束。

而 Java 对象是用 new 操作创建的,它不会因定义的代码区间结束而自动撤销。但是在任何一个程序中,任何一个对象都有自己的使命,它的使命一旦完成,存在就没有必要,却占据着系统的内存资源,使这些内存资源无法被回收利用,这种现象称为"内存泄漏"。这样,老的对象占据资源,又为了执行新的使命需要生成新的对象。这个过程不断进行,内存泄漏加剧,可利用内存资源不断减少,有可能导致 JVM(Java Virtual Machine)崩溃。

2) 类属变量、实例变量与局部变量的比较

表 3.4 为类属变量、实例变量与局部变量的比较。

表 3.4　类属变量、实例变量与局部变量的比较

比较内容	类属变量	实例变量	局部变量
其他名称	类变量、静态成员变量、静态域(属性、字段、变量)	对象变量、实例域(属性、字段、状态)	方法变量
定义位置	定义在类中,方法之外	定义在类中,方法之外	定义在方法头、方法体、代码块等位置
存在特征	用 static 修饰的类属性	不用 static 修饰的类属性	不能用 static 修饰
与方法的关系	独立于方法	独立于方法	一般从属于某个方法(定义在方法外初始化块中的局部变量除外)
存储分配时间	虚拟机加载类时	创建一个类的实例时	定义时
存储区	堆区	堆区	栈区
存储数量	每个类只有一份存储	每个实例都有一份存储	在定义域内只有一份存储
默认生命期	从类加载到类销毁	从对象创建到对象被销毁	从声明到所在代码段执行结束
默认初始值	有	有	无
可用范围	为所有类的对象共享	只能为某个对象使用	所定义的代码段
调用与引用	可用类名、对象名调用;可在类的任何方法中引用	可由对象、this 调用;不可用类名调用;不可在静态方法中引用	仅可在所定义的方法内被引用;不可用类名、对象名、this 调用

注意:由于局部变量没有默认值,因此,局部变量定义后,必须初始化(赋值)才能使用。

【代码 3-10】　变量作用域与生命期示例。

```
1   public class ScopeLifeDemo {
2       /** 主方法 */
3       public static void main(String[] args) {
4           ScopeLifeDemo sd1 =new ScopeLifeDemo();
5           sd1.test();
6           System.out.println("in main method: b=" +b);
7           //局部变量 b
8           int b =22;
9           //局部变量会隐藏同名的成员变量
10          System.out.println("in main method: b=" +b);
11          ScopeLifeDemo sd2;
12          {
13              //在代码块中创建的局部对象引用 sd3
14              ScopeLifeDemo sd3 =new ScopeLifeDemo();
15              sd3.setA(88);
16              sd3.test();
17              //sd2 和 sd3 指向同一个对象了
18              sd2 =sd3;
19          }
20          //错误: sd3 在代码块外部就不能用了,不过其对象在堆中还是存在的
21          //sd3.test();
22          //对象在堆中一直存在,因此 sd2 仍然能访问它指向的对象
23          sd2.setA(99);
24          sd2.test();
25      }
26
27      /** 实例变量 */
```

```
28        int a;
29        /** 类变量 */
30        static int b =11;
31
32        /** 局部变量:形式参数 a */
33        public void setA(int a) {
34            this.a =a;
35        }
36
37        public void test() {
38            //方法中定义的局部变量 j
39            int j =3;
40            if (j ==3) {
41                //代码块中定义的局部变量 k
42                int k =5;
43                System.out.println("in test method: k=" +k);
44                //错误:同一个作用域范围的包裹下局部变量不可以重名
45                //int j=8;
46            }
47            //错误:代码块中定义的局部变量不能被外部调用
48            //System.out.println("k="+k);
49            System.out.println("in test method: a=" +a +",b=" +b +",j=" +j);
50            int i;
51            //错误:i 没有赋值,不能使用
52            //System.out.println("i=" +i);
53        }
54    }
```

运行结果如下:

```
in test method: k=5
in test method: a=0,b=11,j=3
in main method: b=11
in main method: b=22
in test method: k=5
in test method: a=88,b=11,j=3
in test method: k=5
in test method: a=99,b=11,j=3
```

3.4.4 基本类型打包

1. 基本类型的包装类

基本类型不是类类型,为了将基本类型当作类类型处理,并连接相关方法,Java 提供了与基本类型对应的包装类,见表 3.5。其中,Byte、Double、Float、Integer、Long 和 Short 是 Number 类的子类。

表 3.5 基本类型的包装类

基本类型	char	byte	short	int	long	float	double	boolean
包装容器类	Character	Byte	Short	Integer	Long	Float	Double	Boolean

2. 基本类型与对应的包装类之间的转换以及自动装箱和拆箱

一般来说,可以使用如下转换方法。

(1) 基本类型转换为类对象通过相应包装类的构造器完成,例如:

```
Integer intObj =new Integer(8);
```

（2）从包装类对象得到对应类型的数值需要调用该对象的相应方法，例如：

```
int i = intObj.intValue();
```

从 JDK 5 开始，Java 引入了自动装箱和拆箱机制，使得烦琐的转换过程得到简化。例如，上述转换可以写成：

```
Integer intObj = 8;               //装箱
int i = intObj;                   //拆箱
```

3. 数值数据的最大值和最小值

在 Byte、Double、Float、Integer、Long 和 Short 类中分别定义了两个静态常量 MAX_VALUE 和 MIN_VALUE，表示相应类型的最大值和最小值，供需要时使用。例如：

```
Byte largestByte = Byte.MAX_VALLUE;
System.out.println("Laggest Double is:" + Double.MAX_VALUE);
```

4. 3 个特殊的浮点数值

虽然浮点数表示的数值相当大，但还是会出现错误和溢出的情况。例如，1/0、负数开平方等。因此，Double 类定义了以下 3 个静态常量。

- Double.POSITIVE_INFINITY（正无穷大），如（2）/0。
- Double.NEGATIVE_INFINITY（负无穷大），如（-2）/0。
- Double.NaN（Not a Number），如 0/0。

但是，测试一个结果是不是 NaN 不能这样测试：

```
if (x == Double.NaN)           //…
```

应该使用 Double.isNaN()方法：

```
if (Double.isNaN (x))          //…
```

5. Integer 类的常用方法

（1）构造器：public Integer (int value)和 public Integer (String s)分别把数字和数字字符串封装成 Integer 类。

（2）把 Integer 对象所对应的 int 量转换为某种基本数据类型值。

- public int intValue()：将 Integer 对象所对应的 int 量转换为 int 类型值。
- public long longValue()：将 Integer 对象所对应的 int 量转换为 long 类型值。
- public double doubleValue()：将 Integer 对象所对应的 int 量转换为 double 类型值。

（3）数字字符串与数字之间的转换。

- public String toString ()：将 Integer 对象转换为 String 对象。
- public static int parseInt (String s)：将数字字符串对象转换为 int 值。
- public static Integer valueOf (String s)：把 s 转换为 Integer 类对象。

对于 Double、Float、Byte、Short 和 Long 类，也有类似的方法。例如：

```
int a = Integer.parseInt("123");          //将字符串"123"转换为 int 型数值
int b = Integer.valueOf("123");           //同样将字符串"123"转换为 int 型数值
double x = Double.parseDouble("23.67");    //将字符串"23.67"转换为 double 型数值
double y = Double.valueOf("23.67");        //同样将字符串"23.67"转换为 double 型数值
```

6. Character 类的常用方法

- public static boolean isDigit(char ch)：如果 ch 是数字字符返回 true，否则返回 false。
- public static boolean isLetter(char ch)：如果 ch 是字母返回 true，否则返回 false。
- public static boolean isLetterOrDigit(char ch)：如果 ch 是字母或数字字符返回 true，否则返回 false。
- public static boolean isLowerCase(char ch)：如果 ch 是小写字母返回 true，否则返回 false。
- public static boolean isUpperCase(char ch)：如果 ch 是大写字母返回 true，否则返回 false。
- public static boolean isSpaceChar(char ch)：如果 ch 是空格返回 true。
- public static char toLowerCase(char ch)：返回 ch 的小写形式。
- public static char toUpperCase(char ch)：返回 ch 的大写形式。

3.5　本 章 小 结

3.5　本章小结

本章介绍了最基本的算法：穷举、迭代及递归，它们是其他各种算法的基础。

使用穷举有以下两点需要注意。

（1）解空间的划定必须保证覆盖问题的全部解。

（2）解空间集合及问题的解集一定是离散的集合，也就是说，集合中的元素是可列的、有限的。

用迭代算法解决问题时，需要做好以下 3 个方面的工作。

（1）确定迭代变量：直接或间接地不断由旧值递推出新值的变量。

（2）建立迭代关系式：新值与旧值的公式或关系（解决迭代问题的关系）。

（3）对迭代过程进行控制：确定迭代次数和迭代结束条件。

使用递归需注意以下问题。

（1）必须有一个明确的递归结束条件（递归出口）。

（2）如果递归次数过多，容易造成栈溢出。

习题

1. 关于实例方法和类方法，以下描述正确的是（　　）。

　A. 类方法既可以访问类变量，也可以访问实例变量

　B. 实例方法只能访问实例变量

　C. 类方法只能通过类名来调用

　D. 实例方法只能通过对象来调用

2. 对于如下程序：

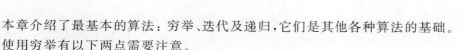
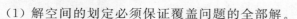

```
public class Foo {
    private int x;
    public static void main(String[] args) {
        Foo foo = new Foo();
```

```
        System.out.println(foo.x);
    }
}
```

下列说法正确的是(　　　)。

A. 因为数据域 x 是私有的,foo 对象不能直接访问数据域 x

B. 因为数据域 x 定义在 Foo 类中,Foo 类中的任何方法无须通过对象,例如这里的 foo,就可以直接访问数据域 x

C. 因为数据域 x 是实例变量,在 main()方法中不能直接访问数据域 x,必须通过对象,例如这里的 foo,才能够访问数据域 x

D. 不能创建一个自引用对象,即在 Foo 类中创建 foo 对象是错误的

3. 要进行精确计算的地方,例如银行的货币计算,应采用(　　　)类型。

A. int　　　　　　　B. long　　　　　　　C. Double　　　　　　　D. BigDecimal

4. 编写程序。有 1、2、3、4 四个数字,能组成多少个互不相同且无重复数字的三位数? 各是多少?

5. 编写程序。分别用 while 和 for 循环计算 $1 + 1/2! + 1/3! + 1/4! + \cdots$的前 20 项之和。

6. 编写程序。猴子吃桃问题:猴子第一天摘下若干桃子,当即吃了一半,还不过瘾又多吃了一个。第二天又将剩下的桃子吃了一半,又多吃了一个。以后每天都吃了前一天剩下的一半,再多一个。到第十天早上想吃时,见只剩下一个桃子了。求第一天共摘了多少个桃子?

7. 编写一个程序,已有若干学生数据,包括学号、姓名、成绩,要求输出这些学生数据并计算平均分。

思路:设计一个学生类 Student,除了包括 no(学号)、name(姓名)和 score(成绩)数据成员外,还有两个静态变量 sum 和 num,分别存放总分和人数,另有一个构造方法、一个普通成员方法 disp()和一个静态成员方法 avg()用于计算平均分。

知识链接

链 3.1　Java 垃圾回收　　　链 3.2　初始化块　　　链 3.3　BigInteger 类　　　链 3.4　BigDecimal 类

第 4 章　扑克游戏：数组、字符串与 ArrayList 类

课程练习

数组是组织同类型数据的引用数据类型，也称复合数据类型。本章以扑克游戏为例介绍数组的概念及使用方法。同时介绍字符串、ArrayList 类等内容。

4.1　一维数组与扑克牌的表示和存储

4.1　一维数组与扑克牌的表示和存储

扑克是一种纸牌游戏。一副扑克有 54 张牌。对于扑克牌的操作，主要有洗牌、整牌等。

4.1.1　数组的概念

一套扑克牌有 54 张，实际上是 54 个数据，也是 54 个对象。但是，它们又是一个整体。如果用 54 个独立的变量或对象存储它们，不仅麻烦，而且不能反映它们之间的整体性。为了对类似的情况进行有效管理和处理，高级计算机程序设计语言都提供了数组。

数组是一种用于组织同类型数据的引用数据类型。例如，设想用 3 位整数编码（cardNumber）表示每张扑克牌，其中第一位表示种类（花色），后两位表示牌号，即

101～113，分别表示红桃 A～红桃 K。

201～213，分别表示方块 A～方块 K。

301～313，分别表示梅花 A～梅花 K。

401～413，分别表示黑桃 A～黑桃 K。

501、502，分别表示大、小王。

编码后，可用 cardNumber/100 得到牌的花色，再用 cardNumber－（cardNumber/100）＊100 得到具体花色的牌号，大、小王另做处理。

这样，54 张扑克牌可以用一个整数数组 card 表示和存储，而每个元素分别表示所存储的一个数据，并用其在数组中的序号——下标（或称索引，如 card[0]、card[1]、card[2]、…、card[53]称为数组 card 的 54 个下标变量）分别表示 54 张扑克牌。注意，下标的起始值为0，数组 card 中的每个元素都用 int 类型数据来存储，即 card 是一个 int 类型数组。这里一对方括号（[ ]）称为下标操作符，或索引操作符，也称为数组操作符。

如果按照习惯用一个字符串表示一张扑克牌，即在 card[0]、card[1]、card[2]、…、card[53]中分别存储"红桃 A""红桃 2"…"红桃 K""方块 A"…"梅花 A"…"黑桃 A""大王""小王"，这时 card 中存储的都是字符串，它就要定义成一个字符串数组。

4.1.2　数组的声明与内存分配

在 Java 中，数组是一种用于组织同类型数据的引用数据类型。所以数组的创建需要有和对象的创建一样的过程，即声明、内存分配、初始化。

1. 数组变量的声明

Java 用符号[]表示所声明的变量是一个指向数组对象的引用。如果用整数表示一副扑克牌中的各张牌,则可以将它声明为 int 类型的数组。声明有如下两种形式。

```
数据类型 数组名[ ] =null;
```

或

```
数据类型[ ] 数组名 =null;
```

例如:

```
int[ ] card =null;
```

或

```
int card[ ] =null;
```

说明:

(1) 声明数组并不是创建数组,只是向编译器注册数组变量的名字和元素的类型,所以不能指定数组的大小。例如,下面的声明是错误的。

```
int card[54];                    //错误
```

(2) 数组是引用数据类型,所以声明中使用 null 表示暂时还没有分配存储空间。从 JDK 1.5 开始不再使用 null。但使用 null,可以给出一个明确的含义,建议初学者养成这个习惯。

(3) 若数据类型为基本类型,则称数组为基本类型数组;若数据类型为引用类型,则称数组为引用类型数组,如对象数组、字符串数组。基本类型数组元素存储值,而引用类型数组元素存储的是引用。

2. 数组的内存分配

数组声明仅建立了一个数组的引用,真正的数组对象要用 new 建立,即用 new 在堆空间中给数组分配存储空间。格式如下:

```
数组名 =new 数据类型[元素个数];
```

例如:

```
card =new int[54];
```

或

```
final int DEKE_SIZE =54;                //声明总牌数为一个常量
card =new int[DEKE_SIZE];
```

说明:

(1) 用 final 修饰变量,表示该变量的值不可改变,成为一个常量。

(2) 在创建数组对象时,方括号中的 int 类型表达式(如上述 54、常量 DEKE_SIZE,也可以是 int 变量等)表明数组元素的个数,也称为维表达式。

(3) 一个数组在内存中占用一片连续的存储空间。在创建数组时首先进行数组维数表达式的计算以判断需要分配的内存空间容量,若内存空间不足,则会引发异常。一旦数组被创建,它的大小是固定的。

(4) 用 new 操作符为数组分配存储空间后,系统将对每个数组元素进行默认初始化;若是数值类型(short、int、long、byte)取零,若是字符类型取"\u0000"(空格),若是布尔类型则取 false;若是引用类型则取 null。

(5)数组的存储分配可以合并在数组声明中。例如:

```
final int DEKE_SIZE =54;                    //声明总牌数为一个常量
int[] card =new int[DEKE_SIZE];             //声明并分配存储空间
```

或

```
final int DEKE_SIZE =54;                    //声明总牌数为一个常量
int card[] =new int[DEKE_SIZE];             // 声明并分配存储空间
```

4.1.3 数组的初始化

1. 数组的动态初始化

经过声明与内存分配就创建了数组,数组就有了对应的连续存储空间,但是数组中元素的初值还是系统隐式分配的。数组元素需要其他值则可以以赋值方式获得,这也被称为动态初始化。

```
final int DEKE_SIZE =54;                       //声明总牌数为一个常量
int[] card =new int [DEKE_SIZE];               //声明存储纸牌的数组并隐式初始化
...
card[0] =101;
card[1] =102;
...
card[52] =501;
card[53] =502;
```

扑克数组的存储情况如图 4.1 所示。

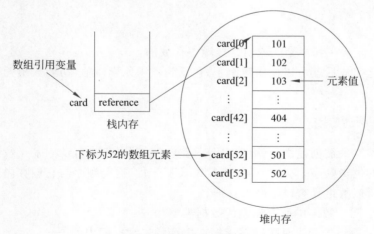

图 4.1 扑克数组存储示意图

说明:数组名 card 是引用变量,存储在栈内存;而数组元素是存储在堆内存。

2. 数组的静态初始化

数组的静态初始化是在声明的同时用一对花括号内的初始化值列表为各元素指定具体值,有如下两种方式。

(1)在使用 new 操作符分配存储空间的同时进行初始化,例如:

```
int[] card =new int[]
            { 101,102,103,104,105,106,107,108,109,110,111,112,113,
              201,202,203,204,205,206,207,208,209,210,211,212,213,
              301,302,303,304,305,306,307,308,309,310,311,312,313,
              401,402,403,404,405,406,407,408,409,410,411,412,413,
              501,502};
```

或

```
int[] card ;                              //声明存储纸牌的数组
card =new int [] { 101,102,103,104,105,106,107,108,109,110,111,112,113,
              ...
              501,502};
```

（2）静态初始化时可以不使用 new 操作符，因为存储分配的工作完全由系统自动完成。例如：

```
int[] card ={ 101,102,103,104,105,106,107,108,109,110,111,112,113,
              ...
              501,502};
```

或

```
int card[] ={ 101,102,103,104,105,106,107,108,109,110,111,112,113,
              ...
              501,502};
```

注意：静态初始化时不必写出数组维表达式，因为编译器完全可以通过初始化值的个数自动计算出需要分配存储空间的大小。如下面的代码就是错误的：

```
int[] card =new int[54]{ 101,102,103,···,
              501,502};                          //错误
int card[54] ={ 101,102,···,
              501,502};                          //错误
```

说明：数组元素在其存储区域内是按顺序存放的。

数组初始化完成后就可以使用数组了，包括为数组元素赋值、访问数组元素和获得数组长度等。

4.1.4 访问一维数组

在一个数组对象被创建之后就可以用下标变量对其元素进行访问了。数组下标表明了数组元素之间的逻辑顺序，它从 0 开始到数组长度－1。这个顺序与它们在内存中的物理顺序是一致的。所以数组具有以下两大特征。

- 同类型：同一数组中所有元素的数据类型相同。
- 顺序性：数组的元素是按顺序存储在内存的连续空间内的。

1. 获取一维数组长度

可通过数组的 length 属性来动态获取数组的长度，使用格式如下：

```
数组名.length
```

例如：

```
final int DEKE_SIZE =54;
int[] card =new int[DEKE_SIZE];
System.out.println(card.length);          //输出 54
```

2. 访问一维数组元素

Java 通过下标来访问数组中的元素。对于一维数组，通过一个下标就可随机访问数组中的任一元素，其语法格式为：

数组名[下标]

例如：

```
card[1] =102;
card[4] =card[10];
int i =3;
card[i] =104;
```

说明：

（1）下标可以是任何值为 int 型的表达式，表达式中可以有变量。

（2）下标从 0 开始，其范围为 0～（数组名.length－1）。需要注意的是，如果访问数组元素时指定的下标越界（下标＜0，或者下标≥数组的长度），编译程序不会出现任何错误，但运行时会出现异常：java.lang.ArrayIndexOutOfBoundsException：N（数据索引越界异常），N就是试图越界访问的索引。也就是说，在编译阶段不会检查数组下标是否越界，而在运行时会出现异常。

3. 访问数组整体

Java 允许通过数组名作为整体进行访问，例如：

```
1   int[] card1 =new int[52];
2   card1 =new int[54];            //重新创建数组
3   int[] card2 =new int[54];
4   card1 =card2;                  //数组作为整体相互赋值
```

说明：上述代码第 2 行、第 4 行其实是修改数组对象 card1 的引用，使其指向新的数组对象。

4. 用普通循环结构访问数组元素

数组元素的顺序性可以使其非常适合用循环结构进行访问。

【代码 4-1】 用 for 循环遍历存储纸牌的数组。

```
1   public class CardGame {
2       /** 主方法 */
3       public static void main(String[] args) {
4           //定义存储纸牌编码的数组
5           int[] card ={ 101, 102, 103, 104, 105, 106, 107, 108, 109, 110,
6                       111, 112, 113, 201, 202, 203, 204, 205, 206,207, 208, 209,
7                       210, 211, 212, 213, 301, 302, 303, 304, 305, 306, 307, 308,
8                       309, 310, 311, 312, 313, 401,402, 403, 404, 405, 406, 407,
9                       408, 409, 410, 411, 412, 413, 501, 502 };
10          //定义存储纸牌花色的字符串数组
11          String[] suits ={ "Heart", "Diamond", "Club", "Spade" };
12          //定义存储纸牌牌号的字符串数组
13          String[] ranks ={ "A", "2", "3", "4", "5", "6", "7", "8", "9",
14                          "10", "J", "Q", "K", "RedJoker", "BlackJoker" };
15
16          //遍历存储纸牌的数组，并找出纸牌的花色和牌号
17          for (int i =0; i <card.length; i++) {
18              //取纸牌编码
19              int cardNumber =card[i];
```

```
20              //根据纸牌编码,计算花色在 suits 数组中的下标
21              int suitsIndex = cardNumber / 100 - 1;
22              //根据纸牌编码,计算牌号在 ranks 数组中的下标
23              int ranksIndex = cardNumber - cardNumber / 100 * 100 - 1;
24              if (cardNumber / 100 < 5) {
25                  //输出纸牌的编码、花色及牌号(除大、小王外)
26                  System.out.println(cardNumber + ":" + suits[suitsIndex] + ranks[ranksIndex]);
27              } else {
28                  //输出大、小王信息;大、小王是没有花色的
29                  System.out.println(cardNumber + ":" + ranks[13 + ranksIndex]);
30              }
31          }
32      }
33  }
```

说明:数组 suits 中的字符串元素"Heart"、"Diamond"、"Club"和"Spade",表示纸牌的花色,分别是红桃、方块、梅花、黑桃。

【代码 4-2】 为数组元素赋初值,初始化纸牌。

```
1   public class CardGame {
2       /** 主方法 */
3       public static void main(String[] args) {
4           //创建 card 数组
5           int[] card = new int[54];
6           //i 表示牌的花色类型
7           for (int i = 0; i < 4; ++i) {
8               //j 表示牌号
9               for (int j = 0; j < 13; ++j) {
10                  //初始化前 52 张牌
11                  card[i * 13 + j] = 100 * (i + 1) + j + 1;
12              }
13          }
14          //大王
15          card[52] = 501;
16          //小王
17          card[53] = 502;
18      }
19  }
```

5. 用增强 for 循环遍历数组元素

增强 for 循环也称 foreach 循环。其作用是遍历一个集合中的指定类型的数据,即将该集合中的元素按照一定顺序逐一枚举。其格式如下:

```
for (循环变量类型 循环变量名称 : 要被遍历的集合) 循环体
```

循环变量类型要与被遍历的集合元素类型一致。使用 foreach 循环遍历数组和集合元素时,无须获得其长度,无须根据索引来访问其元素,foreach 循环自动遍历其中的每个元素。

一个数组可以看成一个容器。这样,就可以用下面的代码实现扑克牌的输出。

【代码 4-3】 用增强 for 循环遍历存储纸牌的数组。

```
1   public class CardGame {
2       /** 主方法 */
3       public static void main(String args[]) {
4           int[] card = { 101, 102, 103, 104, 105, 106, 107, 108, 109, 110,
5                          111, 112, 113, 201, 202, 203, 204, 205, 206, 207, 208, 209,
6                          210, 211, 212, 213, 301, 302, 303, 304, 305, 306, 307, 308,
```

```
7                    309,310,311,312,313,401,402,403,404,405,406,407,
8                    408,409,410,411,412,413,501,502 };
9         //遍历存储纸牌的数组
10        for(int i : card) {
11            System.out.print(i +",");
12        }
13    }
14 }
```

注意：使用 foreach 循环迭代数组元素时，并不能改变数组元素的值，因此不要对 foreach 的循环变量进行赋值；若需改变数组元素的值，还得使用一般循环结合下标访问的方式。

说明：如果只是为了输出数组元素，可调用 Arrays 类提供的 toString 方法很优雅地打印整个数组：

```
System.out.println(Arrays.toString(card));
```

习题

1. 下列关于数组 a 初始化的程序代码中，正确的是(　　　)。
   A. int[] a＝new int[]{1,2,3,4,5};　　　　B. int a[]; a[0]＝1; a[1]＝2;
   C. int[] a＝new int[5]{1,2,3,4,5};　　　D. int[] a; a＝{1,2,3,4,5};
2. 拟在数组 a 中存储 10 个 int 类型数据，正确的定义应当是(　　　)。
   A. int a[5 ＋ 5] ＝ {0};　　　　　　　　B. int a[10] ＝ {1,2,3,0,0,0,0};
   C. int a[] ＝ {1,2,3,4,5,6,7,8,9,0};　 D. int a[2 ∗ 5] ＝ {0,1,2,3,4,5,6,7,8,9};
3. 执行完以下代码 int[] x ＝ new int[25];后，以下说明正确的是(　　　)。
   A. x[24]为 0　　　　B. x[24]未定义　　　　C. x[25]为 0　　　　D. x[0]为空
4. Java 应用程序的 main()方法中有以下语句，则输出的结果是(　　　)。

```
int[] x={2,3,-8,7,9};
int max=x[0];
for(int i=1;i<x.length;i++){
    if(x[i]>max)
        max=x[i];
}
System.out.println(max);
```

   A. 2　　　　　　　　B. －8　　　　　　　　C. 7　　　　　　　　D. 9
5. 指出下列程序运行的结果(　　　)。

```
public class Example {
    String str =new String("good");
    char[] ch ={ 'a', 'b', 'c' };

    public static void main(String args[]) {
        Example ex =new Example();
        ex.change(ex.str, ex.ch);
        System.out.print(ex.str +" and ");
        System.out.print(ex.ch);
    }
```

```
    public void change(String str, char ch[]) {
        str = "test ok";
        ch[0] = 'g';
    }
}
```

A. good and abc   B. good and gbc

C. test ok and abc   D. test ok and gbc

6. 编写程序。编程计算 20～30 的整数的平方值,将结果保存在一个数组中。

4.2 洗牌方法

4.2　洗　牌　方　法

洗牌是扑克游戏中最常见的操作,就是将一副扑克中的每张牌都按照随机方式排列,为此要使用随机数进行模拟。

4.2.1　随机数与 Random 类

1. 随机数与伪随机数

随机数最重要的特性是在一个随机数序列中,后面的那个数与前面的那个数毫无关系。产生随机数有多种不同的方法,这些方法被称为随机数发生器。不同的随机数发生器所产生的随机数序列是不同的,可以形成不同的分布规律。真正的随机数是使用物理方法产生的,例如,掷钱币、掷骰子、转轮、使用电子元件的噪声、核裂变等。这样的随机数发生器称为物理性随机数发生器,它们的缺点是技术要求比较高。计算机不会产生绝对随机的随机数,例如,它产生的随机数序列不会无限长,常常会形成序列的重复等,这种随机数称为"伪随机数"。有关如何产生随机数的理论有许多,但不管用什么方法实现随机数发生器,都必须给它提供一个名为"种子"的初始值。例如,经典的伪随机数发生器可以表示为:

$$X(n+1) = a \times X(n) + b$$

显然给出一个 X(0),就可以递推出 X(1)、X(2)、…,不同的 X(0) 会得到不同的数列,X(0) 就称为每个随机数列的种子。因此,种子值最好是随机的,或者至少这个值是伪随机的。

2. Java 随机数

为了适应不同的编程习惯和应用,Java 提供了下面 3 种随机数形式。

(1) 通过 System.currentTimeMillis() 获取当前时间毫秒数的 long 型随机数字。

(2) 用 Math 类的静态方法 random() 返回一个 [0.0,1.0) 区间的 14 位 (double 类型) 的伪随机值。

(3) 通过 Random 类产生一个随机数。这是一个专业的 Random 工具类,功能强大,涵盖了 Math.random() 的功能。

Random 类位于 java.util 包中,可以支持随机数操作。使用这个类需要用语句

```
import java.util.";
import java.util.Random;
```

将其导入。下面介绍本例中要使用的几个 Random 类方法。

3. Random 类的构造器

Random 类的构造器用于创建一个新的随机数生成器对象,它有下面两个构造器。

（1）默认构造器 Random()：默认构造器所创建的随机数生成器对象，采用计算机时钟的当前时间作为产生伪随机数的种子值。由于运行构造器的时刻具有很大的随机性，所以使用该构造器，程序在每次运行时所生成的随机数序列是不同的。

（2）使用单个 long 种子的带参构造器 Random(long seed)：可以创建带单个 long 种子的随机数生成器对象。由于种子是固定的，所以每次运行生成的结果都一样。

创建带种子的 Random 对象有两种形式：

- Random random＝new Random(997L)；
- Random random＝new Random()；random.setSeed(997L)；

说明：void setSeed(long seed)使用单个 long 种子设置此随机数生成器的种子。

4. 用于生成随机数的常用 Random 方法

- boolean nextBoolean()：值为 true 或 false 的随机数。
- double nextDouble()：在[0.0，1.0)区间均匀分布的 double 类型随机数。
- float nextFloat()：在[0.0，1.0)区间均匀分布的 float 类型随机数。
- int nextInt()：一个均匀分布的 int 类型随机数。
- int nextInt(int n)：在[0，n)区间均匀分布的 int 型随机数。若要在[m，n]区间产生随机整数，应使用表达式"int a＝ random.nextInt(n－m＋1) ＋ m"。在这里，random 为一个 Random 对象。
- long nextLong()：随机数为一个在[-2^{63}，$2^{63}-1$]区间上均匀分布的 long 值。

说明：Java 7 新增了一个 ThreadLocalRandom 类，它是 Random 的增强版。在并发访问环境下使用 ThreadLocalRandom 来代替 Random 可保证系统具有更好的线程安全性。ThreadLocalRandom 类的用法与 Random 类基本类似，它提供了一个静态的 current()方法来获取 ThreadLocalRandom 对象，获取该对象之后即可调用各种 nextXxx()方法来获取伪随机数了。

4.2.2 洗牌方法设计

1. 一次洗牌算法设计

下面是一个一次洗牌的算法。

先在 0～53 中产生一个随机数 rdm，将 card[0]与 card[rdm]交换；

在 1～53 中产生一个随机数 rdm，将 card[1]与 card[rdm]交换；

……

在 i～53 中产生一个随机数 rdm，将 card[i]与 card[rdm]交换；

……

图 4.2 描述了这个洗牌过程。

这个过程可以表示为：

```
for (int i = 0; i < 54; ++i) {
    在 i 到 53 之间产生随机数 rdm;
    将 card[i]与 card[rdm]交换;
}
```

这里，需要进一步解决以下两个问题。

（1）在 i～53 中产生随机数 rdm。如前所述该计算方法为：

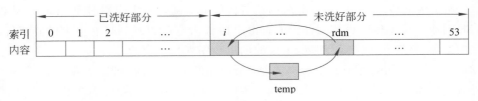

图 4.2　洗牌过程

```
int rdm=(int)(random.nextInt (54 - i)+i)
```

（2）交换两个数组元素的值：card[i]与 card[rdm]。交换算法为：

```
int temp =card[i];
card[i] =card[rdm];
card[rdm] =temp;
```

【代码 4-4】　一个完整的洗牌方法 shuffle()。

```
1      import java.util.*;
2
3      /** 洗牌方法 */
4      public void shuffle() {
5          System.out.println("进行一次洗牌");
6          //创建一个默认的随机数生成器
7          Random random =new Random();
8          for (int i =0; i <54; ++i) {
9          //生成一个[i,53]中的随机数
10          int rdm =(int) (random.nextInt(54 - i) +i);
11          //交换两个数组元素的值,即交换两张纸牌
12          int temp =card[i];
13          card[i] =card[rdm];
14          card[rdm] =temp;
15          }
16      }
```

2. n 次洗牌算法

【代码 4-5】　n 次洗牌算法。

```
1      /** n 次洗牌方法 */
2      public void shuffle(int shuffleTimes) {
3          Random random =new Random();
4          //洗牌重复 shuffleTimes 次
5          for (int j =0; j <shuffleTimes; ++j) {
6              System.out.println("进行第" + (j +1) +"次洗牌");
7              for (int i =0; i <54; ++i) {
8              //生成一个[i,53]上的随机数
9              int rdm =(int) (random.nextInt(54 - i) +i);
10              //交换两个数组元素的值,即交换两张纸牌
11              int temp =card[i];
12              card[i] =card[rdm];
13              card[rdm] =temp;
14              }
15          }
16      }
```

当 CardGame 需要进行多次洗牌时,增加一个属性 shuffleTimes,就好像进行游戏之前玩家们要约定洗牌次数。在调用 shuffle()方法时要用 shuffleTimes 作为参数。

4.2.3 含有洗牌方法的扑克游戏类设计

【代码 4-6】 一个含有洗牌方法的 CardGame 类定义。

```
1   import java.util.*;
2
3   /** 测试类 */
4   public class TestCardGame {
5       /** 主方法 */
6       public static void main(String[] args) {
7           //创建并初始化
8           CardGame play1 = new CardGame(3);
9           System.out.print("扑克牌初始序列: ");
10          //显示初始化后的底牌序列
11          play1.seeCard();
12          System.out.println();
13          //洗牌
14          play1.shuffle();
15          System.out.print("洗牌后扑克牌序列: ");
16          //显示洗牌后的底牌序列
17          play1.seeCard();
18      }
19  }
20
21  /** 扑克游戏类 */
22  class CardGame {
23      /** 声明总牌数为一个常量 */
24      public static final int DEKE_SIZE = 54;
25      /** 声明洗牌次数 */
26      private int shuffleTimes;
27      /** 声明存储纸牌的数组 */
28      private static int[] card = new int[DEKE_SIZE];
29
30      /** 构造器 */
31      public CardGame(int shuffleTimes) {
32          //初始化洗牌次数
33          this.shuffleTimes = shuffleTimes;
34          //初始化纸牌
35          initCard();
36      }
37
38      /** 初始化纸牌 */
39      public void initCard() {
40          //i 表示牌的花色类型
41          for (int i = 0; i < 4; ++i) {
42              //j 表示牌号
43              for (int j = 0; j < 13; ++j) {
44                  //初始化前 52 张牌
45                  card[i * 13 + j] = 100 * (i + 1) + j + 1;
46              }
47          }
48          //大王
49          card[52] = 501;
50          //小王
51          card[53] = 502;
52      }
53
54      /** 洗牌方法 */
55      public void shuffle() {
```

```
56          Random random =new Random();
57          //重复 shuffleTimes 次
58          for (int j =0; j <shuffleTimes; ++j) {
59            System.out.println("进行第" +(j +1) +"次洗牌");
60            for (int i =0; i <DEKE_SIZE; ++i) {
61                //生成一个[i,53]上的随机数
62                int rdm =(int) (random.nextInt(DEKE_SIZE -i) +i);
63                //交换两个数组元素的值,即交换两张纸牌
64                int temp =card[i];
65                card[i] =card[rdm];
66                card[rdm] =temp;
67            }
68          }
69      }
70
71      /** 显示底牌 */
72      public void seeCard() {
73          for (int element : card) {
74            System.out.print(element +",");
75          }
76      }
77  }
```

测试结果如下:

```
扑克牌初始序列: 101, 102, 103, 104, 105, 106, 107, 108, 109, 110, 111, 112, 113, 201, 202, 203, 204, 205,
206, 207, 208, 209, 210, 211, 212, 213, 301, 302, 303, 304, 305, 306, 307, 308, 309, 310, 311, 312, 313, 401,
402, 403, 404, 405, 406, 407, 408, 409, 410, 411, 412, 413, 501, 502,
进行第 1 次洗牌
进行第 2 次洗牌
进行第 3 次洗牌
洗牌后扑克牌序列: 501, 112, 313, 102, 302, 502, 412, 309, 311, 201, 101, 204, 202, 403, 304, 413, 213, 305,
406, 408, 113, 203, 410, 303, 209, 312, 109, 306, 409, 105, 411, 401, 407, 404, 301, 402, 103, 307, 106, 108,
107, 110, 111, 208, 310, 207, 206, 211, 405, 308, 104, 210, 212, 205,
```

4.2.4 一维数组和方法

1. 将数组作为参数传递给方法

数组可以作为参数传递给方法。当将数组传递给方法时,数组的引用被传给方法。代码 4-7 的功能是查找指定纸牌序列在洗牌后的位置。

【代码 4-7】 查找纸牌位置。

```
1   /** 查找指定纸牌序列在洗牌后所处的位置 */
2   public void findCard(int[] cardSequenceArray) {
3       for(int i=0;i<cardSequenceArray.length;i++) {
4           for(int j=0;j<card.length;j++) {
5               if(card[j]==cardSequenceArray[i]) {
6                   System.out.println(cardSequenceArray[i]+"是第"+(j+1)+"张牌");
7                   break;
8               }
9           }
10      }
11  }
```

在代码 4-6 基础上增加 findCard()方法,测试代码如下。

```
//创建并初始化
CardGame play1 = new CardGame(3);
//洗牌
play1.shuffle();
System.out.print("洗牌后扑克牌序列: ");
//显示洗牌后的底牌序列
play1.seeCard();
System.out.println();
//纸牌序列
int[] cardSequenceArray = { 404, 405, 406, 407 };
//查找纸牌序列位置
play1.findCard(cardSequenceArray);
```

测试结果如下:

```
洗牌后扑克牌序列: 310, 208, 304, 403, 212, 201, 112, 412, 502, 313, 308, 110, 205, 408, 303, 213, 109, 206,
111, 202, 309, 211, 401, 413, 301, 108, 209, 113, 106, 204, 501, 410, 402, 307, 405, 207, 105, 302, 311, 103,
407, 305, 406, 102, 107, 404, 411, 312, 306, 101, 409, 203, 210, 104,
404 是第 46 张牌
405 是第 35 张牌
406 是第 43 张牌
407 是第 41 张牌
```

说明:

(1) 第 2 行代码中定义的数组形参 int[] cardSequenceArray,无须指定数组长度。

(2) 将实参数组 cardSequenceArray 传递给形参数组 cardSequenceArray,传递的是实参数组的引用,这样方法中的形参数组和传递的实参数组共享同一个数组。所以,如果改变方法中的数组,方法外的实参数组也会发生改变。

调用 findCard()方法时也可使用如下格式:

```
play1.findCard(new int[]{ 404, 405, 406, 407 });
```

此时传递的数组没有显式地引用变量,这样的数组称为匿名数组。因此,匿名数组只能使用一次,无法再次引用。创建匿名数组的语法格式如下:

```
new 数据类型[]{初始值 1, 初始值 2, …, 初始值 n};
```

2. 从方法中返回数组

可以在调用方法时向方法传递一个数组。当然,方法也可以返回一个数组,此时数组的引用被返回。代码 4-8 由代码 4-2 改造而成,代码 4-8 中的 initCard()方法返回一个数组,用来初始化纸牌。

【代码 4-8】 使用方法初始化纸牌。

```
1    /** 初始化纸牌方法 */
2    public int[] initCard() {
3        //创建 card 数组
4        int[] card = new int[54];
5        //i 表示牌的花色类型
6        for (int i = 0; i < 4; ++i) {
7            //j 表示牌号
8            for (int j = 0; j < 13; ++j) {
9                //初始化前 52 张牌
10               card[i * 13 + j] = 100 * (i + 1) + j + 1;
```

```
11              }
12          }
13          //大王
14          card[52]=501;
15          //小王
16          card[53]=502;
17          return card;
18      }
```

在代码 4-6 中增加 initCard()方法,将存储纸牌的数组声明格式改为:

```
// 声明存储纸牌的数组
private static int[] card =null;
```

然后,在构造器中调用 initCard()方法初始化纸牌。

```
/** 构造器 */
public CardGame(int shuffleTimes) {
    //初始化洗牌次数
    this.shuffleTimes =shuffleTimes;
    //初始化纸牌
    this.card =this.initCard();
}
```

4.2.5　排序与查找

常见的排序算法有冒泡排序、选择排序、插入排序及快速排序等。这里不详细介绍排序算法,直接调用 Arrays 类提供的 sort()方法实现对数组的排序。sort()方法使用的是"经过调优的快速排序法"。

Arrays 类调用如下方法:

```
public static void sort(double[] a)
```

可以把参数 a 指定的 double 类型数组按升序排序,a 也可以是其他基本类型数组。sort()方法默认是升序排序,若需降序排序,则需调用方法:

```
public static void sort(Double[] a,Collections.reverseOrder())
```

注意:此时被排序的数组类型不能是基本类型了,需使用对应的包装类型。

Arrays 类调用如下方法:

```
public static void sort(double[] a,int fromIndex,int toIndex)
```

可以把参数 a 指定的 double 类型数组中索引 fromIndex 到 toIndex－1 的元素按升序排序,a 也可以是其他基本类型数组。

常见的查找算法有顺序查找、二分查找、插值查找及哈希查找等。同样,这里不详细介绍查找算法,直接调用 Arrays 类提供的 binarySearch()方法实现二分法查找,调用格式为:

```
public static int binarySearch(double[] a,int key)
```

在参数 a 指定的数组中查找参数 key 指定的数,若能检索到,返回 key 的位置,否则,返回负数;其中,数组 a 必须是事先已排序好的数组,升序或降序皆可。

【代码 4-9】　数组的排序与查找。

ArraySortSearchDemo.java

```
1    import java.util.Arrays;
2
3    public class ArraySortSearchDemo {
4        public static void main(String[] args) {
5            int card[]={202,201,205,203,207,206,204};
6            //排序
7            Arrays.sort(card);
8            //输出排序后数组
9            System.out.println(Arrays.toString(card));
10
11           int key=203;
12           //查找指定的数
13           int index=Arrays.binarySearch(card, key);
14           if(index<0) {
15             System.out.println("数组中找不到: "+key);
16           }else {
17             System.out.println("数组中找到: "+key+", 索引位置为: "+index);
18           }
19       }
20   }
```

程序运行结果：

```
[201, 202, 203, 204, 205, 206, 207]
数组中找到：203, 索引位置为：2
```

前面已经学习了基本类型数组的排序，那么引用类型数组如何排序呢？有如下 Employee 类的对象数组，要求按年龄的升序进行排序。

```
Employee[] emplArray =new Employee[5];
emplArray[0] =new Employee("zhang", 55, 'm', 1234.56);
emplArray[1] =new Employee("Li", 30, 'f', 3456.78);
emplArray[2] =new Employee("Wang", 25, 'm', 6723.56);
emplArray[3] =new Employee("Zhao", 36, 'f', 4534.45);
emplArray[4] =new Employee("Qian", 45, 'm', 4354.76);
```

还是使用 Arrays 类的 sort()方法：

```
Arrays.sort(emplArray, (o1, o2) ->{
    if (o1.getAge() >o2.getAge())
        return 1;
    else
        return -1;
});
```

其中，第一个参数是待排序的对象数组；第二个参数是 Lambda 表达式，Lambda 表达式是 Java 8 引入的新特征。Lambda 表达式的语法格式如下：

```
(parameters) ->expression
```

或

```
(parameters) ->{ statements; }
```

Lambda 表达式的详细内容将在后面章节进一步学习。

【代码 4-10】 对象数组的排序。

ObjectArraySortDemo.java

```
1    import java.util.Arrays;
2
3    public class ObjectArraySortDemo {
```

```
4          public static void main(String[] args) {
5              //创建对象数组
6              Employee[] emplArray = new Employee[5];
7              emplArray[0] = new Employee("zhang", 55, 'm', 1234.56);
8              emplArray[1] = new Employee("Li", 30, 'f', 3456.78);
9              emplArray[2] = new Employee("Wang", 25, 'm', 6723.56);
10             emplArray[3] = new Employee("Zhao", 36, 'f', 4534.45);
11             emplArray[4] = new Employee("Qian", 45, 'm', 4354.76);
12
13             //往 Arrays.sort()方法传入 lambda 表达式
14             Arrays.sort(emplArray, (o1, o2) ->{
15                 if (o1.getAge() >o2.getAge())
16                     return 1;
17                 else
18                     return -1;
19             });
20
21             //打印排序后的对象数组
22             for (Employee e : emplArray) {
23                 System.out.println(e.getName() +":" +e.getAge());
24             }
25         }
26 }
```

程序运行结果：

```
Wang:25
Li:30
Zhao:36
Qian:45
zhang:55
```

说明：若想按年龄的降序排序，只需将第 15 行的＞改为＜即可。

习题

1. 下面代码的输出为（   ）。

```
public class T {
  public static void main (String[] args) {
      int anar[] =new int[5];
      System.out.println (anar[0]);
    }
}
```

    A. 编译时错误   B. null   C. 0   D. 5

2. 下面代码的执行结果为（   ）。

```
public class Test {
    static long a[] =new long[10];

    public static void main(String[] args) {
      System.out.println(a[6]);
    }
}
```

    A. null   B. 0   C. 编译时错误   D. 运行时错误

3. 代表了数组元素数量的表达式为（   ）。

```
int[] m ={0,1,2,3,4,5,6};
```

A. m.length()　　　　B. m.length　　　　　C. m.length()+1　　D. m.length + 1

4. 下面代码的执行结果为(　　　)。

```
public class Test {
    static int arr[] =new int[10];

    public static void main(String[] args) {
      System.out.println(arr[10]);
    }
}
```

A. null　　　　　　　B. 0　　　　　　　　C. 编译时错误　　　　D. 运行时错误

5. (　　　)方法对 double 类型数组 scores 进行升序排序。

A. java.util.Arrays(scores)　　　　　　B. java.util.Arrays.sorts(scores)

C. java.util.Arrays.sort(scores)　　　　D. java.util.Arrays.sortArray(scores)

6. 若有数组定义：int[] scores = {1,20,30,40,50};,方法 java.util.Arrays.binarySearch(scores,30)的返回值是(　　　)。

A. 0　　　　　　　　B. −1　　　　　　　C. 1　　　　　　　　D. 2

7. 编写一个程序使之从键盘读入 10 个整数存入整型数组 a 中,并输出这 10 个整数的最大值和最小值。

知识链接

链 4.1　数组实用类 Arrays　　　　　链 4.2　java.util.Vector 类

4.3　扑克的发牌与二维数组

4.3　扑克的
发牌与二
维数组

4.3.1　基本的发牌算法

发牌(deal)就是把洗好的牌按照约定张数逐一发送到玩家(hand)手中。如图 4.3 所示为向 4 位玩家发牌,每人要发 5 张牌,已发 3 张的过程。

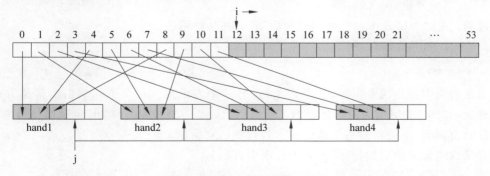

图 4.3　发牌过程(已各发 3 张牌)

以下代码段是发牌算法的 Java 语言描述。

```
int i =0;
for (int j =0;j <cardNumber;++j) {              //cardNumber 为每人发牌数目
    inHand1[j] =card[i]; card[i] =0;++i;        //card[i] =0 象征牌已经被取走
    inHand2[j] =card[i]; card[i] =0;++i;        //++i 为指向底牌中下一张牌
    inHand3[j] =card[i]; card[i] =0;++i;
    inHand4[j] =card[i]; card[i] =0;++i;
}
```

说明：数组 inHand1、inHand2、inHand3、inHand4 分别存储玩家 hand1、hand2、hand3、hand4 手中的牌。

4.3.2　用二维数组表示玩家手中的牌

在上述发牌算法中，假定总共有 4 位玩家，玩家手中的牌分别用 4 个一维数组 inHand1、inHand2、inHand3、inHand4 表示。如果有 10 位玩家，则要设置 10 个一维数组，操作近似手工方式，使程序难以通用，一旦玩家数量改变，就要修改程序。

为了使程序具有通用性，可以用二维数组表示玩家手中的牌，即一维用于表示玩家，另一维用于表示玩家手中的牌。

1. 二维数组的声明

二维数组用两对下标运算符表示，其声明格式如下。

```
数据类型 数组名[ ][ ];

数据类型[ ][ ] 数组名;
```

例如：

```
int[][] inHand;
```

或

```
int inHand[][];
```

> 注意：两个方括号中都不可有维表达式。

2. 二维数组的创建

二维数组的创建与一维数组相似。格式如下：

```
数组名 =new 数据类型[行数][列数];
```

说明：在这个格式中，"行数"和"列数"有下列几种用法。

（1）行数和列数都有，例如：

```
inHand =new int[4][12];                         //正确,4 个玩家,每位发牌 12 张
```

二维数组中使用两个下标，一个表示行，另一个表示列。每个下标索引值都是 int 型，从 0 开始，如图 4.4 所示为二维数组的下标索引值。与一维数组一样，用 new 操作符为数组分配存储空间后，系统将对每个数组元素进行默认初始化。

二维数组元素的引用使用行、列下标索引，例如：

```
inHand [0][2]=103;
```

图 4.4　二维数组的下标索引值

（2）列数省略，例如：

```
inHand =new int[4][];                           //正确,4个玩家
```

虽然语法上正确，但还不能完成存储分配，为此常常需要对每一行再单独进行存储分配，例如：

```
int[][] inHand =new int[4][];              //对二维进行分配
inHand[0] =new int[12];                    //以下对一维分配
inHand[1] =new int[11];
inHand[2] =new int[10];
inHand[3] =new int[9];
```

这说明，对于 Java 的二维数组来说，第一维的每个元素都是指向同类型数组的一个引用，并没有要求它们所对应的一维数组的长度相同。所以，列数省略，对于创建不定长的行数组颇为有用。

（3）不可省略行数，例如：

```
inHand =new int [][12];                         //错误
```

（4）可以将内存分配并入声明中，例如：

```
int[][] inHand =new int[4][12];
```

3. 二维数组的初始化

二维数组可以看成数组的数组，其初始化可以使用嵌套花括号将每维的值括起来。例如：

```
int[][] inHand ={ {101, 102, 103, 104},
                  {201, 202, 203, 204},
                  {301, 302, 303, 304},
                  {401, 402, 403, 404}};
```

说明：静态初始化不必给出维表达式。系统会自动计算出行数和各行列数进行存储分配和初始化。例如，下面的存储杨辉三角形的二维数组定义：

```
int[][] yanghuiTriangle ={
        {1},
        {1,1},
        {1,2,1},
        {1,3,3,1},
        {1,4,6,4,1},
        {1,5,10,10,5,1}
    };
```

在这个二维数组中，yanghuiTriangle［0］是有 1 个 int 元素的一维数组，yanghuiTriangle[1]是有 2 个 int 元素的一维数组，以此类推。这种各行长度不一的二维数组,称为锯齿数组,如图 4.5 所示。

第1行	1					
第2行	1	1				
第3行	1	2	1			
第4行	1	3	3	1		
第5行	1	4	6	4	1	
第6行	1	5	10	10	5	1

图 4.5 锯齿数组(二维数组各行的列数不同)

4. 获取二维数组的长度

二维数组实际上是由多个一维数组构成的,每一行就是一个一维数组,所以,可从两个角度来获取二维数组的长度。

(1) 二维数组名.length:获取二维数组的行数。

(2) 二维数组名[i].length:获取二维数组第 i 行的长度。锯齿数组的每一行长度不同,而非锯齿数组的每一行长度相同。

例如:

```
int[][] inHand =new int[3][4];
```

二维数组 inHand 是由 3 个一维 int 型数组组成的,它们是 inHand[0]、inHand[1]和inHand[2];每个一维数组有 4 个元素。inHand.length 获取的长度是该二维数组的行数,值是 3。inHand[0].length,inHand[1].length 和 inHand[2].length 获取的是每一行的长度,值都是 4。二维数组的构成及长度的获取如图 4.6 所示。

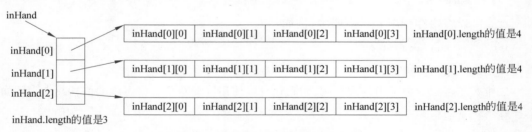

图 4.6 二维数组的存储结构及长度的获取

注意:Java 二维数组中同一行元素在内存中占用一片连续的存储空间,而不同行元素的存储空间不一定连续。

5. 访问二维数组元素

访问二维数组元素需要给出两个下标——行下标和列下标,其语法格式为:

```
数组名[行下标][列下标]
```

例如:

```
inHand[0][1] =102;
int i =1, j =2;
inHand[i][j] =202;
```

说明：

（1）行下标和列下标都可以是任何值为 int 型的表达式，表达式中可以有变量。

（2）行下标和列下标都是从 0 开始，行下标的范围为 0～（数组名.length－1），第 i 行的列下标的范围为 0～（数组名[i].length－1）。

4.3.3 使用二维数组的发牌方法

使用二维数组 int[][] inHand 后，用第 1 维表示玩家，如玩家为 4 时分别为 inHand[0]、inHand[1]、inHand[2]、inHand[3]；用第 2 维表示给每位玩家的发牌数。为此，需要先确定玩家数（handNumber）和每人发牌数（cardNumber）。

【代码 4-11】 使用二维数组的发牌方法。

```
1    /** 发牌方法 */
2    public void sendCard() {
3        //i 为纸牌下标
4        int i = 0;
5        //cardNumber 为每人发牌的数目
6        for (int j = 0; j < cardNumber; ++j) {
7            //handNumber 为玩家数目
8            for (int k = 0; k < handNumber; ++k) {
9                //发牌给玩家
10               inHand[k][j] = card[i];
11               //将已发的牌置为 0
12               card[i] = 0;
13               //取下一张牌
14               ++i;
15           }
16       }
17   }
```

4.3.4 含有洗牌、发牌方法的扑克游戏类设计

【代码 4-12】 含有洗牌、发牌方法的 CardGame 类定义。

```
1    import java.util.*;
2
3    public class TestCardGame {
4        /** 主方法 */
5        public static void main(String[] args) {
6            CardGame play1 = new CardGame(3, 4, 12);
7            System.out.print("扑克牌初始序列: ");
8            //显示初始化后的底牌序列
9            play1.seeCard();
10           System.out.println();
11           //按约定次数洗牌
12           play1.shuffle();
13           System.out.print("洗牌后扑克牌序列: ");
14           //显示洗牌后的底牌序列
15           play1.seeCard();
16           //发牌
17           play1.sendCard();
18           System.out.println();
```

```
19        System.out.print("发牌后扑克牌序列: ");
20        //显示洗牌后的底牌序列
21        play1.seeCard();
22        System.out.println();
23        System.out.println("各玩家手中的牌: ");
24        //显示各玩家手中的牌
25        play1.dispHands();
26      }
27    }
28
29    /** 扑克游戏类 */
30    class CardGame {
31        /** 总牌数 */
32        public static final int DEKE_SIZE = 54;
33        /** 洗牌次数 */
34        private int shuffleTimes;
35        /** 玩家人数 */
36        private int handNumber;
37        /** 玩家发牌数 */
38        private int cardNumber;
39        /** 玩家手中牌 */
40        private int[][] inHand;
41        /** 声明存储纸牌的数组 */
42        private static int[] card = { 101,102,103,104,105,106,107,108,109,110,
43            111,112,113,201,202,203,204,205,206,207,208,209,
44            210,211,212,213,301,302,303,304,305,306,307,308,
45            309,310,311,312,313,401,402,403,404,405,406,407,
46            408,409,410,411,412,413,501,502 };
47
48        /** 构造器 */
49        public CardGame(int shuffleTimes, int handNumber, int cardNumber) {
50            //初始化洗牌次数
51            this.shuffleTimes = shuffleTimes;
52            //初始化玩家人数
53            this.handNumber = handNumber;
54            //初始化每人发牌数
55            this.cardNumber = cardNumber;
56            inHand = new int[handNumber][cardNumber];
57        }
58
59        /** 洗牌方法 */
60        public void shuffle() {
61            Random random = new Random();
62            for (int j = 0; j < shuffleTimes; ++j) {                      //重复 shuffleTimes 次
63                System.out.println("进行第" + (j +1) + "次洗牌");
64                for (int i = 0; i < DEKE_SIZE; i++) {
65                    int rdm = (int) (random.nextInt(DEKE_SIZE - i) + i);
66                    int temp = card[i];
67                    card[i] = card[rdm];
68                    card[rdm] = temp;
69                }
70            }
71        }
72
73        /** 显示底牌 */
74        public void seeCard() {
75            for (int element : card)
76                System.out.print(element + ",");
77        }
```

```
78
79          /** 发牌方法 */
80          public void sendCard() {
81              int i = 0;
82              //cardNumber 为每人发牌的数目
83              for (int j = 0; j < cardNumber; ++j) {
84                  //handNumber 为玩家数目
85                  for (int k = 0; k < handNumber; ++k) {
86                      inHand[k][j] = card[i];
87                      card[i] = 0;
88                      ++i;
89                  }
90              }
91          }
92
93          /** 显示玩家手中牌 */
94          public void dispHands() {
95              for (int i = 0; i < handNumber; ++i) {
96                  System.out.print("玩家" + (i+1) + "手中的牌为: ");
97                  //遍历数组 inHand[i]
98                  for (int handCard : inHand[i])
99                      System.out.print(handCard + ",");
100                 //输出一个回车
101                 System.out.println();
102             }
103         }
104     }
```

测试结果：

```
扑克牌初始序列: 101,102,103,104,105,106,107,108,109,110,111,112,113,201,202,203,204,205,206,
207,208,209,210,211,212,213,301,302,303,304,305,306,307,308,309,310,311,312,313,401,402,
403,404,405,406,407,408,409,410,411,412,413,501,502,
进行第 1 次洗牌
进行第 2 次洗牌
进行第 3 次洗牌
洗牌后扑克牌序列: 205,405,105,406,306,309,401,101,212,107,106,308,201,413,109,207,313,312,
103,411,108,307,301,203,204,502,303,304,408,202,213,305,206,407,209,208,402,112,410,404,
501,110,311,409,113,210,403,310,102,211,302,104,111,412,
发牌后扑克牌序列: 0,0,0,0,0,0,0,0,0,0,0,0,0,0,0,0,0,0,0,0,0,0,0,0,0,0,0,0,0,0,0,0,0,0,0,0,0,
0,0,0,0,0,0,0,0,0,0,0,102,211,302,104,111,412,
各玩家手中的牌：
玩家 1 手中的牌为: 205,306,212,201,313,108,204,408,206,402,501,113,
玩家 2 手中的牌为: 405,309,107,413,312,307,502,202,407,112,110,210,
玩家 3 手中的牌为: 105,401,106,109,103,301,303,213,209,410,311,403,
玩家 4 手中的牌为: 406,101,308,207,411,203,304,305,208,404,409,310,
```

最后检查取走剩余的牌和各玩家手中的牌，看有无重复、有无缺失的牌。

4.3.5 二维数组和方法

可以给方法传递二维数组，也可以从一个方法返回一个二维数组。将一个二维数组传递给方法时，数组的引用传递给了方法。

getArray()方法实现了从方法返回一个二维数组。

```
public static int[][] getArray() {
    int[][] x = new int[3][4];
    for (int row = 0; row < x.length; row++) {
        for (int col = 0; col < x[row].length; col++) {
            x[row][col] = row + col;
        }
    }
    return x;
}
```

sum()方法以二维数组为参数并实现其求和。

```
public static int sum(int[][] x) {
    int total = 0;

    for (int row = 0; row < x.length; row++) {
        for (int col = 0; col < x[row].length; col++) {
            total += x[row][col];
        }
    }
    return total;
}
```

习题

1. 下列代码中，正确的数组创建代码是(　　)。

　　A. float f[][] = new float[6][6];　　　　B. float f[][] = new float[][6];

　　C. float [][] f = new float[][];　　　　　D. float[][] f = new float[6][];

2. 下列代码中，正确的数组初始化代码是(　　)。

　　A. int[] a = new int[5]{{1,2},{2,3},{3,4,5}};

　　B. int[][] a = new int[2][]; a[0] = {1,2,3,4,5};

　　C. int[][] a = new int[2][]; a[0][1] = 1;

　　D. int[][] a = new int[][]{{1},{2,3},{3,4,5}};

3. 拟在数组 a 中存储 10 个 int 类型数据，正确的定义应当是(　　)。

　　A. int a[5 + 5] = { {1,2,3,4,5}, {6,7,8,9,0}};

　　B. int a[2][5] = { {1,2,3,4,5}, {6,7,8,9,0}};

　　C. int a[][5] = { {1,2,3,4,5}, {6,7,8,9,0}};

　　D. int a[][] = { {1,2,3,4,5}, {6,7,8,9,0}};

4. 如下代码段的输出结果是(　　)。

```
int b[][] = {{1}, {2,2}, {2,2,2}};
int sum = 0;
for(int i = 0; i < b.length; ++i) {
    for(int j = 0; j < b[i].length; ++j) {
        sum += b[i][j];
    }
}
System.out.println(sum);
```

　　A. 32　　　　　　　B. 11　　　　　　　C. 2　　　　　　　D. 3

5. 编写程序。有一个 5×5 的矩阵，要求：

（1）给矩阵的元素赋值为 1～100 的随机整数，并输出矩阵。

（2）计算每一列的和。

（3）找出矩阵中的最大值及所在位置，最大值可能有多个相同的，要求全部找出。

4.4 字 符 串

4.4.1 String 类型

字符串是使用双引号引起来的一个字符序列。char 类型只能表示一个字符，Java 提供了 String 类来表示、创建和操作字符串。String 类位于 java.lang 包中。例如：

```
String card0 ="HeartK";
```

在 Java 中字符串属于对象，String 实际上是 Java 库中一个预定义的类。String 类型不是基本类型，而是引用类型。使用引用类型声明的变量称为引用变量，它引用一个对象。card0 是一个引用变量，它引用一个内容为 HeartK 的字符串对象，如图 4.7 所示。

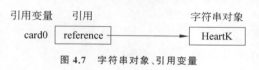

图 4.7 字符串对象、引用变量

调用字符串的 length()方法获取它的长度。例如，下面的代码

```
String s ="HeartK";
System.out.println(s +"的长度为" +s.length());
```

输出结果为：

```
HeartK 的长度为 6
```

String 对象的其他创建方式如下。

一是利用 String 类的构造器，以字符串常量作为参数来创建字符串对象，例如：

```
String card0 =new String("HeartK");
```

二是利用 String 类的构造器，以字符数组作为参数来创建字符串对象，例如：

```
char[] charArray ={ 'H', 'e', 'a', 'r', 't', 'K' };
String card0 =new String(charArray);
```

4.4.2 用字符串数组存储纸牌

前面已学习了用数字来代表纸牌，不是很直观，可以用花色与牌面拼接的字符串来直观地表示纸牌。花色用字符串"Heart""Diamond""Club""Spade"分别表示红桃、方块、梅花、黑桃；牌面用"A""2""3""4""5""6""7""8""9""10""J""Q""K"表示；用"RedJoker"表示大王，用"BlackJoker"表示小王。例如，"Heart8"表示红桃 8，"DiamondJ"表示方块 J。这样就可以用字符串数组来存储纸牌了，格式如下：

```
String[] card = { "HeartA", "Heart2", "Heart3", "Heart4", "Heart5","Heart6", "Heart7", "
        Heart8", "Heart9","Heart10", "HeartJ", "HeartQ", "HeartK", "DiamondA","
        Diamond2", "Diamond3", "Diamond4", "Diamond5", "Diamond6","Diamond7", "
        Diamond8", "Diamond9", "Diamond10","DiamondJ", "DiamondQ", "DiamondK", "
        ClubA", "Club2", "Club3","Club4", "Club5", "Club6", "Club7", "Club8", "
        Club9", "Club10", "ClubJ", "ClubQ", "ClubK","SpadeA", "Spade2", "Spade3", "
        Spade4", " Spade5", " Spade6", " Spade7", " Spade8", "Spade9","Spade10", "
        SpadeJ", "SpadeQ", "SpadeK","RedJoker", "BlackJoker" };
```

说明：字符串数组是引用类型数组的一种，数组名 card 是引用变量，存储在栈内存；而数组元素及所指向的字符串都存储在堆内存。

代码 4-13 是在代码 4-6 的基础上将纸牌的存储改用字符串数组。

【代码 4-13】 用字符串数组存储纸牌的 CardGame 类定义。

```
1   import java.util.*;
2
3   public class CardGame {
4       /** 主方法 */
5       public static void main(String[] args) {
6           //创建并初始化
7           CardGame play1 = new CardGame(3);
8           System.out.print("扑克牌初始序列: ");
9           //显示初始化后的底牌序列
10          play1.seeCard();
11          System.out.println();
12          //洗牌
13          play1.shuffle();
14          System.out.print("洗牌后扑克牌序列: ");
15          //显示洗牌后的底牌序列
16          play1.seeCard();
17      }
18
19      /** 声明总牌数为一个常量 */
20      public static final int DEKE_SIZE = 54;
21      /** 声明洗牌次数 */
22      private int shuffleTimes;
23      /** 声明存储纸牌的数组 */
24      private static String[] card = new String[DEKE_SIZE];
25
26      /** 构造器 */
27      public CardGame(int shuffleTimes) {
28          //初始化洗牌次数
29          this.shuffleTimes = shuffleTimes;
30          //初始化纸牌
31          initCard();
32      }
33
34      /** 初始化纸牌 */
35      public void initCard() {
36          //定义存储纸牌花色的数组
37          String[] suits = { "Heart", "Diamond", "Club", "Spade" };
38          //定义存储纸牌牌号的数组
39          String[] ranks={"A","2","3","4","5","6","7","8","9","10","J","Q","K" };
```

```
40              int n = 0;
41
42          for (int i = 0; i < suits.length; i++) {
43            for (int j = 0; j < ranks.length; j++) {
44                  //花色和牌号拼接后初始化纸牌
45                  card[n] = suits[i] + ranks[j];
46                  //取下一张纸牌
47                  n++;
48              }
49          }
50          card[52] = "RedJoker";
51          card[53] = "BlackJoker";
52      }
53
54      /** n 次洗牌方法 */
55      public void shuffle() {
56          Random random = new Random();
57          //洗牌重复 shuffleTimes 次
58          for (int j = 0; j < shuffleTimes; ++j) {
59            System.out.println("进行第" + (j +1) + "次洗牌");
60            for (int i = 0; i < DEKE_SIZE; ++i) {
61                  int rdm = (int) (random.nextInt(DEKE_SIZE - i) + i);
62                  String temp = card[i];
63                  card[i] = card[rdm];
64                  card[rdm] = temp;
65              }
66          }
67      }
68
69      /** 显示底牌 */
70      public void seeCard() {
71          for (String element : card) {
72            System.out.print(element + ",");
73          }
74      }
75  }
```

程序运行结果：

```
扑克牌初始序列：HeartA, Heart2, Heart3, Heart4, Heart5, Heart6, Heart7, Heart8, Heart9, Heart10,
HeartJ, HeartQ, HeartK, DiamondA, Diamond2, Diamond3, Diamond4, Diamond5, Diamond6, Diamond7,
Diamond8, Diamond9, Diamond10, DiamondJ, DiamondQ, DiamondK, ClubA, Club2, Club3, Club4, Club5,
Club6, Club7, Club8, Club9, Club10, ClubJ, ClubQ, ClubK, SpadeA, Spade2, Spade3, Spade4, Spade5,
Spade6, Spade7, Spade8, Spade9, Spade10, SpadeJ, SpadeQ, SpadeK, RedJoker, BlackJoker,
进行第 1 次洗牌
进行第 2 次洗牌
进行第 3 次洗牌
洗牌后扑克牌序列：Diamond5, HeartK, ClubA, Heart4, Club4, Heart9, Diamond6, Heart10, HeartQ,
Spade4, Club2, HeartA, Spade10, Club7, Diamond2, DiamondK, Club9, BlackJoker, Diamond9, Heart3,
Spade9, Club5, Heart8, SpadeK, ClubK, Spade8, Heart5, Heart2, DiamondJ, Heart7, Diamond3, HeartJ,
Club8, Diamond7, Spade7, Spade6, Diamond4, DiamondA, DiamondQ, Spade3, Club6, Club10, SpadeQ,
Diamond10, Club3, Spade5, RedJoker, SpadeA, Heart6, ClubQ, Diamond8, SpadeJ, Spade2, ClubJ,
```

发牌可用二维字符串数组来存储，格式如下：

```
String[][] inHand = new String[4][12];
```

代码 4-13 中的 CardGame 类只实现了洗牌方法，没有实现发牌方法，读者可试着自己实现。

4.4.3 不可变字符串与可变字符串

1. 不可变字符串

不可变字符串是指当字符串对象创建完毕之后，该对象的内容（字符序列）是不能改变的，一旦内容改变就会创建一个新的字符串对象。Java 中的 String 类创建的对象就是不可变的。

下列代码会改变字符串的内容吗？

```
String s ="HeartK";
s ="DiamondJ";
```

答案是不能。第一条语句创建了一个内容为"HeartK"的 String 对象，并将其引用赋给 s。第二条语句不是改变"HeartK"原来所在存储地址中的内容，而是另外开辟一个空间来存储一个内容为"DiamondJ"的 String 对象，并将此 String 对象的引用赋给 s。此时，第一个 String 对象仍然存在，只是没法访问它，因为 s 已指向了新的对象，如图 4.8 所示。已没法访问的字符串对象，JVM 会通过 GC 自动回收。

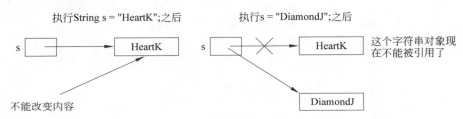

图 4.8　String 类创建的字符串是不可变的

因为字符串在程序设计中是不可变的，但同时又会频繁地使用，所以 Java 虚拟机为了提升性能和减少内存开销，避免字符串的重复创建，维护了一块特殊的内存空间，即字符串常量池（String Constant Pool）。从 JDK 7 开始，字符串常量池位于堆中，字符串常量池是全局共享的。

在 Java 中有两种创建字符串对象的方式。

第一种是通过字面量的方式赋值。采用字面量的方式创建字符串对象时，首先检查字符串常量池中是否存在该字符串，若存在该字符串，返回引用实例；若不存在，实例化该字符串并放入池中。例如，执行以下语句：

```
1    String s1 ="HeartK";
2    String s2 ="HeartK";
3    System.out.println("s1==s2 ? " +(s1 ==s2));
```

输出结果显示：

```
s1==s2 ? true
```

采用字面量赋值的方式创建一个字符串时，JVM 首先会去字符串常量池中查找是否存在"HeartK"这个对象，如果不存在（第 1 行），则在字符串池中创建"HeartK"这个对象，然后将池中"HeartK"这个对象的引用地址返回赋给 s1，这样 s1 会指向池中"HeartK"这个字符串对象；如果存在（第 2 行），则不创建任何对象，直接将池中"HeartK"这个对象的地址返回赋给 s2。这样 s1 和 s2 指向相同的字符串"HeartK"，所以，s1＝＝s2 为 true。字符串存储情况如图 4.9 所示。堆内存区存放对象和数组,属全局共享;栈内存区存放基本数据类型及对象的引用,属线程私有。

当用字面量赋值的方法创建字符串时,无论创建多少次,只要字符串的值相同,它们所指向的都是堆中的同一个对象。

第二种是通过 new 关键字新建一个字符串对象。

当利用 new 关键字去创建字符串时,无论字符串常量池中有没有与当前值相等的对象,都会在堆中新开辟一块内存创建一个对象。例如,继续执行以下语句:

```
1    String s3 =new String("HeartK");
2    System.out.println("s1==s3 ? " +(s1 ==s3));
```

输出结果显示:

```
s1==s3 ? false
```

第 1 行会直接创建一个新的“HeartK”对象,并将其引用地址返回赋给 s3,字符串存储情况如图 4.10 所示。

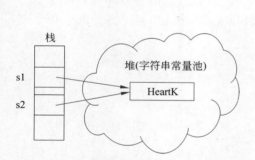

图 4.9   字面量赋值方式创建字符串

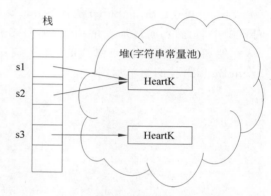

图 4.10   通过 new 关键字创建字符串

从图 4.10 可以看出,s1 和 s3 指向不同的字符串对象,所以,s1==s3 为 false。
接着上面的代码,继续执行:

```
System.out.println((s1.equals(s3)));
```

输出结果为:

```
true
```

s1==s3 是 false,因为它们指向两个不同的对象,而 s1.equals(s3)是 true,因为这两个不同的对象存储的是相同的字符串“HeartK”。
以下是用其他方式创建字符串的代码:

```
String s1 ="HeartK";
String s4 ="Heart" +"K";
System.out.println("s1==s4 ? " +(s1 ==s4));
String s5 ="Heart" +new String("K");
System.out.println("s1==s5 ? " +(s1 ==s5));
String s6 ="Heart", s7 ="K";
```

```
String s8 = s6 + s7;
System.out.println("s1==s8 ? " + (s1 == s8));
String s9 = s6 + "K";
System.out.println("s1==s9 ? " + (s1 == s9));
```

输出结果为：

```
s1==s4 ? true
s1==s5 ? false
s1==s8 ? false
s1==s9 ? false
```

创建后状态无法更改的对象称为不可变对象。String，Integer，Byte，Short，Float，Double 和所有其他包装器类的对象都是不可变的。

2. 可变字符串

可变的字符串是指当对象创建完毕之后，该对象的内容发生改变时不会创建新的对象，也就是说，对象的内容可以发生改变，而当对象的内容发生改变时，对象保持不变，还是同一个。StringBuilder 类和 StringBuffer 类创建的对象就是可变的。

StringBuilder/StringBuffer 类比 String 类更灵活，可以给一个 StringBuilder 或 StringBuffer 对象中添加、插入或追加新的内容，但是 String 对象一旦创建，它的值就不能改变了。因此，在字符串多次拼接或修改时，建议使用 StringBuilder/StringBuffer 类。以下代码是 StringBuilder 类的简单示例。

```
StringBuilder sb = new StringBuilder();        //创建一个字符串构建器
sb.append("HeartK");                           //在末尾追加字符
System.out.println(sb);
sb.append("!");
System.out.println(sb);
sb.insert(6, "Diamond10");                     //在指定位置插入字符
System.out.println(sb.toString());
sb.delete(5,8);                                //删除指定位置字符
System.out.println(sb);
System.out.println(sb.length());               //获取实际字符数量
System.out.println(sb.reverse());              //将字符倒置
```

输出结果为：

```
HeartK
HeartK!
HeartKDiamond10!
Heartamond10!
13
!01dnomatraeH
```

说明：

（1）如果一个字符串不需要任何改变，则使用 String 类而不是使用 StringBuilder 类。

（2）StringBuffer 和 StringBuilder 中的构造方法和其他方法几乎是完全一样的，两者的区别及详细内容的学习请参考相应知识链接。

习题

1. 下面的代码执行后，共创建了（　　　　）个对象。

```
String s1 = new String ("hello");
String s2 = new String ("hello");
```

```
String s3 =new String (" ");
String s4 =new String ();
String s5 =s1;
```

  A. 5   B. 4   C. 3   D. 2

2. 对于声明

```
String s1 =new String ("Hello");
String s2 =new String ("there");
String s3 =new String ();
```

以下的字符串操作正确的是(   )。

  A. s3 ＝ s1 ＋ s2;   B. s3 ＝ s1 － s2;

  C. s3 ＝ s1 ＆ s2;   D. s3 ＝ s1 ＆＆ s2;

3. 在下面的 4 组语句中,可能导致错误的一组是(   )。

  A. String s ＝ " hello";String t ＝ " good ";String k ＝ s ＋ t;

  B. String s ＝ " hello";String t;t ＝ s[3] ＋ "one";

  C. String s ＝ " hello"; String standard ＝ s.toUpperCase ();

  D. String s ＝ " hello";String t ＝ s ＋ "good";

4. 顺序执行下面的程序语句后,b 的值是 (   )。

```
String a ="Hello";
String b =a.substring (1,2);
```

  A. el   B. Hel   C. He   D. e

5. 已知如下定义:String s ＝ "story";,下列表达式中合法的是(   )。

  A. s ＋＝ "books";   B. char c ＝ s[1];

  C. int len ＝ s.length;   D. String t ＝ s.ToLowerCase();

6. 编写程序。输入一个字符串,统计并输出该字符串中 26 个英文字母(不区分大小写)出现的次数。

知识链接

链 4.3 String 类与字符串常见操作   链 4.4 StringBuilder 和 StringBuffer 类   链 4.5 正则表达式   链 4.6 命令行参数

4.5 对象数组与 ArrayList 类

4.5 对象数组与 Array-List 类

4.5.1 将纸牌抽象成类

  用字符串来表示纸牌,虽然直观,但是要获取纸牌的花色和牌号信息,就要涉及字符串的查找、取子串等操作,就不方便了。其实,可以把每一张纸牌看作一个对象,这样就可以把纸牌抽象成类,此类包括两个属性:花色和牌号。将花色和牌号作为对象的属性,要进一步获取纸牌的信息就方便多了。

【代码 4-14】 纸牌 Card 类定义。

```
1    /** 纸牌类 */
2    public class Card {
3        /** 纸牌花色 */
4        private String suit;
5        /** 纸牌牌号 */
6        private String rank;
7
8        /** 无参构造器 */
9        public Card() { }
10
11       /** 带参构造器 */
12       public Card(String suit, String rank) {
13           this.suit = suit;
14           this.rank = rank;
15       }
16
17       public String getSuit() {
18           return suit;
19       }
20
21       public void setSuit(String suit) {
22           this.suit = suit;
23       }
24
25       public String getRank() {
26           return rank;
27       }
28
29       public void setRank(String rank) {
30           this.rank = rank;
31       }
32
33       /** 返回纸牌的花色及牌面信息 */
34       public String toString() {
35           return suit + rank;
36       }
37   }
```

有了 Card 类就可以创建纸牌对象了,例如:

```
Card c1 = new Card("Club", "8");
```

c1 就代表一张梅花 8 的纸牌。大、小王的纸牌对象创建方法如下。

```
Card dw = new Card("", "RedJoker");        //大王
Card xw = new Card("", "BlackJoker");      //小王
```

此时花色的值为""。

4.5.2 用对象数组存储纸牌

数组既可以存储基本类型值,也可以存储对象。对象数组包含一组相关的对象,这样可以把纸牌对象存储在对象数组中。

1. 声明对象数组

声明对象数组有如下两种形式。

```
类名称 对象数组名[] = null;
```

或

```
类名称[] 对象数组名=null;
```

例如：

```
Card cardArray[ ] =null;
```

或

```
Card[ ] cardArray =null;
```

2. 创建对象数组

声明对象数组后，还需创建对象数组，给对象数组分配存储空间。格式如下：

```
cardArray =new Card[5];
```

说明：

（1）声明与创建对象数组可合并在一起，例如：

```
Card cardArray[] =new Card[5];
```

（2）使用 new 操作符创建对象数组后，此时数组中的每一个元素都是默认值为 null 的引用变量，如图 4.11 所示。因此，需要对数组中的每一个对象进行实例化后才能使用。

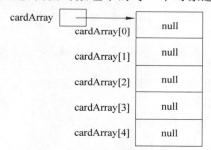

图 4.11　创建对象数组后的存储情况

3. 对象数组的初始化

1）对象数组的动态初始化

对象数组创建后数组里面的每一个对象都是 null 值，需要对数组中的每一个对象进行实例化才能使用。动态初始化格式如下。

```
Card cardArray[ ] =new Card[5];
cardArray[0] =new Card("Heart", "A");
cardArray[1] =new Card("Heart", "2");
cardArray[2] =new Card("Heart", "3");
cardArray[3] =new Card("Heart", "4");
cardArray[4] =new Card("Heart", "5");
```

初始化后，对象数组的存储情况如图 4.12 所示。此时，对象数组的元素指向具体的对象了，就可以使用了。

说明：对象数组也是引用类型数组的一种，数组名 cardArray 是引用变量，存储在栈内存；而数组元素及所指向的对象皆存储在堆内存。

2）对象数组的静态初始化

静态初始化格式如下：

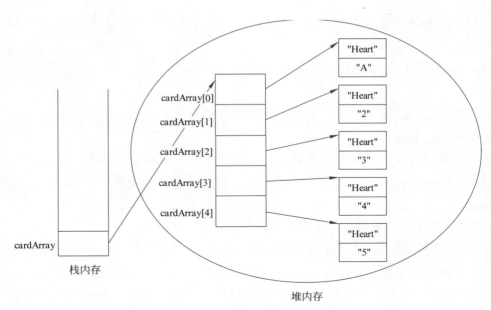

图 4.12 对象数组初始化后的存储情况

```
Card[ ] cardArray =new Card[ ] { new Card("Heart", "A"), new Card("Heart", "2"), new Card("
Heart", "3"),
      new Card("Heart", "4"), new Card("Heart", "5") };
```

4. 使用对象数组的扑克游戏类

【代码 4-15】 使用对象数组的 CardGame 类设计。

```
1    import unit04.code14.Card;
2    import java.util.*;
3
4    public class CardGame {
5        /** 主方法 */
6        public static void main(String[] args) {
7            //创建并初始化
8            CardGame play1 =new CardGame(3);
9            System.out.print("扑克牌初始序列: ");
10           //显示初始化后的底牌序列
11           play1.seeCard();
12           System.out.println();
13           //洗牌
14           play1.shuffle();
15           System.out.print("洗牌后扑克牌序列: ");
16           //显示洗牌后的底牌序列
17           play1.seeCard();
18       }
19
20       /** 声明总牌数为一个常量 */
21       public static final int DEKE_SIZE =54;
22       /** 声明洗牌次数 */
23       private int shuffleTimes;
24       /** 声明存储纸牌的对象数组 */
25       private static Card[] cardArray =new Card[DEKE_SIZE];
26
27       /** 构造器 */
28       public CardGame(int shuffleTimes) {
```

```
29              //初始化洗牌次数
30              this.shuffleTimes = shuffleTimes;
31              //初始化纸牌
32              initCard();
33          }
34
35          /** 初始化纸牌 */
36          public void initCard() {
37              //定义存储纸牌花色的数组
38              String[] suits = { "Heart", "Diamond", "Club", "Spade" };
39              //定义存储纸牌牌号的数组
40              String[] ranks={"A","2","3","4","5","6","7","8","9","10","J","Q","K"};
41              int n = 0;
42
43              for (int i = 0; i < suits.length; i++) {
44                  for (int j = 0; j < ranks.length; j++) {
45                      //利用花色和牌号构造纸牌对象
46                      cardArray[n] = new Card(suits[i], ranks[j]);
47                      //取下一张纸牌
48                      n++;
49                  }
50              }
51              cardArray[52] = new Card("", "RedJoker");
52              cardArray[53] = new Card("", "BlackJoker");
53          }
54
55          /** n 次洗牌方法 */
56          public void shuffle() {
57              Random random = new Random();
58              //洗牌重复 shuffleTimes 次
59              for (int j = 0; j < shuffleTimes; ++j) {
60                  System.out.println("进行第" + (j + 1) + "次洗牌");
61                  for (int i = 0; i < DEKE_SIZE; ++i) {
62                      int rdm = (int) (random.nextInt(DEKE_SIZE - i) + i);
63                      Card temp = cardArray[i];
64                      cardArray[i] = cardArray[rdm];
65                      cardArray[rdm] = temp;
66                  }
67              }
68          }
69
70          /** 显示底牌 */
71          public void seeCard() {
72              for (Card element : cardArray) {
73                  System.out.print(element.toString() + ",");
74              }
75          }
76  }
```

说明：

（1）使用代码 4-14 定义的 Card 类。

（2）代码 4-15 中的 CardGame 类只实现了洗牌方法，没有实现发牌方法，读者可试着自己实现。

4.5.3　ArrayList 类

已经学习到可以创建一个数组来存储对象，但是这个数组一旦创建，它的大小就固定了。Java 提供了 ArrayList 类来存储不限定个数的对象。ArrayList 类是一个可以动态修改的数组,与普通数组的区别就是它是没有固定大小的限制,可以添加、删除或修改元素。一般情况下,用 ArrayList 对象来存储一个对象列表,使用起来更灵活方便。ArrayList 常用方法,见表 4.1。

表 4.1　ArrayList 常用方法

方　　法	描　　述
int size()	返回列表中的元素个数
boolean isEmpty()	判断列表是否为空
boolean add(Object obj)	将指定元素 obj 追加到列表的末尾
boolean add(int index, Object obj)	将指定元素 obj 插入到列表中指定的位置
boolean addAll(Collection c)	将该 collection 中的所有元素添加到列表的尾部
boolean addAll(int index, Collection c)	将指定 collection 中的所有元素插入到列表中指定的位置
void clear()	清空列表中所有元素
Object remove(int index)	从列表中删除指定 index 处的元素,并返回该元素
boolean remove(Object o)	移除列表中首次出现的指定元素(如果存在则移除并返回 true,否则返回 false)
boolean removeAll(Collection c)	移除列表中 Collection 所包含的所有元素
void removeRange(int fromIndex, int toIndex)	移除列表中索引在 fromIndex(包括)和 toIndex(不包括)之间的所有元素
boolean removeIf(Predicate filter)	删除所有满足特定条件的列表元素
Object get(int index)	返回列表中指定位置的元素
List subList(int fromIndex, int toIndex)	返回一个指定范围的子列表
Object set(int index, Object obj)	用指定元素 obj 替代列表中指定位置上的元素
boolean contains(Object o)	判断列表中是否包含指定元素
boolean containsAll(Collection c)	查看列表是否包含指定集合中的所有元素
int indexOf(Object o)	返回列表中首次出现的指定元素的索引,或如果此列表不包含此元素,则返回 −1
int lastIndexOf(Object o)	返回列表中最后一次出现的指定元素的索引,或如果此列表不包含此元素,则返回 −1
void sort(Comparator c)	对列表元素进行排序
Object[] toArray()	将列表转换为数组
String toString()	将列表转换为字符串
boolean retainAll(Collection c)	保留所有列表和 Collection 共有的元素
void replaceAll(UnaryOperator operator)	将给定的操作内容替换掉列表中每一个元素
void forEach(Consumer action)	遍历列表中每一个元素并执行特定操作

　　ArrayList 是一种泛型类,具有一个泛型类型 E(java.util.ArrayList<E>)。创建一个 ArrayList 对象时,可以指定一个具体的类型来替代 E。例如,要存储用整型数表示的纸牌,可用如下语句创建 ArrayList 对象:

```
ArrayList<Integer>intList=new ArrayList<Integer>();
```

　　要存储用字符串表示的纸牌,可用如下语句创建 ArrayList 对象:

```
ArrayList<String>stringList=new ArrayList<String>();
```

要存储用 Card 类表示的纸牌，可用如下语句创建 ArrayList 对象：

```
ArrayList<Card>objectList=new ArrayList<Card>();
```

由上可见，用 ArrayList 来存储组织不同类型的数据很方便，用不同数据类型表示的纸牌，都可统一用 ArrayList 来存储处理。

注意：创建 ArrayList 对象时具体的类型只能是引用数据类型。

也可以使用如下简化形式：

```
ArrayList<Integer>intList=new ArrayList<>();
ArrayList<String>stringList=new ArrayList<>();
ArrayList<Card>objectList=new ArrayList<>();
```

1. ArrayList 的基本操作

以下操作均使用如下语句创建的 ArrayList 对象：

```
ArrayList<String>  cardList=new ArrayList<String>();
```

1）添加元素

添加元素到 ArrayList 可以使用 add()方法，例如：

```
cardList.add("Spade5");
cardList.add("Spade6");
cardList.add("Spade7");
cardList.add("Spade8");
```

2）计算大小

计算 ArrayList 中的元素数量可以使用 size()方法，例如：

```
System.out.println(cardList.size());                    //输出 4
```

3）访问元素

访问 ArrayList 中的元素可以使用 get()方法，例如：

```
System.out.println(cardList.get(1));                    //访问第二个元素,输出 Spade6
```

注意：列表的索引值从 0 开始。

4）遍历列表

有多种方式可以遍历列表元素，下面列举三种方式。

第一种方式使用 for 循环来迭代数组列表中的元素，例如：

```
for (int i =0; i <cardList.size(); i++) {
    System.out.println(cardList.get(i));
}
```

第二种方式使用增强的 for 循环来迭代数组列表中的元素，例如：

```
for (String e:cardList) {
    System.out.println(e);
}
```

第三种方式可以使用 ArrayList 的 forEach()方法来迭代元素,例如:

```
cardList.forEach(e->{
    System.out.println(e);
});
```

说明:前面两种方式是 Java 8 之前的写法;第三种方式用到了 Java 8 开始出现的 Lambda 表达式,将 Lambda 表达式作为 forEach()方法的参数。Lambda 允许将函数作为参数传递进方法中。

5) 修改元素

修改 ArrayList 中的元素可以使用 set()方法,例如:

```
cardList.set(2, "HeartJ");            //第一个参数为要修改元素的索引位置,第二个为修改后的值
```

6) 删除元素

删除 ArrayList 中的元素可以使用 remove(),例如:

```
cardList.remove(3);          //删除第四个元素
```

2. 数组与 ArrayList 的转换

数组转换成 ArrayList 的方法如下:

```
String[] cardArray ={ "SpadeA", "Spade2", "Spade3", "Spade4" };
ArrayList<String>cardList =new ArrayList<>(Arrays.asList(cardArray));
```

用 Arrays 类的 asList()方法将数组转换成列表,再将其作为 ArrayList 构造器的参数。ArrayList 转换成数组的方法如下:

```
String[] array1 =new String[cardList.size()];
cardList.toArray(array1);
```

调用 ArrayList 对象自身的 toArray()方法就可将数组列表转换成数组。

3. 使用 ArrayList 的扑克游戏类

使用 Card 类生成的纸牌对象可以使用 ArrayList 来存储,这样就可以利用 ArrayList 提供的方法更方便地实现扑克游戏的某些功能。

【代码 4-16】 使用 ArrayList 的 CardGame 类设计。

```
1    import unit04.code14.Card;
2    import java.util.*;
3
4    public class CardGame {
5        /** 主方法 */
6        public static void main(String[] args) {
7            //创建并初始化
8            CardGame play1 =new CardGame(3);
9            System.out.print("扑克牌初始序列: ");
10           //显示初始化后的底牌序列
11           play1.seeCard();
12           System.out.println();
13           //洗牌
14           play1.shuffle();
15           System.out.print("洗牌后扑克牌序列: ");
16           //显示洗牌后的底牌序列
17           play1.seeCard();
18       }
```

```
19
20        /** 声明总牌数为一个常量 */
21        public static final int DEKE_SIZE =54;
22        /** 声明洗数次数 */
23        private int shuffleTimes;
24        /** 声明存储纸牌的 ArrayList */
25        private static ArrayList<Card>cardList =new ArrayList<>(DEKE_SIZE);
26
27        /** 构造器 */
28        public CardGame(int shuffleTimes) {
29            //初始化洗牌次数
30            this.shuffleTimes =shuffleTimes;
31            //初始化纸牌
32            initCard();
33        }
34
35        /** 初始化纸牌 */
36        public void initCard() {
37            //定义存储纸牌花色的数组
38            String[] suits ={ "Heart", "Diamond", "Club", "Spade" };
39            //定义存储纸牌牌号的数组
40            String[] ranks={"A","2","3","4","5","6","7","8","9","10","J","Q","K"};
41
42            for (int i =0; i <suits.length; i++) {
43              for (int j =0; j <ranks.length; j++) {
44                    //利用花色和牌号构造纸牌对象,添加到列表 cardList 中
45                    cardList.add(new Card(suits[i], ranks[j]));
46              }
47            }
48            cardList.add(new Card("", "RedJoker"));
49            cardList.add(new Card("", "BlackJoker"));
50        }
51
52        /** n 次洗牌方法 */
53        public void shuffle() {
54            //洗牌重复 shuffleTimes 次
55            for (int j =0; j <shuffleTimes; ++j) {
56              System.out.println("进行第" +(j +1) +"次洗牌");
57              //使用 Collections 类的 shuffle()方法随机打乱纸牌顺序
58              Collections.shuffle(cardList);
59            }
60        }
61
62        /** 显示底牌 */
63        public void seeCard() {
64            for (Card element : cardList) {
65              System.out.print(element.toString() +",");
66            }
67        }
68 }
```

说明:

(1) 使用代码 4-14 定义的 Card 类。

(2) 代码 4-16 中的 CardGame 类只实现了洗牌方法,没有实现发牌方法,读者可试着自己实现。

(3) 直接使用 java.util.Collections 类的 shuffle()方法随机打乱纸牌顺序,这样洗牌方法的实现更简单,无须自己实现此方法。

习题

1. 假设 List<String> list = new ArrayList<>(); 下列（　　）操作是正确的。

    A. list.add("Red");   B. list.add(new Integer(100));

    C. list.add(new java.util.Date());   D. list.add(new ArrayList());

2. 建立一个列表 list 存储整数，使用（　　）。

    A. ArrayList<Object> list = new ArrayList<Integer>();

    B. ArrayList<Integer> list = new ArrayList<Integer>();

    C. ArrayList<int> list = new ArrayList<int>();

    D. ArrayList<Number> list = new ArrayList<Integer>();

3. 以下代码段的输出结果是（　　）。

```
List<String>list =new ArrayList<>();
list.add("A");
list.add("B");
list.add("C");
list.add("D");
for(int i =0; i <list.size(); i++)
    System.out.print(list.remove(i));
```

    A. ABCD   B. AB   C. AC   D. AD

4. 从一个数组创建一个列表，下列（　　）是正确的。

    A. new List<String>({"red", "green", "blue"})

    B. new List<String>(new String[]{"red", "green","blue"})

    C. Arrays.asList<String>(newString[]{"red", "green", "blue"})

    D. new ArrayList<String>(new String[]{"red", "green","blue"})

4.6 本章
小结

4.6　本　章　小　结

本章以扑克游戏为例介绍了以下内容。

（1）以数字表示纸牌的存储及洗牌方法为例，介绍了一维数组的概念、初始化及数组元素的访问等内容。

（2）以发牌为例，介绍了二维数组的概念、初始化及数组元素的访问等内容。

（3）使用字符串能直观地表示纸牌，以此为例介绍了字符串的概念、字符串数组及字符串的基本操作等内容。

（4）可把纸牌看成是对象并将其抽象成类，以此为例介绍了对象数组的概念及使用方法等内容。

（5）ArrayList 类用于存储对象列表，以数字、字符串、对象等形式表示的纸牌都可以用 ArrayList 对象来存储，利用 ArrayList 类提供的方法能方便地实现洗牌等功能。

习题

1. 编写程序。将 1～100 中的 100 个随机自然数放到一个数组中，从中获取重复次数最多并且是最大的数显示出来。

再将数组改为向量、ArrayList,重做一遍。

2. 编写程序。学习小组有若干人。请为之设计一个程序,该程序有如下功能。

(1) 存储这个学习小组的学生姓名和成绩。

(2) 可以随时输出这个小组中学习成绩最好和最差的学生的姓名。

(3) 可以按照成绩的降序输出学生名单。

(4) 可以按照汉字拼音字典序,输出学生名单。

3. 编写程序。输入一行字符串(可能包含大小写字母、数字、标点符号、空格等),现只考虑其中的字母和数字,并忽略大小写,判断其是否为回文串。回文串是一个正读和反读都一样的字符串,比如""(空串),"a","level"或者"noon"等就是回文串。

4. 编写一个类,其中包含一个排序的方法 sort(),当传入的是一串整数,就按照从小到大的顺序输出,如果传入的是一个字符串,就将字符串反序输出。设计并测试此类。

知识链接

链 4.7 形参个数可变的方法

链 4.8 案例实践——英文词典(V1)

课程练习

5.1 类的复用：组合与继承

第5章 类 的 继 承

5.1 类的复用：组合与继承

"复用"也被称作"重用"，是重复使用的意思，即将已有的软件元素使用在新的软件开发中。这里所说的"软件元素"包括程序代码、测试用例、设计文档、设计过程、需求分析文档甚至领域知识和经验等。通常，可重用的元素称作软构件。构件的大小称为构件的粒度，可重用的软构件越大，重用的粒度越大。使用软件重用技术可以减少软件开发活动中大量的重复性工作，这样就能提高软件的生产率，降低开发成本，缩短开发周期。由于软构件大多经过严格的质量认证，并在实际运行环境中得到校验，重用软构件还有助于改善软件质量。

一般来说，软件重用可分为如下 3 个层次。

(1) 知识重用(例如，软件工程知识的重用)。

(2) 方法和标准的重用(例如，面向对象方法或国家制定的软件开发规范的重用)。

(3) 软件成分和架构的重用。

Java 提供了实现代码重用的两种方式：组合以及继承。

- 组合：新的类由现有类的对象所组成。
- 继承：按照现有类的类型派生出新类。

5.1.1 类的组合

如果一个类把另外一个类的对象作为自己的成员变量，即内嵌其他类的对象作为自己的成员，称为类的组合。类的组合是实现软件重用的一种重要方式。组合表示类的对象之间是"has-a"(有一个)的包含关系，即一类对象包含另一类对象，如，A house has a room。

例如，需要计算圆柱的体积，计算公式如下：

$$柱的体积＝底面积×高$$

如果一个类过于复杂，可以将其拆分成多个类，拆分成的类成为组合类的子对象。例如，一个完整圆柱由底面和高组成，可以将底面的圆类拆分出去，通过在圆柱类中声明一个圆类对象，将两个类组合起来。

1. 关联关系的 UML 建模

圆类对象作为圆柱类的一个成员，两者的关系是关联关系，就是圆柱类(Pillar)关联于圆类(Circle)。图 5.1 是 Pillar 类和 Circle 类关联关系的 UML 描述。

如果 A 类中的成员变量是用 B 类(接口)声明的对象，那么 A 和 B 的关系是关联关系，称 A 类的对象关联于 B 类的对象或 A 类的对象组合了 B 类的对象。如果 A 关联于 B，那么可以通过一条实线连接 A 和 B 的 UML 类图，实线的起始端是 A 的 UML 图，终点端是 B 的 UML 图，但终点端使用一个指向 B 的 UML 图的方向箭头表示实线的结束。

2. 类组合实现复用的代码设计

【代码 5-1】 类的组合。

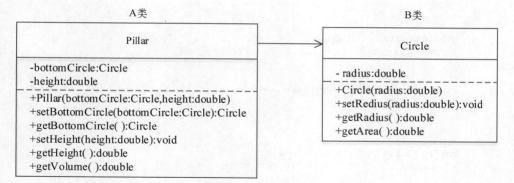

图 5.1　Pillar 类和 Circle 类关联关系的 UML 描述

Circle.java

```
1    public class Circle {
2        /** 半径 */
3        private double radius;
4
5        public Circle(double radius) {
6            this.radius = radius;
7        }
8
9        public double getRadius() {
10           return radius;
11       }
12
13       public void setRadius(double radius) {
14           this.radius = radius;
15       }
16
17       /** 计算面积 */
18       public double getArea() {
19           return Math.PI * radius * radius;
20       }
21   }
```

Pillar.java

```
1    public class Pillar {
2        /** 圆柱的底面对象 */
3        private Circle bottomCircle;
4        /** 圆柱的高 */
5        private double height;
6
7        /** 将 Circle 类对象作为 Pillar 类构造器的参数 */
8        public Pillar(Circle bottomCircle, double height) {
9            this.bottomCircle = bottomCircle;
10           this.height = height;
11       }
12
13       public Circle getBottomCircle () {
14           return bottomCircle;
15       }
16
17       public void setBottomCircle (Circle bottomCircle) {
18           this.bottomCircle = bottomCircle;
```

```
19        }
20
21        public double getHeight() {
22            return height;
23        }
24
25        public void setHeight(double height) {
26            this.height =height;
27        }
28
29        /** 计算体积 */
30        public double getVolume() {
31            return bottomCircle.getArea() * height;
32        }
33    }
```

TestPillar.java

```
1    public class TestPillar {
2        public static void main(String[] args) {
3            /** 创建 Circle 对象 */
4            Circle bottomCircle =new Circle(1.5);
5            /** 利用已有的 Circle 对象创建 Pillar 对象,以实现对象组合 */
6            Pillar pillar =new Pillar(bottomCircle, 5.0);
7            System.out.println("圆柱的体积为: " +pillar.getVolume());
8        }
9    }
```

代码 5-1 中定义 Pillar 类时使用了 Circle 类对象作为其成员,意味着一个 Pillar 对象包含一个 Circle 对象。这样就允许在新类(Pillar 类)中直接复用旧类(Circle 类)的 public 方法(如 getArea()方法)。在使用时通过在 Pillar 类的构造器中传入 Circle 类对象来实现对象的组合。

通过以上实例可以看出,组合就是把旧类(Circle 类)对象作为新类的成员变量组合进来,用以实现新类(Pillar 类)的功能,用户看到的是新类(Pillar 类)的方法(如 getVolume()方法),而不能看到被组合对象的方法(如 getArea()方法)。因此,通常需要在新类里使用 private 修饰被组合的旧类对象。利用组合来实现复用,是复用现有代码的功能,而非它的形式。

如果要计算圆锥的体积,则可继续将 Circle 对象作为圆锥(Cone)类的成员变量,达到多次复用的目的。

5.1.2　类的继承

如果需要复用一个类,除了把该类当成另一个类的组合成分外,还可以把这个类当成基类来继承进而派生出新的类。不管是组合还是继承,都允许在新类(对于继承是子类)中直接复用旧类的方法。利用继承实现复用,是在不改变现有类的基础上,复用现有类的形式并在其中添加新代码。

继承是所有 OOP(面向对象的编程)语言,包括 Java 语言不可缺少的组成部分。面向对象程序设计的核心是定义类。前面介绍的类是直接定义的,除此之外,还可以在已经定义类的基础上定义新的类,由新的类继承已经定义类的部分代码实现部分代码的重用。本章通过学生和研究生之间存在的继承,也称泛化关系,讨论一般继承(泛化)关系的 Java 描述以及所引出的有关问题。

下面以从学生类派生出研究生类为例,介绍类继承的设计方法。

1. 派生关系的 UML 建模

研究生也是学生,即研究生是学生的一部分,学生是研究生的抽象。这种关系在面向对象的程序设计中用继承表示。对于本例,可以说是 Student 类派生出 GradStudent 类,也可以说 GradStudent 类继承了 Student 类。这种基类和派生类的关系称为 is-a(是一个、是一种)关系,例如,研究生 is-a 学生。

图 5.2 是 GradStudent 类和 Student 类继承关系的 UML 描述。如果一个类是另一个类的子类,那么 UML 通过使用一条实线连接两个类的 UML 图来表示两者之间的继承关系,实线的起始端是子类的 UML 图,终点端是父类的 UML 图,但终点端使用一个空心的三角形表示实线的结束。

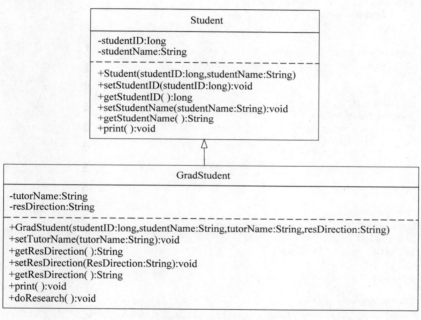

图 5.2　类的继承关系

2. 由 Student 类派生 GradStudent 类的代码设计

Java 类继承的语法格式为:

```
[修饰符] class 子类名称 extends 父类名{
}
```

修饰符:可选,用于指定类的访问权限,可选值为 public、abstract 和 final。

【代码 5-2】 GradStudent 类继承 Student 类的 Java 代码。

Student.java

```
1    /** 学生类 */
2    public class Student {
3        /** 学号 */
4        private long studentID;
5        /** 学生姓名,使用了 protected */
6        protected String studentName;
```

```java
 7
 8      /** 构造器 */
 9      public Student(long studentID, String studentName) {
10          this.studentID = studentID;
11          this.studentName = studentName;
12      }
13
14      public long getStudentID() {
15          return studentID;
16      }
17
18      public void setStudentID(long studentID) {
19          this.studentID = studentID;
20      }
21
22      public String getStudentName() {
23          return studentName;
24      }
25
26      public void setStudentName(String studentName) {
27          this.studentName = studentName;
28      }
29
30      /** 输出信息 */
31      public void print() {
32          System.out.println("学号: " + studentID);
33          System.out.println("姓名: " + studentName);
34      }
35  }
```

GradStudent.java

```java
 1  /** 研究生类 */
 2  public class GradStudent extends Student {
 3      /** 导师姓名 */
 4      private String tutorName;
 5      /** 研究方向 */
 6      private String resDirection;
 7
 8      /** 构造器 */
 9      public GradStudent(long studentID, String studentName, String tutorName, String
        resDirection) {
10          //调用父类构造方法
11          super(studentID, studentName);
12          this.tutorName = tutorName;
13          this.resDirection = resDirection;
14      }
15
16      public String getTutorName() {
17          return tutorName;
18      }
19
20      public void setTutorName(String tutorName) {
21          this.tutorName = tutorName;
22      }
23
24      public String getResDirection() {
25          return resDirection;
26      }
27
28      public void setResDirection(String resDirection) {
```

```
29          this.resDirection =resDirection;
30      }
31
32      /** 输出信息 */
33      public void print() {
34          System.out.println("学号: " +this.getStudentID());
35          System.out.println("姓名: " +studentName);
36          System.out.println("导师姓名: " +tutorName);
37          System.out.println("研究方向: " +resDirection);
38      }
39
40      public void doResearch() {
41          System.out.println(this.getStudentName() +" is doing research");
42      }
43  }
```

TestExtends.java

```
1   /** 测试类 */
2   public class TestExtends {
3       /** 主方法 */
4       public static void main(String[] args) {
5           Student st =new Student(123456, "王舞");
6           st.print();
7           GradStudent gs =new GradStudent(654321, "李司", "张伞", "人工智能");
8           gs.print();
9       }
10  }
```

程序运行结果：

```
学号: 123456
姓名: 王舞
学号: 654321
姓名: 李司
导师姓名: 张伞
研究方向: 人工智能
```

说明:

(1) 关键字 extends 表示扩展或派生,即以一个类为基础派生出一个新类。这个新生成的类称为派生类或直接子类;原始的类作为派生类形成的基础存在,称为基类,也称为派生类的超类或父类。在本例中,class GradStudent extends Student 表明 GradStudent 类是以 Student 为基类扩展而成的派生类。派生类也可以继续扩展成新的派生类。

从另一方面看,extends 关键字使派生类继承了基类的属性和方法,因此派生类无法脱离基类而存在。

(2) 子类会继承父类的所有属性和方法(静态成员、构造方法除外)。但是,对于父类的私有属性和方法,子类是无法访问的(只是拥有,但不能使用)。虽然子类不能直接访问从父类继承过来的私有属性,但是可以通过父类提供的 public 访问器间接访问。从父类继承过来的成员,会保持其原有的访问权限和功能,它可以被子类中自己定义的任何实例方法使用。

(3) 父类中的静态成员虽然未被子类继承,但可以通过子类名或子类对象访问它们。可以认为,父类的静态成员被父类及其所有子类对象所共享。

(4) 注意,在类 Student 中成员 studentName 改用 protected 修饰,而不是用 private 修

饰。因为 private 将所修饰的成员的访问权限限制在本类中(即不允许子类直接访问父类的 private 成员),而 protected 允许将所修饰成员的访问权限扩展到派生类中。这样,父类的 studentName 成员才能被子类 GradStudent 中的 print()方法直接访问(当然,也可用 getStudentName()方法访问),见 GradStudent 类代码的第 35 行。子类 GradStudent 中的 print()方法通过调用父类提供的 getStudentID()来访问父类的 private 成员 studentID,见 GradStudent 类代码的第 34 行。一般情况下,父类数据成员的访问权限都设置为 private,是否要设置成 protected,视具体情况而定。这里将 studentName 的修饰符设为 protected,只是为了说明子类对父类成员的访问情况。

(5) 继承表明了两个类之间的父子关系,让父类和子类之间建立起了联系,子类自动拥有父类的成员(静态成员、构造方法除外),包括成员变量和成员方法,使父类成员得以传承和延续(如本例中的 studentName 和 studentID);子类可以重新定义(重写)父类的成员,使父类成员适应新的需求(例如,子类 GradStudent 的 print()方法对父类的 print()方法进行了重写/覆盖,方法覆盖的内容在后续章节介绍);子类也可以添加新的成员,使类的功能得以扩充(例如,子类 GradStudent 新增了数据成员 tutorName、resDirection,新增了方法成员 doResearch())。但是,子类不能删除父类的成员。

(6) 利用继承,可以先编写一个具有共有属性和方法的父类(如 Student 类),根据该父类再编写具有特殊属性和方法的子类(如 GradStudent 类),子类继承父类的状态和行为,并根据需要增加它自己的新的状态和行为,也可以修改从父类继承过来的行为。本科生也是学生,这样,可以在 Student 类的基础上再派生本科生 Undergraduate 类,代码如下。

```
1    /** 本科生类 */
2    public class Undergraduate extends Student {
3        /** 专业名称 */
4        private String major;
5
6        /** 带参构造器 */
7        public Undergraduate(long studentID, String studentName, String major) {
8            super(studentID, studentName);
9            this.major =major;
10       }
11
12       public String getMajor() {
13           return major;
14       }
15
16       public void setMajor(String major) {
17           this.major =major;
18       }
19
20       public void print() {
21           super.print();
22           System.out.println("专业名称: " +major);
23       }
24   }
```

目前,学生类派生出了本科生类和研究生类,学生类是本科生类和研究生类的共同父类。

3.Java 继承规则

Java 语言的继承有如下特征。

（1）每个子类只能有一个直接父类（不允许多重继承），但一个父类可以派生出多个子类，见图5.3（a）。

（2）派生具有传递性。Java允许多层继承，如果类A派生了类B，类B又派生了类C，则C不仅继承了B，也继承了A，见图5.3（b）。这样，一个类就能拥有多个间接父类。

（3）不可循环派生。若A派生了类B，类B又派生了类C，则类C不可派生A，见图5.3（c）。

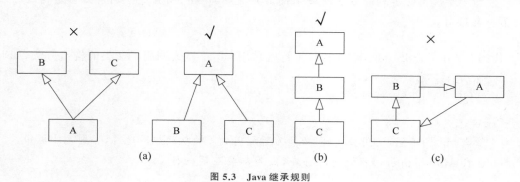

图 5.3　Java 继承规则

（4）组合优先。就是能使用组合就尽量使用组合，而不使用继承。

5.1.3　super 关键字

super 是 Java 的一个关键字，它有两种用法。

1. 用 super 调用父类（对象）的可见成员

可用 super 访问父类的可见数据成员。例如，GradStudent 类的 print（）方法访问 studentName 也可用 super.studentName 进行访问。

【代码 5-3】　GradStudent 类的 print（）方法用 super 访问父类的可见数据成员。

```
1  public void print() {
2      System.out.println("学号: " +this.getStudentID());
3      System.out.println("姓名: " +super.studentName);
4      System.out.println("导师姓名: " +tutorName);
5      System.out.println("研究方向: " +resDirection);
6  }
```

可用 super 调用父类的可见方法成员。调用父类方法的格式为：

```
super.方法名(参数)
```

例如，可将 GradStudent 类的 print（）方法进行如下改造，用 super.print（）调用父类的 print（）方法。

【代码 5-4】　GradStudent 类的 print（）方法用 super 调用父类的可见方法成员。

```
1  public void print() {
2      //用 super 调用父类的方法
3      super.print();
4      System.out.println("导师姓名: " +tutorName);
5      System.out.println("研究方向: " +resDirection);
6  }
```

2. 用 super（）代表父类构造器

父类的构造方法不能被子类继承，它们被显式或隐式地调用。使用 super 关键字显式调用父类的构造方法。与 this()一样,它必须放在调用函数中的第 1 行,即当调用派生类的构造器实例化时首先要调用基类的构造器对从基类继承的成员进行实例化,再对本类新增成员进行实例化。调用父类构造方法的格式为:

```
super()或者 super(参数)
```

注意:要调用父类构造方法就必须使用关键字 super,而且这个调用必须是构造方法的第一条语句。

代码 5-2 中 GradStudent 类的第 11 行就是用 super 显式调用了父类的构造方法,如下:

```
//调用父类构造方法
super(studentID, studentName);
```

注意:
(1) 与 this()不同,使用 super()必须为所调用成员的访问权限允许,否则无法调用。
(2) this()和 super()不能同时存在,因为都要在第一行。

5.1.4 继承关系下的构造方法调用

在 Java 中构造一个类的实例时,将会调用沿着继承链的所有父类的构造方法。当构造一个子类的对象时,子类构造方法会在完成自己的任务之前,首先调用它的父类的构造方法。如果父类继承其他类,那么父类构造方法又会在完成自己的任务之前,调用它自己的父类的构造方法。这个过程持续到沿着这个继承体系结构的最后一个构造方法被调用为止。这就是构造方法链。

如果父类没有定义构造方法,则调用编译器自动创建的不带参数的默认构造方法。如果父类定义了 public 的无参的构造方法,则在调用子类的构造方法前会自动先调用该无参的构造方法。如果父类只有有参的构造方法,没有无参的构造方法,则子类必须在构造方法中显式调用 super(参数列表)来指定某个有参的构造方法。如果父类定义有无参的构造方法,但无参的构造方法声明为 private,则子类同样必须在构造方法中显式调用 super(参数列表)来指定某个有参的构造方法。如果父类没有其他的有参构造方法,则子类无法创建。

如果没有显式地调用父类构造方法,编译器会自动地将 super()作为子类构造方法的第一条语句。例如,代码 5-5 中 Student 类的无参构造器 24 行之前,编译器会自动加上一条语句 super();。但是,其有参构造器的第 30 行之前就不会自动加上此条语句。因为 super()与 this()不能同时存在。所以,以下两段代码等价。

```
public Student() {
    System.out.println("(2) Student 无参构造器");
}
```

等价于:

```
public Student() {
    super();
    System.out.println("(2) Student 无参构造器");
}
```

代码 5-5 是 Student-GradStudent 类层次中的构造方法链演示。代码较之前有所精简，为了说明问题引入了另一个类 Person，让 Student 类继承自 Person 类。

【代码 5-5】 在 Student-GradStudent 类层次中的构造方法链。

```
1    /** 测试类 */
2    public class TestExtends {
3        /** 主方法 */
4        public static void main(String[] args) {
5            GradStudent gs = new GradStudent(654321, "李司", "张伞", "人工智能");
6        }
7    }
8
9    /** Person 类 */
10   class Person {
11       /** 无参构造器 */
12       public Person() {
13           System.out.println("(1) Person 无参构造器");
14       }
15   }
16
17   /** 学生类 */
18   class Student extends Person {
19       private long studentID;
20       private String studentName;
21
22       /** 无参构造器 */
23       public Student() {
24           System.out.println("(2) Student 无参构造器");
25       }
26
27       /** 带参构造器 */
28       public Student(long studentID, String studentName) {
29           //调用本类另一构造器
30           this();
31           this.studentID = studentID;
32           this.studentName = studentName;
33           System.out.println("(3) Student 带参构造器");
34       }
35   }
36
37   /** 研究生类 */
38   class GradStudent extends Student {
39       private String tutorName;
40       private String resDirection;
41
42       /** 带参构造器 1 */
43       public GradStudent(long studentID, String studentName) {
44           //调用父类构造方法
45           super(studentID, studentName);
46           System.out.println("(4) GradStudent 带参构造器 1");
47       }
48
49       /** 带参构造器 2 */
50       public GradStudent(long studentID, String studentName, String tutorName, String
         resDirection) {
51           //调用本类类另一构造器
52           this(studentID, studentName);
53           this.tutorName = tutorName;
```

```
54            this.resDirection =resDirection;
55            System.out.println("(5) GradStudent 带参构造器 2");
56       }
57   }
```

程序运行结果：

```
(1) Person 无参构造器
(2) Student 无参构造器
(3) Student 带参构造器
(4) GradStudent 带参构造器 1
(5) GradStudent 带参构造器 2
```

下面分析代码 5-5 的执行过程。在第 5 行创建 GradStudent 对象时会调用其第 50 行的第二个带参的构造方法，在此构造方法中的第 52 行又调用了本类的第一个带参构造方法（第 43 行）。在 GradStudent 类第一个构造方法第 45 行显式调用了父类 Student 的构造方法，因此会去调用父类 Student 的第二个构造方法。在 Student 第二个构造方法中第 30 行又调用了本类的无参构造方法。由于 Student 类是 Person 类的子类，所以在 Student 类无参构造方法中的所有语句执行之前，先调用 Person 类的无参构造方法。这个过程如图 5.4所示。

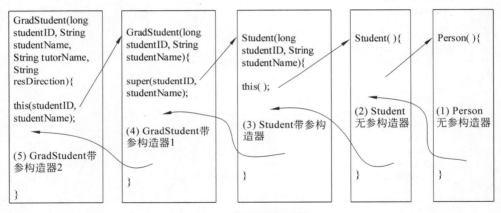

图 5.4　构造方法链示例

考虑以下简化代码：

```
class Student {
    public Student(String name){
        System.out.println("Student 带参构造器");
    }
}
class GradStudent extends Student {
}
```

执行如下语句：

```
GradStudent g =new GradStudent();
```

此时，想利用以上代码创建一个 GradStudent 对象，编译会出错。由于 GradStudent 中没有显式地定义构造方法，所以，GradStudent 的默认构造方法被调用了，因为 GradStudent 是 Student 的子类，GradStudent 隐式构造函数第一句将执行 super()，于是去调用 Student

的无参构造函数,但是 Student 类没有无参构造函数,调用出错。

因此,最好能为每个类定义一个无参构造方法,以便于对该类进行扩展,同时避免错误。这样,可对代码 5-2 进行完善,Student 和 GradStudent 都补充一个无参构造方法。

```
public Student(){
}
```

和

```
public GradStudent (){
}
```

习题

1. 以下关于继承的表述中,正确的是(　　)。

　A. 子类将继承父类的非私密属性和方法

　B. 子类将继承父类的所有属性和方法

　C. 子类只继承父类的 public 属性和方法

　D. 子类不继承父类的属性,只继承父类的方法

2. 定义一个类名为"MyClass.java"的类,并且该类可被一个项目中所有类访问,那么该类的正确声明应为(　　)。

　A. private class MyClass extends Object 　B. class MyClass extends Object

　C. public class MyClass 　　　　　　　　　D. class MyClass

3. 假设类 X 有构造器 X(int a),则在类 X 的其他构造器中调用该构造器的语句格式应为(　　)。

　A. X(x) 　　　　　　B. this.X(x) 　　　　C. this(x) 　　　　D. super(x)

4. 下面关于 equals() 方法与==运算符的说法中,不正确的是(　　)。

　A. equals()方法只能比较引用类型,==可以比较引用类型和基本类型

　B. 当用 equals()方法进行类 File、String、Date 以及封装类的比较时,是比较类型及内容,而不考虑引用的是否为同一实例

　C. 当用==进行比较时,其两边的类型必须一致

　D. 当用 equals()方法时,所比较的两个数据类型必须一致

5. 使下面程序能编译运行,并能改变变量 oak 的值的"// Here"的可以替代项是(　　)。

```
class Base {
    static int oak =99;
}

public class Doverdale extends Base {
    public static void main (String[] args) {
      Doverdale d =new Doverdale ();
      d.aMethod ();
    }
    public void aMethod () {
      //Here
    }
}
```

A. super.oak = 1；　　　　　　　　B. oak = 33；

C. Base.oak = 22；　　　　　　　　D. oak = 55.5；

6. 对于定义

```
String s ="hello";
String t ="hello";
char[] c ={'h','e','l','l','o'};
```

在备选答案中不可以返回 true 值的表达式为(　　　)。

A. s.equals（t）　　　　　　　　B. t.equals（c）

C. s == t　　　　　　　　D. t.equals（new String（"hello"））

7. 下列关于 super 关键字的说法,错误的是(　　　)。

A. 可以使用 super 调用父类中的构造方法

B. 可以使用 super 调用父类中的方法

C. 可以使用 super.super.p 调用父类的父类中的方法

D. 不能调用父类的父类中的方法

8. 下列关于用户创建自己的异常的描述中,错误的是(　　　)。

A. 为了保证系统的稳定性,用户可以创建自己的异常和异常类

B. 创建的异常类必须是 Exception 类的子类

C. 在创建的异常类的类体中可以定义或重载其父类的属性和方法

D. 用户自定义的异常必须使用 throw 语句进行抛出

9. 下列关于异常和异常类的描述中,错误的是(　　　)。

A. 异常是某种异常类的对象

B. 异常类代表一种异常事件

C. 异常对象中包含发生异常事件的类型等重要信息

D. 对待异常的处理就是简单的结束程序

10. 编写程序。定义一个点类(Point),其数据成员有 x、y 坐标,方法成员有构造方法、set 及 get 方法;另外定义一个线段类(Line),其数据成员是两个点对象,方法成员有构造方法、计算线段长度的方法。设计并测试以上类。

11. 编写出一个通用的人员类(Person),该类具有姓名(name)、年龄(age)、性别(sex)等域。然后对 Person 类的继承得到一个学生类(Student),该类能够存放学生的 3 门课的成绩,并能求出平均成绩。最后在 main()方法中对 Student 类的功能进行验证。

12. 编写程序。定义一个名为 Vehicles(交通工具)的基类,该类中应包含 String 类型的成员属性 brand(商标)和 color(颜色),还应包含成员方法 run()(行驶,在控制台显示"我已经开动了")和 showInfo()(显示信息,在控制台显示商标和颜色),并编写构造方法初始化其成员属性。

编写 Car(小汽车)类继承于 Vehicles 类,增加 int 型成员属性 seats(座位),还应增加成员方法 showCar()(在控制台显示小汽车的信息),并编写构造方法。编写 Truck(卡车)类继承于 Vehicles 类,增加 float 型成员属性 load(载重),还应增加成员方法 showTruck()(在控制台显示卡车的信息),并编写构造方法。在 main()方法中测试以上各类。

5.2 Java 类层次中的信息隐藏与保护

5.2.1 Java 类层次中类的访问权限控制

类只有 public 和默认两种权限,权限的内容包括访问、使用和继承。

一个类被修饰为 public,表示该类为公共类,可以被任何类访问、使用和继承。

一个类没有权限修饰,表示该类为包中类,只能被同一包中的其他类访问、使用和继承。

如图 5.5 所示,C1 类没有权限修饰,能被同一包的 C2 访问,而不能被另一包的 C3 访问;而 C2 为 public 类,能被不同包的 C3 访问。

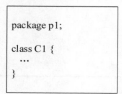

```
package p1;

class C1 {
    ...
}
```

```
package p1;

public class C2 {
    能访问C1;
}
```

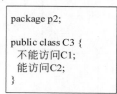

```
package p2;

public class C3 {
    不能访问C1;
    能访问C2;
}
```

图 5.5 类的访问控制

> **注意**:在同一个 Java 源文件中可以定义多个类,但只能有一个被声明为 public 的类,且源文件名必须与该类的名称一致。若源文件中所有类都不是 public 的,则文件名可以是任意的,但不推荐这样做,此时,建议文件名与其中某个类的类名一致。

5.2.2 类成员的访问权限控制

按照信息隐蔽的原则,Java 将类成员的访问权限分为如表 5.1 所示的 4 个等级。

表 5.1 Java 类成员的 4 种访问权限(√:可以,×:不可)

访问权限 级别	关键字	作用元素	作 用 域			
			同一类	同一包	不同包的子类	所有类(全局)
私密	private	类成员	√	×	×	×
默认	无	类、类成员	√	√	×	×
保护	protected	类成员	√	√	√	×
公开	public	类、接口、类成员	√	√	√	√

(1)私密级:用 private 修饰,表明该成员仅可被本类的其他成员访问。

(2)默认级:不用任何访问权限修饰,表明该成员仅被同包的类成员访问。

(3)保护级:用 protected 修饰,表明该成员被同包的类以及不同包的子类访问。

(4)公开级:用 public 修饰,表明该成员无任何访问限制。

说明:同一类的访问是指对成员的直接访问,而不在同一类的访问是指要通过对象名访问。

图 5.6 演示了类的成员访问控制。

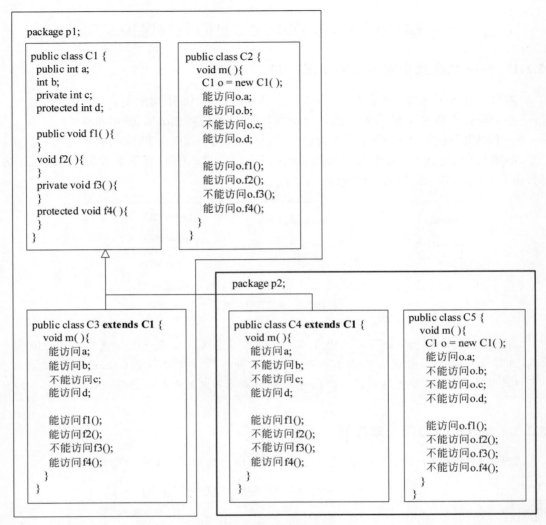

图 5.6　类的成员访问控制

5.2.3　private 构造器

构造器的访问级别也可以是 public、protected、默认和 private，不过当构造器被 private 修饰时会发生如下一些特殊情况。

（1）构造器为 private，意味着它只能在当前类中被访问，具体如下。

- 在当前类的其他构造器中可以用 this 调用它。
- 在当前类的其他方法中用 new 调用它。

（2）当一个类的构造器都为 private 时，这个类将无法被继承，因为子类构造器无法调用该类的构造器。

（3）当一个类的构造器都为 private 时，将不允许程序的其他类通过 new 创建这个类的实例，只能向程序的其他部分提供获得自身实例的静态方法，并且这种类的实例只能有一个,所以广泛应用于只为一个类创建一个实例的情况,这种应用称为单例模式。为了节约系统资源,有时需要确保系统中某个类只有唯一一个实例,当这个唯一实例创建成功之后,无法再创建一个同类型的其他对象,所有的操作都只能基于这个唯一实例。为了确保对象的唯一性,可以通过单例模式来实现,这就是单例模式的动机所在。

【代码5-6】 单例模式示例1——饿汉式单例。

HungrySingleton.java

```
1   public class HungrySingleton {
2       /** 将 instance 定义为静态的,即类中唯一的 */
3       private static HungrySingleton instance =new HungrySingleton();
4
5       /** 私密构造器,避免类在外部被实例化 */
6       private HungrySingleton() {
7           System.out.println("生成 HungrySingleton 实例一次!");
8       }
9
10      /** 向程序的其他部分提供这个实例 */
11      public static HungrySingleton getInstance() {
12          return instance;
13      }
14  }
```

SingletonTest.java

```
1   public class SingletonTest {
2       public static void main(String[] args) {
3           HungrySingleton h1=HungrySingleton.getInstance();
4           HungrySingleton h2=HungrySingleton.getInstance();
5
6           if(h1==h2) {
7               System.out.println("是同一个实例!");
8           }else {
9               System.out.println("不是同一个实例!");
10          }
11      }
12  }
```

程序运行结果:

```
生成 HungrySingleton 实例一次!
是同一个实例!
```

说明:

(1) 这种方法是不管三七二十一,一上来就创建对象,像饥饿多日的人看见食品一样,所以称为饿汉方式。

(2) 从运行结果可看出,多次调用 getInstance()方法得到的是同一个实例。

(3) 饿汉式单例在类创建的同时就已经创建好一个静态的对象供系统使用,以后不再改变,所以是线程安全的,可以直接用于多线程而不会出现问题。

(4) 饿汉式单例在 HungrySingleton 类初始化的时候就创建了对象,加载到了内存。问题在于没有使用这个对象的情况下就加载到内存是一种很大的浪费。针对这种情况,有一种新的思想提出——延迟加载,也就是所谓的懒汉式。

【代码5-7】 单例模式示例2——懒汉式单例。

LazySingleton.java

```
1   public class LazySingleton {
2       /** 仅建立一个空的引用 */
3       private static LazySingleton instance =null;
4
5       /** 私密构造器,避免类在外部被实例化 */
6       private LazySingleton() {
7       }
8
9       /** instance 为空时创建 */
10      public static LazySingleton getInstance() {
11          if (instance ==null)
12              instance =new LazySingleton();
13          return instance;
14      }
15  }
```

说明:

(1) 这种单例模式不像饿汉方式那样,不管需要不需要、有没有都要创建一个单例,而是在外界需要并调用方法 getInstance(),并且当实例的引用还不存在时才会创建这个实例,起到了延迟加载的作用。就像一个懒汉一样,能不干就不干,所以称为懒汉方式。

(2) 当调用 getInstance()时,首先要经过 if 判断,在多线程场景下,就可能存在多个线程同时进入 if 判断,此时对象还未创建,那么就会多个线程都去创建对象,很有可能会产生多个实例对象,导致线程安全问题,从而单例模式也被破坏了。在学习完多线程内容后,可将其改造为线程安全的。

5.2.4　final 关键字

关键字 final 具有"终极""不可改变"的含义。在声明中,final 不仅可以用来修饰属性(变量),还可以用来修饰方法和类。

1. final 变量(符号常量)

用 final 修饰一个具有初始值的变量就会使该变量一直保持这个值不再改变,成为一个符号常量。

> 注意:
>
> (1) final 变量在使用前必须进行初始化。通常在声明的同时初始化或在构造器以及初始化段中进行初始化。例如,代码 4-6 中的 final 变量 DEKE_SIZE 是在声明的同时初始化的,因为假定玩的是一副扑克,其数量一定是 54。
>
> (2) final 变量只能初始化一次。

2. final 方法

用 final 修饰方法,则该方法为最终方法,即其在子类中不可被重写(覆盖)。但可以被子类继承,所以在子类中调用的实际是父类中定义的 final 方法。例如,下面的 play()方法是最终的,是不能被重写的。

```
public class A {
    public final void play(){
    }
}
```

使用 final 修饰方法的两个好处如下。

（1）防止方法被重写（覆盖）。

（2）关闭 Java 中的动态绑定。

3. final 类

用 final 修饰类，则该类为最终类。最终类不能作为父类，不可再派生子类，防止类被扩展。Math 类是一个最终类，String、System 也是最终类。例如，下面的类 B 是最终类，是不能被继承的。

```
public final class B {
}
```

习题

1. 不使用 static 修饰符限定的方法称为对象（或实例）方法，下列哪一个说法是正确的？
（　　）

    A. 实例方法可以直接调用父类的实例方法

    B. 实例方法可以直接调用父类的类方法

    C. 实例方法可以直接调用其他类的实例方法

    D. 实例方法不可以直接调用本类的类方法

2. 下列整型的最终属性 i 的定义中，正确的是（　　）。

    A. static final int i = 100;   B. final i;

    C. static int i;   D. final float i = 1.2;

3. 关于 final，下列说法中错误的是（　　）。

    A. final 修饰的变量，只能对其赋一次值

    B. final 修饰一个引用类型变量后，就不能修改该变量指向对象的状态

    C. 用 final 修饰的方法，不能被子类覆盖

    D. 用 final 修饰的类不仅可用来派生子类，也能用来创建类对象

4. 下列程序的输出结果是（　　）。

```
class A {
    public A() {
        System.out.println("The default constructor of Ais invoked");
    }
}
class B extends A {
    public B() {
        System.out.println("The default constructor of Bis invoked");
    }
}
public class C {
    public static void main(String[] args) {
        B b =new B();
    }
}
```

    A. 没有输出

    B. 输出"The default constructor of B isinvoked"

    C. 输出"The default constructor of A isinvoked"和"The default constructor of B isinvoked"

  D. 输出"The default constructor of B isinvoked"和"The default constructor of A isinvoked"

 5. 下列说法错误的是(　　　)。

  A. 构造方法可以是静态的

  B. 构造方法可以是私有的

  C. 构造方法可以调用重载的构造方法

  D. 若构造方法没有调用重载的构造方法或它父类的构造方法,则默认调用它父类的无参构造方法

 6. 编写程序。几何对象有许多共同的属性和行为。它们可以是用某种颜色画出来的、填充的或者不填充的。可以定义一个 GeometricObject 类,用来建模所有的几何对象。GeometricObject 类包括:

- String 类型的私有数据域 color,用于保存几何对象的颜色,默认值为 white。
- boolean 类型的私有数据域 filled,用于表明几何对象是否填充颜色,默认值为 false。
- 有参构造方法,将颜色、是否填充颜色设置为给定的参数。
- 访问器方法 getColor()、isFilled(),分别用于访问颜色、是否填充颜色。
- 更改器方法 setColor()、setFilled(),分别用于更改颜色、是否填充颜色。
- 重写成员方法 toString(),返回几何对象的字符串描述。

定义一个名为 Triangle 的类来扩展 GeometricObject 类。该类包括:

- 三个名为 side1、side2、side3 的 double 类型私有数据域,表示三角形的三条边,它们的默认值均为 1.0。
- 无参构造方法,将三角形三条边设置为默认值。
- 有参构造方法,将三角形三条边设置为给定的参数。
- 成员方法 getArea(),返回三角形的面积。
- 成员方法 getPerimeter(),返回三角形的周长。
- 重写 toString()方法,返回三角形的字符串描述。

设计并测试以上类。

5.3　类层次中的类型转换

5.3 类层次中的类型转换

5.3.1　类层次中的赋值兼容规则

  一个类层次结构有许多特性,其中一个重要的特性称为赋值兼容性,指在需要基类对象的任何地方都可以使用公有派生类对象来替代。具体地说,可以将派生类对象赋值给基类对象,或者可以用派生类对象初始化基类的引用,而无须进行强制类型转换。

  【代码 5-8】　对代码 5-2 中的类进行赋值兼容性验证的主方法。

TestExtends.java

```
1    public class TestExtends {
2        public static void main(String[] args) {
3            Student s = new Student(123456, "王舞");
```

```
4              s.print();
5              GradStudent g = new GradStudent(654321, "李司", "张伞", "人工智能");
6              g.print();
7              //将派生类对象赋值给基类引用
8              s = g;
9              //指向派生类的 Student 引用调用
10             s.print();
11         }
12     }
```

测试结果如下：

```
学号：123456
姓名：王舞
学号：654321
姓名：李司
导师姓名：张伞
研究方向：人工智能
学号：654321
姓名：李司
导师姓名：张伞
研究方向：人工智能
```

讨论：

（1）从测试结果可以看出，在使用基类对象的地方用派生类对象替代后系统仍然可以编译运行，语法关系符合赋值兼容规则。即子类对象可以当作父类对象使用。

（2）赋值兼容规则是单向的，即不可以将基类对象赋值给派生类对象。也就是，父类对象不能当作子类对象使用。

5.3.2　类型转换与类型测试

1. 对象的向上造型与向下造型

对象类型在子类与父类之间的转换也称造型或转型。造型（或转型）按照转换的方向分为向上造型（upcasting，也称向上转换）和向下造型（downcasting，也称向下转换）。

向上造型就是把子类对象作为父类对象使用，这总是安全的，其转换是可行的。因为子类对象总可以当作父类的实例。从类的组成角度看，向上造型无非是去掉子类中比父类多定义的一些成员而已。例如，在代码 5-2 中，若使用语句

```
Student g = new GradStudent ();
```

是可以的，因为"研究生"肯定是"学生"。

至于向下造型，则往往是不自然的、不安全的。例如，在代码 5-2 中，若使用语句

```
GradStudent g = new Student ();
```

就会出现如下类型错误。

```
Exception in thread "main" java.lang.Error: Unresolved compilation problem:
              Type mismatch: cannot convert from Student to GradStudent
```

因为要把一个普通大学生当作研究生会缺少研究生应当具备的一些信息，例如，导师姓名、研究方向等。也就是说，"学生"不一定是"研究生"。

2. 强制类型转换与 instanceof 运算符

当需要进行向下造型时必须进行强制类型转换，例如：

```
Student stu =new Student ();
GradStudent grad = (GradStudent)stu;                      //向下造型,强制转换
```

其中,用圆括号括起的类名就是一种强制造型操作。如果父类引用实际指向的是子类对象,那么该父类引用才可以通过强制转换为子类对象使用。

为了保证程序的安全,在进行向下造型时应当先用 instanceof 运算符测试父类能不能作为子类的实例。例如:

```
if (stu instanceof GradStudent)
    grad = (GradStudent)stu;
```

instanceof 是 Java 的一个与==、>、<操作性质相同的二元操作符。由于它由字母组成,所以也是 Java 的保留关键字。它的作用是测试它左边的对象是否是它右边的类的一个实例,返回 boolean 的数据类型。

习题

1. 若类 X 是类 Y 的父类,下列声明对象 x 的语句中不正确的是(　　)。

    A. X x = new X();　　　　　　　　　　B. X x = new Y();

    C. Y x = new Y();　　　　　　　　　　D. Y x = new X();

2. 以下程序代码错误的是(　　)。

```
abstract class P{}
class A extends P{}
abstract class B extends P{}
```

    A. P p=new A();　　　　　　　　　　B. P p=new B();

    C. A a=new A();　　　　　　　　　　D. P p=new P(){void foo(){}};

3. A 派生出子类 B,B 派生出子类 C,并且在 Java 源代码中有如下声明:

```
A  a0 =new A();       //1
A  a1 =new B();       //2
A  a2 =new C();       //3
```

问以下哪个说法是正确的?(　　)

    A. 只有第 1 行能通过编译

    B. 第 1、2 行能通过编译,但第 3 行编译出错

    C. 第 1、2、3 行能通过编译,但第 2、3 行运行时出错

    D. 第 1 行、第 2 行和第 3 行的声明都是正确的

4. 对于下面的代码

```
public class Sample {
    long length;

    public Sample(long l) {
        length =1;
    }

    public static void main(String[] arg) {
        Sample s1, s2, s3;
        s1 =new Sample(21L);
        s2 =new Sample(21L);
```

```
        s3 = s2;
        long m = 21L;
    }
}
```

下列表达式中,可以返回 true 的为(　　　)。

　　A. s1 == s2　　　　B. s2 == s3　　　　C. m == s1　　　　D. s1.equals(m)

5. 编写程序。定义一个 Document 类,包含成员属性 name。从 Document 类派生出 Book 子类,增加 pageCount 属性,编写一个应用程序,测试定义的类。

5.4　类层次中方法覆盖与隐藏

5.4　类层次中方法覆盖与隐藏

继承机制使子类可以继承父类的所有属性和方法(静态成员、构造方法除外)。但是,派生类对于基类的成员除了继承以外还有另外两种处理,即覆盖与隐藏。本节介绍方法的覆盖与隐藏。对于属性只有隐藏,但不推荐使用,因为隐藏属性会使代码难以阅读。

5.4.1　派生类实例方法覆盖基类中签名相同的实例方法

1. 方法覆盖的基本概念

方法签名是指方法的名字、参数个数和每个参数的类型。方法签名和返回类型相同就是函数头中的所有内容都要相同。在一个类层次结构中,当派生类定义了一个与基类具有相同原型的方法时将会覆盖基类那个方法,即派生类对象无法直接调用到基类那个被覆盖的方法。如在前面的代码中,类 Student 和 GradStudent 中都定义了一个 print()方法,它们的签名和返回类型都相同,因此类 GradStudent 的对象引用无论如何都调用不到 Student 类中的 print()方法。代码 5-2 的执行结果可以得出这个结论。

方法覆盖可以带来一个动态多态性的好处,即一个指向基类的引用,若用基类对象初始化,就可以用其调用基类中的方法;若用派生类对象初始化,就可以用其调用派生类中的那个覆盖方法,这样就大大提高了程序设计的灵活性。这种多态性是在程序运行中由 JVM 实现的,所以称为动态多态性。

2. 方法覆盖的条件

派生类实例方法与成员变量不同,覆盖基类同名方法必须满足下面一些约束。

(1) 方法覆盖只能存在于派生类和基类(包括直接基类和间接基类)之间,不能在同一类中。在同一类中同名方法所形成的关系是重载。

(2) 覆盖方法的返回类型和签名必须与被覆盖方法保持一致。

(3) 不能覆盖已经用 final 或 static 修饰的方法,但被覆盖方法的参数可以是 final 的。

(4) 覆盖方法的 throws 子句列出的类型可以少于被覆盖方法的 throws 子句列出的类型,或更加具体,或二者皆有之。

(5) 覆盖方法的访问权限不能比被覆盖方法的访问权限小,只能比被覆盖方法的访问权限大。例如,被覆盖方法为 public,则覆盖方法必须是 public 的,否则无法编译。

(6) 被覆盖的方法不能为 private,否则在其子类中只是新定义了一个方法,并没有对其进行覆盖。

（7）在派生类中不可用空方法覆盖其类中的方法。

3. 方法覆盖与方法重载的区别

方法覆盖与方法重载都给程序提供了一个名字多种实现的灵活性，但它们也有许多不同。表 5.2 列出了方法覆盖与方法重载的区别。

表 5.2　方法覆盖与方法重载的区别

	位置关系	方法名	参数列表	返回类型	访问权限	抛出异常类型	数　量	绑定实施及时间
重载	同一类中（包括从父类继承的）	必须相同	必须不同	无要求	无要求	无限制	可以多个	编译器编译时
覆盖	派生类与基类	必须相同	必须相同	必须相同	派生类方法不可更严格。不能覆盖 private 方法	要求一致	只能有一次	JVM 运行中

5.4.2　用@Override 标注覆盖

1. 标注的概念

标注（annotation）是 Java 5 提供的新特性，这里将其译成“标注”，与之相近的术语是注释（comment）。在程序中二者的基本区别在于：注释是供阅读者理解程序而加入的，仅在源代码中存在；标注虽然也可以起到供阅读者理解的作用，但更主要的是向有关软件（编译器、解释器、JVM）提供一些说明或向程序传递一些参数，且不同的标注有不同的使用位置和保存范围。

从作用上看，标注相当于对程序元素（包、类型、构造器、方法、成员变量、参数、本地变量等）的额外修饰并应用于声明中，但是与一般关键字声明修饰符有如下不同。

（1）标注都以符号@开头，例如，@Override、@Deprecated 和@SuppressWarning 等。

（2）一般声明修饰符不可带参数，而标注可以带参数，例如，@SuppressWarning。这些参数可以向编译器提供附加信息，也可以用来向程序传递数据。

2. @Override

在代码 5-2 中，Student 类和 GradStudent 类中都定义了一个 print（）方法，并且用GradStudent 类的 print（）方法覆盖 Student 类中的 print（）方法。假如由于某种原因，程序员把代码写成了下面的样子。

【代码 5-9】　一位粗心的程序员写出的代码（程序中的省略号部分用代码 5-2 中的代码）。

TestExtends.java

```
 1    /** 测试类 */
 2    public class TestExtends {
 3        /** 主方法 */
 4        public static void main(String[] args) {
 5            Student s = new Student(123456,"王舞");
 6            //父类对象调用 print()
 7            s.print();
 8            GradStudent g = new GradStudent(654321,"李司","张伞","大数据");
 9            //子类对象调用 print()
10            g.print();
11            //子类对象调用 prlnt
12            g.prlnt();
```

```
13        }
14  }
15
16  /** 学生类 */
17  class Student {
18
19      // …
20
21      public void print() {
22          System.out.println("学生姓名: " + studentName + ",学号: " + studentID);
23      }
24  }
25
26  /** 研究生类 */
27  class GradStudent extends Student {
28
29      //…
30
31      /** 方法名是 prlnt,不是 print */
32      public void prlnt() {
33          System.out.println("研究生姓名: " + super.studentName + ", 学号: " + this.getStudentID()
                              + ", 导师姓名: " + tutorName + ", 研究方向: " + resDirection);
34      }
35  }
```

程序的运行结果:

```
学生姓名:王舞,学号:123456
学生姓名:李司,学号:654321
研究生姓名:李司, 学号: 654321, 导师姓名:张伞, 研究方向:大数据
```

说明:

(1) 运行结果的第 1 行是父类对象调用 print()的输出,第 2 行是子类对象调用父类的 print()输出,第 3 行是子类对象调用子类定义的 print()输出。

(2) 当子类误写了一个方法 print()企图覆盖父类的 print()时,由于不同名,没有达到目的,结果子类对象调用 print()时使用的是父类的定义。

【代码 5-10】 带有@Override 标注的代码。

TestExtends.java

```
1   /** 测试类 */
2   public class TestExtends {
3       /** 主方法 */
4       public static void main(String[] args) {
5           Student s = new Student(123456,"王舞");
6           s.print();
7           GradStudent g = new GradStudent(654321,"李司","张伞","大数据");
8           g.print();
9       }
10  }
11
12  /** 学生类 */
13  class Student {
14
15      // …
16
17      public void print() {
18          System.out.println("学生姓名: " + studentName + ",学号: " + studentID);
```

```
19        }
20    }
21
22    /** 研究生类 */
23    class GradStudent extends Student {
24
25        // …
26
27        @Override                //@Override 标注
28        public void prlnt() {
29            System.out.println ("研究生姓名: " + super.studentName + ", 学号: " + this.
            getStudentID()
                                 +", 导师姓名: " +tutorName +", 研究方向: " +resDirection);
30        }
31    }
```

编译时将出现如下警告。

```
Exception in thread "main" java.lang.Error:无法解析的编译问题:
    类型为 GradStudent 的方法 prlnt()必须覆盖或实现超类型方法
```

讨论:

(1) 增加了一个@Override,编译器就检查出了代码中的错误——方法名不同不可覆盖。这个@Override 称为一个 Java annotation(标注),它对其后面定义的方法进行了修饰,明确地告诉编译器后面定义的是一个覆盖方法。所以,当试图覆盖父类的某方法时,使用@Override 不仅可以起到提示作用,还可以让编译器检查是否写对了。

(2) 从这个例子可以看出,标注虽然发出了警告,但并没有影响程序的正常执行过程。

5.4.3　派生类静态方法隐藏基类中签名相同的静态方法

当基类与派生类中都有相同签名的静态方法(即类方法)时,派生类的静态方法可以隐藏基类中原型相同的那个静态方法。

【代码 5-11】　隐藏条件下的调用关系示例。

```
1    public class TestExtends {
2        public static void main(String[] args) {
3            Student s =new Student();
4            //父类对象调用 print()和 show()
5            s.print();
6            s.show();
7            GradStudent g =new GradStudent();
8            //子类对象调用 print()和 show()
9            g.print();
10           g.show();
11           s =g;
12           //指向派生类的 Student 引用调用 print()和 show()
13           s.print();
14           s.show();
15       }
16   }
17
18   class Student {
19       /** 静态成员方法 */
20       public static void print() {
21           System.out.println("我是学生");
22       }
```

```
23      /** 普通成员方法 */
24      public void show() {
25          System.out.println("我也是学生");
26      }
27  }
28
29  class GradStudent extends Student {
30      /** 静态成员方法 */
31      public static void print() {
32          System.out.println("我是研究生");
33      }
34      /** 普通成员方法 */
35      public void show() {
36          System.out.println("我也是研究生");
37      }
38  }
```

程序的执行结果：

```
我是学生
我也是学生
我是研究生
我也是研究生
我是学生
我也是研究生
```

说明：

（1）print()方法在子类和父类的返回类型及方法签名是一致的,show()方法在子类和父类的返回类型及方法签名也是一致的,其区别是 print()是静态方法,而 show()方法是普通方法。

（2）从运行结果的前四行看不出 print()和 show()是否在子类中被重写成功。后两行就可以看出来了,同样是通过指向子类对象的父类对象引用来调用 print()方法和 show()方法,但 print()方法是调用父类的,而 show()方法是调用子类的。这样,表明子类成功重写并且覆盖了父类普通方法（show()）,但是静态方法（print()）输出的还是父类的方法,并没有重写覆盖,父类的静态方法只能被子类隐藏。

（3）父类的静态方法能够被子类继承,但是不能够被子类重写,即使子类中的静态方法与父类中的静态方法完全一样,也是两个完全不同的方法。

习题

1. 下列关于构造器的描述中,正确的有（   ）。
   A. 子类不能继承父类的构造器　　　　　B. 子类不能重载父类的构造器
   C. 子类不能覆盖父类的构造器　　　　　D. 以上说法都对
2. 对于代码

```
public class parent {
    int change () {}
}
class Child extends Parent {}
```

不可以添加到 Child 类中的方法是（   ）。
   A. public int change () {}　　　　　　B. int change (int i) {}
   C. private int change () {}　　　　　　D. protected int change () {}

3. 对于如下程序:

```java
public class Test {
    public static void main(String[] args) {
        B b = new B();
        b.m(5);
        System.out.println("i is " + b.i);
    }
}
class A {
    int i;
    public void m(int i) {
        this.i = i;
    }
}
class B extends A {
    public void m(String s) {
    }
}
```

下列说法正确的是(   )。

  A. 编译错误。在 B 中,以不同的签名重写 m()方法

  B. 编译错误。b.m(5),在 B 中,m(int)方法被隐藏了

  C. 运行时错误。b.i,b 不能直接访问 i

  D. 在 B 中,m()方法没有被重写。B 从 A 中继承了 m()方法,并定义了一个 m()重载方法

4. 有下面的代码

```java
1   class Parent {
2       private String name;
3       public Parent () {}
4   }
5   public class Child extends Parent {
6       private String department;
7       public Child () {}
8       public String getValue () {return name;}
9       public static void main (String[] srg) {
10          Parent p = new Parent ();
11      }
12  }
```

这个代码中,有错误的行是(   )。

  A. 第 3 行   B. 第 6 行   C. 第 7 行   D. 第 8 行

5. 编写程序。建立一个汽车 Auto 类,包括轮胎个数、汽车颜色、车身重量、速度等成员变量。并通过不同的构造方法创建实例。至少要求:汽车能够加速,减速,停车。再定义一个小汽车类 Car,继承 Auto,并添加空调、CD 等成员变量,覆盖加速、减速的方法。

5.5 类层次中的多态

5.5　类层次中的多态

5.5.1　继承关系下的多态

  面向对象程序设计的三大支柱是封装、继承和多态。封装与继承在前面已经介绍,下面介绍多态。

多态是同一个行为具有多个不同表现形式或形态的能力。动物有很多种叫声,如"汪汪汪""喵喵喵""吼",这就是叫声的多态;动物吃的食物有多样性,有的吃草,有的吃肉,这就是吃的多态。Java 提供两种多态机制:重载与重写。重载前面已经介绍过,下面介绍与继承有关的多态。

父类的某个方法被子类重写时,子类可以产生与父类不同的功能行为,这就体现了继承关系下的多态性。就是说,当一个类有多个子类,并且这些子类都重写了父类中的某个方法时,利用指向子类对象的父类引用调用此方法时可能具有多种形态。

【代码 5-12】 继承关系下的多态示例。

TestPolymorphism.java

```java
public class TestPolymorphism {
    public static void main(String[] args) {
        //person 是 Student 的向上造型对象
        Person person=new Student();
        person.print();
        //person 是 GradStudent 的向上造型对象
        person=new GradStudent();
        person.print();
    }
}

class Person{
    public void print() {
        System.out.println("我是人");
    }
}

class Student extends Person{
    public void print() {
        System.out.println("我是学生");
    }
}

class GradStudent extends Student{
    public void print() {
        System.out.println("我是研究生");
    }
}
```

程序运行结果:

```
我是学生
我是研究生
```

说明:

(1) Person 对象指向不同的子类对象,在调用 print()方法时调用的是相应子类的 print()方法。子类对象可以直接赋值给父类的引用变量,但运行时依然表现出子类的行为特征,这意味着同一个类型的对象在执行同一个方法时,可能会表现出不同的行为特征。

(2) 多态存在的三个必要条件:继承或实现、重写、父类引用指向子类对象。

(3) 多态指的是成员方法,对象的成员变量不具有多态性。

5.5.2 JVM 的静态绑定与动态绑定

从代码 5-8、代码 5-11 的运行结果可以看出,当通过引用变量访问它所引用的静态方法和实例方法时,JVM 的处理方式是不相同的,这与 JVM 采取的绑定机制有关。

1. 静态绑定

通常将编译器建立方法调用表达式与方法定义之间关联的过程称为绑定或联编。在具有重载的多态情况下,同一名字的不同方法通过参数进行区别,编译器在编译的过程中就可以实现绑定,这种情形称为前期绑定或静态绑定。

2. 动态绑定

对于覆盖形式的多态,子类方法的签名与父类方法完全相同,这时只能通过调用对象是父类对象还是子类对象来确定具体调用的是哪个方法。但是,在类层次结构中,父类是子类的抽象,子类是父类的具体化和更特殊表现,有"子类 is a 父类"(如"研究生 is a 学生")的情形。所以,可以用一个指向父类的引用变量指向子类实体,例如:

```
Student stu =new GradStudent();
```

这就好像将"学生宿舍"的牌子挂在研究生宿舍门口也可以一样,因为研究生也是学生。或者说,在学生宿舍中住研究生也没有问题。因此,编译器在编译时既无法按照函数签名来区别方法的实现,也无法按照调用的对象引用的类型来区别方法的实现,只能在程序执行过程中根据对象引用名字的具体指向确定调用的是哪个方法,这种编译处理方法称为后期绑定、动态绑定或运行时联编。

方法可以在父类中定义而在沿着继承链的多个子类中进行重写,由 JVM 决定运行时调用哪个方法。具体来说,由父类对象调用某个方法时,从父类所指向的子类对象开始沿继承链向上查找此方法的实现,直到找到为止。一旦找到一个实现,就停止查找,然后调用首先找到的实现。

代码 5-13 是一个演示动态绑定的例子。

【**代码 5-13**】 动态绑定示例。

TestDynamicBinding.java

```
1   public class TestDynamicBinding {
2       public static void main(String[] args) {
3           Person person=new Student();
4           person.print();
5           person=new GradStudent();
6           person.print();
7       }
8   }
9
10  class GradStudent extends Student{
11  }
12
13  class Student extends Person{
14      @Override
15      public void print() {
16          System.out.println("我是学生");
17      }
18  }
19
20  class Person{
21      public void print() {
22          System.out.println("我是人");
23      }
```

程序运行结果：

我是学生
我是学生

说明：

（1）第 4 行调用 print()方法时 person 对象指向子类 Student 对象，从 Student 类开始找 print()方法的实现，在 Student 类就能找到此方法的实现，因此，就调用 Student 类中的 print()方法，不再往上查找了。

（2）第 6 行调用 print()方法时 person 对象指向子类 GradStudent 对象，从 GradStudent 类开始找 print()方法的实现，在 GradStudent 类找不到此方法的实现，沿着继承链继续向上找，在 Student 类中能找到 print()方法的实现。因此，就调用 Student 类中的 print()方法，不再往上查找了。

动态绑定可以在运行中根据引用的具体指向确定绑定哪个类对象的实例方法，实现了对象的多态性，为程序注入了随机应变的智能，极大地丰富了程序的机能。

3. JVM 的绑定规则

（1）同一类中的重载方法一定是静态绑定。

（2）在类层次中的方法有以下规则。

* static 是类层修饰符，所以 static 方法一定是静态绑定。
* 构造器不可继承，也一定是静态绑定。
* final 具有限制覆盖和关闭动态绑定的作用，一定是静态绑定。
* private 声明的方法和成员变量不可被子类继承，一定是静态绑定。
* 其他实例方法都是动态绑定。

习题

1. 有关继承的下列代码运行结果是(   )。

```java
class Teacher extends Person {
    public Teacher() {
        super();
    }

    public Teacher(int a) {
        System.out.println(a);
    }

    public void func() {
        System.out.print("2, ");
    }

    public static void main(String[] args) {
        Teacher t1 = new Teacher();
        Teacher t2 = new Teacher(3);
    }
}

class Person {
```

```
    public Person() {
        func();
    }

    public void func() {
        System.out.print("1, ");
    }
}
```

    A. 1, 1, 3   B. 2, 2, 3   C. 1, 3   D. 2, 3

2. 设有下面的两个类定义:

```
class AA {
    void Show() {
        System.out.println("我喜欢 Java!");
    }
}

class BB extends AA {
    void Show() {
        System.out.println("我喜欢 C++!");
    }
}
```

然后顺序执行如下语句:

```
AA a =new AA();
BB b =new BB();
a.Show();
b.Show();
```

则输出结果为(　　)。

    A. 我喜欢 Java!   B. 我喜欢 C++!   C. 我喜欢 Java!   D. 我喜欢 C++!
       我喜欢 Java!   我喜欢 Java!   我喜欢 C++!   我喜欢 C++!

3. 对于如下程序:

```
public class Test {
    public static void main(String[] args) {
        new B();
    }
}
class A {
    int i =7;
    public A() {
        System.out.println("i from A is " +i);
    }
    public void setI(int i) {
        this.i =2 * i;
    }
}
class B extends A {
    public B() {
        setI(20);
    }
    public void setI(int i) {
        this.i =3 * i;
    }
}
```

下列说法正确的是(　　)。

A. 没有调用类 A 的构造方法

B. 调用了类 A 的构造方法,输出"i from A is 7"

C. 调用了类 A 的构造方法,输出"i from A is 40"

D. 调用了类 A 的构造方法,输出"i from A is 60"

4. 有如下类定义:

```
public class S extends F {
    S (int x) {}
    S (int x,int y) {
      super (x,y);
    }
}
```

则类 F 中一定有构造器(　　)。

A. F ( ) {}

B. F (int x) {}

C. F (int x,int y) {}

D. F (int x,int y,int z) {}

5. 编写程序。定义一个动物类 Animal,具有 nickname 成员变量,构造方法和 sound() 方法。定义一个 Dog 类继承 Animal 类,增添 furColor 成员变量,重写构造方法和 sound() 方法。定义一个 Bird 类继承 Animal 类,增添 featherColor 成员变量,重写构造方法和 sound()方法。在 main()方法中接收用户的输入"1.Dog 2.Bird",创建 Dog 或者 Bird 对象,并把该对象的引用赋值给一个 Animal 引用变量 pet,最后调用引用变量 pet 的方法 sound(),并将结果输出。

5.6　内容扩展

5.6　内容
扩展

5.6.1　Object 类

1. Object 是所有 Java 类的"树根"

Object 是系统预先定义的一个类,它位于 java.lang 包中,是 Java 中所有类的超类,即由于它的存在,使整个 Java 系统中的类(无论是每一个系统提供的类,还是用户所定义的类)都组织到一棵类树中,Object 就是这棵类树的树根,其他所有的类都是它的直接子类或间接子类。只不过这种继承关系是隐含的,省略了 extends Object 字段的继承关系,由 Java 编译器自动将除了 Object 本身外没有指出扩展关系的类都默认为继承了 Object。于是所有在 Object 类中定义的方法都可以被每个类所继承。

如果在定义一个类时没有指定父类,那么这个类的父类默认为 Object。例如,代码 5-2 中 Student 类的定义等价于以下形式:

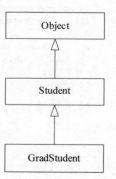

```
public class Student extends Object {
    ...
}
```

因此,代码 5-2 中类的实际继承关系如图 5.7 所示。

2. Object 类中定义的主要方法

Object 类定义了一系列可供所有对象继承的方法。如表 5.3 所示为其中的一些主要方法。

图 5.7　含有 Object 类的继承关系图

表 5.3　Object 类定义的主要方法

方 法 名	说 明
Object()	构造器,用于创建一个 Object 对象
boolean equals(Object obj)	比较两个对象,若当前对象与 obj 是同一对象,返回 true;否则返回 false
Object clone() throw CloneNotSupportedException	返回调用对象的一个副本
final Class getClass()	返回一个 Class 对象。Class 类位于 java.lang 包中,该类的对象可以封装一个对象所属类的基本信息,如成员变量、构造器等。用 final 修饰方法,表明在当前类的子类中不可以覆盖该方法
String toString()	返回当前对象信息的字符串形式(类名＋@＋hashCode)。该方法通常在自定义类中被重写,以便针对当前类进行描述
int hashCode()	返回对象的哈希码,哈希码是根据哈希算法算出来的一个值,这个值与地址值有关,但不是实际地址值

1) toString()和 getClass()方法

【代码 5-14】 Object 类的 toString()和 getClass()方法的应用示例。

ObjectDemo.java

```
1   public class ObjectDemo {
2       public static void main(String[] args) {
3           //创建一个 Person 对象 p1
4           Person p1 = new Person(19);
5           //调用 toString()方法输出 p1 的有关信息
6           System.out.println(p1.toString());
7           //创建一个 Person 对象 p2
8           Person p2 = new Person(19);
9           //输出 p2 的有关信息,默认会调用 toString()方法
10          System.out.println(p2);
11          //封装对象 p1 的信息到 Class 对象 c 中
12          Class c = p1.getClass();
13          //输出 c 中的类名信息
14          System.out.println(c);
15          //将 c 的类名赋值给 String 对象 name
16          String name = c.getName();
17          //输出 name
18          System.out.println("类名: " + name);
19      }
20  }
21
22  class Person {
23      private int age;
24
25      Person(int age) {
26          this.age = age;
27      }
28  }
```

输出结果如下:

```
unit5.link.Person@15db9742
unit5.link.Person@6d06d69c
class unit5.link.Person
类名: unit5.link.Person
```

说明:

(1) 第 14 行输出的是用 getClass()方法获取的类相关信息;第 18 行输出的是进一步用

getName()方法获取的类名。

（2）第 6 行、第 10 行都会调用 toString()方法，Object 类中的 toString()方法的源代码为：

```
public String toString() {
    return getClass().getName() +"@" +Integer.toHexString(hashCode());
}
```

此方法会返回一个描述该对象的字符串。默认情况下，它返回一个该对象所属的类名（含包名）、@符号以及该对象内存地址组成的字符串，此内存地址就是标识对象的哈希码的十六进制表示。从输出结果可以看出，这样的信息基本没什么作用。通常情况下，设计类时会重写这个 toString()方法，用以返回该对象的属性字符串。例如，可改造正文代码 5-2，去掉 print()方法，添加重写的 toString()方法，见代码 5-15。

【代码 5-15】 改造代码 5-2，重写 Object 类的 toString()方法，代码有简化。

TestExtends.java

```
1    /** 测试类 */
2    public class TestExtends {
3        /** 主方法 */
4        public static void main(String[] args) {
5            Student st =new Student(123456, "王舞");
6            //显式调用 toString()方法
7            System.out.println(st.toString());
8            GradStudent gs =new GradStudent(654321, "李司", "张伞", "人工智能");
9            //隐式调用 toString()方法
10           System.out.println(gs);
11       }
12   }
13
14   /** 学生类 */
15   class Student {
16       /** 学号 */
17       private long studentID;
18       /** 学生姓名 */
19       private String studentName;
20
21       /** 构造器 */
22       public Student(long studentID, String studentName) {
23           this.studentID =studentID;
24           this.studentName =studentName;
25       }
26
27       @Override
28       public String toString() {
29           return "学号: " +studentID +",姓名: " +studentName;
30       }
31   }
32
33   /** 研究生类 */
34   class GradStudent extends Student {
35       /** 导师姓名 */
36       private String tutorName;
37       /** 研究方向 */
38       private String resDirection;
39
40       /** 构造器 */
```

```
41        public GradStudent (long studentID, String studentName, String tutorName, String
          resDirection) {
42            //调用父类构造方法
43            super(studentID, studentName);
44            this.tutorName =tutorName;
45            this.resDirection =resDirection;
46        }
47
48        @Override
49        public String toString() {
50            return super.toString() +",导师姓名: " +tutorName +",研究方向: " +resDirection;
51        }
52    }
```

2) equals()方法

equals()方法比较两个对象内容是否相等。

读者要注意 equals(Object obj)与==的不同。

【代码 5-16】 验证 equals(Object obj)与==的不同。

ObjectEqualsDemo.java

```
1    public class ObjectEqualsDemo {
2        public static void main(String[] args) {
3            String s1 =new String("xyz");
4            String s2 =new String("xyz");
5            //使用"=="
6            System.out.println("s1==s2:" +(s1 ==s2));
7            //使用 equals(Object obj)
8            System.out.println("s1.equals(s2):" +s1.equals(s2));
9
10           String s3 ="abc";
11           String s4 ="abc";
12           //使用"=="
13           System.out.println("s3==s4:" +(s3 ==s4));
14           //使用 equals(Object obj)
15           System.out.println("s3.equals(s4):" +s3.equals(s4));
16       }
17   }
```

执行结果如下:

```
s1==s2:false
s1.equals(s2):true
s3==s4:true
s3.equals(s4):true
```

说明: "=="是判断两个对象的地址是否相等,equals 是比较两个对象的内容是否相同。所以如图 5.8(a)所示,sl 与 s2 内容相同,但不是指向同一对象,故有"s1== s2"为 false,"sl. equals(s2)"为 true;而如图 5.8(b)所示,s3 与 s4 指向同一对象(限定字符串),故有"sl == s2"和"sl. equals(s2)"都为 true。

3. 可以接收任何引用类型的对象

既然 Object 是所有对象的直接或间接父类,根据赋值兼容规则,所有的对象都可以向 Object 转换,其中也包含数组类型。因此,可利用 Object 对象作为方法参数来接收任何引用类型的对象。

【代码 5-17】 用 Object 接收其他类型对象,使用代码 5-2 的 Student 类。

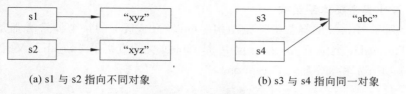

(a) s1 与 s2 指向不同对象　　　　　　　(b) s3 与 s4 指向同一对象

图 5.8　代码 5-16 执行结果的解释

ObjectParamDemo.java

```
1   public class ObjectParamDemo {
2      public static void main(String[] args) {
3          char chArr[] ={ 'a', 'b', 'c', 'd', 'e' };
4          //用 Object 对象接收数组
5          Object obj =chArr;
6          //传递对象
7          print(obj);
8          obj =new Student(123456, "王舞");
9          print(obj);
10     }
11
12     /** 接收对象 */
13     public static void print(Object o) {
14         //判断类型
15         if (o instanceof char[]) {
16           //强制转换
17           char x[] =(char[]) o;
18           for (char c : x) {
19               System.out.print(c +",");
20           }
21           System.out.println();
22         }else if(o instanceof Student) {
23           ((Student) o).print();
24         }
25     }
26  }
```

测试结果如下：

```
a,b,c,d,e,
学号：123456
姓名：王舞
```

5.6.2　Java 异常类和错误类体系

作为类层次结构的实例,本节介绍 JDK API 定义的运行异常类和运行错误类体系。如前所述,运行异常(exception)不是语法错误,也不是逻辑错误,而是由一些具有一定不确定性的事件所引发的 JVM 对 Java 字节代码无法正常解释而出现的程序不正常运行。除此之外,程序中还有运行错误(error)。运行错误不是语法错误,不是逻辑错误,也不是运行异常,而是遇到了系统无法正常运行所造成的程序不能正常运行的错误,这些错误是一个合理的应用程序不能截获的、严重的、用户程序无法处理的问题,也不需要用户程序去捕获,例如,程序运行中的动态连接失败、内存耗尽、线程死锁等。

在程序出现异常时,还有可能经过处理后继续运行。这时,为了便于处理,需要捕获异常对象类型。JDK API 提供了丰富的异常类供程序员使用。

1. JDK API 异常类体系结构

如图 5.9 所示为 Java 的异常类体系结构。可以看出，Java 的每个异常类都是 Throwable 类的子类。Throwable 类位于 java.lang 包中，是 Object 类的直接子类，它下面又有两个直接子类，即 java.lang.Error 和 java.lang.Exception。

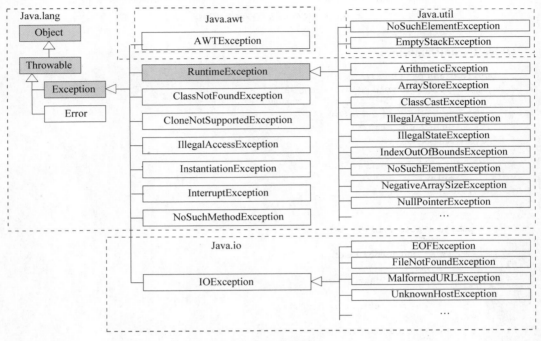

图 5.9　Java 异常类体系

Exception 的直接子类可以分为两类：RuntimeException 为运行时异常，是在 Java 系统运行过程中出现的异常；其余为非运行时异常，是程序运行过程中由于不可预测的错误产生的异常。在这些异常类型中没有与"不能构成三角形"相对应的异常，就需要用户自定义异常。

> **注意**：catch 子句的形式参数指明所捕获的异常类型，该类型必须是 Throwable 类的子类。

Java 中定义了以下两类异常。

（1）Unchecked Exception（非检查型异常，也称免检异常）：RuntimeException（运行时异常）、Error 以及它们的子类称为免检异常。免检异常可以不使用 try-catch 进行处理，但是如果有异常产生，则异常将由 JVM 进行处理。

（2）Checked Exception（检查型异常，也称必检异常）：免检异常之外的，直接继承自 Exception 的异常都称为必检异常。对于必检异常，编译器会强制程序员检查并通过 try-catch 块进行处理，或者在方法头通过 throws 进行声明。

在方法中用 throw 抛出必检异常且未用 try-catch 处理，则在方法名后必须用 throws 向上抛出异常；用 throw 抛出免检异常，则在方法名后无须用 throws 向上抛出异常，与是否用 try-catch 处理无关。示例如下。

```
/** ClassNotFoundException 为必检异常,未用 try-catch 处理 */
public void m1() throws ClassNotFoundException {
    //…其他代码
    throw new ClassNotFoundException("类未找到");
}

/** ClassNotFoundException 为必检异常,已用 try-catch 处理 */
public void m2() {
    try {
        //…其他代码
        throw new ClassNotFoundException("类未找到");
    } catch (Exception e) {
        e.printStackTrace();
    }
}

/** IllegalArgumentException 为免检异常 */
public void m3() {
    //…其他代码
    throw new IllegalArgumentException("非法参数");
}
```

2. JDK API 错误类

在图 5.9 中,与 Exception 并列的是 Error(错误)类。Error 类定义的是 JVM 系统内部错误,如内存耗尽、被破坏等,这些错误是用户程序无法处理的,也不需要用户程序去捕获。

5.6.3 用户自定义异常

在 Java 中,可以创建自己的异常类,并使用 throw 关键字抛出该异常。这些异常称为用户定义的异常或用户自定义异常。

用户自定义异常,需要完成以下两项工作。

(1) 定义一个新的异常类,这个类应当是 Exception 的直接子类或间接子类。定义格式为:

```
class 自定义异常类名 extends 父类异常类名 {
    类体
}
```

(2) 定义类体中的属性和方法或重定义基类的属性和方法,以便体现要处理的异常的特征。

Exception 类从 Throwable 类继承了一些方法,这些方法可以在自定义异常类中被继承或重写,下面介绍这些方法中较常用的方法。

- string getMessage():获得异常对象的描述信息(字符串)。
- string toString():返回描述当前异常类信息的字符串。

利用以上方法可获取异常的相关信息。

【代码 5-18】 把不能构成三角形的异常类命名为 NonTriangleException。

NonTriangleException.java

```
1   public class NonTriangleException extends Exception {
2       public NonTriangleException() {
3       }
```

```
4
5       public NonTriangleException(String message) {
6           super(message);
7       }
8   }
```

【代码 5-19】 在构造器中抛出 NonTriangleException 类异常对象。

TestNonTriangleException.java

```
1   /** 测试类 */
2   public class TestNonTriangleException {
3       /** 主方法 */
4       public static void main(String[] args) {
5           try {
6               //创建 Triangle 对象
7               Triangle t = new Triangle(3, 4, 8);
8           } catch (NonTriangleException e) {
9               //输出捕获到异常信息
10              System.out.println(e.getMessage());
11          }
12      }
13  }
14
15  /** 三角形类 */
16  class Triangle {
17      /** 三角形的三条边 */
18      private double side1, side2, side3;
19
20      Triangle(double s1, double s2, double s3) throws NonTriangleException {
21          if (isATriangle(s1, s2, s3)) {
22              this.side1 = s1;
23              this.side2 = s2;
24              this.side3 = s3;
25          } else {
26              //抛出异常
27              throw new NonTriangleException("不能组成三角形!");
28          }
29      }
30
31      /** 判断三条线能否组成三角形 */
32      private boolean isATriangle(double a, double b, double c) {
33          if (a + b <= c) {
34              return false;
35          } else if (a + c <= b) {
36              return false;
37          } else if (b + c <= a) {
38              return false;
39          } else
40              return true;
41      }
42  }
```

测试结果如下:

```
不能组成三角形!
```

5.6.4 实例学习——两点成线

两点确定一条直线,使用面向对象编程思想,先设计一个 Point(点)类,具有 x,y 坐标,计算两点的距离等成员;再设计 Line(直线)类,包含两个 Point 对象成员,还包含计算线段长度、计算线段斜率等方法成员。就是说，Line 对象由两个 Point 对象组合而成。

【代码 5-20】 两点成线的实现代码。

LineTest.java

```
1    /** 测试类 */
2    public class LineTest {
3        public static void main(String[] args) {
4            //创建第一个点对象
5            Point p1=new Point(1,3);
6            //创建第二个点对象
7            Point p2=new Point(2,5);
8            //创建线段对象
9            Line line=new Line(p1,p2);
10           System.out.println("线段: "+line.toString());
11           System.out.printf("此线段的长度为：%.2f\n", line.length());
12           System.out.printf("此线段的 斜率为：%.2f\n", line.slope());
13       }
14   }
```

Point.java

```
1    /** 点类 */
2    class Point {
3        /** x 坐标 */
4        private double x;
5        /** y 坐标 */
6        private double y;
7
8        /** 无参构造器：构造一个 x,y 坐标均为 0 的点 */
9        public Point() {
10           this(0, 0);
11       }
12
13       /** 有参构造器：构造一个具有指定坐标参数 x,y 的点 */
14       public Point(double x, double y) {
15           this.x =x;
16           this.y =y;
17       }
18
19       public double getX() {
20           return x;
21       }
22
23       public void setX(double x) {
24           this.x =x;
25       }
26
27       public double getY() {
28           return y;
29       }
30
31       public void setY(double y) {
32           this.y =y;
33       }
34
35       /** 计算两点之间的距离 */
36       public double distance(Point p2) {
37           double a = (p2.getX() -this.getX()) * (p2.getX() -this.getX());
38           double b = (p2.getY() -this.getY()) * (p2.getY() -this.getY());
39           double d =Math.sqrt(a +b);
```

```
40          return d;
41      }
42
43      @Override
44      public String toString() {
45          return "(" + x + "," + y + ")";
46      }
47  }
```

Line.java

```
1   /** 线段类 */
2   class Line {
3       /** 第一个点对象 */
4       private Point p1;
5       /** 第二个点对象 */
6       private Point p2;
7
8       /** 无参构造器: 构造一条具有两个默认点的线段 */
9       public Line() {
10          this.p1 = new Point();
11          this.p2 = new Point();
12      }
13
14      /** 有参构造器: 构造一条具有两个指定参数点的线段 */
15      public Line(Point p1, Point p2) {
16          this.p1 = p1;
17          this.p2 = p2;
18      }
19
20      public Point getP1() {
21          return p1;
22      }
23
24      public void setP1(Point p1) {
25          this.p1 = p1;
26      }
27
28      public Point getP2() {
29          return p2;
30      }
31
32      public void setP2(Point p2) {
33          this.p2 = p2;
34      }
35
36      /** 计算线段长度 */
37      public double length() {
38          return p1.distance(p2);
39      }
40
41      /** 计算线段斜率 */
42      public double slope() {
43          double d1 = p2.getX() - p1.getX();
44          double d2 = p2.getY() - p1.getY();
45          return d2 / d1;
46      }
47
48      @Override
49      public String toString() {
50          return "[" + p1 + "," + p2 + "]";
```

```
51    }
52 }
```

程序执行结果：

```
线段：[(1.0,3.0),(2.0,5.0)]
此线段的长度为：2.24
此线段的斜率为：2.00
```

说明：Point 对象(p1,p2)作为 Line 对象的组成部分，实现了对象的组合；这样，在 Line 类的 length()方法中可以通过 Point 对象调用 Point 类中的 distance()方法，实现了方法的复用。

5.7 本章小结

5.7 本章
小结

继承复用通过扩展一个已有对象的实现来得到新的功能，基类明显地捕获共同的属性和方法，而子类通过增加新的属性和方法来扩展超类的实现。继承是类型的复用。

继承复用的优点如下。

(1) 新的实现较为容易，因为基类的大部分功能可通过继承关系自动进入子类。

(2) 修改或扩展继承而来的实现较为容易。

继承复用的缺点如下。

(1) 继承复用破坏封装，因为继承将基类的实现细节暴露给子类。

(2) 如果基类的实现发生改变，那么子类的实现也不得不发生改变。

(3) 从基类继承而来的实现是静态的，不可能在运行时间内发生改变，因此没有足够的灵活性。

由于组合可以将已有的对象纳入到新对象中，使之成为新对象的一部分，因此新的对象可以调用已有对象的功能。

组合复用的优点如下。

(1) 新对象存取成分对象的唯一方法是通过成分对象的接口。

(2) 成分对象的内部细节对新对象不可见。

(3) 该复用支持封装。

(4) 该复用所需的依赖较少。

(5) 每一个新的类可将焦点集中在一个任务上。

(6) 该复用可在运行时间内动态进行，新对象可动态引用与成分对象类型相同的对象。

组合复用的缺点如下。

(1) 通过这种复用建造的系统会有较多的对象需要管理。

(2) 为了能将多个不同的对象作为组合块来使用，必须仔细地对接口进行定义。

在类的设计中，能用组合的尽量不要使用继承来实现，就是复用时要遵循"多用组合，少用继承"的原则。

至此，已经学习了面向对象的三大基本特征：封装、继承、多态。

• 封装：用于隐藏内部实现，使设计者和使用者分开。封装把一个对象的全部属性和功能结合在一起，形成一个不可分割的独立单位；对象的属性值只能由这个对象的功能来读取和修改。封装能隐蔽对象的内部细节，对外形成一道屏障，与外部联系只能通过外部接口；这样使设计者和使用者分开，使用者不必知道实现对象功能的细节，只需调用设计者提供的外部接口就能实现某个功能。

- 继承：用于复用现有代码。继承意味着"自动拥有"，子类可以不用重新定义父类的属性和功能，就能自动地、隐含地拥有父类的属性和功能。继承使子类既有共性（具有父类的全部特征），又有个性（有自己的特性）。
- 多态：多态是指一个类实例（对象）的相同方法在不同情形有不同表现形式。多态机制使具有不同内部结构的对象可以共享相同的外部接口。这意味着，虽然针对不同对象的具体操作不同，但通过一个公共的类，它们（那些操作）可以通过相同的方式予以调用。实现多态有两种方式：覆盖和重载。覆盖可用于改写对象行为。

习题

1. 下列常见的系统定义的异常中，哪个是输入输出异常？（   ）

    A. ClassNotFoundException   B. IOException

    C. FileNotFoundException   D. UnknownHostException

2. （   ）类是所有异常类的父类。

    A. Throwable   B. Error   C. Exception   D. AWTError

3. 对于 catch 子句的排列，下列哪种是正确的？（   ）

    A. 父类在先，子类在后

    B. 子类在先，父类在后

    C. 有继承关系的异常不能在同一个 try 程序段内

    D. 先有子类，其他如何排列都无关

4. 一个异常将终止（   ）。

    A. 整个程序   B. 只终止抛出异常的方法

    C. 产生异常的 try 块   D. 上面的说法都不对

5. 编写程序。实现一个名为 Person 的类和它的子类 Employee，Employee 有两个子类 Faculty 和 Staff。具体要求如下。

（1）Person 类中的属性有姓名 name（String 类型）、地址 address（String 类型）、电话号码 telephone（String 类型）和电子邮件地址 email（String 类型）。

（2）Employee 类中的属性有办公室 office（String 类型）、工资 wage（double 类型）、受雇日期 hiredate（String 类型）。

（3）Faculty 类中的属性有学位 degree（String 类型）、级别 level（String 类型）。

（4）Staff 类中的属性有职务称号 duty（String 类型）。

设计并测试以上类。

6. 编写程序。定义一个表示股票信息的类 Stock，可以保存股票代码、保存投资者股票交易的累计信息、记录单笔交易信息、计算股票的盈亏状况。Stock 类包括：

- String 类型的私有数据域 symbol，用于保存股票代码。
- int 类型的私有数据域 totalShares，用于保存股票的总股数。
- double 类型的私有数据域 totalCost，用于保存股票的总成本。

- 有参构造方法，将股票代码设置为给定的参数，股票的总股数、股票的总成本设置为 0。
- 访问器方法 getSymbol()、getTotalShares()、getTotalCost()，分别用于访问股票代码、股票的总股数、股票的总成本。
- 成员方法 purchase()，记录单笔交易信息（总股数、总成本），有两个参数：表示股数的 int 类型变量和表示股票单价的 double 类型变量，无返回值。
- 成员方法 getProfit()，计算股票的盈亏状况（总股数乘以股票当前价格，然后减去总成本），有一个参数：表示股票当前价格的 double 类型变量，返回盈亏金额。

分红是上市公司分配给股东的利润分成。红利的多少与股东所持股票的数量成正比。并不是所有股票都有分红，所以不能在 Stock 类上直接增加这个功能。而应该在 Stock 类的基础上派生出一个 DividendStock 类，并在这个子类中增加分红的行为。Stock 类派生出 DividendStock 类：

- 增加 double 类型私有数据域 dividends，用于记录分红。
- 有参构造方法，将股票代码设置为给定的参数，分红设置为 0。
- 成员方法 payDividend()，它的参数是每股分红的数量，它的功能是计算出分红的数量（每股分红的数量乘以总股数），并将其加到 dividends 中。
- 红利是股东利润的一部分，一个 DividendStock 对象的利润应该等于总股数乘以股票当前价格，然后减去总成本，再加上分红。因此对于一个 DividendStock 对象来说，计算利润的方法与 Stock 有所不同，在定义 DividendStock 时要重写 getProfit() 方法。

设计并测试以上类。

7. 定义方法：public static double getArea(double a，double b，double c)，求等腰三角形面积，如果 a、b、c 是非等腰三角形数据，则抛出 IllegalArgumentException 异常，否则返回等腰三角形面积。编写一个 main() 方法进行测试：输入三角形三条边长 a、b、c，调用 getArea() 方法，显示它的面积（结果保留 2 位小数）或处理异常（显示"无效边长"）。

知识链接

链 5.1 Object 类

链 5.2 @Deprecated 与 @SuppressWarning

课程练习

第6章 抽象类与接口

抽象类和接口是基于继承的两种组织类的机制。

6.1 圆、三
角形和
矩形

6.1 圆、三角形和矩形

6.1.1 3个独立的类：Circle、Rectangle 和 Triangle

圆（circle）、矩形（rectangle）和三角形（triangle）可以看作 3 个独立的类，下面先讨论每个类的描述。

【代码6-1】 Circle 类定义。

```java
public class Circle {
    /** 定义常量：final 变量 */
    public static final double PI = 3.1415926;
    /** 半径 */
    private double radius;
    /** 定义枚举 */
    public enum Color {
        RED, YELLOW, BLUE, WHITE, BLACK
    };
    /** 线条色 */
    private Color lineColor;
    /** 填充色 */
    private Color fillColor;

    /** 无参构造器 */
    Circle() {
    }

    /** 有参构造器 */
    Circle(double radius) {
        this.radius = radius;
    }

    /** 着色方法 */
    public void setColor(Color lineColor, Color fillColor) {
        this.lineColor = lineColor;
        this.fillColor = fillColor;
    }

    /** 画图形方法 */
    public void draw() {
        System.out.println("画圆。");
    }

    /** 计算圆面积 */
    public double getArea() {
        return PI * radius * radius;
    }
}
```

【代码 6-2】 Rectangle 类定义。

```
1   public class Rectangle {
2       /** 矩形宽 */
3       private double width;
4       /** 矩形高 */
5       private double height;
6
7       /** 定义枚举 */
8       public enum Color {
9           RED, YELLOW, BLUE, WHITE, BLACK
10      };
11
12      /** 线条色 */
13      private Color lineColor;
14      /** 填充色 */
15      private Color fillColor;
16
17      /** 无参构造器 */
18      Rectangle() {
19      }
20
21      /** 有参构造器 */
22      Rectangle(double width, double height) {
23          this.width = width;
24          this.height = height;
25      }
26
27      /** 着色方法 */
28      public void setColor(Color lineColor, Color fillColor) {
29          this.lineColor = lineColor;
30          this.fillColor = fillColor;
31      }
32
33      /** 画图形方法 */
34      public void draw() {
35          System.out.println("画矩形。");
36      }
37
38      /** 计算矩形面积 */
39      public double getArea() {
40          return width * height;
41      }
42  }
```

【代码 6-3】 Triangle 类定义。

```
1   public class Triangle {
2       /** 边 1 */
3       private double side1;
4       /** 边 2 */
5       private double side2;
6       /** 边 3 */
7       private double side3;
8       /** 定义枚举 */
9       public enum Color {
10          RED, YELLOW, BLUE, WHITE, BLACK
11      };
12      /** 线条色 */
13      private Color lineColor;
14      /** 填充色 */
```

```
15        private Color fillColor;
16
17        /** 无参构造器 */
18        Triangle() {
19        }
20
21        /** 有参构造器 */
22        public Triangle(double side1, double side2, double side3) {
23            this.side1 =side1;
24            this.side2 =side2;
25            this.side3 =side3;
26        }
27
28        /** 着色方法 */
29        public void setColor(Color lineColor, Color fillColor) {
30            this.lineColor =lineColor;
31            this.fillColor =fillColor;
32        }
33
34        /** 画图形方法 */
35        public void draw() {
36            System.out.println("画三角形。");
37        }
38
39        /** 计算三角形面积 */
40        public double getArea() {
41            double p = (side1 +side2 +side3) / 2;
42            double s =Math.sqrt(p * (p -side1) * (p -side2) * (p -side3));
43            return s;
44        }
45    }
```

说明：sqrt()是 java.lang.Math 类的一个静态方法,用于返回参数的平方根。

6.1.2 枚举

1. 枚举的概念

从字面上看,枚举(enumerate)就是将值逐一列出。在本例中,使用语句

```
public enum Color { RED, YELLOW, BLUE, WHITE, BLACK };          //定义枚举
```

就是在定义 enum 类型 Color 时逐一列出了 Color 变量在本问题中的可能取值 RED、
YELLOW、BLUE、WHITE、BLACK,并且每个 Color 变量只能取这些值中的一个。Color
称为一种类型,可以用来定义变量。例如,本例中的语句：

```
private Color lineColor;          //线条色
private Color fillColor;          //填充色
```

给枚举变量赋值：

```
lineColor =Color.RED;
fillColor =Color.BLUE;
```

再如定义：

```
enum Sex{ MALE,FEMALE };
```

后,将使 Sex 类型的变量只能取 MALE 和 FEMALE 中的一个。这样编写程序比用 char 类
型表示安全多了,不至于在输入了非"m"又非"f"的字符后系统无法判断对错。枚举类型
Sex 的使用示例如下。

```
Sex sex = Sex.FEMALE;
switch (sex) {
case MALE:
    System.out.println("男");
    break;
case FEMALE:
    System.out.println("女");
    break;
}
```

枚举的作用主要体现在三个方面：一是能直观地描述事物；二是将常量组织起来，统一进行管理；三是避免不合理的赋值，使程序更加合理和安全。

枚举命名规范：枚举名称每个单词首字母大写；其枚举值全大写，多个单词则用下画线连接。

2. 枚举类的成员变量、方法和构造器

枚举类也是一种类，只是它是一种比较特殊的类，因此它一样可以定义成员变量、方法和构造器。代码 6-4 给出了枚举类 Color 的另一种定义形式，包括成员变量、方法和构造器。

【**代码 6-4**】 枚举类 Color 的另一种定义形式。

Color.java

```
1    public enum Color {
2        /** 枚举值 */
3        RED("红色"), YELLOW("黄色"), BLUE("蓝色"), WHITE("白色"), BLACK("黑色");
4
5        /** 自定义字段 */
6        private String desc;
7
8        /** 构造方法 */
9        private Color(String desc) {
10           this.desc = desc;
11       }
12
13       /** 一般成员方法 */
14       public String getDesc() {
15           return this.desc;
16       }
17   }
```

EnumDemo.java

```
1    public class EnumDemo {
2        public static void main(String[] args) {
3            Color c1, c2;
4            c1 = Color.RED;
5            c2 = Color.BLUE;
6            System.out.println(c1.equals(c2));
7            System.out.println(c1.toString());
8            System.out.println(c1.getDesc());
9        }
10   }
```

程序运行结果：

```
false
RED
红色
```

说明：

（1）定义枚举类时，如果只有枚举值，则最后一个枚举值后可以没有逗号或分号；如果有自定义方法，则最后一个枚举值与后续代码之间要用分号隔开，不能使用逗号或空格。

（2）在 enum 中必须先定义实例，不能将字段或方法定义在实例前面，否则编译器会报错。

3. 枚举的使用要点

（1）枚举类是一个类，它的隐含父类是 java.lang.Enum<E>。

（2）枚举值是被声明枚举类的自身实例，如 RED 是 Color 的一个实例，并不是整数或其他类型。

（3）每个枚举值都是由 public、static、final 隐性修饰的，不需要添加这些修饰符。

（4）枚举值可以用==或 equals()进行彼此相等比较。

（5）枚举类不能有 public 修饰的构造器，其构造器都是隐含 private，由编译器自动处理。

（6）Enum<E>重载了 toString()方法，调用 Color.BLUE.toString()将默认返回字符串 BLUE。

（7）Enum<E>提供了一个与 toString()对应的 valueOf()方法。例如，调用 Color.valueOf("BLUE")将返回 Color.BLUE。

（8）Enum<E>还提供了 values()方法，可以方便地遍历所有的枚举值。例如：

```
for (Color c: Color.values()) {
    System.out.println("find value:" +c);
}
```

（9）Enum<E>还有一个 ordinal()方法，这个方法返回枚举值在枚举类中的顺序，这个顺序根据枚举值声明的顺序而定，默认为从 0 开始的有序数值。例如，Color.RED.ordinal()返回 0，Color.YELLOW.ordinal()返回 1，Color.BLUE.ordinal()返回 2。可用以下代码遍历所有枚举值的顺序。

```
for (Color c : Color.values()) {
    System.out.println(c +" ordinal: " +c.ordinal());
}
```

习题

1. 以下关于枚举类型定义正确的是（   ）。

    A. public enum Color{red,green,yellow,blue;}

    B. public enum Color{1:red,2:green,3:yellow,4:blue;}

    C. public enum Color{1:red;2:green;3:yellow;4:blue;}

    D. public enum Color{String red,String String green,yellow,String blue;}

2. Java 中 Enum 枚举类中的 name()方法的作用是（   ）。

    A. 比较此枚举与指定对象的顺序

    B. 返回枚举常量的序数

    C. 返回枚举常量的名称，在其枚举声明中对其进行声明

    D. 返回指定名称的指定枚举类型的枚举常量

3. 下列哪种说法是正确的？（　　　）

    A. 私有方法不能被子类覆盖

    B. 子类可以覆盖超类中的任何方法

    C. 覆盖方法可以声明自己抛出的异常多于那个被覆盖的方法

    D. 覆盖方法中的参数清单必须是被覆盖方法参数清单的子集

4. 已知 A 类被打包在 packageA，B 类被打包在 packageB，且 B 类被声明为 public，且有一个成员变量 x 被声明为 protected 控制方式。C 类也位于 packageA 包，且继承了 B 类。则以下说法正确的是（　　　）。

    A. A 类的实例不能访问到 B 类的实例

    B. A 类的实例能够访问到 B 类一个实例的 x 成员

    C. C 类的实例可以访问到 B 类一个实例的 x 成员

    D. C 类的实例不能访问到 B 类的实例

6.2　抽　象　类

6.2　抽象类

6.2.1　由具体类抽象出抽象类

1. 3 个类中具有的相同成员

6.1 节已经定义了 3 个并列的类，现对它们进一步抽象：分析前面的 3 个类，发现它们有以下相同点。

（1）都有下列成员。

```
public enum Color { RED, YELLOW, BLUE, WHITE, BLACK };      //定义枚举
private Color lineColor;                                    //线条色
private Color fillColor;                                    //填充色

public void setColor(Color lineColor, Color fillColor){     //着色方法
    this.lineColor =lineColor;
    this.fillColor =fillColor;
}
```

（2）都要在构造器中初始化 lineColor 和 fillColor。

显然，只要将 private 换成 protected，就可以为 3 个类设计一个含有上述成员的父类，让 3 个类继承父类的上述成员，实现部分代码的复用。

2. 3 个类中都具有的名字、参数和返回类型都相同的方法

进一步分析可以看出，3 个类中各有一个 getArea()方法和 draw()方法，特点是名字、参数和类型都相同，只是实现不同。对于这样的方法，显然不能够像 setColor()方法那样写在父类中让子类直接去继承。唯一的办法是写在父类中让子类去覆盖，即在父类中把这两个方法写为方法体空的形式：

```
void draw() {}
double getArea() {}
```

3. 一个父类的代码

【代码 6-5】　由 3 个独立类抽象出的 Shape 类。

```
1    public class Shape {
```

```
2        /** 定义枚举 */
3        public enum Color {
4            RED, YELLOW, BLUE, WHITE, BLACK
5        };
6        /** 线条色 */
7        protected Color lineColor;
8        /** 填充色 */
9        protected Color fillColor;
10
11       /** 无参构造器 */
12       protected Shape() {
13           this.lineColor =Color.WHITE;
14           this.fillColor =Color.BLACK;
15       }
16
17       /** 着色方法 */
18       protected void setColor(Color lineColor, Color fillColor) {
19           this.lineColor =lineColor;
20           this.fillColor =fillColor;
21       }
22
23       /** 空的画图形方法 */
24       protected void draw() {
25       }
26
27       /** 空的计算面积方法 */
28       protected double getArea() {
29           return 0;
30       }
31   }
```

有了这个类就可以用它来派生类 Circle、Rectangle 和 Triangle,实现部分代码复用。但是,这样带来了以下两个问题。

(1) 这里的 draw()和 getArea()都是无参方法,要是有参方法,方法体该如何写呢? Shape 类只知道子类(Circle、Rectangle 和 Triangle 类)应该包含怎样的方法,但无法准确地知道这些子类如何实现这些方法。如 Shape 类提供了一个计算面积的方法 getArea(),但其不同子类对面积的计算方法是不一样的,即 Shape 类无法准确地知道其子类计算面积的方法。

(2) 如果用类 Shape 生成对象,调用方法 draw()或 getArea(),那么该如何执行呢? 就是说,Shape 类中这两个方法的方法体为空,调用时画的是哪种图形? 计算的又是哪种图形的面积呢? 实际上,这种调用也是没有意义的。

抽象类可以很好地解决这两个问题。

4. 定义抽象类

抽象类是用 abstract 修饰的类。在这个类中,要被抽象类的实例类覆盖的方法也用 abstract 修饰为抽象方法,不定义方法体,只定义方法头。这样,抽象类就成为其实例类的一个模板了。

【代码 6-6】 抽象类 Shape 的定义。

```
1    public abstract class Shape {
2        /** 定义枚举 */
3        public enum Color {
4            RED, YELLOW, BLUE, WHITE, BLACK
```

```
 5          };
 6
 7          /** 线条色 */
 8          protected Color lineColor;
 9          /** 填充色 */
10          protected Color fillColor;
11
12          /** 无参构造器 */
13          protected Shape() {
14              this.lineColor = Color.WHITE;
15              this.fillColor = Color.BLACK;
16          }
17
18          /** 着色方法 */
19          public void setColor(Color lineColor, Color fillColor) {
20              this.lineColor = lineColor;
21              this.fillColor = fillColor;
22          }
23
24          /** 抽象画图形方法 */
25          public abstract void draw();
26
27          /** 抽象计算面积方法 */
28          public abstract double getArea();
29      }
```

这样,关键字 abstract 将类 Shape 定义成了抽象类,即它只有象征性意义——相当于设计了一个类的模板,它只能用于派生子类,不能被实例化。

抽象类与普通类相比,得到了一个能力,即抽象类可以包含抽象方法;同时也失去了一个能力,即抽象类不能用于创建实例。

6.2.2 由抽象类派生出实例类

由于子类是超类的实例化,超类是子类的抽象化,有了这个象征性的抽象类就可以派生出其具体类。或者说,抽象类作为类模型,可以按照这个模型生成具体的类——实例类。

1. 由抽象类派生实例类的示例

【代码 6-7】 作为 Shape 派生类的 3 个子类的定义。

Circle.java

```
 1      /** Circle 类定义 */
 2      public class Circle extends Shape {
 3          /** 定义常量——final 变量 */
 4          public static final double PI = 3.1415926;
 5          /** 半径 */
 6          private double radius;
 7
 8          /** 无参构造器 */
 9          public Circle() {
10          }
11
12          /** 有参构造器 */
13          public Circle(double radius) {
14              this.radius = radius;
15          }
16
17          /** 画图形方法 */
```

```
18        @Override
19        public void draw() {
20            System.out.println("画圆。");
21        }
22
23        /** 计算圆面积 */
24        @Override
25        public double getArea() {
26            return PI * radius * radius;
27        }
28    }
```

Rectangle.java

```
1    /** Rectangle 类定义 */
2    public class Rectangle extends Shape {
3        /** 矩形宽 */
4        private double width;
5        /** 矩形高 */
6        private double height;
7
8        /** 无参构造器 */
9        public Rectangle() {
10       }
11
12       /** 有参构造器 */
13       public Rectangle(double width, double height) {
14           this.width =width;
15           this.height =height;
16       }
17
18       /** 画图形方法 */
19       @Override
20       public void draw() {
21           System.out.println("画矩形。");
22       }
23
24       /** 计算矩形面积 */
25       @Override
26       public double getArea() {
27           return width * height;
28       }
29   }
```

Triangle.java

```
1    /** Triangle 类定义 */
2    public class Triangle extends Shape {
3        /** 边 1 */
4        private double side1;
5        /** 边 2 */
6        private double side2;
7        /** 边 3 */
8        private double side3;
9
10       /** 无参构造器 */
11       public Triangle() {
12       }
13
14       /** 有参构造器 */
```

```
15      public Triangle(double side1, double side2, double side3) throws NonTriangleException {
16          if (isATriangle(side1, side2, side3)) {
17              this.side1 = side1;
18              this.side2 = side2;
19              this.side3 = side3;
20          } else {
21              throw new NonTriangleException("不能组成三角形!");
22          }
23      }
24
25      /** 判断三条线能否组成三角形 */
26      private boolean isATriangle(double a, double b, double c) {
27          if (a + b <= c) {
28              return false;
29          } else if (a + c <= b) {
30              return false;
31          } else if (b + c <= a) {
32              return false;
33          } else
34              return true;
35      }
36
37      /** 画图形方法 */
38      @Override
39      public void draw() {
40          System.out.println("画三角形。");
41      }
42
43      /** 计算三角形面积 */
44      @Override
45      public double getArea() {
46          double p = (side1 + side2 + side3) / 2;
47          double s = Math.sqrt(p * (p - side2) * (p - side1) * (p - side3));
48          return s;
49      }
50  }
```

NonTriangleException.java

```
1   /** 自定义异常类 */
2   public class NonTriangleException extends RuntimeException {
3       public NonTriangleException(String str) {
4           super(str);
5       }
6   }
```

如图 6.1 所示为上述程序的类结构图。

注意：

（1）只有抽象类中的所有抽象方法都实现为实例方法，才能成为实例类。否则，此类还是一个抽象类。在子类中重定义父类的抽象方法称为实现。

（2）UML 图中抽象类的类名（Shape）用斜体表示。

2. 本例的测试

测试用例设计要包含如下内容。

（1）三角形组成测试。按照白箱测试，包括以下内容。

• 3 种不能构成三角形的测试数据，例如{1,2,3}、{2,1,3}、{3,2,1}。

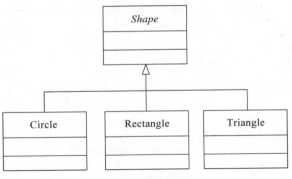

图 6.1　本例的类结构

- 能组成三角形的测试,例如｛10,8,6｝。

(2) 各形状在静态绑定和动态绑定情况下的面积计算测试。

(3) 测试画图方法。

测试要进行多次,下面是一次测试用的主方法。

【代码 6-8】　代码 6-7 的测试代码。

```java
public class TestAbstractClass {
    /** 主方法 */
    public static void main(String[] args) {
        /** 定义父类引用并初始化 */
        Shape sh = null;
        try {
            /** 静态绑定 */
            Triangle t1 = new Triangle(10, 8, 6);
            /** 输出三角形面积 */
            System.out.println("三角形面积为: " + t1.getArea());

            /** 指向 Triangle 对象 */
            sh = new Triangle(10, 8, 6);
            System.out.println("三角形面积为: " + sh.getArea());

            /** 指向 Rectangle 对象 */
            sh = new Rectangle(10, 8);
            System.out.println("矩形面积为: " + sh.getArea());

            /** 指向 Circle 对象 */
            sh = new Circle(10);
            System.out.println("圆面积为: " + sh.getArea());

            /** 不能构成三角形的实例 */
            Triangle t2 = new Triangle(1, 2, 3);
        } catch (NonTriangleException nis) {
            System.err.println("捕获" + nis);
        }
    }
}
```

测试结果如下:

```
三角形面积为: 24.0
三角形面积为: 24.0
矩形面积为: 80.0
圆面积为: 314.15926
```

说明：

（1）抽象类虽然不能直接实例化，但是可以通过声明抽象类的引用变量去指向其子类对象（第 13、17、21 行），这样就可以调用子类重写的方法，这就是抽象类的多态体现。

（2）抽象类可以包含普通方法和抽象方法；抽象类中不一定包含抽象方法，但是有抽象方法的类必定是抽象类。

6.2.3　抽象类小结

（1）抽象类是用关键字 abstract 声明的类，无法使用 new 关键字来创建对象（不能直接实例化），但是可以用来声明引用，再依靠子类采用向上转型的方式处理。例如：

```
Shape sh;
sh = new Triangle(10, 8, 6);
```

（2）抽象类只关心组成，不关心实现，它允许有一些用 abstract 声明的抽象方法作为成员。这些方法只有声明，没有实现（方法体）。在抽象类中可以没有抽象方法，但有抽象方法的类必须定义为抽象类。抽象方法必须用 public 或者 protected 修饰（因为如果为 private，则不能被子类继承，子类便无法实现该方法），默认为 public。

（3）抽象类可以包含成员变量、方法（普通方法和抽象方法都可以）、构造器、初始化块、内部类（接口、枚举）5 种成分。抽象类的构造器不能用于创建实例，主要用于被其子类调用。

（4）与抽象类相对应的是实例类。一个抽象类的子类只有把父类中的所有抽象方法都重新定义才能成为实例类，只有实例类（不含抽象方法的类）才能被实例化——用于生成对象。如果子类没有完全实现父类中的抽象方法，该子类也必须定义为抽象类。

（5）抽象类存在的首要意义是派生子类，并最后得到抽象方法全被覆盖的实现类。因此 abstract 不能与 final 连用，并且抽象方法和非内部类的抽象类不能用 private 修饰。

（6）用抽象类衍生子类的意义是在类层次中形成动态多态性，而关键字 static 的一个作用是保持静态性，所以抽象方法和非内部的抽象类不能用 static 修饰。

（7）抽象类可以有构造器并且不能定义成抽象的，即要在抽象类中定义构造器必须是非抽象的，否则将出现编译错误。在创建子类的实例时会自动调用抽象类的无参构造器。

（8）任何时候，如果要执行类中的 static 方法时，都可以在没有对象的情况下直接调用，对于抽象类也一样。

习题

1. 下列（　　）定义了一个合法的抽象类。

    A. class A { abstract void unfinished() { } }

    B. class A { abstract void unfinished(); }

    C. abstract class A { abstract void unfinished(); }

    D. public class abstract A { abstract void unfinished(); }

2. 假设 A 是一个抽象类，B 是 A 的一个具体子类，A 和 B 都有一个无参构造函数。下面(　　)是正确的。

    A. A a = new A();　　　　　　　　B. A a = new B();

    C. B b = new A();　　　　　　　　D. 以上都错误

3. 以下关于 abstract 的说法,正确的是(　　)。

    A. abstract 只能修饰类

    B. abstract 只能修饰方法

    C. abstract 类中必须有 abstract 方法

    D. abstract 方法所在的类必须用 abstract 修饰

4. 抽象类 A 和抽象类 B 的定义如下。

```
abstract class A {
    abstract int getinfo();
}
public class B extends A {
    private int a = 0;
    public int getinfo() {
        return a;
    }
    public static void main(String args[]) {
        B b = new B();
        System.out.println(b.getinfo());
    }
}
```

关于上述代码说明正确的是(　　)。

    A. 输出结果为 0　　　　　　　　B. 通过编译但没有输出任何结果

    C. 第 5 行不能通过编译　　　　　　D. 程序第 2 行不能通过编译

5. 编写程序。创建一个 Vehicle 类并将它声明为抽象类。在 Vehicle 类中声明一个 NoOfWheels()方法,使它返回一个字符串值。创建两个类 Car 和 Motorbike 从 Vehicle 类继承,并在这两个类中实现 NoOfWheels()方法。在 Car 类中,应当显示"四轮车"信息;而在 Motorbike 类中,应当显示"双轮车"信息。创建另一个带 main()方法的类,在该类中创建 Car 和 Motorbike 的实例,并在控制台中显示消息。

知识链接

链 6.1　Java 构件修饰符小结

6.3 接口

6.3　接　　口

6.3.1　接口及其特点

在 6.2 节中定义了一个抽象类 Shape,它有两个抽象方法,即画图方法 draw()和计算面积的方法 getArea(),这是基于如何组织圆、矩形和三角形成为一个类体系的考虑。

现在从另外一个角度考虑,这个系统要实现两种服务:计算不同形状的面积和画不同的几何图形。面对任何一个服务,都有需求方和提供方两个方面。如图 6.2 所示,位于需求方和提供方之间的部分称为接口(interface)。从需求方看,接口表达了需求;从提供方看,接口表达了可以提供的服务规范。

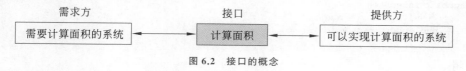

图 6.2　接口的概念

在 Java 中,接口是与类并列的类型,是接口类型的简称。作为属性和方法的封装体,接口主要用于描述某些类之间基于服务(或称职责)的共同抽象行为。接口提供方法声明与方法实现相分离的机制,使多个类之间表现出共同的行为能力。接口机制使 Java 具有实现多重继承的能力。

通常,接口具有如下特点。

(1) 接口的属性都是默认为 final、static、public 的,以供多个实现类共享。

(2) 接口只关心服务的内容,不关心服务如何执行,其所有方法都被隐式声明为 abstract 和 public 的。

(3) 接口用关键字 interface 引出,其前可以使用 public 或 abstract,也可以什么都不写(此时是默认访问权限),但一定不能使用 private 修饰。

(4) 接口必须用实现类来实现其抽象方法。在定义实现类时,要用关键字 implements 从接口引用。

(5) 接口和抽象类一样,不能用来生成自己的实例,但是允许定义接口的引用变量。

(6) 在接口中定义构造器是错误的。

(7) 如果接口的实现类不能全部实现接口中的方法,就必须将其定义为抽象类。

Java 语言使用 interface 关键字来定义一个接口,接口定义的语法格式如下。

```
[修饰符] interface 接口名 {
    [public][static][final] 常量;
    [public][abstract] 方法;
}
```

修饰符:可选,用于指定接口的访问权限,可选值为 public。如果省略则使用默认的访问权限,即同包可访问接口,异包不能访问接口。

接口名:必选,用于指定接口的名称。

方法:抽象方法,方法只有声明没有被实现;从 Java 8 开始,接口中可以包含实现的 default 方法和 static 方法。

【代码 6-9】　计算面积的接口和画图的接口。

IArea.java

```
1    /** 面积计算接口 */
2    public interface IArea {
3        /** 可加 final */
4        double PI = 3.141596;
5
6        /** 可加 final static */
```

```
7        double getArea();
8    }
```

IDraw.java

```
1    /** 画图接口 */
2    public interface IDraw {
3        /** 可加 public 和 abstract */
4        public abstract void draw();
5    }
```

说明:

(1) 这里定义的两个接口名前都添加了一个字符"I",以与类名区别。

(2) 图 6.3 是接口 IArea 的 UML 描述。图中第 1 层是名字层,接口的名字必须用斜体,而且需要用《interface》修饰,并且该修饰和名字分布在两行;第 2 层是常量层;第 3 层是方法层。

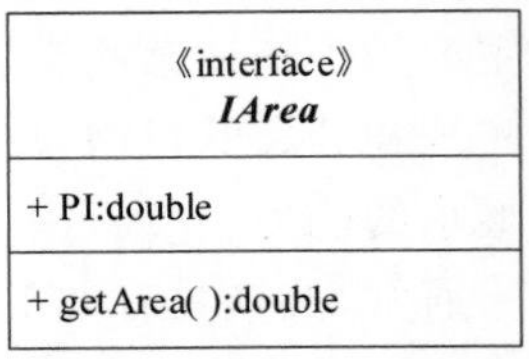

《interface》 *IArea*
+ PI:double
+ getArea( ):double

图 6.3 接口 IArea 的 UML 描述

6.3.2 接口的实现类

1. 单一接口的实现类

接口不能直接使用,只有其实现类才可以直接使用,下面介绍如何从接口定义某个类。

【代码 6-10】 基于接口的实现计算圆面积的类。

Circle.java

```
1    public class Circle implements IArea {
2        /** 半径 */
3        private double radius;
4
5        /** 无参构造器 */
6        public Circle() {
7        }
8
9        /** 有参构造器 */
10       public Circle(double radius) {
11           this.radius = radius;
12       }
13
14       /** 计算圆面积 */
15       @Override
16       public double getArea() {
17           return PI * radius * radius;
18       }
19   }
```

说明:

(1) 关键字 implements 表明定义的类用于实现一个接口。

(2) 图 6.4 是 Circle 类实现了 IArea 接口的 UML 描述。如果一个类实现了一个接口,那么这个类和这个接口之间的关系是实现关系,称为类实现了接口。UML 通过使用虚线连接类和它所实现的接口,虚线的起始端是类,终止端是它所实现的接口,在终止端使用一个空心的三角形表示虚线的结束。

三角形和矩形的两个实现类请读者自己完成。

(3) 实现接口与继承父类相似,一样可以获得所实现接口里定义的常量(成员变量)、方

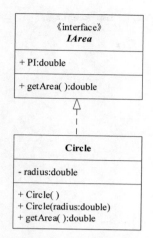

图 6.4 实现 IArea 接口 UML 描述

法(包括抽象方法和默认方法)。

2. 一个类作为多个接口的实现类

一个类可以作为多个接口的实现类,从而实现了类(包括抽象类)所不能实现的多重继承。

【代码 6-11】 基于接口 IArea 和 IDraw 具有多重继承的 Circle 类。

Circle.java

```java
1   public class Circle implements IArea, IDraw {
2       private double radius;
3
4       /** 无参构造器 */
5       public Circle() {
6       }
7
8       /** 有参构造器 */
9       public Circle(double radius) {
10          this.radius = radius;
11      }
12
13      /** 圆面积计算 */
14      @Override
15      public double getArea() {
16          return PI * radius * radius;
17      }
18
19      /** 画圆方法实现 */
20      @Override
21      public void draw() {
22          System.out.println("画圆。");
23      }
24  }
```

3. 带有父类的接口实现类

接口的实现类也可以在实现接口的同时继承来自父类的成员。

【代码 6-12】 用 Shape 类的派生类 Circle 实现接口 IArea 和 IDraw。

Circle.java

```
1   public class Circle extends Shape implements IArea, IDraw {
2       /** 半径 */
3       private double radius;
4
5       /** 无参构造器 */
6       public Circle() {
7       }
8
9       /** 有参构造器 */
10      public Circle(double radius) {
11          this.radius = radius;
12      }
13
14      /** 实现圆面积计算 */
15      @Override
16      public double getArea() {
17          return PI * radius * radius;
18      }
19
20      /** 画圆方法实现 */
21      @Override
22      public void draw() {
23          System.out.println("画圆。");
24      }
25  }
```

用类似的代码可以得到实现接口 IArea 和 IDraw 的实现类 Rectangle 和 Triangle。

6.3.3 接口之间的继承

接口可以建立继承关系,形成复合接口。与类的继承一样,接口的继承也是使用关键字extends。两者不一样的是类不支持多继承,而接口则完全支持多继承,即一个接口可以有多个直接父接口。

【代码 6-13】 复合接口示例。

ICalcuDraw.java

```
1   /** 面积计算接口 */
2   interface IArea {
3       /** 也可加 final */
4       double PI = 3.141596;
5
6       /** 可加 final static */
7       double getArea();
8   }
9
10  /** 画图接口 */
11  interface IDraw {
12      /** public 和 abstract 可无 */
13      public abstract void draw();
14  }
15
16  /** 复合接口 */
17  public interface ICalcuDraw extends IArea, IDraw {
18      /** 着色 */
19      void Coloring();
20  }
```

说明:一个接口继承多个父接口时,将多个父接口排在 extends 关键字之后,多个父接口之间用英文逗号(,)隔开。

6.3.4　基于接口的动态绑定

接口类型和抽象类一样可以实现动态绑定——一个接口的引用可以用其不同的实现类构造器初始化,指向不同的实现类对象。下面是一个用于测试 CalcuArea 接口的类。为了表明"动态性",在主方法中使用了随机数,以便读者更容易理解动态绑定发生在程序运行中。

【代码 6-14】　用指向 IArea 的引用计算不同形状的图形面积。

TestCalcuArea.java

```
1    public class TestCalcuArea {
2        /** 主方法 */
3        public static void main(String[] args) {
4            //声明一个接口的引用变量
5            IArea ar = null;
6            //创建一个默认随机数产生器
7            Random random = new Random();
8            for (byte i = 0; i < 3; ++i) {
9                //生成一个[0,2]区间的随机数
10               int rdm = random.nextInt(3);
11               switch (rdm) {
12               case 0:
13                   ar = new Circle(10);
14                   break;
15               case 1:
16                   ar = new Rectangle(10, 8);
17                   break;
18               case 2:
19                   ar = new Triangle(10, 8, 6);
20                   break;
21               }
22               System.out.println(rdm + ":" + ar.getArea());
23           }
24       }
25   }
```

测试结果如下:

```
0:314.15959999999995
1:80.0
0:314.15959999999995
```

说明:

(1) 此处每次的运行结果可能不一样。

(2) 接口不能被实例化,但是可以通过声明接口的引用变量去指向其实现类对象(第13、16、19 行),这样就可以调用实现类重写的方法,这就是接口的多态体现。

6.3.5　接口的 default 方法和 static 方法

在 Java 8 之前,接口中的成员由常量以及抽象方法组成。方法不能有具体的实现,但是在 Java 8 之后,接口中可以定义具体的方法实现,但是只能是 default(默认)或者 static(静态)类型的方法。

【代码 6-15】　接口的 default 方法和 static 方法演示。

InterfaceDemo.java

```
1    public class InterfaceDemo {
2        /** 主方法 */
3        public static void main(String[] args) {
4            MessageImpl message =new MessageImpl();
5            //利用接口的实现类对象调用其 abstract 方法的实现方法
6            message.print("byebye");
7            //利用接口的实现类对象调用其 default 方法
8            message.show("hello");
9            //利用接口名直接调用其 static 方法,不能用 message.display 调用
10           IMessagePrint.display("welcome");
11       }
12   }
13
14   /** 实现接口 */
15   class MessageImpl implements IMessagePrint {
16       /** 实现抽象方法 */
17       @Override
18       public void print(String msg) {
19           System.out.println("print method: " +msg);
20       }
21   }
22
23   /** 定义接口 */
24   interface IMessagePrint {
25       /** abstract 方法 */
26       void print(String msg);
27
28       /** default 方法 */
29       default void show(String msg) {
30           System.out.println("show method: " +msg);
31       }
32
33       /** static 方法 */
34       static void display(String msg) {
35           System.out.println("display method: " +msg);
36       }
37   }
```

程序执行结果:

```
print method: byebye
show method: hello
display method: welcome
```

说明:

(1) 接口里面使用 default 或 static 定义方法的意义是:在某些情况下,接口中的某些方法在子类之中的实现是一样的,这样就能减少重复代码,实现代码的复用。

(2) 实现类可以直接使用接口中的 default 方法。

(3) default 方法可以不强制重写,并且在一个类实现接口后可以直接使用接口中的 default 方法。

(4) 实现接口的类或者子接口不会继承接口中的 static 方法,并且只能直接使用接口名调用 static 方法。

(5) 接口的使用还是应该以抽象方法为主。

习题

1. 以下哪项是接口的正确定义？（　　　）

    A. interface　B{void print()　{　}　}

    B. abstract　interface　B{ void print() }

    C. abstract　interface　B　extends　A1,A2　//A1、A2 为已定义的接口

    　　{ abstract　void　print(){　};}

    D. interface　B{void　print();}

2. 以下关于继承的叙述正确的是（　　　）。

    A. 在 Java 中类不允许多继承

    B. 在 Java 中一个类只能实现一个接口

    C. 在 Java 中一个类不能同时继承一个类和实现一个接口

    D. 在 Java 中接口只允许单一继承

3. 以下关于抽象类和接口的说法错误的是（　　　）。

    A. 抽象类在 Java 语言中表示的是一种继承关系，一个类只能使用一次继承。但是
       一个类却可以实现多个接口

    B. 实现抽象类和接口的类必须实现其中的所有方法，除非它也是抽象类。接口中的
       方法都不能被实现

    C. 接口中定义的变量默认是 public static final 型，且必须给其初值，所以实现类中
       不能重新定义，也不能改变其值

    D. 接口中的方法都必须加上 public 关键字

4. 关于抽象类，正确的是（　　　）。

    A. 抽象类中不可以有非抽象方法

    B. 某个非抽象类的父类是抽象类，则这个子类必须重载父类的所有抽象方法

    C. 可以用抽象类直接创建对象

    D. 接口和抽象类是同一个概念

5. 以下程序的输出结果是（　　　）。

```
interface A {
}
class C {
}
class B extends D implements A {
}
public class Test {
    public static void main(String[] args) {
        B b = new B();
        if(b instanceof A)
          System.out.println("b is an instance of A");
        if(b instanceof C)
          System.out.println("b is an instance of C");
    }
}
class D extends C {
}
```

A. 没有输出

B. b is an instance of A

C. b is an instance of C

D. 先输出 b is an instance of A,然后输出 b is an instance of C

6.编写程序。创建一个名称为 Vehicle 的接口,在接口中添加两个无参的方法 start()和 stop()。在两个名称分别为 Bike 和 Bus 的类中实现 Vehicle 接口。创建一个名称为 InterfaceDemo 的类,在 InterfaceDemo 的 main()方法中创建 Bike 和 Bus 对象,用 Vehicle 的引用变量指向这两个对象并访问 start()和 stop()方法。

知识链接

链 6.2　Cloneable 接口和对象克隆

链 6.3　Comparable 接口和 Comparator 接口

6.4　本章小结

6.4　本章小结

抽象类是多个具体子类抽象出来的父类,具有高层次的抽象性;以该抽象类作为子类的模板可以避免子类设计的随意性;抽象类的体现主要就是模板模式设计,抽象类作为多个子类的通用模板,子类在抽象类的基础上进行拓展,但是子类在总体上大致保留抽象类的行为方式;编写一个抽象父类,该父类提供了多个子类的通用方法,并把一个或多个抽象方法留给子类去实现,这就是模板设计模式。

抽象类是对一种事物的抽象,即对类抽象,而接口是对行为的抽象。抽象类是对整个类整体进行抽象,包括属性、行为,但是接口却是对类局部(行为)进行抽象。

接口是对外暴露的规则,是程序功能的扩展;接口降低了耦合性;接口可以更好地将设计与实现分离,提高软件开发效率及可维护性。

接口可以看作抽象类的变体,它们有如下相同之处。

(1)它们都是作为下层的抽象。

(2)它们都可以定义出一个引用,但都不能被直接实例化对象,只能被实例化为具体类后再生成对象。

(3)它们都可以包含抽象方法。

但是它们又有许多不同。表 6.1 给出了抽象类与接口的比较。

表 6.1　抽象类与接口的比较

比较内容	抽象类	接口
定义关键字	abstract class	[public][abstract]interface
成员方法	抽象方法可有可无,也可以包含具体方法	可有 public abstract 方法;Java 8 增强了接口,也可包含具体实现的 default 和 static 方法

比较内容	抽象类	接口
成员变量	可以含有一般成员变量	只能有 public static final 成员变量,必须给其赋初值,并在实现类中不能改变
构造器	有	无
与子类关系	为子类提供公共特征的描述	为子类提供公共服务描述,即不同实现的抽象
子类性质	实例类	实现类或接口
派生关键字	extends	接口的实现类用 implements,接口之间的派生用 extends
支持多继承	一个类只能有一个直接父类	一个类可以实现多个接口;一个子接口可以有多个父接口
父类性质	其他类或接口	仅为接口
访问权限	各种均可	只能是 public

从抽象的角度看,接口的抽象度最高,有抽象方法、default 方法或 static 方法,没有实例变量;抽象类中有部分实现,可以实现部分定制,是介于完全实现和完全抽象之间的半成品模型;实例类则是一种全成品的模型。

在接口和抽象类的选择上,必须遵守以下原则。

(1) 行为模型应该总是通过接口而不是抽象类定义。所以通常是优先选用接口,尽量少用抽象类。

(2) 选择抽象类的时候通常是如下情况:需要定义子类的行为,又要为子类提供共性的功能。

习题

1. 编写程序。长途汽车、飞机、轮船、火车、出租车、三轮车都是交通工具,都卖票。请分别用抽象类和接口组织它们。

2. 利用接口继承完成对生物(Biology)、动物(Animal)、人(Human)三个接口的定义。其中,生物接口定义呼吸抽象方法;动物接口除具备生物接口特征之外,还定义了吃饭和睡觉两个抽象方法;人接口除具备动物接口特征外,还定义了思维和学习两个抽象方法。定义一个学生类实现上述人接口。

3. 编写程序。×××门的实现过程,流程如下。

设计一个抽象的门 Door,那么对于这个门来说,就应该拥有所有门的共性:开门 openDoor() 和关门 closeDoor()。然后,对门进行另外的功能设计,防盗——theftproof()、防水——waterproof()、防弹——bulletproof()、防火、防锈等。要求:利用继承、抽象类、接口的知识设计该门。

第二篇

应 用 篇

- 第 7 章　输入/输出流与对象序列化
- 第 8 章　Java 网络程序设计
- 第 9 章　图形用户界面开发
- 第 10 章　JDBC 数据库编程

第7章 输入/输出流与对象序列化

课程练习

7.1 File 类

7.1　File 类

Java 文件类以抽象的方式代表文件名和目录路径名。该类主要用于文件和目录的创建、文件的查找和文件的删除、重命名文件等。File 对象代表磁盘中实际存在的文件和目录。File 类是一个与流无关的类，File 不能访问文件内容本身。如果需要访问文件内容本身，则需要使用输入/输出流。

通常用以下构造方法创建一个 File 对象。

（1）File(String pathname)：通过路径名（包含文件名）创建一个新 File 实例。

pathname：文件路径字符串（包含文件名）。

（2）File(String parent，String child)：根据 parent 路径名字符串和 child 路径名字符串（包含文件名）创建一个新 File 实例。

parent：父路径字符串。

child：子路径字符串，不能为空。

（3）File(File parent，String child)：根据父目录路径 File 实例和子目录或文件路径名字符串创建一个新 File 实例。

parent：父目录路径 File 实例。

child：子路径字符串（包含文件名）。

File 类包含文件和目录的多种属性和操作方法，常用的方法如表 7.1 所示。

表 7.1　File 类常用的方法

方法分类	方　　法	功　能　描　述
访问文件名	public String getName()	获取文件或路径的名称（如果是路径，则返回最后一级子路径名）
	public String getParent()	返回此 File 对象所对应目录的父目录名，如果此目录没有指定父目录，则返回 null
	public File getParentFile()	返回 File 对象所在的父目录 File 实例；如果 File 对象没有父目录，则返回 null
	public String getPath()	返回此 File 对象所对应的路径名称
	public String getAbsolutePath()	返回此 File 对象所对应的绝对路径名字符串
	public boolean renameTo(File dest)	重新命名此 File 对象所对应的文件或目录

方 法 分 类	方　　　　法	功 能 描 述
文件检测	public boolean exists()	测试 File 对象所对应的文件或目录是否存在
	public boolean isFile()	测试 File 对象所表示的是否是文件,而不是目录
	public boolean isDirectory()	测试 File 对象所表示的是否是目录,而不是文件
	public boolean canRead()	测试 File 对象所对应的文件和目录是否可读
	public boolean canWrite()	测试 File 对象所对应的文件和目录是否可写
	public boolean isAbsolute()	测试 File 对象所对应的文件或目录是否为绝对路径
获取常规文件信息	public long lastModified()	返回文件最后一次被修改的时间
	public long length()	返回文件内容的长度
文件操作	public boolean createNewFile()	如果指定的文件不存在并成功地创建,则返回 true;如果指定的文件已经存在,则返回 false;如果所创建文件所在目录不存在,则创建失败并出现 IOException 异常
	public boolean delete()	删除文件或者目录(为空的目录)
目录操作	public boolean mkdir()	创建新目录,只能创建一层
	public boolean mkdirs()	创建新目录,可以多层
	public String[] list()	返回该路径下文件或者目录的名称所组成的字符串数组
	public File[] listFiles()	返回该路径下文件或者目录组成的 File 数组

【代码 7-1】　File 类使用示例。使用 File 类获取 C 盘 file 目录下 example.txt 的文件信息;若文件不存在,则先创建。

FileDemo.java

```java
1   import java.io.File;
2
3   public class FileDemo {
4       public static void main(String[] args) {
5           String path = "C:\\file", filename = "example.txt";
6           //创建文件对象
7           File file = new File(path);
8           //如果目录不存在,则创建
9           if (!file.exists()) {
10              file.mkdirs();
11          }
12
13          file = new File(path, filename);
14          //如果文件不存在,则创建
15          if (!file.exists()) {
16            try {
17                  file.createNewFile();
18            } catch (Exception e) {
19                  e.printStackTrace();
20            }
21          }
22
```

```
23          //输出文件属性
24          System.out.println("文件名称: "+file.getName());
25          System.out.println("文件的相对路径: "+file.getPath());
26          System.out.println("文件的绝对路径: "+file.getAbsolutePath());
27          System.out.println("文件是否可读取: "+file.canRead());
28          System.out.println("文件是否可写人: "+file.canWrite());
29          System.out.println("文件大小: "+file.length()+"B");
30      }
31  }
```

程序运行结果：

```
文件名称: example.txt
文件的相对路径: C:\file\example.txt
文件的绝对路径: C:\file\example.txt
文件是否可读取: true
文件是否可写人: true
文件大小: 4B
```

说明：

（1）创建一个 File 类的对象时，如果它代表的文件不存在，系统不会自动创建，必须调用 File 类对象的 createNewFile() 方法创建；如果文件存在，可以通过文件对象的 delete() 方法将其删除。

（2）Windows 环境下，包含盘符的路径名前缀由驱动器号和一个":"组成，如果路径名是绝对路径名，还可能后跟"\\"。

（3）第 7～21 行代码的主要功能是创建文件对象，后面会多次用到。因此，把这段代码提取出来放到 FileUtil 类的静态方法 createFile() 中，需要使用时用 import 导入 FileUtil 类，再用此类名直接调用 createFile() 方法即可，达到代码重用的目的。FileUtil 类所在的包位置为 unit07.utils，具体代码如下。

```
1   package unit07.utils;
2
3   import java.io.File;
4   import java.io.IOException;
5
6   public class FileUtil {
7       /**
8        * 创建文件
9        *
10       * @param path        文件路径
11       * @param filename    文件名
12       * @return            文件对象
13       * @throws IOException
14       */
15      public static File createFile(String path, String filename) throws IOException {
16          //创建文件对象
17          File file =new File(path);
18          //如果目录不存在,则创建
19          if (!file.exists()) {
20              file.mkdirs();
21          }
22
23          file =new File(path, filename);
24          //如果文件不存在,则创建
25          if (!file.exists()) {
```

```
26              file.createNewFile();
27          }
28      return file;
29  }
30 }
```

习题

1. 以下关于 File 类说法错误的是( )。

   A. 一个 File 对象代表了操作系统中的一个文件或者文件夹

   B. 可以使用 File 对象创建和删除一个文件

   C. 可以使用 File 对象创建和删除一个文件夹

   D. 当一个 File 对象被垃圾回收时,系统上对应的文件或文件夹也被删除

2. File 类型中定义了什么方法来创建多级目录?( )

   A. createNewFile()   B. exists()

   C. mkdirs()   D. mkdir()

3. File 类型中定义了什么方法来判断一个文件是否存在?( )

   A. createNewFile()   B. renameTo()

   C. delete()   D. exists()

4. 下面( )语句在 Windows 上创建一个 c:\temp.txt 文件的 File 对象。

   A. new File("c:\temp.txt")   B. new File("c:\\temp.txt")

   C. new File("c:/temp.txt")   D. new File("c://temp.txt")

5. 以下选项中不属于 File 类能够实现的功能的是( )。

   A. 建立文件   B. 建立目录

   C. 获取文件属性   D. 读取文件内容

6. 编写程序。请编写一个程序测验文件"c:\test.txt"是否存在。若存在,则输出其长度;否则,提示"文件不存在"。

7.2 流

7.2 流

7.2.1 流的基本概念

大多数程序运行时需要从外部输入一些数据,能提供数据的地方称为数据源;而程序的运行结果又要送到数据宿,数据宿指接收数据的地方。其中,数据源可以是磁盘文件、键盘或网络插口等,数据宿可以是磁盘文件、显示器、网络插口或者打印机等。

为解决数据源和数据宿的多样性而带来的输入/输出操作的复杂性与程序员所希望的输入/输出操作的相对统一、简化之间的关系,Java 引入了"数据流",简称流。流是一个相对抽象的概念,所谓流就是一个传输数据的通道,这个通道可以传输相应类型的数据,进而完成数据的传输。这个通道被实现为一个具体的对象。

如图 7.1 所示,流可以被理解为一条"管子"。这条管子的一端与程序相连,另一端与数据源(当输入数据时)或数据宿(当输出数据时)相连。

流具有如下特点。

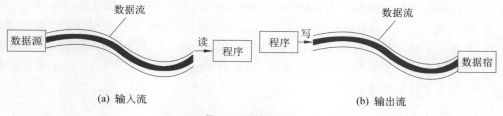

图 7.1　流的示意图

（1）单向性，即流只能从数据源流向程序，或从程序流向数据宿。

（2）顺序性，即在流中间的数据只能依次流动，不可插队。

（3）流也是对象，它们也是由类生成的。基于不同的应用，可以设计成不同的流类。这样在 Java 语言中就不需要设计专门的输入/输出操作，一切都由相关的流类处理。

7.2.2　流的分类

流可以按照方向、内容（字节流，字符流）、源或宿的性质定义为不同的流类，形成一个较大的流体系。

1. 输入流和输出流

按照流的方向分为输入流（InputStream）与输出流（OutputStream）。

- 输入流：程序可以从中读取数据的流，而不能向其写入数据。
- 输出流：程序能向其中写入数据的流，而不能从中读取数据。

2. 字节流和字符流

按照处理的数据单位分为字节流和字符流。

- 字节流：以字节为单位传输数据的流，操作的数据单元是 8 位的字节。以 InputStream、OutputStream 作为抽象基类。字节流可以处理所有数据文件，若处理的是纯文本数据，建议使用字符流。
- 字符流：以字符为单位传输数据的流，操作的数据单元是字符。以 Writer、Reader 作为抽象基类。

通常情况下，如果进行输入/输出的内容是文本内容，则应该考虑使用字符流处理；如果进行输入/输出的内容是二进制内容，则应该考虑使用字节流处理。

3. 节点流和处理流

按照流是否直接与特定的地方（如磁盘、内存、设备等）相连，分为节点流和处理流两类。

- 节点流：节点流是低级流，直接与数据源相接。可以从或向一个特定的地方（节点）读写数据，如 FileReader。
- 处理流：不会直接与数据源相连，是对一个已存在的流的连接和封装，通过封装改变或提高流的性能。如 BufferedReader 是一个处理流，它可以提高流的处理效率。处理流的构造方法总是要带一个其他的流对象作参数。节点流是最根本的流。一个流对象经过其他流的多次包装，称为流的链接。

4. 缓冲流与转换流

- 缓冲流：提供一个缓冲区，能够提高输入/输出的执行效率，减少同节点的频繁操作。例如：BufferedInputStream/BufferedOutputStream、BufferedReader/BufferedWriter。

- 转换流：将字节流转成字符流。字节流使用范围广,但字符流更方便。Java IO 流中提供了两种用于将字节流转换为字符流的转换流。其中,InputStreamReader 用于将字节输入流转换为字符输入流,其中,OutputStreamWriter 用于将字节输出流转换为字符输出流。

5. 打印流

打印输出指定内容,根据构造参数中的节点流来决定输出到何处。PrintStream 用来打印输出字节数据,PrintWriter 用来打印输出字符数据。

习题

1. 以下选项中哪个类是所有输入字节流的基类?(　　)
   A. InputStream　　　　B. OutputStream　　　　C. Reader　　　　　　D. Writer
2. 以下选项中哪个类是所有输出字符流的基类?(　　)
   A. InputStream　　　　B. OutputStream　　　　C. Reader　　　　　　D. Writer
3. 下列选项中能独立完成外部文件数据读取操作的流类是?(　　)
   A. Reader　　　　　　　　　　　　　　B. FileReader
   C. BufferedReader　　　　　　　　　　D. ReaderInputStream
4. 流的传递方式是(　　)。
   A. 并行的　　　　　　B. 串行的　　　　　　C. 并行和串行　　　D. 以上都不对
5. 下列不是 Java 的输入/输出流的是(　　)。
   A. 文本流　　　　　　B. 字节流　　　　　　C. 字符流　　　　　　D. 文件流
6. 凡是从中央处理器流向外部设备的数据流称为(　　)。
   A. 文件流　　　　　B. 字符流　　　　　　C. 输入流　　　　　　D. 输出流
7. 关于流(Stream),下列哪一项是不正确的?(　　)
   A. 是对数据传送的一种抽象
   B. 一般不用来处理文件
   C. 分为输入流和输出流
   D. Java 中主要的包是 java.io
8. 关于流(Stream)相关的类,下列哪一项是不正确的?(　　)
   A. InputStream 和 OutputStream 类是用来处理字节(8 位)流的
   B. Reader 和 Writer 类用来处理字符(16 位)流
   C. 各个类之间相互独立,没有关联
   D. File 类用来处理文件

7.3 字节流
与字符流

7.3　字节流与字符流

根据流的组成单位,Java 流可以分为字节流与字符流两大类。

字节流是以字节(Byte,8b)为单位的流,即把数据看成一个一个字节组成的序列。这种流可以处理任何类型的数据,包括二进制数据和文本数据。这也是一个较低层次的流。

字符流是以字符（Unicode 码，char，16b）为单位的流，即把数据看成一个一个字符组成的序列。这种流可以处理字符数据和文本信息。但是，使用这种流时往往会遇到在 Unicode 码与本地字符（如 ASCII 码）之间的转换问题，需要进行编码/解码处理。

由于流具有单向性，所以每种流都要分为输入流与输出流两种，这样就形成如图 7.2 所示的 4 种基本流。在 Java 中，字节输入流、字节输出流的基类分别是 InputStream、OutputStream，它们都有后缀 Stream；字符输入流、字符输出流的基类分别是 Reader、Writer。这 4 个都是抽象类，Java 中其他多种多样变化的流均是由它们派生出来的。

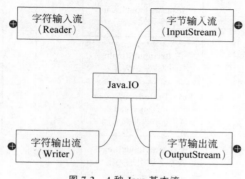

图 7.2 4 种 Java 基本流

7.3.1 字节流

1. InputStream 类与 OutputStream 类

InputStream 类和 OutputStream 类都是抽象类，不能创建对象，可以通过子类来实例化。

1）InputStream 类

InputStream 类是所有字节输入流的父类，它定义了操作输入流的各种操作方法。

（1）InputStream 类的主要方法。

InputStream 类的主要方法如表 7.2 所示。

表 7.2 InputStream 类的主要方法

方　　法	功　能　描　述
abstract int read()	从此输入流中读取下一个字节（此方法是抽象方法，子类必须实现该方法）
int read(byte[ ] b)	从输入流中读取 b.length 个字节的数据放到 b 数组中
int read(byte[ ] b ,int off ,int len)	从输入流中最多读取 len 个字节的数据，存放到偏移量为 off 的 b 数组中
long skip(long n)	试图跳过当前流的 n 个字节，返回实际跳过的字节数
public void mark(int readLimit)	在流的当前位置做个标记，参数 readLimit 指定这个标记的“有效期”，如果从标记处往后已经获取或者跳过了 readLimit 个字节，则这个标记失效，不允许再重新回到这个位置（通过 reset()方法）。也就是“想回头就不能走得太远”
public void reset()	将读入指针复位到前面标记过的位置
int available()	返回输入流中可以读取的字节数
void close()	关闭当前输入流，释放与该流相关的系统资源，防止资源泄露。在带资源的 try 语句中将被自动调用。关闭流之后还试图读取字节，会出现 IOException 异常

（2）InputStream 类层次结构。

InputStream 类是一个抽象类，它派生了一系列实现类，形成如图 7.3 所示的层次结构。

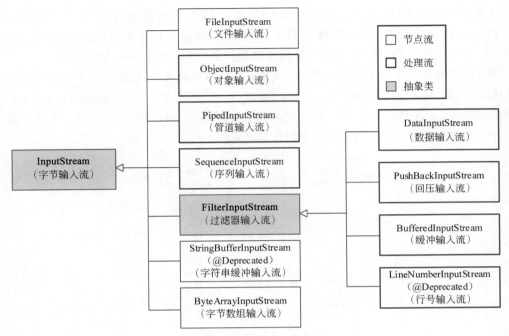

图 7.3　InputStream 类层次结构

注意：从 JDK 1.8 开始，StringBufferInputStream 和 LineNumberInputStream 已被废弃。StringBufferInputStream 类建议用字符流的 StringReader 类来取代使用。LineNumberInputStream 类建议使用字符流的 LineNumberReader 类来取代使用。

2）OutputStream 类

OutputStream 类是所有字节输出流的父类，它定义了操作输出流的各种操作方法。

（1）OutputStream 类的主要方法。

OutputStream 类的主要方法如表 7.3 所示。

表 7.3　OutputStream 类的主要方法

方　　法	功 能 描 述
public void write(byte b[ ])	将参数 b 中的字节写到输出流
public void write(byte b[ ], int off, int len)	将参数 b 的从偏移量 off 开始的 len 字节写到输出流
public abstract void write(int b)	抽象方法，先将 int 转换为 byte 类型，把低字节写入输出流
public void flush()	将数据缓冲区中数据全部输出，并清空缓冲区
public void close()	关闭输出流并释放与流相关的系统资源

注意：write(int b)的参数为 int，即 32b。但只取 8b，即取值 0～255。若提供一个超出此范围的参数，会自动忽略 24b，即计算 b ％ 256。将这个结果写入输出流后，如何解释，取决于目的端，例如对于控制台，往往会解释为 ASCII 码。

（2）OutputStream 类层次结构。

OutputStream 类是一个抽象类，它派生了一系列实现类，形成如图 7.4 所示的层次结构。

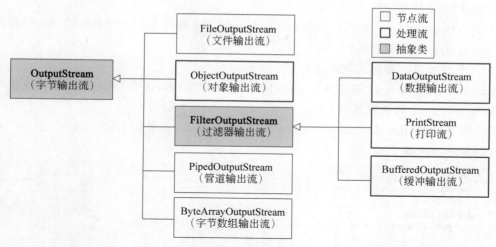

图 7.4　OutputStream 类层次结构

2. FileInputStream 类与 FileOutputStream 类

1）FileInputStream 类

FileInputStream 类创建的对象被称为文件字节输入流。FileInputStream 类是从 InputStream 中派生出来的简单输入流类，该类适用于比较简单的文件读取，其所有方法都是从 InputStream 类继承并重写的。创建文件字节输入流常用的构造方法有以下两种。

（1）FileInputStream(String fileName)：该构造方法以指定的文件名 fileName 创建 FileInputStream 类的对象。

fileName：文件名称，包含绝对路径或相对路径。

（2）FileInputStream(File file)：该构造方法以指定的 File 对象创建 FileInputStream 类的对象。

file：File 文件类型的实例对象。

2）FileOutputStream 类

FileOutputStream 类创建的对象被称为文件字节输出流。FileOutputStream 类是 OutputStream 类的子类，它实现文件的写入，能够以字节形式写入文件中。该类的所有方法都是从 OutputStream 类继承而来并重写的。创建文件字节输出流常用的构造方法有以下四种。

（1）FileOutputStream(String fileName)：该构造方法以指定的文件名 fileName 创建 FileOutputStream 类的对象。

fileName：文件名称，包含绝对路径或相对路径。

（2）FileOutputStream(String fileName, boolean append)：该构造方法以指定的文件名 fileName 创建 FileInputStream 类的对象。

fileName：文件名称，包含绝对路径或相对路径。

append：如果 append 的值为 true，则向文件中追加内容；值为 false，则是覆盖文件中原有的内容。append 的值默认为 false。

（3）FileOutputStream(File file)：该构造方法以指定的 File 对象创建 FileOutputStream 类的对象。

file：File 文件类型的实例对象。

（4）FileOutputStream（File file，boolean append）：该构造方法以指定的 File 对象创建 FileOutputStream 类的对象。

file：File 文件类型的实例对象。

append：如果 append 的值为 true，则向文件中追加内容；值为 false，则是覆盖文件中原有的内容。append 的值默认为 false。

【代码 7-2】 FileInputStream 类和 FileOutputStream 类使用示例。

FileStreamDemo.java

```java
1   import java.io.*;
2   import unit07.utils.FileUtil;
3
4   public class FileStreamDemo {
5       public static void main(String[] args) {
6           String path ="C:\\file", filename ="example1.dat";
7           try {
8               //创建文件对象
9               File file =FileUtil.createFile(path, filename);
10
11              //创建文件字节输出流对象
12              FileOutputStream output =new FileOutputStream(file);
13              //将值写入文件
14              for (int i =1; i <=10; i++) {
15                  output.write(i * 10);
16              }
17              //关闭流
18              output.close();
19
20              try (
21                  //创建文件字节输入流对象
22                  FileInputStream input =new FileInputStream("C:\\file\\example1.dat");) {
23                  //从文件读取值
24                  int value;
25                  while ((value =input.read()) !=-1) {
26                      System.out.print(value +" ");
27                  }
28              }
29          } catch (Exception e) {
30              e.printStackTrace();
31          }
32      }
33  }
```

程序运行结果：

```
10 20 30 40 50 60 70 80 90 100
```

说明：

（1）程序创建的文件 example1.dat 是一个二进制文件，可以从 Java 程序中读取它，但不能使用文本编辑器阅读它。

（2）文件或目录使用之前先判断是否存在，若不存在，则先创建再使用，见代码第 9 行，调用 FileUtil 类的 createFile()方法。

（3）当流不再需要使用时，需调用 close()方法将其关闭，见代码第 18 行。不关闭流可能会在输出文件中造成数据受损，或导致其他的程序设计错误。

（4）也可使用从 JDK 7 开始提供的 try-with-resource 来声明和创建输入/输出流，从而在使用后可以自动关闭，就不必调用 close（）方法了，见代码第 20～22 行。try-with-resource 语法格式如下。

```
try(声明和创建资源){
    使用资源处理文件;
}
```

7.3.2 字符流

1. Reader 类与 Writer 类

1）Reader 类

Reader 类是一个抽象类，它代表字符流。Reader 类是所有字符输入流的父类，它定义了操作字符输入流的各种方法。

（1）Reader 类的主要方法。

Reader 类的主要方法如表 7.4 所示。在这些方法中，除了处理单位是 char 而不是 byte 外，其他与 InputStream 中的方法类似。

表 7.4　Reader 类的主要方法

方　　法	功　能　描　述
public int read()	读取一个字符，返回值为读取的字符
public int read(char cbuf[])	读取一系列字符到数组 cbuf[]中，返回值为实际读取的字符的数量
public abstract int read(char cbuf[], int off, int len)	读取 len 个字符，从数组 cbuf[]的下标 off 处开始存放，返回值为实际读取的字符数量，该方法必须由子类实现
public boolean markSupported()	判断当前流是否支持做标记
public void mark(int readAheadLimit)	给当前流作标记，最多支持 readAheadLimit 个字符的回溯
public void reset()	将当前流重置到做标记处
public abstract void close()	关闭流

（2）Reader 类层次结构。

Reader 类是一个抽象类，它派生了一系列实现类，形成如图 7.5 所示的层次结构。

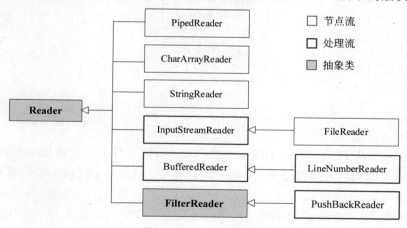

图 7.5　Reader 类层次结构

2）Writer 类

Writer 类是所有字符流输出类的父类,它定义操作输出流的各种方法。

（1）Writer 类的主要方法。

Writer 类的主要方法如表 7.5 所示。在这些方法中,除了处理单位是 char 而不是 byte 外,其他与 OutputStream 中的方法类似。

表 7.5　Writer 类的主要方法

方　　法	功　能　描　述
public void write(int c)	将整型值 c 的低 16 位写入输出流
public void write(char cbuf[])	将字符数组 cbuf[]写入输出流
public abstract void write(char cbuf[],int off,int len)	将字符数组 cbuf[]中的从索引为 off 的位置处开始的 len 个字符写入输出流
public void write(String str)	将字符串 str 中的字符写入输出流
public void write(String str,int off,int len)	将字符串 str 中从索引 off 开始处的 len 个字符写入输出流
public abstract void flush()	刷空输出流,并输出所有被缓存的字节
public abstract void close()	关闭流

（2）Writer 类层次结构。

Writer 类是一个抽象类,它派生了一系列实现类,形成如图 7.6 所示的层次结构。

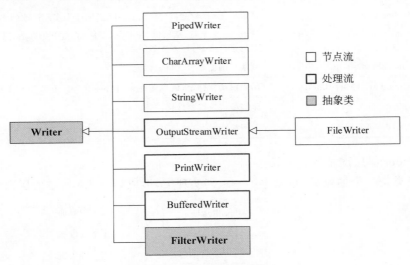

图 7.6　Writer 类层次结构

2. FileReader 类与 FileWriter 类

1）FileReader 类

FileReader 类从 InputStreamReader 类继承而来,该类按字符读取流中数据,是文件字符输入流。该类的所有方法都是从 Reader 类中继承来的。FileReader 类的常用构造方法有以下两种。

（1）FileReader（String fileName）:该构造方法以指定的文件名 fileName 创建 FileReader 类的对象。

fileName：文件名称,包含绝对路径或相对路径。

（2）FileReader(File file)：该构造方法以指定的 File 对象创建 FileReader 类的对象。

file：File 文件类型的实例对象。

2）FileWriter 类

FileWriter 类从 OutputStreamWriter 类继承而来。该类按字符向流中写入数据,是文件字符输出流。可以通过以下几种构造方法创建需要的对象。

（1）FileWriter（String fileName）：该构造方法以指定的文件名 fileName 创建 FileWriter 类的对象。

fileName：文件名称,包含绝对路径或相对路径。

（2）FileWriter（String fileName，boolean append）：该构造方法以指定的文件名 fileName,创建 FileWriter 类的对象。

fileName：文件名称,包含绝对路径或相对路径。

append：如果 append 的值为 true,则向文件中追加内容;值为 false,则是覆盖文件中原有的内容。append 的值默认为 false。

（3）FileWriter(File file)：该构造方法以指定的 File 对象,创建 FileWriter 类的对象。

file：File 文件类型的实例对象。

（4）FileWriter（File file，boolean append）：该构造方法以指定的 File 对象,创建 FileWriter 类的对象。

file：File 文件类型的实例对象。

append：如果 append 的值为 true,则向文件中追加内容;值为 false,则是覆盖文件中原有的内容。append 的值默认为 false。

【代码 7-3】 FileReader 类和 FileWriter 类使用示例。

FileReaderWriterDemo.java

```
1    import java.io.*;
2    import unit07.utils.FileUtil;
3
4    public class FileReaderWriterDemo {
5        public static void main(String[] args) {
6            String path ="C:\\file", filename ="example2.txt";
7            String[] strArray ={ "Hello World!\n", "你好,中国\n" };
8
9            try {
10               //创建文件对象
11               File file =FileUtil.createFile(path, filename);
12
13               //向文件写入字符数据
14               try (FileWriter output =new FileWriter(file);) {
15                   for (String str : strArray) {
16                       //输出操作,向文件中写入字符数据
17                       output.write(str.toCharArray());
18                   }
19               }
20
21               //从文件读取字符数据
22               try (FileReader input =new FileReader(file);) {
23                   int len;
24                   /*
25                    * 每次读取文件时将读取的内容存放在一个字符数组中,
```

```
26                    * 字符数组的长度表示每次读取的字符个数
27                    */
28                   char[] chars = new char[5];
29                   //read(chars): 如果文件读完,返回-1,否则返回读取的字符个数
30                   while ((len = input.read(chars)) !=-1) {
31                       String str = new String(chars, 0, len);
32                       System.out.print(str);
33                   }
34              }
35         } catch (Exception e) {
36             e.printStackTrace();
37         }
38     }
39 }
```

程序运行结果:

```
Hello World!
你好,中国
```

习题

1. 创建一个向文件"file.txt"追加内容的输出流对象的语句是(   )。

    A. OutputStream out＝new FileOutputStream("file.txt");

    B. OutputStream out＝new FileOutputStream("file.txt", "append");

    C. FileOutputStream out＝new FileOutputStream("file.txt", true);

    D. FileOutputStream out＝new FileOutputStream(new file("file.txt"));

2. 下列语句的功能是(   )。

```
FileInputStream fis = new FileInputStream("test.dat");
```

    A. 若文件 test.dat 不存在,创建并打开一个名为 test.dat 的新文件,以便写入数据

    B. 若文件 test.dat 不存在,创建并打开一个名为 test.dat 的新文件,以便写入和读取数据

    C. 无论文件 test.dat 存在与否,创建并打开一个名为 test.dat 的新文件,以便写入数据

    D. 若文件 test.dat 已经存在,创建该文件的 FileInputStream 对象

3. 在使用 FileInputStream 流对象的 read()方法读取数据时可能会产生下列哪种类型的异常?(   )

    A. ClassNotFoundException   B. FileNotFoundException

    C. RuntimeException   D. IOException

4. 下列不属于 FileInputStream 输入流的 read()成员函数的是(   )。

    A. int read();   B. int read(byte b[]);

    C. int read(byte b[],int offset,int len); D. int read(int line);

5. 关于字符流,下列哪一项是不正确的?(   )

    A. 为方便 16 位 Unicode 字符处理而引入的

    B. 可处理任意编码的非 ASCII 字符

C. 以两个字节为基本输入/输出单位

D. 有两个基本类：Reader 和 Writer

6. 编写程序。应用 FileInputStream 类，编写应用程序，从磁盘上读取一个 Java 程序，并将源程序代码显示在屏幕上。（被读取的文件路径为 d:/myjava/Hello.java）。

7. 编写应用程序，程序中创建一个文件输出流对象 out 向当前目录下已有的文件 abc.txt(内容为"ABCDEFG")写入字符串"abcdefg"中的所有字符和大写字母'A'。

知识链接

链 7.1 Scanner 类读取文件

7.4 缓冲流与转换流

7.4 缓冲流
与转换流

7.4.1 缓冲流

Java IO 通过缓冲流来提高读/写效率，普通的字节流、字符流都是一个字节或一个字符这样读取的，而缓冲流则是将数据先缓冲起来，然后一起写入或者读取出来。经常使用的是 readLine()方法，表示一次读取一行数据。

> **注意**：缓冲流在调用 write()方法写入数据时，是写入缓冲区，如果缓冲区满了自动执行写操作，缓冲区不满则需要执行 flush()方法强制写入输出设备，调用 close()方法也会强制写入。

1. 字节缓冲流

字节缓冲流有两个：缓冲输入流 BufferedInputStream 和缓冲输出流 BufferedOutputStream。两个缓冲字节流是分别间接派生自 InputStream 和 OutputStream 两个抽象类。两个缓冲字节流只是对字节流进行了包装，继承或覆盖了它们父类的有关方法，使用方式和字节流基本一致。

两个字节缓冲流具有如下形式的构造方法：

```
public BufferedInputStream(InputStream in)
public BufferedInputStream(InputStream in, int size)
public BufferedOutputStream(OutputStream out)
public BufferedOutputStream(OutputStream out, int size)
```

可以看出，字节缓冲流是用顶层流的引用作为参数创建的，或者说是对于它们顶层类的包装。其中，size 表示缓冲区大小。在默认情况下，缓冲区大小为 32B。

2. 字符缓冲流

字符缓冲流也有两个：缓冲输入流 BufferedReader 和缓冲输出流 BufferedWriter。两个缓冲字符流分别直接派生自 Reader 和 Writer 两个抽象类。

两个字符缓冲流具有如下形式的构造方法。

```
public BufferedReader(Reader in)
public BufferedReader(Reader in, int size)
public BufferedWriter(Writer out)
public BufferedWriter(Writer out, int size)
```

可以看出,字符缓冲流同样用顶层流的引用作为参数创建,或者说是对于它们顶层类的包装。其中,size 表示缓冲区大小。在默认情况下,缓冲区大小也为 32B。

相较于字节缓冲流,常用的是两个字符缓冲流,因为它们各定义了一个用于行操作的方法:

```
String readLine ();              //定义在 BufferedReader 类中,整行读取字符,直到遇到换行符。
void newLine();                 //定义在 BufferedWriter 类中,按照操作系统规定创建一个换行符。
```

注意:

(1) 不同的操作系统中,换行符的规定不同。例如,在 Windows 中是"\r\n",而在 Linux 中是"\n"。

(2) 关闭了缓冲区对象实际也关闭了与缓冲区关联的流对象。

【代码 7-4】 BufferedReader 类和 BufferedWriter 类使用示例。

BufferedStreamDemo.java

```
1   import java.io.*;
2   import unit07.utils.FileUtil;
3
4   public class BufferedStreamDemo {
5       public static void main(String[] args) {
6           String path = "C:\\file", filename = "example3.txt";
7
8           try {
9               //创建文件对象
10              File file = FileUtil.createFile(path, filename);
11
12              /* 写文件 */
13              FileWriter writer = new FileWriter(file);
14              BufferedWriter bw = new BufferedWriter(writer);
15              bw.write("宝剑锋从磨砺出");
16              //写入换行符(根据平台写入对应的换行符)
17              bw.newLine();
18              bw.write("梅花香自苦寒来");
19              bw.newLine();
20              //Windows下使用\r\n 也能换行
21              bw.write("学如逆水行舟,不进则退" + "\r\n");
22              bw.write("心似平原走马,易放难收");
23              //必须刷新缓冲区
24              bw.flush();
25
26              /* 读文件 */
27              //存储读取的文件内容
28              String record = null;
29              //记录行数
30              int count = 0;
31              FileReader reader = new FileReader("c:\\file\\example3.txt");
32              BufferedReader br = new BufferedReader(reader);
33              //每次读取一整行数据,返回值为空时说明读取到文件末尾
```

```
34              while ((record =br.readLine()) !=null) {
35                  count++;
36                  System.out.println("当前行数" +count +":" +record);
37              }
38
39              //关闭流
40              bw.close();
41              br.close();
42              writer.close();
43              reader.close();
44          } catch (Exception e) {
45              e.printStackTrace();
46          }
47      }
48 }
```

程序运行结果如下：

当前行数 1:宝剑锋从磨砺出
当前行数 2:梅花香自苦寒来
当前行数 3:学如逆水行舟,不进则退
当前行数 4:心似平原走马,易放难收

7.4.2 转换流

1. 转换流概述

在缓冲流中,常用的是两个字符缓冲流。那么两个字节流如何使用缓冲技术来提高处理效率呢? 为此,Java 提供了两个转换流 InputStreamReader 类和 OutputStreamWriter 类分别用于将输入字节流和输出字节流转换为输入字符流和输出字符流。它们分别是 Read 类和 Writer 类的实现类。所以,它们继承了 Read 类和 Writer 类的有关方法。

2. 转换格式

使用这两个类进行转换很简单,就是用字节流的引用作为它们构造器的参数,或者说是对于字节流的包装。包装时,可以指定字符编码集,也可以使用默认字符编码集,形成如下4 种形式。

(1) 构造一个默认编码集的 InputStreamReader 类对象。

```
InputStreamReader isr =new InputStreamReader(InputStream in);
```

(2) 构造一个指定编码集的 InputStreamReader 类对象。

```
InputStreamReader isr =new InputStreamReader(InputStream in,String charsetName);
```

(3) 构造一个默认编码集的 OutputStreamWriter 类对象。

```
OutputStreamWriter osw =new OutputStreamWriter(OutputStream out);
```

(4) 构造一个指定编码集的 OutputStreamWriter 类对象。

```
OutputStreamWriter osw =new OutputStreamWriter(OutputStream out,String charsetName);
```

3. 参数说明

(1) charsetName 用于指定字符集编码。常用的字符编码有下列几种。

- GBK/GB2312：国标中文编码,前者包含简体中文和繁体中文,后者仅有简体中文。
- ISO 8859-1：国际通用码,可以表示任何文字。

- Unicode：十六进制编码，可以准确地表示出任何语言文字。
- UTF-8：部分 Unicode，部分 ISO 8859-1，适合网络传输。

（2）in 是一个输入字节流对象，可以通过如下形式获取。
- 通过读取键盘上的数据：InputStream in ＝ System.in。
- 从文件获取：InputStream in ＝ new FileInputStream(String fileName)。
- 通过 Socket 获取。

（3）out 是一个输出字节流，可以通过如下形式形成。
- 通过 OutputStream out ＝ System.out 显示到控制台上。
- 通过 OutputStream out ＝ new FileoutputStream(String fileName)输出到文件中。
- 通过 Socket 获取。

【代码 7-5】 InputStreamReader 类和 OutputStreamWriter 类使用示例。

TransformStream.java

```java
1   import java.io.*;
2   import unit07.utils.FileUtil;
3
4   public class TransformStream {
5       public static void main(String[] args) {
6           String path ="C:\\file", filename ="example4.txt";
7
8           try {
9               //创建文件对象
10              File file =FileUtil.createFile(path, filename);
11
12              //以 System.in 作为读取的数据源，即从键盘读取
13              BufferedReader br =new BufferedReader(new InputStreamReader(System.in));
14              //允许添加内容,不会清除原有数据源
15              BufferedWriter bw = new BufferedWriter ( new OutputStreamWriter ( new
                    FileOutputStream(file, true)));
16              String s =null;
17              System.out.println("请输入: ");
18              //直接回车结束输入
19              while (!(s =br.readLine()).equals("")) {
20                  bw.write(s);
21                  //写入换行符
22                  bw.newLine();
23              }
24              bw.flush();
25
26              //存储读取的文件内容
27              String record =null;
28              br =new BufferedReader(new FileReader(file));
29              System.out.println("您输入的内容是: ");
30              //每次读取一整行数据,返回值为空时说明读取到文件末尾
31              while ((record =br.readLine()) !=null) {
32                  System.out.println(record);
33              }
34
35              bw.close();
36              br.close();
37          } catch (Exception e) {
38              e.printStackTrace();
39          }
40      }
41  }
```

程序运行结果：

```
请输入：
我是中国人!↵
我爱中国!↵
↵
您输入的内容是：
我是中国人!
我爱中国!
```

说明：

（1）因为 System.in 是一个 InputStream 对象，缓冲字符流无法直接使用，需要通过转换流将字节流转成字符流。然后使用字符输入处理流的 readLine()每次读取一行，使用newLine()完成换行。

（2）通常使用 I/O 流写入文件时，写入的数据总会覆盖原来的数据，这是因为文件输出流默认不允许追加内容，所以需要为 FileOutputStream、FileWriter 的构造参数 boolean append 传入 true。

习题

1. 下面哪个流类属于面向字符的输入流？（　　　）

    A. BufferedWriter   B. FileInputStream

    C. ObjectInputStream   D. InputStreamReader

2. 为了提高读写性能，可以采用什么流？（　　　）

    A. InputStream   B. DataInputStream

    C. OutputStream   D. BufferedInputStream

3. 当处理的数据量很多，或向文件写很多次小数据，一般使用（　　　）流。

    A. DataOutput   B. FileOutput

    C. BufferedOutput   D. PipedOutput

4. 下列属于文件输入/输出类的是（　　　）。

    A. FileInputStream 和 FileOutputStream

    B. BufferInputStream 和 BufferOutputStream

    C. PipedInputStream 和 PipedOutputStream

    D. 以上都是

5. 下面的程序段创建了 BufferedReader 类的对象 in，以便读取本机 D 盘 my 文件夹下的文件 1.txt。File 构造函数中正确的路径和文件名的表示是（　　　）。

```
File f=new File(____);
file=new FileReader(f);
BufferedReader in=new BufferedReader(file);
```

    A. "1.txt"   B. "D:\\my\\1"

    C. "D:\\my\\1.txt"   D. "D:\ my\1.txt"

6. 对于标准输入流，下列哪一项是不正确的（　　　）。

    A. System.in 只能提供字节为单位的数据输入

    B. System.in 被通过 InputStreamReader 和 BufferedReader 类的对象进行了两次包装

C. 输入的字符串需要二次编程转换为具体数据类型

D. BufferedReader 可以提供以行为单位的输入

7. 编写程序。给定一个文件和一个字符串（从键盘输入），判断文件是否包含该字符串，如果包含，则打印出包含该字符串的行号以及该行的全部内容。

7.5 打印流

7.5 打 印 流

打印流只做输出没有输入，即只能写数据（只能针对目的文件进行操作），不能读数据（不能针对源文件进行操作）。打印流分为字节打印流（PrintStream）和字符打印流（PrintWriter）。

7.5.1 PrintStream 类

1. PrintStream 及其构造器

PrintStream 是字节类型的打印输出流，它继承于 FilterOutputStream。PrintStream 用来装饰其他输出流。它能为其他输出流添加功能，使它们能够方便地打印各种类型的数据（而不仅限于 byte 型）的格式化表示形式。PrintStream 的构造方法有如下两种形式。

（1）由 OutputStream 创建新 PrintStream。

```
PrintStream(OutputStream out);                              //不自动 flush,采用默认字符集
PrintStream(OutputStream out, boolean autoFlush);          //带自动 flush,采用默认字符集
PrintStream(OutputStream out, boolean autoFlush, String charsetName);
                                                            //带自动 flush,采用 charsetName 字符集
```

（2）由文件名或文件对象创建新 PrintStream。

```
PrintStream(String fileName);                              //不自动 flush,采用默认字符集
PrintStream(String fileName, String charsetName);         //不自动 flush,采用 charsetName 字符集
PrintStream(File file);                                    //不自动 flush,采用默认字符集
PrintStream(File file, String charsetName);               //不自动 flush,采用 charsetName 字符集
```

说明：

（1）参数 autoFlush 为 true 是能自动刷新。

（2）所谓"自动 flush"，就是每次执行 print()，println()，write()方法，都会调用 flush()方法；而"不自动 flush"，则需要手动调用 flush()方法。

2. PrintStream 的主要方法

1）返回类型为 PrintStream 的方法

（1）append（参数）：将指定数据添加到该 PrintStream 对象。参数可以是：

- char c：将指定字符添加到此 Writer。
- CharSequence csq：将指定的字符序列添加到此 Writer。
- CharSequence csq，int start，int end：将指定字符序列的子序列添加到此 Writer。

（2）PrintStream format（String format，Object… args）：格式化数据。

2）返回类型为 void 的方法

（1）println（Object obj）：显示 obj，可以是基本数据类型或对象，并换行。

（2）print（Object obj）：同上，但不换行。

（3）write（参数）：写入字节。参数可以是：

- int b：写入整型数。
- char[] buf：写入字符数组。
- char[] buf，int off，int len：写入字符数组的某一部分。
- String s：写入字符串。

（4）void close()：关闭该流并释放与之关联的所有系统资源。

（5）void flush()：执行更新。

3）返回类型为 boolean 类型的方法

checkError()：刷新流并检查其错误状态。

【代码 7-6】 PrintStream 类使用示例。

PrintStreamDemo.java

```
1   import java.io.*;
2   import unit07.utils.FileUtil;
3
4   public class PrintStreamDemo {
5       public static void main(String[] args) {
6           String path ="C:\\file", filename ="example5.txt";
7
8           try {
9               //创建文件对象
10              File file =FileUtil.createFile(path, filename);
11
12              //以文件对应 FileOutputStream 作为参数创建 PrintStream 对象
13              try (PrintStream ps=new PrintStream(new FileOutputStream(file));) {
14                  ps.println(true);
15                  ps.println('e');
16                  ps.println(new char[] { 'd', 'e', 'f' });
17                  ps.println(4561);
18                  ps.println(78f);
19                  ps.println(45);
20                  ps.println("张飞");
21                  ps.flush();
22              }
23          } catch (Exception e) {
24              e.printStackTrace();
25          }
26      }
27  }
```

打开文件 example5.txt，程序运行结果如图 7.7 所示。

7.5.2 PrintWriter 类

1. PrintWriter 及其构造器

PrintWriter 是字符类型的打印输出流，它继承于
Writer。PrintWriter 用于向文本输出流打印对象的格式
化表示形式。PrintWriter 的构造方法有如下三种基本
形式。

图 7.7　代码 7-6 运行结果

（1）由 OutputStream 创建新 PrintWriter。

```
public PrintWriter(OutputStream out);                    //不带自动刷新
public PrintWriter(OutputStream out, boolean autoFlush); //带自动刷新
```

（2）由 Writer 创建新 PrintWriter。

```
PrintWriter(Writer out);                                  //不带自动刷新
PrintWriter(Writer out, boolean autoFlush);               //带自动刷新
```

参数 autoFlush 为 true 是能自动刷新。

（3）由文件名或文件对象创建新 PrintWriter。

```
public PrintWriter(String fileName);
public PrintWriter(String fileName, String charsetName);
public PrintWriter(File file);
public PrintWriter(File file, String charsetName);
```

2. PrintWriter 的主要方法

1）返回类型为 PrintWriter 的方法

append(参数)：将指定数据添加到该 PrintWriter 对象。参数可以是：

- char c：将指定字符添加到此 Writer。
- CharSequence csq：将指定的字符序列添加到此 Writer。
- CharSequence csq，int start，int end：将指定字符序列的子序列添加到此 Writer。

2）返回类型为 void 的方法

（1）println(Object obj)：显示 obj，可以是基本数据类型或对象，并换行。

（2）print(Object obj)：同上，但不换行。

（3）write(参数)：写入字符。参数可以是：

- char c：写入字符。
- char[] buf：写入字符数组。
- char[] buf，int off，int len：写入字符数组的某一部分。
- String s：写入字符串。
- String s，int off，int len：写入字符串的某一部分。

（4）void close()：关闭该流并释放与之关联的所有系统资源。

（5）void flush()：执行更新。

3）返回类型为 boolean 的方法

checkError()：刷新流并检查其错误状态。

【代码 7-7】 PrintWriter 类使用示例。

PrintWriterDemo.java

```
1   import java.io.*;
2   import unit07.utils.FileUtil;
3
4   public class PrintWriterDemo {
5       public static void main(String[] args) {
6           String path ="C:\\file", filename ="example6.txt";
7
8           try {
9               //创建文件对象
10              File file =FileUtil.createFile(path, filename);
11
12              //创建一个字符打印流对象,启动自动刷新
13              PrintWriter pw =new PrintWriter(new FileWriter(file), true);
14              //加入换行
```

```
15              pw.println("hello");
16              pw.println("java");
17              pw.println(999);
18              //关闭流
19              pw.close();
20          } catch (Exception e) {
21              e.printStackTrace();
22          }
23      }
24  }
```

打开文件 example6.txt，程序运行结果如图 7.8 所示。

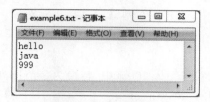

图 7.8　代码 7-7 运行结果

习题

1. 使用（　　）类将数据写入一个文本文件。

A. File　　　　　　　B. PrintWriter　　　　C. Scanner　　　　　D. System

2. 创建一个新的 RandomAccessFile 对象，用于读写文件，正确的模式是（　　）。

A. "w"　　　　　　　B. "r"　　　　　　　　C. "rw"　　　　　　D. "rwx"

3. 下列哪一项不是 Java 标准库中 OutputStream 类的子类？（　　）

A. ByteArrayOutputStream

B. DataOutputStream

C. PrintStream

D. LineNumberOutputStream

4. 当要将一文本文件当作一个数据库访问，读完一个记录后，跳到另一个记录，它们在文件的不同地方时，一般使用（　　）类访问。

A. FileOutputStream　　　　　　　　B. RandomAccessFile

C. PipedOutputStream　　　　　　　　D. BufferedOutputStream

5. 下面哪一项不是文件读写操作的步骤？（　　）

A. 以某种读写方式打开文件　　　　　　B. 进行文件读写操作

C. 保存文件　　　　　　　　　　　　　D. 关闭文件

6. 编写程序。编写一个 Java 程序读取当前目录下的 test1.txt 文件内容（内容含有中文字），将该文件的内容按行读取出来，并在每行前面加上行号后写入当前目录的 test2.txt 文件中。

知识链接

链 7.2　RandomAccessFile 类

7.6 对象序列化

对于基本类型的数据,如 int、double、char 等,程序可以简单地将其保存到文件中,也可以从文件中读取以再次使用;基本类型的数据在网络中传输时,客户端和服务端都能正确识别。但是对于复杂的对象类型数据,如果需要持久保存,使用简单的文件读取方法会出现一些问题;不经过处理的数据在网络中直接传输,客户端和服务端也不能正确识别。为了将对象类型数据持久保存或在网络中传输,需要用到 Java 提供的对象序列化技术。对象序列化的目标是将对象保存在磁盘中,或允许在网络中直接传输对象。

7.6.1 对象序列化概念

对象序列化就是把 Java 对象写入 IO 流中,转换为字节序列的过程;对象反序列化就是用 IO 流将字节序列恢复为 Java 对象的过程。

在网络通信中,任何数据都是以二进制的形式来传输的。对象序列化可以把内存中的 Java 对象转成二进制流,而二进制流可以存放在本地磁盘文件中,通过网络或程序来获取该二进制流后,就能将该二进制流恢复成 Java 对象。序列化的这一过程就是将对象状态信息转换为可存储或传输的过程。

对象序列化的作用如下。

(1) 对象序列化可以把对象的字节序列永久地保存到硬盘上,通常存放在一个文件中。

(2) 对象序列化可以用于在网络中传输对象。

(3) 对象序列化使得对象可以脱离程序的运行而独立存在。

7.6.2 序列化和反序列化步骤

一个类的对象要想序列化成功,必须满足以下两个条件。

(1) 该类必须实现 java.io.Serializable 接口。该接口无须实现任何方法,仅作标记,说明该类可以实现序列化。实现这个接口可以启动 Java 的序列化机制,自动完成存储对象的过程。

(2) 该类的所有属性必须是可序列化的。如果某些属性不需要序列化,则该属性必须注明是短暂的(transient),Java 序列化时,会忽略掉此属性。若序列化对象的成员变量是一个引用类型,则该引用类型变量的类也要实现 Serializable 接口,保证序列化过程中用到的类都要实现序列化,否则会出现异常。

使用对象输入/输出流实现对象序列化,可以直接存取对象。

(1) 对象输入流(ObjectInputStream)可以从输入流中读取 Java 对象,而不需要每次读取一字节。

(2) 对象输出流(ObjectOutputStream)可以把对象写入到输出流中,而不需要每次写入一字节。

1. 序列化步骤

序列化步骤如下。

(1) 使用 ObjectOutputStream 类创建一个对象输出流。

```
ObjectOutputStream out =new ObjectOutputStream(FileOutputStream out);
```

（2）调用对象输出流的 writeObject()方法将对象进行序列化,得到字节序列写入流中,也就是将对象转成二进制流。

```
out.writeObject(Object obj);
```

（3）刷新缓冲并关闭流。

```
out.flush();
out.close();
```

2. 反序列化步骤

反序列化步骤如下。

（1）使用 ObjectInputStream 类创建一个对象输入流。

```
ObjectInputStream in =new ObjectInputStream(FileInputStream in);
```

（2）调用对象输入流 readObject()方法读取字节序列,把参数反序列化成对象,返回该对象。

```
in.readObject();
```

（3）关闭流。

```
in.close();
```

注意:

（1）反序列化将二进制流数据转成对象,所以在此之前要保证该类存在,否则 Java对象没有存在意义。

（2）反序列化时如果读取的序列化文件中存在多个对象,则必须按照它们序列化的顺序来读取,否则会出错。

（3）如果成员变量使用 transient 修饰,那么反序列化后,该成员变量没有数据。

（4）反序列化的对象没有使用构造器来初始化。

【代码 7-8】 对象序列化和反序列化示例。

SerializationDemo.java

```
1    import java.io.*;
2    import unit07.utils.FileUtil;
3
4    public class SerializationDemo {
5        /** 主方法 */
6        public static void main(String[] args) {
7            String path ="C:\\file", filename ="example2.dat";
8
9            try {
10               //创建文件对象
11               File file =FileUtil.createFile(path, filename);
12
13               //序列化
14               ObjectOutputStream oos =new ObjectOutputStream(new FileOutputStream(file));
15               //定义 Student 对象数组
16               Student[] stuArray ={ new Student("赵飞", 18), new Student("李云", 19),
17                            new Student("王英", 21), new Student("赵三", 20) };
```

```
18              //将 Student 对象逐个写入文件
19              for (Student stu : stuArray) {
20                  oos.writeObject(stu);
21              }
22              oos.flush();
23              oos.close();
24
25              //反序列化
26              FileInputStream fis = new FileInputStream(file);
27              ObjectInputStream ois = new ObjectInputStream(fis);
28              //从文件中逐个读取 Student 对象
29              while (fis.available() > 0) {
30                  Student stu = (Student) ois.readObject();
31                  System.out.println(stu);
32              }
33              ois.close();
34
35          } catch (Exception e) {
36              e.printStackTrace();
37          }
38      }
39  }
40
41  /** 对象要能序列化,就要实现 Serializable 接口 */
42  class Student implements Serializable {
43      /** 序列化版本号 */
44      private static final long serialVersionUID = 1L;
45      private String name;
46      private int age;
47      //省略 get 和 set 方法
48      public Student(String name, int age) {
49          super();
50          this.name = name;
51          this.age = age;
52      }
53
54      @Override
55      public String toString() {
56          return "Student [name=" + name + ", age=" + age + "]";
57      }
58  }
```

程序运行结果:

```
Student [name=赵飞, age=18]
Student [name=李云, age=19]
Student [name=王英, age=21]
Student [name=赵三, age=20]
```

说明:

(1) 第 42 行,一个类的对象要想序列化,该类必须实现 java.io.Serializable 接口。若不实现该接口,就把对象写入文件,会引发如下异常:

```
Exception in thread "main" java.io.NotSerializableException
```

(2) 第 44 行,为了在反序列化时确保序列化版本的兼容性,Java 序列化提供了一个 private static final long serialVersionUID 的序列化版本号(具体数值自己定义),只要版本号相同,即使更改了序列化属性,对象也可以正确地被反序列化回来。如果反序列化使用的 class 的版本号与序列化时使用的不一致,反序列化会报 InvalidClassException 异常。建议所有可序列化的类加上 serialVersionUID 版本号。

习题

1. 下面关于序列化的说法正确的是(　　　)。

   A. 只有可序列化对象才可以被序列化

   B. String 不是可序列化对象

   C. 只有 JDK 提供的类才可能是可序列化的,而自定义的类不可能是可序列化的

   D. 一个可序列化类的任何属性都可以被序列化

2. 下面说法错误的是(　　　)。

   A. 静态变量不能被序列化

   B. 标记为 transient 的变量不能被序列化

   C. 只有可序列化(Serializable)或可外部化(Externalizable)的类的对象才能被序列化

   D. 对象中的方法可以被序列化

3. 对于 Java 序列化作用的解释,不正确是(　　　)。

   A. 永久性保存对象,保存对象的字节序列到本地文件中

   B. 通过序列化对象在网络中传递对象

   C. 通过序列化在进程间传递对象

   D. 通过序列化能使 Java 程序顺序进行

4. 对象序列化和反序列化的前提是(　　　)。

   A. 本类重写 toString()方法

   B. 本类继承 Serializable 类

   C. 本类或其超类实现 Serializable 接口

   D. 任意类对象都可序列化和反序列化

5. 要想自定义类中的某个字段不被序列化,应该使用哪个关键字?(　　　)

   A. public　　　　　　B. tranisent　　　　　　C. private　　　　　　D. abstract

6. 编写程序。有 5 个学生,每个学生有 3 门课的成绩,从键盘输入以上数据(包括学生号,姓名,3 门课成绩),计算出平均成绩,将原有的数据和计算出的平均分数存放在磁盘文件"stu_data"中。

7.7　本章小结

7.7　本章
小结

　　使用 Java 语言提供的输入/输出处理功能可以实现对文件的读写、网络数据传输等操作。输入流、输出流提供了一条通道程序,用户可以使用这条通道读取"源"中的程序,或把数据送到"目的地"。输入流的指向称为源,程序从指向源的输入流中读取源中的数据;输出流的指向称为目的地,程序通过向输出流中写入数据把信息传递到目的地。

　　本章主要介绍了 Java 输入/输出体系的相关知识。介绍了如何使用 File 来访问本地文件系统,以及 Java IO 流的分类方式;归纳了不同 I/O 流的功能,并介绍了几种典型 I/O 流的用法。本章也介绍了 Java 对象序列化的相关知识,程序通过序列化把 Java 对象转换成

二进制字节流,然后就可以把二进制字节持久存储或写入网络。介绍了使用对象输入流(ObjectInputStream)及对象输出流(ObjectOutputStream)实现对象序列化的用法。

习题

1. 编写程序。输入 10 个整数存入文本文件 example.txt 中,文件每行存放 5 个整数,每个整数之间用一个空格间隔。行末不能有多余的空格。

2. 编写应用程序,在程序中创建一个文件输入流(FileInputStream)对象 fis,读取当前目录下的文本文件 test1.txt,该文件内容有如下两行文本:

```
Programming in Java is fun!
I like it.
```

从文件输入流 fis 中读取 5 个字节数据存放到数组 b 中,字节数据存放的位置从数组下标 3 开始。将读取的数据在屏幕上输出。

知识链接

链 7.3 案例实践——英文词典(V2)

第8章 Java 网络程序设计

课程练习

8.1 IP 地址
与 Inet-
Address 类

当初定位在网络程序开发的 Java 毋庸置疑地提供了一系列网络开发 API。本章介绍其 3 个系列：基于 IP 地址的 API、基于 Socket 的 API 和基于 URL 的 API。

8.1 IP 地址与 InetAddress 类

Internet 也称互联网，从技术角度看，它是一个由成千上万个网络连接起来的网络（见图 8.1），每一个网络中又具有成千上万台主机。因此，要解决这个网络中的通信问题，首先要解决如何定位一台计算机的问题。

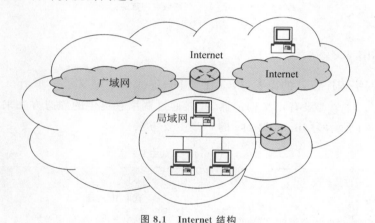

图 8.1 Internet 结构

8.1.1 IP 协议与 IP 地址

IP（Internet Protocol，网际协议）是关于网际间数据传输的协议，主要解决数据从源主机出发如何到达目的主机的问题。为此，IP 首先要规定 IP 地址的格式。

先前广为采用的 IP 协议是 IPv4，它用一个 32b（下一代的 IPv6 为 128b）的码表示主机地址。通常将每 8b 作为一组用十进制表示，并且 4 个十进制数之间用圆点分隔，例如 23.9.1.120。由于 IP 地址不容易记忆，通常将它们映射为有含义且易记忆的域名（Domain Name）形式，称为主机名，例如 baidu.com。在互联网上由域名服务器（Domain Name Server，DNS）把主机的名字转换成 IP 地址。当一台计算机要连接 baidu.com 时，它首先请求 DNS 将这个域名转换成 IP 地址，然后用这个 IP 地址来发送请求。

IP 地址也可以由 DNS 系统转换成域名形式表示，称为主机名。在 Windows 下，MS-DOS 命令窗口可用 ping 命令获取域名绑定的 IP 地址，如图 8.2 所示。

IP 其次要规定从一个网络向其他网络传输中如何"走"的细节——路由。

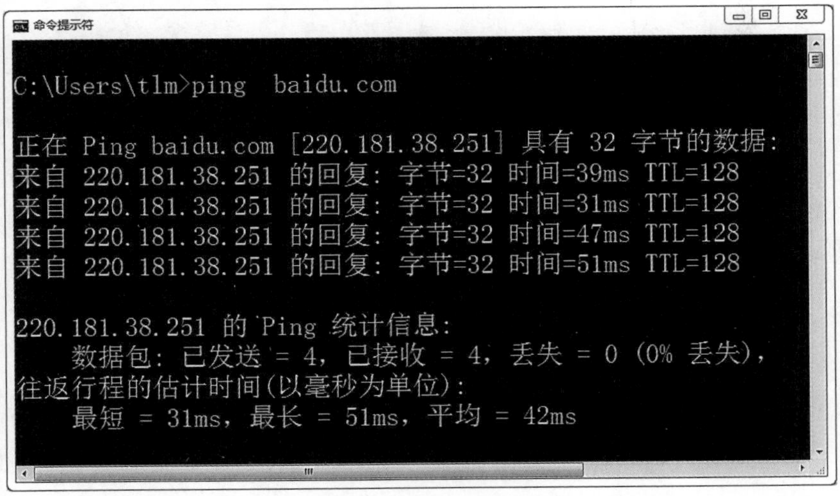

图 8.2 使用 ping 命令获取域名绑定的 IP 地址

8.1.2 InetAddress 类

为了满足网络程序设计的需要，Java 在其 java.net 包中定义了一个 InetAddress 类，用于封装 IP 地址。这个类没有定义构造器，只能通过调用它提供的静态方法来获取实例或数据成员。如表 8.1 所示为 InetAddress 的一些主要方法。

表 8.1　InetAddress 的主要方法

方　　　法	说　　　明
byte[] getAddress ()	获取 IP 地址
static InetAddress[] getAllByName (String host)	获取主机的所有 IP 地址
static InetAddress getByName (String host)	通过主机名获取其 IP 地址
string getHostAddress ()	获取主机的点分十进制形式的 IP 地址
string getHostName ()	获取主机名
static InetAddress getLocalHost ()	获取本地 InetAddress 对象
boolean isMulticastAddress ()	判断是否为多播地址

【代码 8-1】 获取 www.163.com 的全部 IP 地址。

InetAddressTest.java

```
1    import java.net.InetAddress;
2    import java.io.IOException;
3
4    public class InetAddressTest {
5        /** 主方法 */
6        public static void main(String[] args) {
7            InetAddressTest iat =new InetAddressTest();
8            iat.display();
9        }
10
```

```
11      void display() {
12          byte buf[] = new byte[60];
13          try {
14              System.out.print("请输入主机名: ");
15              int lnth = System.in.read(buf);
16              String hostName = new String(buf, 0, lnth - 2);
17
18              InetAddress addrs[] = InetAddress.getAllByName(hostName);
19              System.out.println("主机" + addrs[0].getHostName() + "有如下 IP 地址: ");
20              for (int i = 0; i < addrs.length; i++) {
21                  System.out.println(addrs[i].getHostAddress());
22              }
23          } catch (IOException ioe) {
24              System.out.println(ioe);
25          }
26      }
27  }
```

程序运行结果:

```
请输入主机名: www.163.com↵
主机 www.163.com 有如下 IP 地址:
60.163.162.50
60.163.162.47
60.163.162.45
60.163.162.39
60.163.162.48
60.163.162.36
60.163.162.40
60.163.162.37
60.163.162.46
60.163.162.49
```

习题

1. 在 TCP/IP 中,用于处理主机之间通信的是(   )。
   A. 网络层   B. 应用层   C. 传输层   D. 数据链路层
2. IP 地址或域名是由(   )类来表示的。
   A. URL   B. InetAddress
   C. NetworkInterface   D. Socket
3. Internet 中各个网络之间能进行信息交流靠的是(   )。
   A. TCP   B. IP   C. TCP/IP   D. http
4. 编写程序。编一个程序,查找并显示 www.microsoft.com 的 IP 地址,同时显示本机的主机名和 IP 地址。

8.2 Java Socket 概述

8.2 Java
Socket
概述

8.2.1 Socket 的概念

图 8.3 为 Internet 工作模型。其核心部分是 TCP/UDP 和 IP 协议(Transmission Control Protocol,传输控制协议;User Datagram Protocol,用户数据报协议),一般简称为 TCP/IP。这些协议规定了应用进程在这些层次上通信时的相互标识、数据格式以及通信规

程。例如,在 TCP 传输时,如何经过 3 次握手进行可靠连接的规程。这些对于应用程序的编写是极为复杂的内容。为此,UNIX 在为用户提供网络编程 API 时按照其"一切皆文件"的哲学将每个通信进程看作一个文件,对它们可以像对文件一样进行"打开-读/写-关闭"操作,并将之称为 Socket(套接字/套接口)。如图 8.4 所示,Socket 就是在应用层与传输层之间的一个抽象层。套接字是两台主机之间逻辑连接的端点,可以用来发送和接收数据。

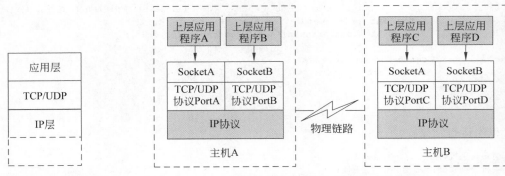

图 8.3　Internet 工作模型　　　　　　　图 8.4　网络应用程序与网络应用编程接口

　　Java 奉行"一切皆对象,一切来自类"的哲学,它将 UNIX 中的 Socket 定义成了一组 Socket 类(在 java.net 包中),用来为用户提供 API(Application Programming Interface,应用程序接口)。

8.2.2　客户端/服务器工作模式

　　任何资源系统都由供给和需求两个方面组成。同样,网络系统也是由供给方和需求方组成的,供给方称为服务器,需求方称为客户。

　　客户端/服务器结构的工作过程如下。

　　(1) 客户端/服务器系统的工作总是从客户端发起请求开始的,在此之前(即初始状态)是服务器端处于监听状态。例如,某个客户端的用户在浏览器上单击某个链接,浏览器就会将其作为一个请求发送给某个服务器。

　　(2) 服务器监听到浏览器的请求开始处理客户请求,有时还需要查找资源。

　　(3) 服务器响应请求。

　　从客户向服务器发出请求到服务器响应客户请求并返回结果的过程也称为客户端与服务器之间的一次会话。

　　客户端与服务器两种实体之间合理分工、协同工作,形成一般服务性系统内部实现对其用户提供应用服务的一种基本模式,称为客户端/服务器计算模式,简称 C/S 模式。

　　C/S 模式工作有如下两大特点。

　　(1) 客户端与服务器端可以分别编程,协同工作。

　　(2) 客户端的主动性和服务器的被动性。也就是说,在 C/S 模式中,客户端和服务器不是平等工作的,一定是先由客户端主动发出服务请求,服务器被动地响应。这也是区分客户端与服务器的一条原则,看谁先发起通信,谁就是客户端。这种工作模式特别适合 TCP/UDP。

客户端与服务器并非通常意义上的硬件或系统，而是进程。它们可以运行在一台计算机中，也可以运行在网络环境中的两台或多台计算机上。如图 8.4 所示，在客户端与服务器通信时各端都要维护各自的 Socket。

习题

1. 在套接字编程中，客户方需要用到 Java 类的（　　）来创建 TCP 连接。
   A. Socket　　　　　　B. URL　　　　　　C. ServerSocket　　　　D. DatagramSocket

2. 以下关于 socket 的描述错误的是（　　）。
   A. 是一种文件描述符
   B. 是一个编程接口
   C. 仅限于 TCP/IP
   D. 可用于一台主机内部不同进程间的通信

3. 下列关于套接字的叙述正确的是（　　）。
   A. 流套接字提供的服务是有序的，无重复的
   B. 流套接字提供的服务是有序的，有重复的
   C. 数据报套接字提供的服务是有序的，无重复的
   D. 数据报套接字提供的服务是有序的，有重复的

4. Java 网络程序位于 TCP/IP 参考模型的哪一层？（　　）
   A. 网络层互联层　　　　　　　　　　B. 应用层
   C. 传输层网络　　　　　　　　　　　D. 主机-网络层

8.3　面向 TCP 的 Java Socket 程序设计

8.3.1　Socket 类和 ServerSocket 类

在 Java 中，一切职责都由相应的对象承担。Java.net 包提供了 Socket 和 ServerSocket 两个类承担客户端与服务器端之间的通信。为此，要先在服务器端生成一个 ServerSocket 对象，开辟一个连接队列保存（不同）客户端的套接口，用来侦听、等待来自客户端的请求。也就是说，ServerSocket 对象的职责是不停地侦听和接收，一旦有客户请求，ServerSocket 对象便另行创建一个 Socket 对象担当会话任务，而自己继续监听。Socket 对象则用来封装一个 Socket 连接的有关信息，可用于客户端，也可用于服务器端；客户端的 Socket 对象表示欲发起的连接，而服务器端的 Socket 对象表示 ServerSocket 对象侦听到客户端的连接请求后建立的实现 Socket 会话的对象。这两种套接字统称为流套接字。

Socket 对象和 ServerSocket 对象的活动用各自的方法进行，如表 8.2 所示为 ServerSocket 类的常用公开方法。

表 8.2　**ServerSocket 类的常用公开方法**

方　法　名	说　　明
ServerSocket()	构造器：建立未指定本地端口的侦听套接口
ServerSocket(int port)	构造器：建立指定本地端口的侦听套接口

方 法 名	说 明
ServerSocket(int port,int backlog)	构造器：建立指定本地端口和队列大小的侦听套接口
ServerSocket(int port, int backlog, InetAddress bindAddr)	构造器：建立指定本地端口、队列大小和 IP 地址的侦听套接口
Socket accept()	阻塞服务进程,启动监听,等待客户端连接请求
void bind(SocketAddress endpoint)	绑定本地套接口地址。若已绑定或无法绑定,则抛出异常
void close()	关闭服务器套接口
boolean isClosed()	测试服务器套接口是否已经关闭
InetAddress getInetAddress()	获取与服务器套接口的 IP 地址
int getLocalPort()	获取服务器套接口的端口号
boolean isBound()	测试服务器套接口是否已经与一个本地套接口地址绑定

说明：

（1）队列大小是服务器可以同时接收的连接请求数,默认的大小为 50。队列满后,新的连接请求将被拒绝。

（2）在选择端口时必须小心。每一个端口提供一种特定服务,只有给出正确的端口才能获得相应的服务。端口的范围为 0~65 536,但是 0~1023 的端口号为系统保留,例如,http 服务的端口号为 80,telnet 服务的端口号为 23,FTP 服务的端口号为 21,电子邮件服务的端口为 25。一般选择一个大于 1023 的数用于会话性连接,以防止发生冲突。

（3）如果在创建 Socket 时发生错误,将产生 IOException 异常,必须在程序中对其进行处理,所以在创建 ServerSocket 对象或 Socket 对象时必须捕获或抛出异常。

如表 8.3 所示为 Socket 类的常用公开方法。

表 8.3　Socket 类的常用公开方法

方 法 名	说 明
Socket()	构造器：建立未指定连接的套接口
Socket(String host,int port)	构造器：建立套接口,并绑定服务器主机和端口
Socket(InetAddress bindAddress,int port)	构造器：建立套接口,并绑定服务器 IP 地址和端口
Socket(String host,int port,InetAddress localAddress,int localPort)	构造器：建立套接口,并绑定服务器主机和端口、本地 IP 地址和端口
Socket(InetAddress bindAddress,int port,InetAddress localAddress,int localPort)	构造器：建立套接口,并绑定服务器 IP 地址和端口、本地 IP 地址和端口
void bind(SocketAddress endpoint)	绑定指定的套接口地址。若已绑定或无法绑定,则抛出异常
boolean isBound()	测试套接口是否已经与一个套接口地址绑定
InetAddress getInetAddress()	获取被连接服务器的 IP 地址
int getPort()	获取被服务器的端口号
InetAddress getLocalInetAddress()	获取本地 IP 地址
int getLocalPort()	获取本地的端口号
boolean isConnected()	测试套接口是否被连接

方 法 名	说 明
InputStream getInputStream()	获取套接口输入流
OutputStream getOutputStream()	获取套接口输出流
void shutdownInput()/void shutdownOutput()	关闭输入/输出流
boolean isInputShutdown()/boolean isOutputShutdown()	测试输入/输出流是否已经关闭
void close()	关闭服务器套接口
boolean isClosed()	测试套接口是否已经被关闭

8.3.2　TCP Socket 通信过程

TCP 是一个可靠的、有连接的传输协议。在程序中实现客户端与服务器端之间的通信大致分为 3 个阶段,即 Socket 连接建立阶段、会话阶段、通信结束阶段。

1. Socket 连接建立阶段

这个阶段的工作大致有如下 3 个步骤。

① 服务器创建侦听的 ServerSocket 对象,等待客户端的连接请求。

② 客户端创建连接用的 Socket 对象,指定 IP 地址、端口号和使用的通信协议,试图与服务器建立连接。

③ 服务器的 ServerSocket 对象侦听到客户端的连接请求,创建一个会话用的 Socket 对象接受连接,并与客户端进行通信。这个功能由服务器端 Socket 的 accept() 实现。accept() 是一个阻塞函数,该方法被调用后将使服务器端进程处于等待状态,等待客户的请求,当有一个客户套接口启动并请求连接到相应的端口成功后,accept() 就返回一个对应于客户的会话套接口对象。

这里需要明白的一个问题是,为什么服务器端要先创建一个监听套接口,再创建一个会话套接口,而客户端不要呢? 因为只有这样服务器端才能为多个客户端提供服务。在这种情况下,侦听套接口的端口号是固定的,而会话套接口的端口号是临时分配的。

2. 会话阶段

在取得 Socket 连接后,客户端与服务器端的工作是对称的,主要是创建 InputStream 和 OutputStream 两个流对象,通过这两个流对象将 Socket 连接看成一个 I/O 流对象进行处理,即通过输入/输出流读/写套接口进行通信。

3. 通信结束阶段

该阶段的任务是进行一些必要的清理工作,先关闭输入/输出流,最后关闭 Socket。上述过程可以简要地用图 8.5 描述。

8.3.3　TCP Socket 程序设计

1. 服务器端 TCP Socket 程序设计

如前所述,服务器端程序应当包含如下内容。

(1) 创建 ServerSocket 对象。这时必须有一个协议端口,以便明确其提供的服务,否则无法确定客户端的连接请求是否应该由 ServerSocket 对象接收。协议端口可以作为

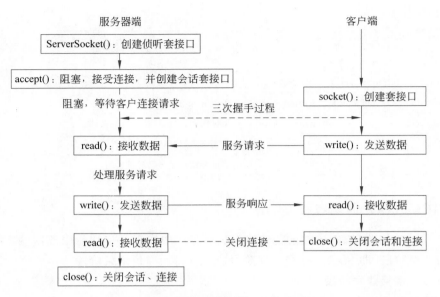

图 8.5　客户端与服务器的一次通信过程

ServerSocket 构造器的参数提供,例如:

```
ServerSocket serverSocket =new ServerSocket (8080);
```

　　若创建服务器监听套接口使用的是无参构造器,通过该方法创建的 serverSocket 不与任何端口绑定,接下来还需要通过 bind()方法与特定端口绑定。这个默认构造方法的用途是,允许服务器在绑定到特定端口之前,先设置 ServerSocket 的一些选项。因为一旦服务器与特定端口绑定,有些选项就不能再改变了。例如:

```
ServerSocket serverSocket =new ServerSocket();
serverSocket.setReuseAddress(true);        //设置 ServerSocket 的选项:服务关掉重启时立刻可使用该端口
serverSocket.bind(new InetSocketAddress(8080));      //与 8080 端口绑定
```

　　对于大型程序,特别是对于由多人开发的程序,为了确认服务器监听套接口是否已经与一个协议端口绑定,可以使用 isBound()方法进行测试。

　　(2) 阻塞服务进程,启动监听进程。创建 ServerSocket 对象只是创建了服务器进程,其他什么也没做。只有 ServerSocket 对象调用 accept()方法才开始启动监听,这时服务器进程被阻塞(即停顿),等待客户端的连接请求。一旦客户端连接请求到来,建立连接,才唤醒 accept()方法,返回一个 Socket 对象,用于双方会话。例如:

```
Socket sSocket =serverSocket.accept();
```

　　(3) 创建流,读/写数据。Socket 类提供的 getInputStream()方法用于获得输入字节流对象。一旦得到输入字节流对象,要先用 InputStreamReader 将其转换为字符流对象,再用缓冲流 BufferedReader 对其进行包装,以加快流速度。使用 BufferedReader 类对象的 readLine()方法每次读入一行数据,例如:

```
BufferedReader sReader =new BufferedReader (new InputStrearnReader (sSocket.getlnputSream
()));
```

　　Socket 类提供的 getOutputStream()方法用于获得输出流对象。一旦得到输出流对象,就可以使用 PrintWriter 类对其进行包装。例如：

```
Printwriter sWriter =new PrintWriter(sSocket.getOutputStream(), true);
```

（4）善后处理——关闭流,关闭连接,关闭套接口。

在上述过程的基础上加上创建两种套接口时的异常处理,就可以得到如下服务器端程序代码。

【代码 8-2】 具有回送（收到后回送）功能的服务器代码。

EchoServer.java

```java
1   import java.io. * ;
2   import java.net. * ;
3
4   public class EchoServer {
5       /** 定义监听端口 */
6       public static final int port =8087;
7
8       /** 主方法 */
9       public static void main(String[] args) throws IOException {
10          ServerSocket sServer =null;
11          Socket sSocket =null;
12          try {
13            try {
14                //创建服务器监听套接口
15                sServer =new ServerSocket(port);
16                System.out.println("服务器启动: " +sServer.getLocalPort());
17            } catch (IOException ioe) {
18                System.out.println("不能侦听,出现错误: " +ioe);
19            }
20
21            try {
22                System.out.println("阻塞服务器进程,等待客户连接请求");
23                System.out.println("客户连接请求到: " +sServer.getLocalPort());
24                //启动监听
25                sSocket =sServer.accept();
26            } catch (IOException ioe) {
27                System.out.println("错误: " +ioe);
28            }
29
30            System.out.println("建立连接: " +sSocket.getInetAddress());
31            //获得 sSocket 输入流并用 BufferedReader 包装
32             BufferedReader sReader = new BufferedReader(new InputStreamReader(sSocket.
             getInputStream())));
33            //获得 sSocket 输出流并用 PrintWriter 包装
34            PrintWriter sWriter =new PrintWriter(sSocket.getOutputStream(), true);
35            //循环读入并回送
36            while (true) {
37                String string =sReader.readLine();
38                if (string.equals("end")) {
39                    sWriter.println("Byebye!");
40                    break;
41                }
42                System.out.println("来自客户端: " +string);
43                sWriter.println(string);
44            }
45
46            sReader.close();
47            sWriter.close();
```

```
48          } catch (IOException ioe) {
49            System.out.println("错误: " +ioe);
50          } finally {
51            System.out.println("关闭连接");
52            sSocket.close();
53            System.out.println("关闭服务器");
54            sServer.close();
55          }
56        }
57    }
```

运行结果如下：

```
Z:\Documents\TeachingCode\JavaBook\bin>java unit8.code8_2.EchoServer
服务器启动: 8087
阻塞服务器进程,等待客户连接请求
客户连接请求到: 8087
建立连接: /127.0.0.1
来自客户端: hello
来自客户端: java
关闭连接
关闭服务器
```

说明：程序运行后服务器端等待来自客户端的请求。收到请求连接成功后,将接收到的客户端数据又原样发送给客户端。若收到的数据是"end",则关闭连接,关闭服务器。

2. 客户端 TCP Socket 程序设计

客户端要在服务器端开始侦听之后才向服务器发送连接请求,连接成功才开始与服务器端进行会话。所以,客户端的工作比较简单,程序内容只需要包含如下 3 个部分。

(1) 创建一个 Socket 对象,这个对象要指定服务器主机和预定的连接端口。例如：

```
String hostname = "www.Javazhang.cn";
int port = 8080;
Socket cSocket = new Socket(hostname, port);
```

程序一旦用 new 创建了 Socket 对象,就认为成功地进行了连接。

(2) 通过流来读/写数据。

(3) 善后处理——关闭套接口。

【代码 8-3】 具有回送(收到后回送)功能的客户端代码。

EchoClient.java

```
1     import java.io.*;
2     import java.net.*;
3
4     public class EchoClient {
5         /** 定义服务器主机名称 */
6         public static final String hostname = "localhost";
7         /** 定义服务器服务端口 */
8         private static final int port = 8087;
9
10        /** 主方法 */
11        public static void main(String[] args) throws IOException {
12            Socket cSocket = null;
13            try {
14                cSocket = new Socket(hostname, port);
15                System.out.println("客户端启动: " +cSocket);
16                //获得 cSocket 输入流
```

```
17          BufferedReader cReader =new BufferedReader(new InputStreamReader(cSocket.
            getInputStream()));
18          //每写一行就清空缓存
19          PrintWriter cWriter =new PrintWriter(cSocket.getOutputStream(), true);
20          System.out.print("请输入要发送的内容: ");
21          //获得输入流
22          BufferedReader cLocalReader = new BufferedReader (new InputStreamReader
            (System.in));
23          String msg =null;
24          while ((msg =cLocalReader.readLine()) !=null) {
25              //把读得数据写入输出流
26              cWriter.println(msg);
27              System.out.println("来自服务器: " +cReader.readLine());
28              if (msg.equals("end")) {
29                  break;
30              }
31             System.out.print("请输入要发送的内容: ");
32          }
33      } catch (IOException ioe) {
34          ioe.printStackTrace();
35      } finally {
36          System.out.println("关闭连接");
37          try {
38              cSocket.close();
39          } catch (IOException ioe) {
40              ioe.printStackTrace();
41          }
42      }
43    }
44 }
```

运行结果如下:

```
Z:\Documents\TeachingCode\JavaBook\bin>java unit8.code8_3.EchoClient
客户端启动: Socket[addr=localhost/127.0.0.1,port=8087,localport=10011]
请输入要发送的内容: hello ↵
来自服务器: hello
请输入要发送的内容: java ↵
来自服务器: java
请输入要发送的内容: end ↵
来自服务器: Byebye!
关闭连接
```

说明:

(1) 连接到服务器端后,输入数据发送到服务端,并接收来自服务端的数据。若输入的数据是"end",则关闭与服务端的连接。

(2) printStackTrace()是 Throwable 类中定义的一个方法。Throwable 类是所有错误类和异常类的父类,它继承自 Object 类并实现了 Serializable 接口。printStackTrace()方法用于在标准设备上打印堆栈轨迹。如果一个异常在某函数内部被触发,堆栈轨迹就是该函数被层层调用过程的轨迹。

习题

1. 下面的 4 组语句中,能够建立一个主机地址为 201.113.77.158,端口为 2002,本机地址为 214.55.113.88,端口为 8008 的套接口的是(　　　)。

A. Socket socket = new Socket ("201.113.77.158",2002);

B. InetAddress addr = InetAddress.getByName ("214.55.113.88");

Socket socket = new Socket ("201.113.77.158",2002,addr,8008);

    C. InetAddress addr = InetAddress.getByName ("201.113.77.158");

       Socket socket = new Socket ("214.55.113.88",8008,addr,2002);

    D. Socket socket = new Socket ("214.55.113.88",8008);

2. 下面的 4 组语句中,只有( )可以建立一个地址为 201.113.6.88,侦听端口为 2002,最大连接数为 10 的 ServerSocket 对象。

    A. ServerSocket socket = new ServerSocket (2002);

    B. ServerSocket socket = new ServerSocket (2002,10);

    C. InetAddress addr = InetAddress.getByName ("localhost");

       ServerSocket socket = new ServerSocket (2002,10,addr);

    D. InetAddress addr = InetAddress.getByName ("201.113.6.88");

       ServerSocket socket = new ServerSocket (2002,10,addr);

3. Socket 的工作流程是( )。

①打开连接到 Socket 的输入/输出

②按某个协议对 Socket 进行读/写操作

③创建 Socket

④关闭 Socket

    A. ①③②④   B. ②①③④   C. ①②③④   D. ③①②④

4. 在套接字编程中,服务器方需要用到 Java 类的( )来监听端口。

    A. Socket   B. URL   C. ServerSocket   D. DatagramSocket

5. ServerSocket 的监听方法 accept()的返回值类型是( )。

    A. void   B. Object   C. Socket   D. DatagramSocket

6. 如何判断一个 ServerSocket 已经与特定端口绑定,并且还没有被关闭?( )

    A. boolean isOpen=serverSocket.isBound();

    B. boolean isOpen=serverSocket.isBound()&& ! serverSocket.isClosed();

    C. boolean isOpen=serverSocket.isBound()&& serverSocket.isConnected();

    D. boolean isOpen=! serverSocket.isClosed();

7. 编写程序。编写一个 Java Socket 程序,实现在客户端输入圆的半径,在服务器端计算圆的周长和面积,再将结果返回客户端。

知识链接

链 8.1　发送和接收对象

8.4 面向 UDP 的 Java 程序设计

8.4　面向 UDP 的 Java 程序设计

    UDP 传输不需要连接,一个报文的各个分组会按照网络的情形"各自为政"地选择合适的路径传输。不需要连接,问题就简单多了,可以按照"想发就发"的原则传输。为此,只要解决以下两个问题。

（1）各个分组（packet）的封装。

（2）分组的传输。

上述两个职责分别由不同的类对象担当，这两个类分别为 DatagramPacket 和 DatagramSocket。DatagramPacket 在 Java 程序中用于封装数据报，DatagramSocket 用其 send()方法和 receive()方法发送和接收数据。在发送信息时，Java 程序要先创建一个包含待发送信息的 DatagramPacket 实例，并将其作为参数传递给 DatagramSocket 类的 send()方法；在接收信息时 Java 程序要先创建一个 DatagramPacket 实例，该实例中预先分配了一些空间（一个字节数组 byte[ ]），并将接收到的信息存放在该空间中。然后把该实例作为参数传递给 DatagramSocket 类的 receive()方法。

除此之外，Java 还为 UDP 传输提供了 MulticastSocket 类，用于多点传送。

这 3 种套接字都称为自寻址套接字，并分别称为自寻址包封装套接字、自寻址包传输套接字和自寻址多点传送套接字。它们都位于 java.net 包内，这里重点介绍前两种。

8.4.1　DatagramPacket 类

DatagramPacket 类用来表示数据报包，数据报包用来实现无连接包投递服务。每条报文仅根据该包中包含的信息从一台机器路由到另一台机器。从一台机器发送到另一台机器的多个包可能选择不同的路由，也可能按不同的顺序到达。

1. DatagramPacket 类的构造器

对于不同的数据报传输，可以用不同参数的 DatagramPacket 类的构造器创建不同的 DatagramPacket 实例对象。DatagramPacket 的构造器如下。

- DatagramPacket(byte[] buf,int length)：构造 DatagramPacket，用来接收长度为 length 的数据包。
- DatagramPacket(byte[] buf,int offset,int length)：构造 DatagramPacket，用来接收长度为 length 的包，在缓冲区中指定了偏移量。
- DatagramPacket(byte[] buf,int length,InetAddress address,int port)：构造 DatagramPacket，用来将长度为 length 的包发送到指定主机上的指定端口。
- DatagramPacket(byte[] buf,int length,SocketAddress address)：构造数据报包，用来将长度为 length 的包发送到指定主机上的指定端口。
- DatagramPacket(byte[] buf,int offset,int length,InetAddress address,int port)：构造 DatagramPacket，用来将长度为 length、偏移量为 offset 的包发送到指定主机上的指定端口。
- DatagramPacket(byte[] buf,int offset,int length,SocketAddress address)：构造数据报包，用来将长度为 length、偏移量为 offset 的包发送到指定主机上的指定端口。

DatagramPacket 类构造器的参数如下。

（1）字节数组 byte[ ] buf：DatagramPacket 处理报文首先要将报文拆分成字节数组。数据报的大小不能超过字节数组的大小。TCP/IP 规定数据报的最大数据量为 65 507B，大多数平台能够支持 8192B 的报文。

（2）数据报的数据部分在字节数组中的起始位置：一般用 int offset 表示，在接收数据时用于指定数据报中的数据部分从字节数组的哪个位置开始放起,在发送时用于指定从字节数组的哪个位置开始发送。

（3）发送数据时要传输的字节数或接收数据时所能接收的最多字节数：一般用 int length 表示。length 参数应当比实际的数据字节数大,否则在接收时将会把多出的数据部分抛弃。

（4）目标地址——目标主机地址：一般用 InetAddress address 表示。

（5）目标端口号：一般用 int port 表示。

在不同情况下,可以使用上述不同参数的重载构造器。其中,接收数据报的构造器与发送数据报的构造器是两种最基本的类型,前者不需要目的主机地址和目的端口号;后者由于自寻址的需要一定要有这两个参数。如果没有这两个参数,需要用下面介绍的方法进行设置或修改。

2. DatagramPacket 类的一般方法

DatagramPacket 还提供了两类方法,一类用来为数据报设置、修改参数或数据内容,其形式为 setXxx(相关参数);另一类用来获取数据报的有关参数或数据内容,其形式为 getXxx()。

- void setAddress(InetAddress addr)：设置要将此数据报发往的目的机器的 IP 地址。
- void setData(byte[] buf)：为此包设置数据缓冲区。
- void setData(byte[] buf,int offset,int length)：为此包设置数据缓冲区。
- void setLength(int length)：为此包设置长度。
- void setPort(int port)：设置要将此数据报发往的远程主机的端口号。
- void setSocketAddress(SocketAddress address)：设置要将此数据报发往的远程主机的 SocketAddress(通常为 IP 地址＋端口号)。
- InetAddress getAddress()：返回某台机器的 IP 地址,此数据报将要发往该机器或者从该机器接收。
- byte[] getData()：返回数据缓冲区。
- int getLength()：返回将要发送或者接收的数据的长度。
- int getOffset()：返回将要发送或者接收的数据的偏移量。
- int getPort()：返回某台远程主机的端口号,此数据报将要发往该主机或者从该主机接收。
- SocketAddress getSocketAddress()：获取要将此包发送或者发出此数据报的远程主机的 SocketAddress(通常为 IP 地址＋端口号)。

8.4.2　DatagramSocket 类

DatagramSocket 类用于表示发送和接收数据报包的套接字。数据报包套接字是包投递服务的发送或接收点。每个在数据报包套接字上发送或接收的包都是单独编址和路由的。从一台机器发送到另一台机器的多个包可能选择不同的路由,也可能按不同的顺序到达。

1. DatagramSocket 类的构造器

DatagramSocket 类用于创建数据报（自寻址传输）的套接口实例。每个 DatagramSocket 对象会绑定一个服务端口，这个端口可以是显式设置的，也可以是隐式设置由系统自行分配的。显式设置时，DatagramSocket 的构造器最多需要端口号（int port）和主机地址（InetAddress iAddress）两个参数。下面是 DatagramSocket 构造器的几种形式：

```
1    public DatagramSocket () throws SocketException                    //隐式设置
2    public DatagramSocket (int port) throws SocketException
3    public DatagramSocket (int port, InetAddress iAddress) throws SocketException
4    public DatagramSocket (SocketAddress sAddress) throws SocketException
```

隐式设置后，还可以使用 bind(SocketAddress sAddress)方法进行显式绑定。

2. DatagramSocket 类的几个重要方法

（1）public void send(DatagramPacket dp) throws IOException 方法：用于从当前套接口发送数据报，它需要一个 DatagramPacket 对象作为参数。send()的使用方法如下。

```
1    try {
2        //定义本端服务端口号
3        int port =8008;
4        //创建套接口,默认本机地址
5        DatagramSocket dSocket =new DatagramSocket (port);
6
7        //发送数据
8        String sendData ="新概念 Java 大学教程";
9        //按发送数据长度定义缓冲区
10       byte[] sendbuf =new byte[sendData.length ()];
11       //将数据转换为字节序列
12       sendData.getBytes (0,sendData.length (),sendbuf,0);
13       //将主机名转换为 InetAddress 对象
14       SocketAddress remoteIP =InetAddress.getByName ("www.Javazhang.cn");
15
16       //创建一个数据报对象
17       DatagramPacket sendPacket =new DatagramPacket (sendbuf,sendbuf.length, remoteIP,
port);
18       //用套接口发送数据报对象
19       dSocket.send (sendPacket);
20   }catch (IOException ioe) {
21       ioe.printStackTrace ();
22   }
```

注意：与 Socket 类不同，DatagramSocket 实例在创建时并不需要指定目的地址，只绑定本端地址和服务端口。因为在进行数据交换前，TCP 套接字必须跟特定主机和另一个端口号上的 TCP 套接字建立连接，直到连接关闭，则该套接字只能与相连接的那个套接字通信。而 UDP 套接字在进行通信前不需要建立连接，目的地址在创建数据报对象时才指定，这样就可以使数据报发送到不同的目的地或接收于不同的源地址。

（2）public void receive(DatagramPacket dp) throws IOException 方法：用于从当前套接口接收数据报，它需要一个 DatagramPacket 对象作为参数。注意，接收缓冲区的大小不是像发送那样可以按照要发送的数据计算，因为接收端无法知道对方发送的数据量，这时可按照常规确定。receive()方法的使用如下。

```
1   try {
2       int port = 8008;
3       DatagramSocket rcvSocket = new DatagramSocket (port);
4       DatagramPacket rcvPacket = new DatagramPacket (new byte[1024],1024);
5       rcvSocket.receive (rcvPacket);
6   }catch (IOException ioe) {
7       ioe.printStackTrace ();
8   }
```

说明：这个方法的调用会阻塞当前进程，直至收到数据报为止。此外，这里设定的缓冲区为 1024B，当接收的数据报大于 1024B 时容易丢失数据。

（3）public void close()方法：关闭数据报套接口。

（4）DatagramSocket 类的其他方法。

3. DatagramSocket 类的其他方法

DatagramSocket 类还有许多方法可以调用，这些方法可以分为如下两类。

（1）获取 UDP 套接口有关参数的 getXxx()方法：调用这些方法可以获取当前套接口的本地主机地址、本地端口号、所连接的对端主机地址、对端端口号、发送端缓冲区大小等。

- InetAddress getInetAddress()：返回此套接字连接的地址。
- InetAddress getLocalAddress()：获取套接字绑定的本地地址。
- int getLocalPort()：返回此套接字绑定的本地主机上的端口号。
- int getPort()：返回此套接字的端口。
- SocketAddress getLocalSocketAddress()：返回此套接字绑定到的端点的地址，如果尚未绑定则返回 null。
- int getReceiveBufferSize()：获取此 DatagramSocket 的 SO_RCVBUF 选项的值，该值是平台在 DatagramSocket 上输入时使用的缓冲区大小。
- int getSendBufferSize()：获取此 DatagramSocket 的 SO_SNDBUF 选项的值，该值是平台在 DatagramSocket 上输出时使用的缓冲区大小。
- int getSoTimeout()：获取 SO_TIMEOUT 的设置。
- boolean getBroadcast()：检测是否启用了 SO_BROADCAST。

（2）其他：例如设置或获得是否启动广播机制、设置接收缓冲区大小等。

- void setBroadcast(boolean on)：启用/禁用 SO_BROADCAST。
- void setReceiveBufferSize(int size)：将此 DatagramSocket 的 SO_RCVBUF 选项设置为指定的值。
- void setSendBufferSize(int size)：将此 DatagramSocket 的 SO_SNDBUF 选项设置为指定的值。
- void setSoTimeout(int timeout)：用指定的超时时间（毫秒）启用/禁用 SO_TIMEOUT。
- void bind(SocketAddress addr)：将此 DatagramSocket 绑定到特定的地址和端口。
- void connect(InetAddress address, int port)：将套接字连接到此套接字的远程地址。
- void connect(SocketAddress addr)：将此套接字连接到远程套接字地址（IP 地址 + 端口号）。

- void disconnect()：断开套接字的连接。
- void bind(SocketAddress addr)：将此 DatagramSocket 绑定到特定的地址和端口。
- boolean isBound()：返回套接字的绑定状态。
- boolean isClosed()：返回是否关闭了套接字。
- boolean isConnected()：返回套接字的连接状态。

8.4.3　UDP Socket 程序设计

　　UDP 提供了不保证顺序的用户数据报传输服务。在比较简单的应用中，客户端常常只用单个 UDP 报文来发送请求，服务器也用单个报文回送应答。在这种情况下，UDP 服务器和客户端间的交互程序采用循环结构是非常有利的。如图 8.6 所示为 UDP 方式下客户端与服务器的通信过程。

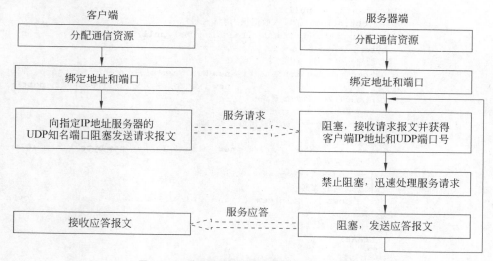

图 8.6　UDP 方式下客户端与服务器的通信过程

1. UDP 客户端 Socket 程序设计

一个典型的 UDP 客户端主要包括以下 3 步。

① 创建一个 DatagramSocket 实例，可以选择对本地地址和端口号进行设置。

② 使用 DatagramSocket 类的 send()/receive()方法发送/接收 DatagramPacket 实例。

③ 通信完成后，使用 DatagramSocket 类的 close()方法销毁该套接字。

【代码 8-4】　具有回送功能的客户端代码。这个程序发送一个带有回送字符串的数据报文，并打印服务器收到的所有信息。

UDPEchoClient.java

```
1    import java.net.*;
2    import java.io.*;
3
4    public class UDPEchoClient {
5        private DatagramSocket clientSocket;
6        public static final int port = 8008;
```

```
7
8        /** 主方法 */
9     public static void main(String[] args) throws IOException {
10        new UDPEchoClient().startClient();
11     }
12
13     public UDPEchoClient() throws IOException {
14        clientSocket = new DatagramSocket(port + 1);
15        System.out.println("客户端启动.........");
16     }
17
18     public void startClient() throws IOException {
19        try {
20           //将主机名转换为 InetAddress 对象
21           InetAddress remoteIP = InetAddress.getByName("localhost");
22           //将用户输入存入缓冲区,读用户标准输入数据
23           BufferedReader bufReader = new BufferedReader(new InputStreamReader(System.in));
24           String sendData = null;
25           System.out.print("请输入数据报内容: ");
26           while ((sendData = bufReader.readLine()) != null) {
27              byte[] sendbuf = sendData.getBytes();
28              //创建一个数据报对象
29              DatagramPacket sendPacket = new DatagramPacket(sendbuf, sendbuf.length,
                                       new InetSocketAddress(remoteIP, port));
30              //用套接口发送数据报对象
31              clientSocket.send(sendPacket);
32              System.out.println("发出数据报");
33              //创建缓冲区
34              DatagramPacket rcvPacket = new DatagramPacket(new byte[1024], 1024);
35              //接收数据放入 rcvPacket
36              clientSocket.receive(rcvPacket);
37              //显示收到的数据
38              System.out.println(new String (rcvPacket. getData ( ), 0, rcvPacket.
                 getLength()));
39              if (sendData.equals("end")) {
40                 break;
41              }
42              System.out.print("请输入数据报内容: ");
43           }
44        } catch (IOException ioe) {
45           ioe.printStackTrace();
46        } finally {
47           System.out.print("关闭 socket");
48           clientSocket.close();
49        }
50     }
51  }
```

运行结果如下：

```
Z:\Documents\TeachingCode\JavaBook\bin>java unit8.code8_4.UDPEchoClient
客户端启动.........
请输入数据报内容: hello↵
发出数据报
from server:hello
请输入数据报内容: world↵
发出数据报
from server:world
请输入数据报内容: end↵
```

2. UDP 服务器端 Socket 程序设计

与 TCP 服务器一样,UDP 服务器也是被动地等待客户端的数据报。但 UDP 是无连接的,其通信要由客户端的数据报初始化。典型的 UDP 服务器程序包括以下 3 步。

① 创建一个 DatagramSocket 实例,指定本地端口号,并可以指定本地 IP 地址。此时,服务器已经准备好从任何客户端接收数据报文。

② 使用 DatagramSocket 类的 receive( )方法接收一个 DatagramPacket 实例。当 receive()方法返回时,数据报文就包含客户端的地址,这样就可以知道回复信息应该发送到什么地方。

③ 使用 DatagramSocket 类的 send()和 receive()方法来发送和接收 DatagramPacket 实例进行通信。

【代码 8-5】 具有回送(收到后回送)功能的服务器代码。这个服务器非常简单,它不停地循环,接收数据报文后将相同的数据报文返回给客户端。

UDPEchoServer.java

```java
1    import java.net.*;
2    import java.io.*;
3
4    public class UDPEchoServer {
5        private DatagramSocket serverSocket;
6
7        /** 主方法 */
8        public static void main(String[] args) throws IOException {
9            new UDPEchoServer().startServer();
10       }
11
12       public UDPEchoServer() throws IOException {
13           serverSocket =new DatagramSocket(8008);
14           System.out.println("服务器启动..........");
15       }
16
17       public void startServer() throws IOException {
18           while (true) {
19               try {
20                   //创建缓冲区
21                   DatagramPacket rcvPacket =new DatagramPacket(new byte[1024], 1024);
22                   System.out.println("等待接收数据........");
23                   //有接收数据放入 rcvPacket;否则阻塞
24                   serverSocket.receive(rcvPacket);
25                   //将接收到字节数组转换成字符串
26                   String sendData =new String(rcvPacket.getData(), 0, rcvPacket.getLength());
27                   System.out.println("From " +rcvPacket.getAddress() +":" +sendData);
28                   //字符串转换为字节数组放入 rcvPacket
29                   rcvPacket.setData(("from server:" +sendData).getBytes());
30                   //发送
31                   serverSocket.send(rcvPacket);
32               } catch (IOException ioe) {
33                   ioe.printStackTrace();
```

```
34                    }
35               }
36         }
37  }
```

运行结果如下：

```
Z:\Documents\TeachingCode\JavaBook\bin>java unit8.code8_5.UDPEchoServer
服务器启动.........
等待接收数据.......
From /127.0.0.1:hello
等待接收数据.......
From /127.0.0.1:world
等待接收数据.......
From /127.0.0.1:end
等待接收数据.......
```

习题

1. 下列说法错误的是(   )。

    A. TCP 是面向连接的协议，而 UDP 是无连接的协议

    B. 数据报传输是可靠的，可以保证数据包按顺序到达

    C. Socket 是一种软件形式的抽象，用于表达两台机器间一个连接的"终端"

    D. 端口(port)并不是机器上一个物理上存在的场所，而是一种软件抽象

2. 使用 UDP 套接字通信时，常用哪个类把要发送的信息打包？(   )

    A. String   B. DatagramSocket

    C. MulticastSocket   D. DatagramPacket

3. 在 UDP 通信中，接收和发送数据报要用到的类是(   )。

    A. Socket   B. DatagramSocket

    C. DatagramPacket   D. MulticastSocket

4. 使用 UDP 套接字通信时，哪个方法用于接收数据？(   )

    A. read()   B. receive()   C. accept()   D. listen()

5. 编写程序。编写一个服务器端 ServerDemo.java 程序，它能够响应客户的请求。如果这个请求的内容是字符串"hello"，服务器仅将"welcome!"字符串返回给用户。否则将用户的话追加到当前目录的文本文件 log.txt 中，并向用户返回"OK!"。

8.5　网络资源访问

8.5　网络资源访问

8.5.1　URI、URL 和 URN

1989 年，Tim Berners-Lee 发明了 Web 网——全球互相链接的实际和抽象资源的集合，并按需求提供信息实体。通过互联网访问，实际资源的范围从文件到人，抽象的资源包括数据库查询。由于要通过多样的方式识别资源，需要一个标准的资源途径识别记号。为此，Tim Berners-Lee 引入了标准的识别、定位和命名的途径，即 URI(Uniform Resource Identifier，统一资源标识符)、URL(Uniform Resource Locator，统一资源定位符)和 URN(Uniform Resource Name，统一资源名称)。

1. URI

URI 是互联网的一个协议要素，用于定位任何远程或本地的可用资源，它唯一的作用就是解析。这些资源通常包括 HTML 文档、图像、视频片段、程序等。URI 一般由下面 3 个部分组成。

- 访问资源的命名机制。
- 存放资源的主机名(有时也包括端口号)。
- 资源自身的名称，由路径表示。

上述部分的组成格式如下：

```
协议:[//][[用户名|密码]@]主机名[:端口号]][/资源路径]
```

例如，URI

```
http://www.webmonkey.com.cn/html/html40/
```

表明这是一个可通过 HTTP 访问的资源，位于主机 www.webmonkey.com.cn 上，通过路径/html/html40 访问。

有时为了用 URI 指向一个资源的内部，要在 URI 后面添加一个用"♯"引出的片段标识符(anchor 标识符)。例如，下面是一个指向 section_2 的 URI：

```
http://somesite.com/html/top.htm#section_2
```

在 URI 中，默认的端口号可以省略。

2. URL 和 URN

URL 和 URN 是 URI 的两个子集。一个 URL 由下列 3 个部分组成。

(1) 协议(或称为服务方式)。

(2) 存有该资源的主机 IP 地址(有时也包括端口号)。

(3) 主机内资源的具体地址，例如目录和文件名等。

第 1 部分和第 2 部分之间用"：//"符号隔开，第 2 部分和第 3 部分用"/"符号隔开。第 1 部分和第 2 部分是不可缺少的，第 3 部分有时可以省略。

在用 URL 表示文件时，服务器方式用 file 表示，后面要有主机 IP 地址、文件的存取路径(即目录)和文件名等信息。有时可以省略目录和文件名，但符号不能省略。例如：

```
file://ftp.yoyodyne.com/pub/files/abcdef.txt
```

代表存放在主机 ftp.yoyodyne.com 上的 pub/files/目录下的一个文件，文件名是 abcdef.txt。而

```
file://ftp.xyz.com/
```

代表主机 ftp.xyz.com 上的根目录。

在使用超级文本传输协议 HTTP(稍后介绍)时，URI 提供超级文本信息服务资源。例如：

```
http://www.peopledaily.com.cn/channel/welcome.htm
```

表示计算机域名为 www.peopledaily.com.cn，这是人民日报社的一台计算机。超文本文件(文件类型为 html)在目录/channel 下的 welcome.htm。

URN 是 URL 的一种更新形式，URN 不依赖于位置，并可能减少失效连接的个数。但

因为它需要更精密软件的支持,流行还需一些时日。

> 注意:Windows 主机不区分 URL 大小写,但是 UNIX/Linux 主机区分大小写。

8.5.2　URL 类

为了将 URL 封装为对象,在 java.net 中实现了 URL 类,同时提供了一组方法用于对 URL 操作。

(1) URL 类的构造器:URL 类提供了创建各种类形式的 URL 实例构造器。

- public URL(String spec)
- public URL(URL context,String spec)
- public URL(String protocol,String host,String path)
- public URL(String protocol,String host,int port,String path)
- public URL(String protocol,String host,int port,String path,URLStreamHandler handler)
- public URL(URL context,String spec,URLStreamHandler handler)

参数说明:

- spec:URL 字符串。
- context:spec 为相对 URL 时解释 spec。
- protocol:协议。
- host:主机名。
- port:端口号。
- path:资源文件路径。
- handler:指定上下文的处理器。

通过 URL 类的构造器来构造 URL 对象的示例如下。

```
1   URL urlBase =new URL ("http://www.263.net/");       //通过 URL 字符串构造 URL 对象
2   URL net263 =new URL ("http://www.263.net/");
3   URL index263 =new URL (net263, "index.html");        //通过相对 URL 构造 URL 对象
```

> 注意:URL 类的构造器都声明抛出非运行时异常(MalformedURLException),因此在生成 URL 对象时必须要对这一异常进行处理。

(2) getXxx()形式的 URL 类方法。

通过这些方法可以获取 URL 实例的属性。

- String getPath():获取此 URL 的路径部分。
- String getFile():获取此 URL 的文件名部分。
- String getQuery():获取此 URL 的查询字符串部分。
- int getPort():获取此 URL 的端口号。
- String getAuthority():获取此 URL 的授权信息。
- String getHost():获取此 URL 的主机名。
- int getDefaultPort():返回协议的默认端口号,如果没有设置端口,返回-1。

- String getProtocol()：获取此 URL 的协议名称。
- String getRef()：获得该 URL 的锚点。

（3）URL 的其他方法。

- InputStream openStream()：打开与此 URL 的连接，并返回一个用于读取该 URL 资源的字节输入流，通过输入流可以读取、访问网络上的资源。
- URLConnection openConnection()：打开一个 URL 连接，并返回一个 URLConnection 对象，它代表了与 URL 所引用的远程对象的连接，可以用来访问远程资源。

【代码 8-6】　利用 URL 从 Web 上读取数据，统计字符个数并将内容写入另一文件。

ReadFileFromURL.java

```
1   import java.io.*;
2   import java.net.*;
3   import java.util.Scanner;
4
5   public class ReadFileFromURL {
6       /** 主方法 */
7       public static void main(String[] args) {
8           System.out.print("输入 URL: ");
9           Scanner input = new Scanner(System.in);
10          String URLString = input.next();
11          input.close();
12          try {
13              File file = new File(".\\urlContent.txt");
14              if (!file.exists()) {
15                  file.createNewFile();
16              }
17              FileWriter writer = new FileWriter(file);
18              BufferedWriter bw = new BufferedWriter(writer);
19
20              URL url = new URL(URLString);
21              BufferedReader reader = new BufferedReader (new InputStreamReader (url.
                openStream(), "utf8"));
22              int count = 0;
23              String line;
24              while (((line = reader.readLine()) != null)) {
25                  //统计字符个数
26                  count += line.length();
27                  //将从 URL 中读取的内容写入 urlContent.txt
28                  bw.write(line);
29                  bw.newLine();
30              }
31              bw.close();
32              System.out.println("文件大小: " + count + "个字符");
33          } catch (java.net.MalformedURLException ex) {
34              System.out.println("无效的 URL");
35          } catch (java.io.IOException ex) {
36              System.out.println("IO 错误");
37          }
38      }
39  }
```

运行结果如下：

```
输入 URL: https://www.sohu.com?
文件大小: 181998 个字符
```

此外，程序会将读取的内容写入文件 urlContent.txt，其部分内容如图 8.7 所示。

图 8.7　urlContent.txt 部分内容

8.5.3　URLConnection 类

URLConnection 表示应用程序和 URL 之间的通信连接。URLConnection 类也在包 java.net 中定义,常用方法如下。

- void connect():打开到此 URL 所引用的资源的通信连接(如果尚未建立这样的连接)。
- void addRequestProperty(String key,String value):添加由键值对指定的一般请求属性。
- Object getContent():检索此 URL 链接的内容。
- InputStream getInputStream():返回从此打开的链接读取的输入流。
- OutputStream getOutputStream():返回写入到此链接的输出流。
- void setDoInput(boolean input):URL 连接可用于输入和/或输出。如果打算使用 URL 连接进行输入,则将 DoInput 标志设置为 true;如果不打算使用,则设置为 false。默认值为 true。
- void setDoOutput(boolean output):URL 连接可用于输入和/或输出。如果打算使用 URL 连接进行输出,则将 DoOutput 标志设置为 true;如果不打算使用,则设置为 false。默认值为 false。
- URL getURL():返回此 URLConnection 的 URL 字段的值。
- String getContentEncoding():返回头部 content-encoding(内容编码)字段值。
- int getContentLength():返回头部 content-length(内容长度)字段值。
- String getContentType():返回头部 content-type(内容类型)字段值。
- long getDate():返回创建日期。
- long getExpiration():返回头部 expires(终止时间)字段值。
- long getLastModified():返回最后修改时间。
- String getHeaderField(int n):返回第 n 个头字段的值。

- String getHeaderField(String name)：返回指定的头字段的值。
- Map＜String,List＜String＞＞ getHeaderFields()：返回所有 URL 响应头信息。

注意：与输出流建立连接时，首先要在一个 URL 对象上通过方法 openConnection() 生成对应的 URLConnection 对象。

代码 8-6 的功能也可使用 URLConnection 类来实现，只需将第 21 行代码替换成以下内容即可。

```
URLConnection conn=url.openConnection();
BufferedReader reader = new BufferedReader(new InputStreamReader(conn.getInputStream(), "utf8"));
```

【代码 8-7】 URLConnection 示例。

URLConnectionDemo.java

```
1   import java.net.*;
2   import java.util.Iterator;
3   import java.util.Map;
4   import java.util.Map.Entry;
5   import java.util.Set;
6
7   public class URLConnectionDemo {
8       /** 主方法 */
9       public static void main(String[] args) throws Exception {
10          URL url =new URL("https://www.163.com/");
11          URLConnection conn =url.openConnection();
12          Map headers =conn.getHeaderFields();
13          Set set =headers.entrySet();
14          Iterator it =set.iterator();
15          while (it.hasNext()) {
16              Map.Entry en =(Entry<String, String>) it.next();
17              System.out.println(en.getKey() +":" +en.getValue());
18          }
19      }
20  }
```

程序运行结果：

```
Transfer-Encoding:[chunked]
null:[HTTP/1.1 200 OK]
cdn-ip:[60.163.162.40]
Server:[nginx]
X-Ser:[BC147_dx-lt-yd-hunan-changsha-8-cache-2, BC49_dx-zhejiang-jinhua-8-cache-2,
BC49_dx-zhejiang-jinhua-8-cache-2]
Connection:[keep-alive]
Date:[Tue, 25 May 2021 06:33:57 GMT]
cdn-user-ip:[183.159.233.156]
Cache-Control:[no-cache,no-store,private]
cdn-source:[baishan]
X-Cache-Remote:[HIT]
Vary:[Accept-Encoding]
Expires:[Tue, 25 May 2021 06:35:01 GMT]
Age:[16]
Content-Type:[text/html; charset=GBK]
```

习题

　　1. 创建一个输入流，从 Web 服务器上的文件中读取数据，可以使用 URL 类的（　　）方法。

  A. getInputStream()   B. obtainInputStream()

  C. openStream()   D. connectStream()

　　2. Java 中实现通过网络使用 URL 访问对象的功能的流是（　　）。

  A. URL 输入流   B. Socket 输入流

  C. PipedInputStream 输入流   D. BufferedInputStream 输入流

　　3. 若对 Web 页面进行操作，一般会用到的类是（　　）。

  A. URL 和 URLConnection   B. ServerSocket

  C. Socket   D. DatagramSocket

　　4. 编写程序。读取淘宝网（https://www.taobao.com/）首页的内容将其存入文件home_page.txt，并统计"淘宝"字样出现的次数。要求：分别用 URL 和 URLConnection实现。

知识链接

链 8.2　URLEncoder 类和 URLDecoder 类   链 8.3　Web 爬虫

8.6 本章小结

8.6　本章小结

　　本章重点介绍了 Java 网络编程的相关知识。

　　(1) 介绍了 IP 协议与 IP 地址的概念，InetAddress 类的使用方法。

　　(2) 介绍了 Socket 的概念，C/S 工作模式。

　　(3) 介绍了 ServerSocket 和 Socket 两个类，程序可以通过这两个类实现 TCP 服务器、TCP 客户端。Socket 是基于 TCP 的有连接通信，保证可靠性。

　　(4) 介绍了 Java 提供的 UDP 通信支持类：DatagramSocket 和 DatagramPacket。基于UDP 的通信和基于 TCP 的通信不同，基于 UDP 的信息传递更快，但不提供可靠性保证。

　　(5) 介绍了网络资源的访问方法，重点介绍了 URL 和 URLConnection 类的使用。

习题

　　1. 编写程序。编写一个客户端/服务器程序，用于实现下列功能：客户端向服务器发送10 个整数，服务器计算这 10 个数的平均值，将结果返回客户端。

　　2. 编写程序。编写一个客户端/服务器程序，用于实现下列功能：客户端向服务器发送字符串，服务器接收字符串，并以单词为单位进行拆分，然后送回客户端。

第9章 图形用户界面开发

早期程序的人机交互使用字符用户界面下的输入/输出方式,用户通过键盘输入数据,程序将信息输出在屏幕上。现代程序则要求使用图形用户界面(Graphical User Interface,GUI),界面中有菜单、按钮等,用户通过鼠标选择菜单中的选项、单击按钮等方式执行任务。

本章将学习 JavaFX,JavaFX 是 Java 的下一代客户端平台和 GUI 框架。比起上一代的 Swing 技术,JavaFX 功能更强大,编程更简单,构造界面的控件种类更丰富,并且有功能强大的界面设计工具——Scene Builder 的支持。

9.1 JavaFX 基础

JavaFX 是开发 Java GUI 程序的新框架,可用于开发富因特网应用(Rich Internet Application,RIA),其目标是取代 Swing。

9.1.1 JavaFX 程序的基本结构

本节从编写一个简单的 JavaFX 程序入手,来分析一个 JavaFX 程序的基本结构。JavaFX 程序作为一种特殊类型的应用程序,它的构成也是特殊的。JavaFX 为了方便程序员编写 JavaFX 程序,特别定义好了一个特殊的类 Application,即 javafx.application.Application,每个 JavaFX 程序都必须继承这个类。代码 9-1 是一个简单的 JavaFX 程序,在一个窗体中显示一个按钮,如图 9.1 所示。

图 9.1 一个简单的 JavaFX 程序

【代码 9-1】 一个简单的 JavaFX 程序。

SimpleJavaFX.java

```
1    import javafx.application.Application;
2    import javafx.scene.Scene;
3    import javafx.scene.control.Button;
4    import javafx.stage.Stage;
5
6    public class SimpleJavaFX extends Application {
7      @Override              //覆盖 Application 类中的 start()方法
8      public void start(Stage primaryStage) {
9        //创建一个按钮(Button)
10       Button btOK =new Button("OK");
11       //创建一个指定宽度和高度的场景(Scene),并将按钮置于场景中
12       Scene scene =new Scene(btOK, 200, 250);
13       //设置舞台(Stage)的标题
14       primaryStage.setTitle("Hello world");
15       //将 scene 放入 stage
16       primaryStage.setScene(scene);
17       //显示主舞台
18       primaryStage.show();
```

```
19    }
20
21    public static void main(String[] args) {
22      Application.launch(args);
23    }
24  }
```

程序运行结果如图 9.1 所示。

说明：

（1）如果要编译和运行 JavaFX 程序，必须安装 JDK 8 以上的版本。

（2）launch()方法（第 22 行）是 Application 类中的静态方法，用于启动一个独立的 JavaFX 程序。如果从命令行运行程序，main()方法（第 21～23 行）不是必需的。当从 IDE 中启动 JavaFX 程序时，可能会需要 main()方法。当运行一个没有 main()方法的 JavaFX 程序时，JVM 会自动调用 launch()方法。

（3）JavaFX 程序必须重写 javafx.application.Application 类中的 start()方法（第 8 行），这个方法是 JavaFX 程序的启动方法，由 Java 虚拟机自动调用。start()方法的主要作用就是完成程序界面的具体构造，它接收的参数 primaryStage 是由 Java 虚拟机自动创建的一个特殊对象，称为主舞台（Stage），相当于程序的主窗口。我们需要在这个主舞台上完成界面的构造。首先需要创建一个场景 Scene 对象，然后在场景上摆放各种节点（Node）（如 Button）来构造界面（第 12 行），然后将场景对象添加到主舞台上（第 16 行），最后显示主舞台（第 18 行）。舞台、场景及按钮之间的关系如图 9.2 所示。

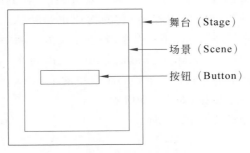

舞台（Stage）

场景（Scene）

按钮（Button）

图 9.2　舞台、场景及按钮之间的关系

Stage 对象是 JavaFX 的顶层容器，它构成应用程序的主窗口。每个 JavaFX 应用都可自动访问一个 Stage，它称为主舞台。主舞台是 JavaFX 应用启动时由运行时系统创建的，通过 start()方法的参数获得，用户不能自己创建。Scene 表示舞台中一个场景，它也是一个容器，可包含各种控件，如布局面板、按钮、复选框、文本和图形等。

（4）JavaFX 程序有多种启动方式，第 22 行是其中一种方式。

第二种方式为：

```
launch(args);
```

就是可以去掉 Application。

第三种方式为：

```
Application.launch(SimpleJavaFX.class,args);
```

第一个参数为继承了 Application 类的 Class 对象。

(5) 若退出 JavaFX 程序，只需调用如下语句：

```
Platform.exit();
```

根据需要，可以创建多个舞台。代码 9-2 中的 JavaFX 程序显示了两个舞台，如图 9.3 所示。在 First Stage 中显示 OK 按钮，在 Second Stage 中显示 Cancel 按钮。

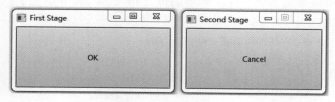

图 9.3　一个 JavaFX 程序显示多个舞台

【代码 9-2】　显示两个舞台的 JavaFX 程序。

MultipleStageDemo.java

```java
1    import javafx.application.Application;
2    import javafx.scene.Scene;
3    import javafx.scene.control.Button;
4    import javafx.stage.Stage;
5
6    public class MultipleStageDemo extends Application {
7        @Override
8        public void start(Stage primaryStage) {
9            Scene scene =new Scene(new Button("OK"), 250, 250);
10           primaryStage.setTitle("First Stage");
11           primaryStage.setScene(scene);
12           primaryStage.show();
13
14           //创建一个新舞台
15           Stage stage =new Stage();
16           stage.setTitle("Second Stage");
17           stage.setScene(new Scene(new Button("Cancel"), 200, 250));
18           //防止用户改变舞台大小
19           stage.setResizable(false);
20           stage.show();
21       }
22
23       public static void main(String[] args) {
24           launch(args);
25       }
26   }
```

9.1.2　舞台和场景

JavaFX 采用的比喻是舞台。正如现实中的舞台表演，舞台是有场景的。舞台定义了一个空间，场景定义了在该空间内发生了什么。换句话说，舞台是场景的容器，场景是组成场景的元素的容器。因此，所有 JavaFX 应用程序都具有至少一个舞台和至少一个场景。这些元素在 JavaFX API 中由 Stage 和 Scene 类封装。要创建 JavaFX 应用程序，至少需要在一个 Stage 中添加一个 Scene 对象。

Stage 是顶级容器。所有 JavaFX 应用程序都自动能够访问一个 Stage，叫作主舞台。当 JavaFX 应用程序启动时，运行时系统会提供主舞台（start()方法的参数）。尽管还可以创建其他舞台,但是对于许多应用程序,主舞台是唯一需要的舞台。

Scene 是组成场景的元素的容器。这些元素包括控件(如命令按钮、复选框和输入框等)、文本和图形。为了创建场景,需要把这些元素添加到一个 Scene 实例中。

场景中的元素称为节点,每个节点表示用户界面的可视化组件,比如一个按钮、一个圆。面板是一个容器,可将节点布局在一个希望的位置和大小。将节点置于一个面板中,然后再将面板置于一个场景中。

舞台、场景、面板及节点间的关系如图 9.4 所示。

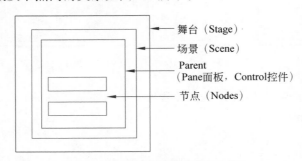

图 9.4 舞台、场景、面板及节点间的关系

9.1.3 场景图和节点

场景中的内容是通过层次结构表示的。场景中的单独元素叫作节点。例如,命令按钮控件就是一个节点。不过,节点也可以由一组节点组成。而且节点还可以有子节点,具有子节点的节点叫作父节点或分支节点。没有子节点的节点叫作终端节点或叶子。场景中所有节点的集合创建出所谓的场景图,场景图又构成了树。

场景图中有一种特殊的节点是根节点。在场景图中只能有一个根节点,它不能有父节点,除根节点外,其他节点都可以有父节点,而且所有节点都直接或者间接地派生自根节点。根节点通常是一个面板(Pane),它管理场景中节点对象的摆放。

Node 是所有节点的根类。有一些类直接或间接地派生自 Node 类,如 Parent、Group、Region 和 Control 等。它们之间的关系如图 9.5 所示。

从图 9.5 可以看出,节点可以是一个形状、一个图像视图、一个 UI 组件或者一个面板。形状是指文字、直线、圆、椭圆、矩形、多边形、弧、折线等。UI 组件是指按钮、标签、文本域、复选框等。

9.1.4 Java 坐标系

组件在容器中的位置,可以采用坐标指定,坐标系由二维坐标组成。不过,屏幕和面板等组件坐标与数学的笛卡儿坐标不同,它的原点(0,0)在屏幕或面板的左上角,横向为 x 轴,纵向为 y 轴。坐标的度量单位是像素点,如图 9.6 所示。

习题

1. 以下不属于 Java 的 GUI 开发技术的是( )。

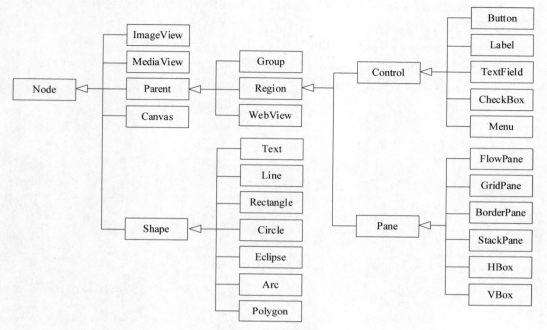

图 9.5 节点派生关系图

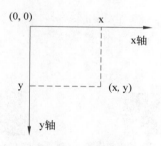

图 9.6 Java 坐标系

    A. Swing   B. AWT   C. Angular   D. JavaFX

2. 每个 JavaFX 程序 main 类都必须(   )。

    A. 实现 javafx.application.Application   B. 继承 javafx.application.Application

    C. 覆盖 start()方法   D. 覆盖 start(Stage s)方法

3. 下列说法正确的是(   )。

    A. 当 JavaFX 应用程序启动时,一个 primary stage 会由 JVM 自动创建

    B. 一个 JavaFX 程序可以显示多个舞台

    C. 通过调用舞台上的 show()方法来显示舞台

    D. 使用 setScene()方法在舞台上放置场景

4. 下列方法中不属于 JavaFX 应用程序生命周期方法的是(   )。

    A. init()   B. start()   C. stop()   D. launch()

5. 下列说法正确的是(   )。

    A. 控件(Control)可以包含面板(Pane)   B. 场景(Scene)可以包含节点(Node)

C. 面板(Pane)可以包含节点(Node)　　D. 控件(Control)可以包含形状(Shape)

6. 下列语句错误的是(　　)。

　　A. new Scene(new Button("OK"));　　B. new Scene(new Rectangle());

　　C. new Scene(new Pane());　　D. new Scene(new ImageView());

7. 下列选项属于绑定属性类型的是(　　)。

　　A. Integer　　B. LongProperty

　　C. Double　　D. FloatProperty

8. 下面程序的输出结果是(　　)。

```
import javafx.beans.property.IntegerProperty;
import javafx.beans.property.SimpleIntegerProperty;

public class Test {
    public static void main(String[] args) {
        IntegerProperty d1 = new SimpleIntegerProperty(1);
        IntegerProperty d2 = new SimpleIntegerProperty(2);
        d1.bind(d2);
        System.out.print("d1 is " + d1.getValue() + " and d2 is " + d2.getValue());
        d2.setValue(3);
        System.out.println(", d1 is " + d1.getValue() + " and d2 is " + d2.getValue());
    }
}
```

　　A. d1 is 2 and d2 is 2，d1 is 3 and d2 is 3

　　B. d1 is 2 and d2 is 2，d1 is 2 and d2 is 3

　　C. d1 is 1 and d2 is 2，d1 is 1 and d2 is 3

　　D. d1 is 1 and d2 is 2，d1 is 3 and d2 is 3

知识链接

链 9.1　JavaFX 与 AWT 及　链 9.2　JavaFX 的生命周期　　链 9.3　Eclipse 中 JavaFX 的　　链 9.4　JavaFX 属性与
Swing 的比较　　　　　　　　　　　　　　　　　　　　安装配置　　　　　　　　　属性绑定

9.2 布局
面板

9.2　布　局　面　板

JavaFX 提供了多种类型的面板,用于在一个容器中组织面板。常用的布局面板有 Pane、FlowPane、GridPane、BorderPane、HBox 和 VBox 等。不同类型的面板采取不同的布局策略,可以根据实际的需要来选择不同的面板,从而构造出所需要的界面。

9.2.1　Pane

Pane 类是 Java 最基本的布局类,也是所有其他面板类的父类。Pane 是一个绝对布局控件,它主要用于对控件绝对定位的情况。

Pane 的构造方法有:

• Pane():创建一个新的 Pane 对象。

- Pane(Node ··· children)：使用指定的节点创建新的面板布局。

Pane 的常用方法见表 9.1。

表 9.1　Pane 的常用方法

方　　法	功 能 说 明
public ObservableList＜Node＞ getChildren()	返回添加到面板上子节点的可观察列表。ObservableList 的方法 boolean add(E element)和 boolean addAll(E.elements)用来添加元素(节点)
public void setLayoutX(double v)	设置属性 layoutX 的值
public void setLayoutY(double v)	设置属性 layoutY 的值
public double getLayoutX()	返回属性 layoutX 的值
public double getLayoutY()	返回属性 layoutY 的值
public void setPrefSize(double width, double height)	设置面板的初始大小
public void relocate(double x, double y)	将对象重新定位到指定的坐标

【代码 9-3】　Pane 布局演示。

PaneDemo.java

```
1    import javafx.application.Application;
2    import javafx.scene.Scene;
3    import javafx.scene.control.Button;
4    import javafx.scene.control.Label;
5    import javafx.scene.control.PasswordField;
6    import javafx.scene.control.TextField;
7    import javafx.scene.layout.Pane;
8    import javafx.stage.Stage;
9
10   public class PaneDemo extends Application {
11       /** 主方法 */
12       public static void main(String[] args) {
13           launch();
14       }
15
16       @Override
17       public void start(Stage primaryStage) throws Exception {
18           //创建面板
19           Pane pane = new Pane();
20
21           //创建控件：标签、密码输入框、按钮
22           Label lbName = new Label("用户名");
23           TextField tfName = new TextField();
24           Label lbPassword = new Label("密码");
25           PasswordField tfPassword = new PasswordField();
26           Button okBtn = new Button("登录");
27
28           //设置控件的定位：横坐标、纵坐标
29           lbName.setLayoutX(50);
30           lbName.setLayoutY(15);
31           tfName.setLayoutX(90);
32           tfName.setLayoutY(10);
33           lbPassword.setLayoutX(50);
34           lbPassword.setLayoutY(55);
35           tfPassword.setLayoutX(90);
```

```
36          tfPassword.setLayoutY(50);
37          okBtn.setLayoutX(180);
38          okBtn.setLayoutY(90);
39
40          //创建场景,并将面板加到场景中
41          Scene scene = new Scene(pane);
42          //将控件添加到面板
43          pane.getChildren().addAll(lbName, tfName, lbPassword, tfPassword, okBtn);
44
45          primaryStage.setWidth(300);
46          primaryStage.setHeight(170);
47          primaryStage.setScene(scene);
48          primaryStage.setTitle("用户登录");
49          primaryStage.show();
50      }
51 }
```

程序运行结果如图 9.7 所示。

说明:试着改变窗体的大小,控件的位置不会发生
变化,原因是 Pane 是绝对定位布局。

图 9.7　Pane 布局演示

9.2.2　FlowPane

FlowPane 是流式布局面板,它采用的布局策略是
按照控件的添加次序逐个摆放,按照从上到下、从左到
右的次序摆放。可横向或竖向排列元素,若到末尾还不
能放完,则重新换行或者换列排列。当舞台的大小发生变化后,场景的大小也自动跟着变
化,面板的大小也跟着变化,并且会重新计算各个控件的位置,重新摆放各个控件的位置。
与 HBox 和 VBox 不同的是,FlowPane 会保证将所有组件完整展现出来。

FlowPane 类的部分构造方法如下。

- FlowPane():创建一个默认的 FlowPane。
- FlowPane(double hgap, double vgap):创建具有指定水平和垂直间隙的
  FlowPane。
- FlowPane(double hgap, double vgap, Node… children):创建一个新的 FlowPane
  布局,并指定水平、垂直间隙和节点。
- FlowPane(Node… children):创建具有指定节点的 FlowPane。

FlowPane 类的常用方法如表 9.2 所示。

表 9.2　FlowPane 类的常用方法

方　　法	功　能　说　明
public final Pos getAlignment()	返回面板的"对齐"值
public final double getHgap()	返回面板的水平间隙
public final Orientation getOrientation()	返回面板的方向
public final VPos getRowValignment()	获取属性 rowValignment 的值
public final double getVgap()	返回面板的垂直间隙
public final void setAlignment(Pos value)	设置面板的"对齐"值

方　　法	功能说明
public final void setHgap(double value)	设置面板的水平间隙
public final void setOrientation(Orientation value)	设置面板的方向
public final void setRowValignment(VPos value)	设置属性 rowValignment 的值
public final void setVgap(double value)	设置面板的垂直间隙

【代码 9-4】　FlowPane 布局演示。

FlowPaneDemo.java

```
1   import javafx.application.Application;
2   import javafx.geometry.Insets;
3   import javafx.scene.Scene;
4   import javafx.scene.control.*;
5   import javafx.scene.layout.FlowPane;
6   import javafx.stage.Stage;
7
8   public class FlowPaneDemo extends Application {
9       /** 主方法 */
10      public static void main(String[] args) {
11          launch();
12      }
13
14      @Override
15      public void start(Stage primaryStage) throws Exception {
16          //创建流式布局面板
17          FlowPane flowPane =new FlowPane();
18          //设置外边距(与父组件间的距离)(顶部、右边、底部、左边)
19          flowPane.setPadding(new Insets(11, 12, 13, 14));
20          //设置控件之间的水平间隔距离
21          flowPane.setHgap(5);
22          //设置控件之间的垂直间隔距离
23          flowPane.setVgap(5);
24
25          //创建控件:标签、密码输入框、按钮
26          Label lbName =new Label("用户名");
27          TextField tfName =new TextField();
28          Label lbPassword =new Label("密码");
29          PasswordField tfPassword =new PasswordField();
30          Button okBtn =new Button("登录");
31
32          //创建场景,并将面板加到场景中
33          Scene scene =new Scene(flowPane, 450, 80);
34          //将控件添加到面板
35          flowPane.getChildren().addAll(lbName, tfName, lbPassword, tfPassword, okBtn);
36
37          primaryStage.setScene(scene);
38          primaryStage.setTitle("用户登录");
39          primaryStage.show();
40      }
41  }
```

程序运行结果如图 9.8 所示。

说明:

(1) 试着改变窗体的大小,控件的位置会随之发生变化。

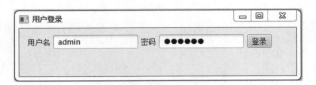

图 9.8　FlowPane 布局演示

（2）第 19 行用到 Insets 类的构造方法 Insets（double top，double right，double bottom，double left）。Insets 对象描述容器的边界区域，它指定一个容器在它的各个边界上应留出的空白宽度。

9.2.3　GridPane

GridPane 是网格布局面板，它采用的布局策略是将整个面板划分为若干个格子，每个格子的大小是一样的，每个格子中可以放置一个控件，类似于表格的方式。通过设置列和行的 index（索引）来定位，列和行的索引从 0 开始。

GridPane 类只有一个构造方法：

- GridPane（）：创建一个 GridPane。

GridPane 类的常用方法如表 9.3 所示。

表 9.3　GridPane 类的常用方法

方　法	功 能 说 明
public void add(Node child, int columnIndex, int rowIndex)	添加一个节点到给定的列和行
public void addColumn(int columnIndex, Node… children)	添加多个节点到给定的列
public void addRow(int rowIndex, Node… children)	添加多个节点到给定的行
public static Integer getColumnIndex(Node child)	返回给定的节点的列序号
public static void setColumnIndex(Node child, Integer value)	将一个节点设置到新的列，该方法重新定位节点
public static Integer getRowIndex(Node child)	返回给定的节点的行序号
public static void setRowIndex(Node child, Integer value)	将一个节点设置到新的行，该方法重新定位节点
public final void setAlignment(Pos value)	设置面板中内容的整体对齐（默认为 Pos.LEFT）
public final void setGridLinesVisible(boolean value)	设置网格线是否可见（默认为 false）
public final void setHgap(double value)	设置节点间的水平间隔（默认为 0）
public final void setVgap(double value)	设置节点间的垂直间隔（默认为 0）
public static void setHalignment(Node child, HPos value)	为单元格中的子节点设置水平对齐
public static void setValignment(Node child, VPos value)	为单元格中的子节点设置垂直对齐

【代码 9-5】　GridPane 布局演示。

GridPaneDemo.java

```
1   import javafx.application.Application;
2   import javafx.geometry.*;
3   import javafx.scene.Scene;
4   import javafx.scene.control.*;
5   import javafx.scene.layout.GridPane;
```

```
6    import javafx.stage.Stage;
7
8    public class GridPaneDemo extends Application {
9        /** 主方法 */
10       public static void main(String[] args) {
11           launch();
12       }
13
14       @Override
15       public void start(Stage primaryStage) throws Exception {
16           //创建网格布局面板
17           GridPane gridPane = new GridPane();
18           //设置节点居中,放置在网格面板中央
19           gridPane.setAlignment(Pos.CENTER);
20           //设置外边距(与父组件间的距离)(顶部、右边、底部、左边)
21           gridPane.setPadding(new Insets(11, 12, 13, 14));
22           //设置控件之间的水平间隔距离
23           gridPane.setHgap(5);
24           //设置控件之间的垂直间隔距离
25           gridPane.setVgap(5);
26
27           //创建控件:标签、密码输入框、按钮
28           Label lbName = new Label("用户名");
29           TextField tfName = new TextField();
30           Label lbPassword = new Label("密码");
31           PasswordField tfPassword = new PasswordField();
32           Button okBtn = new Button("登录");
33
34           //创建场景,并将面板加到场景中
35           Scene scene = new Scene(gridPane);
36           //将控件添加到面板指定列和行的位置
37           gridPane.add(lbName, 0, 0);
38           gridPane.add(tfName, 1, 0);
39           gridPane.add(lbPassword, 0, 1);
40           gridPane.add(tfPassword, 1, 1);
41           gridPane.add(okBtn, 1, 2);
42           //设置按钮水平右对齐
43           GridPane.setHalignment(okBtn, HPos.RIGHT);
44
45           primaryStage.setScene(scene);
46           primaryStage.setTitle("用户登录");
47           primaryStage.show();
48       }
49   }
```

程序运行结果如图 9.9 所示。

说明：第 35 行没有设置场景的大小,在这种情况下,场景会
根据其中的节点大小自动计算。

9.2.4　BorderPane

BorderPane 是边界布局面板,它采用的布局策略是将整个
面板划分五个区域,分别是上、下、左、右、中,每个区域可以放置
一个控件。

BorderPane 类的构造方法如下。

- BorderPane()：创建一个 BorderPane。

图 9.9　GridPane 布局演示

- BorderPane(Node center)：使用中心节点创建布局。
- BorderPane(Node center，Node top，Node right，Node bottom，Node left)：创建具有所有位置节点的布局。

BorderPane 类的常用方法如表 9.4 所示。

表 9.4　BorderPane 类的常用方法

方　　法	功 能 说 明
public static void setAlignment(Node child，Pos value)	设置面板中的节点对齐方式
public final void setBottom(Node value)	将节点添加到面板底部
public final void setCenter(Node value)	将节点添加到面板中心
public final void setLeft(Node value)	将节点添加到面板左侧
public final void setRight(Node value)	将节点添加到面板右侧
public final void setTop(Node value)	将节点添加到面板顶部
public final Node getBottom()	返回面板的底部节点
public final Node getCenter()	返回面板的中心节点
public final Node getLeft()	返回面板的左侧节点
public final Node getRight()	返回面板的右侧节点
public final Node getTop()	返回面板的顶部节点

【代码 9-6】　BorderPane 布局演示。

BorderPaneDemo.java

```
1   import javafx.application.Application;
2   import javafx.geometry.Insets;
3   import javafx.geometry.Pos;
4   import javafx.scene.Scene;
5   import javafx.scene.control.Button;
6   import javafx.scene.layout.BorderPane;
7   import javafx.stage.Stage;
8
9   public class BorderPaneDemo extends Application {
10      /** 主方法 */
11      public static void main(String[] args) {
12          launch();
13      }
14
15      @Override
16      public void start(Stage primaryStage) throws Exception {
17          //创建边框布局面板
18          BorderPane borderPane =new BorderPane();
19          //设置外边距(与父组件间的距离)(顶部、右边、底部、左边)
20          borderPane.setPadding(new Insets(11, 11, 11, 11));
21
22          //创建按钮
23          Button topBtn =new Button("上");
24          Button bottomBtn =new Button("下");
25          Button leftBtn =new Button("左");
26          Button rightBtn =new Button("右");
```

```
27          Button centerBtn =new Button("中");
28
29          //将按钮添加到面板指定位置,并设置对齐方式
30          borderPane.setTop(topBtn);
31          BorderPane.setAlignment(topBtn, Pos.TOP_CENTER);
32          borderPane.setBottom(bottomBtn);
33          BorderPane.setAlignment(bottomBtn, Pos.BOTTOM_CENTER);
34          borderPane.setLeft(leftBtn);
35          BorderPane.setAlignment(leftBtn, Pos.CENTER_LEFT);
36          borderPane.setRight(rightBtn);
37          BorderPane.setAlignment(rightBtn, Pos.CENTER_RIGHT);
38          borderPane.setCenter(centerBtn);
39
40          //创建场景,并将面板加到场景中
41          Scene scene =new Scene(borderPane, 200, 120);
42          primaryStage.setScene(scene);
43          primaryStage.setTitle("BorderPaneDemo");
44          primaryStage.show();
45      }
46 }
```

程序运行结果如图 9.10 所示。

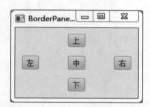

图 9.10　BorderPane 布局演示

9.2.5　StackPane

StackPane 是堆叠布局面板,元素会叠在一起,如果没给每一个元素单独设置位置,就叠在一起。

StackPane 类的构造方法如下。

- StackPane():创建一个 StackPane。
- StackPane(Node … c):使用指定的节点创建一个 StackPane。

StackPane 类的常用方法如表 9.5 所示。

表 9.5　StackPane 类的常用方法

方　　法	功　能　说　明
public final Pos getAlignment()	返回 StackPane 的对齐方式
public static Pos getAlignment(Node child)	返回节点的对齐方式
public static Insets getMargin(Node child)	返回节点的外边距
public static void setAlignment(Node child, Pos value)	设置 StackPane 中指定节点的对齐方式
public final void setAlignment(Pos value)	设置 StackPane 的对齐方式
public static void setMargin(Node child, Insets value)	为面板中的节点设置外边距

【代码 9-7】 StackPane 布局演示。

StackPaneDemo.java

```java
1   import javafx.application.Application;
2   import javafx.scene.Scene;
3   import javafx.scene.layout.StackPane;
4   import javafx.scene.paint.Color;
5   import javafx.scene.shape.Ellipse;
6   import javafx.scene.shape.Rectangle;
7   import javafx.scene.text.Font;
8   import javafx.scene.text.Text;
9   import javafx.stage.Stage;
10
11  public class StackPaneDemo extends Application {
12
13      /** 主方法 */
14      public static void main(String[] args) {
15          launch();
16      }
17
18      @Override
19      public void start(Stage primaryStage) throws Exception {
20          //创建堆叠布局面板
21          StackPane stackPane = new StackPane();
22
23          //创建矩形并设置填充颜色
24          Rectangle rectangle = new Rectangle(80, 100, Color.MIDNIGHTBLUE);
25          //设置笔画颜色
26          rectangle.setStroke(Color.BLACK);
27
28          //创建椭圆
29          Ellipse ellipse = new Ellipse(88, 45, 30, 45);
30          //设置椭圆的填充颜色
31          ellipse.setFill(Color.MEDIUMBLUE);
32          ellipse.setStroke(Color.LIGHTGREY);
33
34          //创建文本
35          Text text = new Text("y");
36          //设置字体及大小
37          text.setFont(Font.font("Times New Roman", 40));
38          text.setFill(Color.WHITE);
39
40          //将控件添加到面板中
41          stackPane.getChildren().addAll(rectangle, ellipse, text);
42
43          //创建场景,并将面板加到场景中
44          Scene scene = new Scene(stackPane, 200, 120);
45          primaryStage.setScene(scene);
46          primaryStage.setTitle("StackPaneDemo");
47          primaryStage.show();
48      }
49  }
```

程序运行结果如图 9.11 所示。

说明:

(1) Color 类可以创建颜色对象,并为形状或文本指定不同的颜色。可以通过 Color 类

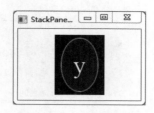

图 9.11　StackPane 布局演示

的常量创建颜色,还可通过构造方法和 Color 类的静态方法创建颜色。

（2）Font 类的实例表示字体,包含字体的相关信息,如字体名、字体粗细、字体形态和大小。

9.2.6　HBox 和 VBox

HBox 是水平布局面板,用来水平排列控件。HBox 布局策略就是将所有的控件放在同一行,无论有多少个控件都是放在同一行,不换行,这样会导致有的组件不能展现出来。

HBox 的构造方法如下。

- HBox()：创建一个默认的 HBox。
- HBox(double spacing)：使用节点间指定的水平间隔创建一个 HBox。
- HBox(Node… children)：使用节点创建一个 HBox。
- HBox(double spacing,Node… children)：使用节点间指定的水平间隔及节点创建一个 HBox。

HBox 类的常用方法如表 9.6 所示。

表 9.6　HBox 类的常用方法

方　　　法	功 能 说 明
public final void setAlignment(Pos value)	设置面板中子节点的整体对齐方式(默认为 Pos.TOP_LEFT)
public final void setFillHeight(boolean value)	设置子节点是否自适应方框的高度(默认为 true)
public final void setSpacing(double value)	设置节点的水平间隔(默认为 0)
public static void setMargin (Node child，Insets value)	为面板中的节点设置外边距

VBox 是垂直布局面板,用来垂直排列控件。VBox 布局策略就是将所有的控件放在同一列,不换列,这样会导致有的组件不能展现出来。

VBox 的构造方法如下。

- VBox()：创建一个默认的 VBox。
- VBox(double spacing)：使用节点间指定的垂直间隔创建一个 VBox。
- VBox(Node… children)：使用节点创建一个 VBox。
- VBox(double spacing，Node… children)：使用节点间指定的垂直间隔及节点创建一个 VBox。

VBox 类的常用方法如表 9.7 所示。

表 9.7　VBox 类的常用方法

方　　法	功　能　说　明
public final void setAlignment(Pos value)	设置面板中子节点的整体对齐方式（默认为 Pos.TOP_LEFT）
public final void setFillHeight(boolean value)	设置子节点是否自适应方框的高度（默认为 true）
public final void setSpacing(double value)	设置节点的垂直间隔（默认为 0）
public static void setMargin (Node child, Insets value)	为面板中的节点设置外边距

【代码 9-8】　HBox 和 VBox 布局演示。

HBoxVBoxDemo.java

```
1    import javafx.application.Application;
2    import javafx.geometry.Insets;
3    import javafx.scene.Scene;
4    import javafx.scene.control.Button;
5    import javafx.scene.layout.*;
6    import javafx.stage.Stage;
7
8    public class HBoxVBoxDemo extends Application {
9
10       /** 主方法 */
11       public static void main(String[] args) {
12           launch();
13       }
14
15       @Override
16       public void start(Stage primaryStage) {
17           BorderPane pane = new BorderPane();
18           pane.setTop(getHBox());
19           pane.setLeft(getVBox());
20
21           Scene scene = new Scene(pane);
22           primaryStage.setTitle("HBoxVBoxDemo");
23           primaryStage.setScene(scene);
24           primaryStage.show();
25       }
26
27       private HBox getHBox() {
28           //创建水平布局面板
29           HBox hBox = new HBox(10);
30           //设置外边距(与父组件间的距离)(顶部、右边、底部、左边)
31           hBox.setPadding(new Insets(11, 11, 11, 11));
32           hBox.getChildren().add(new Button("one"));
33           hBox.getChildren().add(new Button("two"));
34           hBox.getChildren().add(new Button("three"));
35           hBox.getChildren().add(new Button("four"));
36           return hBox;
37       }
38
39       private VBox getVBox() {
40           //创建垂直布局面板
41           VBox vBox = new VBox(10);
42           //设置外边距(与父组件间的距离)(顶部、右边、底部、左边)
43           vBox.setPadding(new Insets(11, 11, 11, 11));
```

```
44          vBox.getChildren().add(new Button("one"));
45          vBox.getChildren().add(new Button("two"));
46          return vBox;
47      }
48  }
```

程序运行结果,如图 9.12 所示。

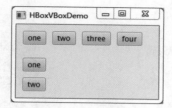

图 9.12　HBox 和 VBox 布局演示

习题

1. 在面板中加入两个节点 node1 和 node2,应使用语句(　　)。
   A. pane.add(node1，node2);
   B. pane.addAll(node1，node2);
   C. pane.getChildren().addAll(node1，node2);
   D. pane.getChildren().add(node1，node2);

2. 下列选项中能创建流式布局面板的是(　　)。
   A. new FlowPane();
   B. new FlowPane(6，7);
   C. new FlowPane(Orientation.VERTICAL);
   D. new FlowPane(6，7，Orientation.VERTICAL);

3. 在网格布局面板的第 1 行第 2 列位置增加一个节点,应使用语句(　　)。
   A. pane.getChildren().add(node，1，2);
   B. pane.getChildren().add(node，0，1);
   C. pane.add(node，0，1);
   D. pane.add(node，1，0);

4. 在边界布局面板 p 的左侧放置一个节点,应使用语句(　　)。
   A. p.setEast(node);
   B. p.placeLeft(node);
   C. p.left(node);
   D. p.setLeft(node);

5. 在水平布局面板 p 中放置两个节点 node1 和 node2,就使用语句(　　)。
   A. p.add(node1，node2);
   B. p.getChildren().addAll(node1，node2);
   C. p.addAll(node1，node2);
   D. p.getChildren().add(node1，node2);

6. JavaFX 使用的布局文件类型为（　　　　）。

  A. XML   B. FXML   C. JSON   D. HTML

7. 采用图形界面为信息化小区设计一个呼叫器，可以呼叫保安、医疗站、餐厅及活动室等。呼叫按钮摆放采用 FlowPane、GridPane、BorderPane、HBox 和 VBox 等不同的布局方式实现。

知识链接

链 9.5　FXML 布局文件   链 9.6　Scene Builder

9.3　事件驱动编程基础

9.3 事件驱动编程基础

9.3.1　事件概述

  用户通过 GUI 与程序交互时，可能要移动鼠标、按下鼠标键、单击或双击按钮、用鼠标拖动滚动条、在文本框内输入文字、选择一个菜单项、关闭一个窗口，也可能会从键盘上输入一个命令。这时，就会产生事件（event）。当事件发生时程序应该做出何种响应，称为事件响应。

  GUI 应用是事件驱动的。例如，用鼠标单击窗口右上角的"最小化"按钮，才能执行窗口最小化的操作。用户对 GUI 控件进行操作产生事件，GUI 程序监听事件，并驱动相应的类的实例来处理事件，这个过程称为事件驱动过程。此过程的实现称为事件驱动编程。

  在事件处理过程中，会涉及事件的以下四个要素。

- 事件源（Source Object）：产生事件的组件叫事件源，也就是事件发生时所在的对象。
- 事件目标（Target Object）：事件结束时所在的对象。大多情况下和事件源是同一个对象。
- 事件对象（Event Object）：当事件发生时建立的对象，包含与事件相关的属性（事件源对象、位置、时间等）。
- 事件处理器（Event Handler）：监听并对事件进行处理的对象，包含处理该事件的方法。事件源和监听者之间是多对多的关系。

  先用一个简单的例子来了解事件驱动编程。这个例子在一个面板中显示一个标签及两个按钮，单击按钮后在控制台显示相应的信息，如图 9.13 所示。

  为了响应用户单击按钮事件，需要编写代码来处理按钮单击动作。在此事件中，按钮是事件源。用事件对象来描述单击按钮这个事件。创建一个能对单击按钮动作事件处理的对象，就是事件处理器，如图 9.14 所示。

  若一个对象要成为一个动作事件的处理器，必须满足以下两个要求。

  (1) 该对象必须是 EventHandler$<$T extends Event$>$接口的一个实例。接口定义了

(a) GUI　　　　　(b) 单击按钮后在控制台显示的信息

图 9.13　事件驱动编程演示

图 9.14　事件、事件源及事件处理器

所有处理器的共同行为。＜T extends Event＞表示 T 是一个 Event 子类型的泛型。

（2）EventHandler 对象 handler 必须使用方法 source.setOnAction(handler)和事件源对象注册。

EventHandler＜ActionEvent＞接口包含 handle(ActionEvent)方法用于处理动作事件。用户编写的处理器类必须覆盖这个方法来响应事件。

代码 9-9 给出了处理两个按钮上 ActionEvent 事件的代码。当单击 Red 按钮时，将显示消息"Red 按钮被单击"。当单击 Blue 按钮时，将显示消息"Blue 按钮被单击"，如图 9.13 所示。

【代码 9-9】　事件驱动编程演示。

HandleEvent.java

```
1   import javafx.application.Application;
2   import javafx.geometry.Insets;
3   import javafx.scene.Scene;
4   import javafx.scene.control.Button;
5   import javafx.scene.control.Label;
6   import javafx.scene.layout.GridPane;
7   import javafx.stage.Stage;
8   import javafx.event.ActionEvent;
9   import javafx.event.EventHandler;
10
11  public class HandleEvent extends Application {
12      public static void main(String[] args) {
13          launch(args);
14      }
15
16      @Override
17      public void start(Stage primaryStage) {
18          //创建标签
19          Label lblInfo =new Label("试一试：单击按钮");
20          //创建按钮
21          Button btRed =new Button("Red");
```

```
22          Button btBlue =new Button("Blue");
23
24          //创建事件处理器对象
25          RedHandlerClass handler1 =new RedHandlerClass();
26          //给事件源注册事件处理器
27          btRed.setOnAction(handler1);
28          BlueHandlerClass handler2 =new BlueHandlerClass();
29          btBlue.setOnAction(handler2);
30
31          GridPane gridPane =new GridPane();
32          gridPane.setPadding(new Insets(25));
33          gridPane.setVgap(20);
34          gridPane.add(lblInfo, 0, 0);
35          gridPane.add(btRed, 0, 1);
36          gridPane.add(btBlue, 1, 1);
37
38          Scene scene =new Scene(gridPane, 200, 100);
39          primaryStage.setTitle("HandleEvent");
40          primaryStage.setScene(scene);
41          primaryStage.show();
42      }
43  }
44
45  /** 事件处理器类,外部类 */
46  class RedHandlerClass implements EventHandler<ActionEvent>{
47      @Override
48      public void handle(ActionEvent e) {
49          System.out.println("Red 按钮被单击");
50      }
51  }
52
53  /** 事件处理器类,外部类 */
54  class BlueHandlerClass implements EventHandler<ActionEvent>{
55      @Override
56      public void handle(ActionEvent e) {
57          System.out.println("Blue 按钮被单击");
58      }
59  }
```

说明：

（1）第 46～59 行定义了两个处理类 RedHandlerClass 和 BlueHandlerClass。为了处理 ActionEvent 事件,每个处理类都要实现 EventHandler<ActionEvent>接口。

（2）对象 hander1 是一个 RedHandlerClass 实例（第 25 行）,该实例被注册为按钮 btRed 的事件处理器（第 27 行）。当单击 Red 按钮时,RedHandlerClass 的 handle （ActionEvent）方法（第 48 行）被调用以处理事件。对象 handler2 是一个 BlueHandlerClass 实例（第 28 行）,该实例被注册为按钮 btBlue 的事件处理器（第 29 行）。当单击 Blue 按钮时,BlueHandlerClass 的 handle（ActionEvent）方法（第 56 行）被调用以处理事件。

9.3.2　事件类

在 Java 中,事件也是一类对象,由相应的事件类创建。JavaFX 提供了处理各种事件的支持。Java 有 20 多个预定义的事件类,它们包含所有组件上可能发生的事件。任何事件都是事件类的实例。Java 事件类的根类是 java.util.EventObject。JavaFX 事件类的根类是 javafx.event.Event,该类包含代表可以在 JavaFX 中生成的事件类型的所有子类。图 9.15

显示了一些事件类的层次关系。

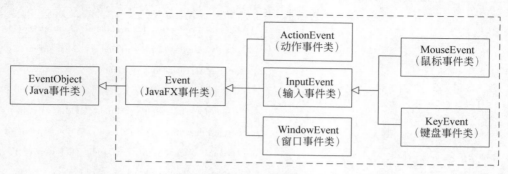

图 9.15　一些事件类的层次关系

JavaFX 中有各种事件,例如 MouseEvent、KeyEvent、WindowEvent 等。还可以通过继承类 javafx.event.Event 来定义自己的事件。

- ActionEvent:这是与节点操作相关的动作事件。它由名为 ActionEvent 的类表示。它包括单击按钮、对单选按钮的勾选或取消勾选等操作。
- MouseEvent:这是操作鼠标时发生的输入事件。它由名为 MouseEvent 的类表示。它包括鼠标单击、鼠标键按下、鼠标键释放、鼠标移动、鼠标移入目标、鼠标退出目标等操作。
- KeyEvent:这是一个键盘输入事件,指示节点上发生的按键行为。它由名为 KeyEvent 的类表示。此事件包括按下键、释放键和输入键等操作。
- WindowEvent:这是与窗口显示/隐藏操作相关的事件。它由名为 WindowEvent 的类表示。它包括窗口隐藏、显示窗口等操作。

一个事件对象包含与事件相关的任何属性,例如,事件源对象、位置、时间等。可以通过 EventObject 类中的 getSource()实例方法获取一个事件的源对象。

外部用户动作导致一个事件源触发一个事件,事件注册方法用于注册该事件类型的处理器。表 9.8 列出了一些用户动作、源对象、触发事件类型及事件注册方法。

表 9.8　用户动作、源对象、触发事件类型及事件注册方法

用 户 动 作	源 对 象	触发的事件类型	事件注册方法
单击按钮	Button	ActionEvent	setOnAction(EventHandler＜ActionEvent＞ e)
在文本框中按 Enter 键	TextField		
选中或取消选中	RadioButton		
选中或取消选中	CheckBox		
选择一个新选项	ComboBox		
按下键	Node、Scene	KeyEvent	setOnKeyPressed (EventHandler ＜KeyEvent＞ e)
释放键			setOnKeyReleased(EventHandler＜KeyEvent＞ e)
单击键			setOnKeyTyped(EventHandler ＜KeyEvent＞ e)

用 户 动 作	源 对 象	触发的事件类型	事件注册方法
按下鼠标	Node、Scene	MouseEvent	setOnMousePressed(EventHandler<MouseEvent> e)
释放鼠标			setOnMouseReleased(EventHandler<MouseEvent> e)
单击鼠标			setOnMouseClicked(EventHandler<MouseEvent> e)
鼠标进入			setOnMouseEntered(EventHandler<MouseEvent> e)
鼠标离开			setOnMouseExited(EventHandler<MouseEvent> e)
鼠标移动			setOnMouseMoved(EventHandler<MouseEvent> e)
鼠标拖动			setOnMouseDragged(EventHandler<MouseEvent> e)
关闭窗口	Stage	WindowEvent	setOnCloseRequest(EventHandler<WindowEvent> e)

以代码 9-9 中的"用户单击按钮"事件为例,说明用户动作、源对象、事件类型及事件注册方法之间的关系。单击按钮是一个动作,此动作会创建并触发一个动作事件 ActionEvent。此处,按钮是事件源对象,按钮触发的事件类型是 ActionEvent,一个 ActionEvent 就是一个事件对象。为了响应此事件创建的处理器对象,必须通过调用按钮的事件注册方法 setOnAction()进行注册。

9.3.3 事件处理流程

在 Java 语言中采用委托模型来处理事件,即事件委托处理模型由产生事件的事件源、封装事件相关信息的事件对象和事件处理器(事件监听器)三方面组成。

当单击窗口或按钮等组件,想让程序执行希望的操作时,需要实现该事件对应的事件监听器接口,也就是告诉程序如果发生这类事件,该怎么处理。捕捉组件上事件的工作就由各种各样的事件监听器负责。事件监听器是事件处理过程中的一个职位。从理论上来说,凡是 Java 程序运行期间存在的对象都可以被委托担当此职位的工作。该对象被委托后,就会留意事件源上发生的一举一动,一旦事件发生就会识别并调用相关方法进行处理。委托的方法就是为组件注册(任命或添加)相应的事件监听器。这样事件源和事件监听器之间就建立了联系,当事件源发生该事件时,注册在事件源上的监听器对象就能监听到该事件,从而执行事件监听器的对应方法。这就是事件委托模型,如图 9.16 所示。

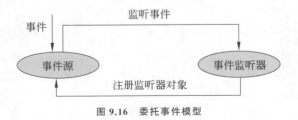

图 9.16 委托事件模型

具体来说,JavaFX 事件处理的一般步骤如下。

(1) 建立事件源:创建将要产生事件的 GUI 组件对象(事件源),事件源通常是一个控件,如 Button。

(2) 建立事件处理器:构造实现相应事件处理器接口 EventHandler 的类,并重写事件处理方法 handle。JavaFX 定义了一个对于事件 T 的统一的处理器接口 EventHandler<T

extends Event>。该处理器接口包含 handle(T e)方法用于处理事件。例如,对于 ActionEvent 来说,处理器接口是 EventHandler<ActionEvent>。ActionEvent 的每个处理器应该实现 handle(ActionEvent e)方法从而处理一个 ActionEvent。

（3）创建事件处理器对象。

（4）注册事件处理器:在事件源上注册事件处理器,使得当事件发生时,handle 方法能够被调用。处理器对象必须通过源对象进行注册,注册方法依赖于事件类型。不同的事件源类型,产生的事件类型以及事件注册方法也可能会不一样。对 ActionEvent 而言,注册方法是 setOnAction。对一个鼠标键按下事件来说,注册方法是 setOnMousePressed()。对于一个按键事件,注册方法是 setOnKeyPressed()。

图 9.17 显示了 Java 的一般事件处理流程。

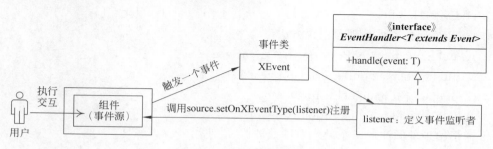

图 9.17　一般事件处理流程

重新阅读代码 9-9。当 Button(事件源)被鼠标单击后,会触发一个事件 ActionEvent,而 ActionEvent 的处理器对象必须是 EventHandler<ActionEvent>的实例,所以在第 46 行处理器对象实现了 EventHandler<ActionEvent>。源对象调用 setOnAction(handler)来注册一个处理器,如下。

```
Button btRed =new Button("Red");                    //代码 9-9 的第 21 行
RedHandlerClass handler1 =new RedHandlerClass();    //代码 9-9 的第 25 行
btRed.setOnAction(handler1);                        //代码 9-9 的第 27 行
```

图 9.18 显示了"单击按钮"这一具体事件的处理流程。

图 9.18　"单击按钮"事件的处理流程

当单击按钮时,会触发一个"动作事件(ActionEvent)",随之系统创建一个 ActionEvent 对象并将它传递给事件处理器的 handle(ActionEvent e)方法以处理该事件。事件对象包含和该事件相关的信息,可以在 handle()方法中使用 e.getSource()来得到触发该事件的源对象。

习题

1. 在 GUI 中用于表示这些窗体事件的类是（　　）。
  A. WindowEvent
  B. WindowListener
  C. ActionEvent
  D. MouseAdapter

2. JavaFX 的动作事件处理器必须是（　　）的实例。
  A. Action
  B. ActionEvent
  C. EventHandler
  D. EventHandler＜ActionEvent＞

3. JavaFX 事件处理器的事件类型 T 是（　　）的实例。
  A. Action
  B. ActionEvent
  C. EventHandler
  D. EventHandler＜T＞

4. JavaFX 动作事件处理器包含方法（　　）。
  A. public void actionPerformed(ActionEvent e)
  B. public void actionPerformed(Event e)
  C. public void handle(Event e)
  D. public void handle(ActionEvent e)

5. 为了给事件源注册一个动作事件处理器，应使用（　　）。
  A. source.addAction(handler)
  B. source.setOnAction(handler)
  C. source.addOnAction(handler)
  D. source.setActionHandler(handler)

6. 下列说法正确的是（　　）。
  A. 处理器对象触发事件
  B. 事件源对象触发事件
  C. 事件源对象通过注册处理器来处理事件
  D. 任何对象（如字符串对象）都能触发事件

7. 实现一个图形化用户界面，界面上有两个按钮，分别为"奇数"和"偶数"；在单击"奇数"按钮时在控制台上显示 10 个 100 以内且不重复的随机奇数，单击"偶数"按钮时在控制台上显示 10 个 100 以内且不重复的随机偶数。

9.4　事件处理器

9.4　事件处理器

在 JavaFX 中，事件用对象表示。事件处理器检查事件对象，并做出相应的响应。Java 采用的委托事件模式将事件源与事件处理者分离，有利于事件的灵活处理。

- 多个监听器可以对同一个事件源对象中的同一事件进行处理。
- 一个事件源可以触发多种事件，每个事件可以分别被相关监听器处理。
- 一个监听器可以接受多个事件源的委托。

可以看出，事件源和监听器之间是一种多对多的关系。

代码 9-9 中，事件处理器类是使用外部类来实现的，由于外部类不能直接访问事件源所在类的成员，这样就存在局限性。例如，若想在代码 9-9 的基础上实现如下功能：在单击按钮的同时把标签内容设置成相应的颜色，就是当单击 Red 按钮时把标签内容设置成红色，单击 Blue 按钮时把标签内容设置成蓝色。此时,若还使用外部类来实现处理器,此功能的实现就会比较困难。因为事件处理器所在的外部类(RedHandlerClass 类和 BlueHandlerClass 类)中无法访问事件源所在类(HandleEvent 类)的对象(lblInfo 标签)。当然,可使用其他形式来实现处理器接口,如本类(事件源所在类)、内部类或 Lambda 表达式实现处理器接口,就能解决这个问题了。

9.4.1 内部类处理器

Java 允许将类和接口声明在其他接口、类甚至代码块的内部,形成嵌套类和嵌套接口。它们又可以分为多种形式。就嵌套类而言,可以分为如下几种。

1. 按照声明所在的位置分类

- 成员内部类,也简称成员类或内部类。
- 局部内部类:声明在一个方法体、构造器或初始化块中。

2. 按照有无 static 修饰分类

- 静态嵌套类。但在接口中声明嵌套类时,可省略 static,即默认是静态类。
- 非静态嵌套类,也简称为内部类。

3. 按照有无名字分类

- 实名内部类:声明中有类名。
- 匿名内部类。一般在 new 表达式中定义,不可有显式构造器。

通常把嵌套类所嵌入的类称为外包类。下面介绍通过实名内部类和匿名内部类实现事件处理器的方法。

实名内部类采用下面的定义格式:

```
［类修饰符］class 类名 ［extends 父类名 1,…］［implements 接口名 1,…］{
    类体
}
```

说明:

(1) 内部类可以定义在外包类的类域中,也可以定义在外包类的方法域中。

(2) 当内部类定义在外包类的类域中时,可被看作类的成员,因此其修饰符与类成员的修饰符相似,可以采用 private、protected、static 等,而外包类只能使用 public、默认、abstract 和 final。当内部类定义在外包类的方法域中时,不能被任何修饰符修饰。

(3) 内部类可以访问外包类中所有成员,包括修饰为 private 的成员。

(4) 在外包类的类体外,声明、定义、创建一个 public 实名内部类的对象,需要在实名内部类名前使用外包类名引入作用域。

(5) 一个内部类被编译成一个名为 OuterClassName $ InnerClassName 的类。即用 $ 符号连接外部类名称和内部类名称。

创建内部类对象的格式如下:

```
外包类名.内部类名 引用名 =new 外包类名(参数列表).new 内部类名(参数列表)
```

或

```
外包类名.内部类名 引用名 =外包类引用名.new 内部类名(参数列表)
```

在 Java 事件处理程序中,由于与事件相关的事件监听器类多数局限于一个类的内部,所以经常用内部类作为事件监听器。

代码 9-10 用实名内部类作为事件处理器，实现单击按钮的同时把标签内容设置成相应的颜色的功能。在实名内部类中实现事件处理器接口。

【代码 9-10】 用实名内部类作为事件处理器。

InnerClassHandlerDemo.java

```java
1   import javafx.application.Application;
2   import javafx.geometry.Insets;
3   import javafx.scene.Scene;
4   import javafx.scene.control.Button;
5   import javafx.scene.control.Label;
6   import javafx.scene.layout.GridPane;
7   import javafx.scene.paint.Color;
8   import javafx.stage.Stage;
9   import javafx.event.ActionEvent;
10  import javafx.event.EventHandler;
11
12  public class InnerClassHandlerDemo extends Application {
13      /** 声明标签 */
14      Label lblInfo;
15      /** 声明按钮 */
16      Button btRed, btBlue;
17
18      /** 主方法 */
19      public static void main(String[] args) {
20          launch(args);
21      }
22
23      @Override
24      public void start(Stage primaryStage) {
25          lblInfo = new Label("试一试：单击按钮");
26          btRed = new Button("Red");
27          btBlue = new Button("Blue");
28
29          //创建事件处理器对象
30          HandlerClass handler = new HandlerClass();
31          //给事件源注册事件处理器
32          btRed.setOnAction(handler);
33          btBlue.setOnAction(handler);
34
35          GridPane gridPane = new GridPane();
36          gridPane.setPadding(new Insets(25));
37          gridPane.setVgap(20);
38          gridPane.add(lblInfo, 0, 0);
39          gridPane.add(btRed, 0, 1);
40          gridPane.add(btBlue, 1, 1);
41
42          Scene scene = new Scene(gridPane, 200, 100);
43          primaryStage.setTitle("InnerClassHandlerDemo");
44          primaryStage.setScene(scene);
45          primaryStage.show();
46      }
47
48      /** 事件处理器类：内部类 */
49      class HandlerClass implements EventHandler<ActionEvent>{
50          @Override
51          public void handle(ActionEvent e) {
```

```
52              //判断事件源
53              if (e.getSource() ==btRed) {
54                  //将标签设置为红色
55                  lblInfo.setTextFill(Color.RED);
56                  System.out.println("Red 按钮被单击");
57
58              } else if (e.getSource() ==btBlue) {
59                  //将标签设置为蓝色
60                  lblInfo.setTextFill(Color.BLUE);
61                  System.out.println("Blue 按钮被单击");
62              }
63          }
64      }
65 }
```

说明：第 49～64 行定义了一个实名内部类，用它作为事件处理器，这样在处理器内部就能直接访问其所在类的成员了（第 53 行及第 55 行、第 58 行及第 60 行）。

9.4.2 匿名内部类处理器

一个匿名内部类就是一个没有名字的内部类。

匿名内部类具有如下特点。

* 不使用 class 关键字，没有类名。
* 一个匿名内部类必须总是从一个父类继承或实现一个接口，但是它不能有显式的 extends 或 implements 子句。
* 不能有抽象方法和静态方法，并且一个匿名内部类必须实现父类或者接口中的所有抽象方法。
* 不能派生子类。

匿名内部类定义格式如下。

```
new 父类名 | 接口名() {
    方法体
}
```

匿名内部类特别适合于对接口只实例化一次的情形。这对于事件处理十分合适。

代码 9-11 用匿名内部类作为事件处理器，实现单击按钮的同时把标签内容设置成相应的颜色的功能。

【代码 9-11】 用匿名内部类作为事件处理器。

AnonymousClassHandlerDemo.java

```
1  import javafx.application.Application;
2  import javafx.event.ActionEvent;
3  import javafx.event.EventHandler;
4  import javafx.geometry.Insets;
5  import javafx.scene.Scene;
6  import javafx.scene.control.Button;
7  import javafx.scene.control.Label;
8  import javafx.scene.layout.GridPane;
9  import javafx.scene.paint.Color;
10 import javafx.stage.Stage;
11
12 public class AnonymousClassHandlerDemo extends Application {
```

```
13      /** 声明标签 */
14      Label lblInfo;
15      /** 声明按钮 */
16      Button btRed, btBlue;
17
18      /** 主方法 */
19      public static void main(String[] args) {
20          launch(args);
21      }
22
23      @Override
24      public void start(Stage primaryStage) {
25          lblInfo = new Label("试一试：单击按钮");
26          btRed = new Button("Red");
27          btBlue = new Button("Blue");
28
29          //创建及注册事件处理器
30          btRed.setOnAction(new EventHandler<ActionEvent>() {
31              @Override
32              public void handle(ActionEvent e) {
33                  //将标签设置为红色
34                  lblInfo.setTextFill(Color.RED);
35                  System.out.println("Red 按钮被单击");
36              }
37          });
38
39          //创建及注册事件处理器
40          btBlue.setOnAction(new EventHandler<ActionEvent>() {
41              @Override
42              public void handle(ActionEvent e) {
43                  //将标签设置为蓝色
44                  lblInfo.setTextFill(Color.BLUE);
45                  System.out.println("Blue 按钮被单击");
46              }
47          });
48
49          GridPane gridPane = new GridPane();
50          gridPane.setPadding(new Insets(25));
51          gridPane.setVgap(20);
52          gridPane.add(lblInfo, 0, 0);
53          gridPane.add(btRed, 0, 1);
54          gridPane.add(btBlue, 1, 1);
55
56          Scene scene = new Scene(gridPane, 200, 100);
57          primaryStage.setTitle("AnonymousClassHandlerDemo");
58          primaryStage.setScene(scene);
59          primaryStage.show();
60      }
61  }
```

说明：

（1）程序使用匿名内部类创建两个处理器（第30～47行）。如果不使用匿名内部类，则需要创建两个独立的类。一个匿名处理器如同一个内部类一样工作。使用匿名内部类使程序变得精简。一个事件源对应一个匿名处理器，这样，就无须用 getSource()方法来判断事件源了。

（2）匿名内部类也能直接访问其所在类的成员（第34行、第44行）。

（3）一个匿名内部类被编译成一个名为 OuterClassName$ n.class 的类。本例中的匿名内部类被编译成 AnonymousClassHandlerDemo＄1.class 及 AnonymousClassHandlerDemo＄2.class。

9.4.3 Lambda 表达式处理器

Lambda 表达式是 Java 8 中的新特征。Lambda 表达式可以被看作使用精简语法的匿名内部类。使用 Lambda 表达式的事件处理器形式如下：

```
event_source.setOnAction{ e->{
    //事件处理代码
});
```

可以看出，Lambda 表达式极大程度地简化了事件处理的代码编写。Lambda 表达式的详细内容将在后面章节进一步学习。

【代码 9-12】 使用 Lambda 表达式的事件处理器。

LambdaHandlerDemo.java

```
1   import javafx.application.Application;
2   import javafx.event.ActionEvent;
3   import javafx.geometry.Insets;
4   import javafx.scene.Scene;
5   import javafx.scene.control.Button;
6   import javafx.scene.control.Label;
7   import javafx.scene.layout.GridPane;
8   import javafx.scene.paint.Color;
9   import javafx.stage.Stage;
10
11  public class LambdaHandlerDemo extends Application {
12      /** 声明标签 */
13      Label lblInfo;
14      /** 声明按钮 */
15      Button btRed, btBlue;
16
17      /** 主方法 */
18      public static void main(String[] args) {
19          launch(args);
20      }
21
22      @Override
23      public void start(Stage primaryStage) {
24          lblInfo =new Label("试一试：单击按钮");
25          btRed =new Button("Red");
26          btBlue =new Button("Blue");
27
28          //使用 Lambda 表达式的事件处理器
29          btRed.setOnAction((ActionEvent e) ->{
30              //将标签设置为红色
31              lblInfo.setTextFill(Color.RED);
32              System.out.println("Red 按钮被单击");
33          });
34
35          //使用 Lambda 表达式的事件处理器
36          btBlue.setOnAction(e ->{
37              //将标签设置为蓝色
38              lblInfo.setTextFill(Color.BLUE);
39              System.out.println("Blue 按钮被单击");
40          });
41
```

```
42          GridPane gridPane = new GridPane();
43          gridPane.setPadding(new Insets(25));
44          gridPane.setVgap(20);
45          gridPane.add(lblInfo, 0, 0);
46          gridPane.add(btRed, 0, 1);
47          gridPane.add(btBlue, 1, 1);
48
49          Scene scene = new Scene(gridPane, 200, 100);
50          primaryStage.setTitle("LambdaHandlerDemo");
51          primaryStage.setScene(scene);
52          primaryStage.show();
53      }
54  }
```
推荐使用 Lambda 表达式作为事件处理器,因为代码非常简洁。

习题

1. 关于内部类,下面说法正确的是(   )。

    A. 成员内部类是外部类的一个成员,可以访问外部类的其他成员

    B. 外部类可以访问成员内部类的成员

    C. 方法内部类只能在其定义的当前方法中进行实例化

    D. 静态内部类中可以定义静态成员,也可以定义非静态成员

2. 假设 A 是 Test 类中的内部类,那么 A 被编译后的文件名是(   )。

    A. A.class   B. A＄Test.class

    C. Test＄A.class   D. Test&A.class

3. 以下选项中关于匿名内部类的说法正确的是(   )。

    A. 匿名内部类可以实现多个接口,或者继承一个父类

    B. 匿名内部类不能是抽象类,必须实现它的抽象父类或者接口里包含的所有抽象方法

    C. 匿名内部类没有类名,所以匿名内部类不能定义构造方法

    D. 匿名内部类可以直接访问外部类的所有局部变量

4. 一个类 Outer,其内部定义了一个内部类 Inner,在 Outer 类的主方法中创建内部类对象的正确方法是(   )。

    A. Inner inner = new Inner();

    B. Outer.Inner inner = (new Outer()).new Inner();

    C. Outer inner = new Inner();

    D. Inner inner = new Outer();

5. 假设 A 是 Test 类中的匿名内部类,那么 A 被编译后的文件名是(   )。

    A. A.class   B. Test＄1.class

    C. A＄Test.class   D. Test＄A.class

6. 给按钮 btOK 注册一个处理器,下列代码正确的是(   )。

    A. btOK.setOnAction(e -> System.out.println("Handle the event"));

    B. btOK.setOnAction((e) -> System.out.println("Handle the event"););

    C. btOK.setOnAction((ActionEvent e) -> System.out.println("Handle the event"));

    D. btOK.setOnAction(e -> {System.out.println("Handle the event");});

7. 为了处理面板 p 的鼠标单击事件,使用语句(   )给 p 注册处理器。

A. p.setOnMouseDragged(handler);

B. p.setOnMouseReleased(handler);

C. p.setOnMouseClicked(handler);

D. p.setOnMousePressed(handler);

8. 为了处理面板 p 的按下键事件,使用语句( )给 p 注册处理器。

A. p.setOnKeyClicked(handler);

B. p.setOnKeyPressed(handler);

C. p.setOnKeyTyped(handler);

D. p.setOnKeyReleased(handler);

9. 编写一个 JavaFX 应用程序,实现一个基于图形用户界面的加法运算器的功能,窗口中用 TextField 组件创建三个文本框,用 Label 组件创建"＋"号,用 Button 组件创建按钮。完成如下功能:当用户单击按钮时,对前面两个文本框的数进行相加,并将结果显示在第三个文本框中,如图 9.19 所示。若输入的不是数字,则在第三个文本框中显示"输入有误"。

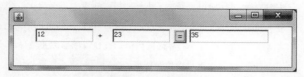

图 9.19 加法运算器

10. 编写图形界面程序,响应鼠标单击事件:单击鼠标时,以鼠标单击位置为中心画半径为 25 的圆。

11. 编写图形界面程序,响应按键事件:当按下键盘键时,在(30,25)位置显示按下的键的名称。

知识链接

链 9.7 属性监听

链 9.8 本类处理器

链 9.9 通过方法调用实现处理器

链 9.10 鼠标事件

链 9.11 键盘事件

9.5 常用 UI 组件

9.5 常用 UI 组件

每个组件由一个类表示,可以通过实例化来创建组件。JavaFX 设计 GUI 时常用控件如表 9.9 所示。

表 9.9　JavaFX 设计 GUI 时常用控件

控 件 名 称	控 件 说 明
Label(标签)	Label 对象是用于放置文本的组件
Button(按钮)	该类创建一个带标签的按钮
CheckBox(复选框)	复选框允许用户进行多项选择
RadioButton(单选按钮)	单选按钮允许用户进行单项选择
ToggleButton(开关按钮)	两个或以上的 ToggleButton 可以组合在一个 Group 中,同时只有一个 ToggleButton 可以被选中,或者都无须选中
TextField(文本字段)	TextField 对象是一个文本组件,允许编辑单行文本
TextArea(文本区域)	TextArea 对象是一个文本组件,允许编辑多行文本
PasswordField(密码字段)	PasswordField 对象是专门用于输入密码的文本组件。用户输入的字符通过显示回显字符串被隐藏
ComboBox(组合框)	允许用户从多个选项中选择一项
ChoiceBox(下拉选择框)	允许用户在几个选项之间快速选择
ListView(列表视图)	ListView 组件向用户显示文本项的滚动列表
Scrollbar(滚动条)	Scrollbar 控件表示滚动条组件,以便用户可以从值范围中进行选择
Slider(滑块)	滑块允许用户通过在有界区间内滑动旋钮以图形方式选择值
ColorPicker(颜色选择器)	ColorPicker 允许用户操作和选择颜色
FileChooser(文件选择器)	FileChooser 允许用户导航文件系统并选择一个文件或文件夹
DatePicker(日期选择器)	DatePicker 控件包含一个带有日期字段和日期选择器的组合框

下面通过两个实例来说明常用控件的基本使用方法。

代码 9-13 是一个注册表单界面,如图 9.20 所示。它演示了 JavaFX 中的如下控件:Label、TextField、DatePicker、RadioButton、ToggleButton、CheckBox、ListView、ChoiceBox、PasswordField 及 Button。

图 9.20　注册表单界面

【代码 9-13】　注册表单。

Registration.java

```
1   public class Registration extends Application {
2       /** 主方法 * /
3       public static void main(String args[]) {
4           launch(args);
5       }
6
7       @Override
8       public void start(Stage stage) {
9           Label nameLabel =new Label("姓名");
10          TextField nameText =new TextField();
11
12          Label dobLabel =new Label("出生日期");
13          DatePicker datePicker =new DatePicker();
14
15          Label genderLabel =new Label("性别");
16          //将单选按钮添加到 ToggleGroup 对象,使得一次只能选择一个单选按钮
17          ToggleGroup groupGender =new ToggleGroup();
18          RadioButton maleRadio =new RadioButton("男");
19          maleRadio.setToggleGroup(groupGender);
20          maleRadio.setSelected(true);
21          RadioButton femaleRadio =new RadioButton("女");
22          femaleRadio.setToggleGroup(groupGender);
23
24          Label reservationLabel =new Label("预订房间");
25          ToggleButton yesToggleBtn =new ToggleButton("需要");
26          ToggleButton noToggleBtn =new ToggleButton("不需要");
27          ToggleGroup groupReservation =new ToggleGroup();
28          yesToggleBtn.setToggleGroup(groupReservation);
29          yesToggleBtn.setSelected(true);
30          noToggleBtn.setToggleGroup(groupReservation);
31
32          Text technologiesLabel =new Text("熟悉的技术");
33          CheckBox javaCheckBox =new CheckBox("Java");
34          javaCheckBox.setIndeterminate(false);
35          CheckBox pythonCheckBox =new CheckBox("Python");
36          pythonCheckBox.setIndeterminate(false);
37          CheckBox cppCheckBox =new CheckBox("C++");
38          cppCheckBox.setIndeterminate(false);
39          HBox hBox =new HBox(15);
40          hBox.getChildren().addAll(javaCheckBox, pythonCheckBox, cppCheckBox);
41          //构建复选框数组,便于遍历复选框
42          CheckBox [ ] ckBoxArray = new CheckBox [ ] { javaCheckBox, pythonCheckBox,
            cppCheckBox };
43
44          Label educationLabel =new Label("学历");
45          //创建可观察列表
46          ObservableList<String>names =FXCollections.observableArrayList("研究生", "本
            科", "专科");
47          ListView<String>educationListView =new ListView<String>(names);
48
49          Label locationLabel =new Label("地点");
50          ChoiceBox<String>locationchoiceBox =new ChoiceBox<String>();
51          locationchoiceBox.getItems().addAll("上海", "杭州", "苏州", "南京", "北京");
52          Label pwdLabel =new Label("设置查询密码");
53          PasswordField pwdField =new PasswordField();
54
55          Button buttonRegister =new Button("注册");
56          //单击"注册"按钮,输出注册的信息
57          buttonRegister.setOnAction(e ->{
58              System.out.println("姓名: " +nameText.getText());
```

```
59          System.out.println("出生日期: " +datePicker.getValue());
60          System.out.println("性别: " + (maleRadio.isSelected() ? "男" : "女"));
61          System.out.println("预订房间: " + (yesToggleBtn.isSelected() ? "需要" : "不需
            要"));
62          StringBuilder techInfo = new StringBuilder();
63          //遍历复选框数组
64          for (CheckBox box : ckBoxArray) {
65              //复选框被选中,则拼接选项
66              if (box.isSelected() ==true) {
67                if (techInfo.length() >0) {
68                    techInfo.append("、");
69                }
70                techInfo.append(box.getText());
71              }
72          }
73          System.out.println("熟悉的技术: " +techInfo.toString());
74            System.out.println("学历: " + educationListView.getSelectionModel().
              getSelectedItem());
75            System.out.println("地点: " + locationchoiceBox.getSelectionModel().
              getSelectedItem());
76            System.out.println("查询密码: " +pwdField.getText());
77        });
78
79        GridPane gridPane =new GridPane();
80        gridPane.setPadding(new Insets(10, 10, 10, 10));
81        gridPane.setVgap(5);
82        gridPane.setHgap(5);
83        gridPane.setAlignment(Pos.CENTER);
84        //将组件添加到网格布局中
85        gridPane.add(nameLabel, 0, 0);
86        gridPane.add(nameText, 1, 0);
87        gridPane.add(dobLabel, 0, 1);
88        gridPane.add(datePicker, 1, 1);
89        gridPane.add(genderLabel, 0, 2);
90        gridPane.add(maleRadio, 1, 2);
91        gridPane.add(femaleRadio, 2, 2);
92        gridPane.add(reservationLabel, 0, 3);
93        gridPane.add(yesToggleBtn, 1, 3);
94        gridPane.add(noToggleBtn, 2, 3);
95        gridPane.add(technologiesLabel, 0, 4);
96        gridPane.add(hBox, 1, 4);
97        gridPane.add(educationLabel, 0, 5);
98        gridPane.add(educationListView, 1, 5);
99        gridPane.add(locationLabel, 0, 7);
100       gridPane.add(locationchoiceBox, 1, 7);
101       gridPane.add(pwdLabel, 0, 8);
102       gridPane.add(pwdField, 1, 8);
103       gridPane.add(buttonRegister, 2, 10);
104
105       Scene scene =new Scene(gridPane, 450, 300);
106       stage.setTitle("注册表单");
107       stage.setScene(scene);
108       stage.show();
109     }
110 }
```

说明：代码省略了导入包的语句。

代码 9-14 实现了一个简单的文件阅读器，如图 9.21 所示。它演示了 JavaFX 中的如下控件：Label、Button、TextArea、FileChooser、ColorPicker、Slider 及 ScrollBar。

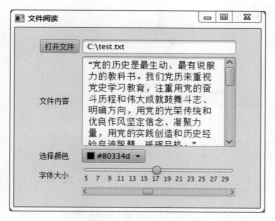

图 9.21　文件阅读器

【代码 9-14】　简单文件阅读器。

FileBrowser.java

```
1   public class FileBrowser extends Application {
2       /** 主方法 */
3       public static void main(String args[]) {
4           launch(args);
5       }
6
7       @Override
8       public void start(Stage stage) {
9           Button btnOpen = new Button("打开文件");
10          TextField txtFileName = new TextField("文件名");
11          Text txtContent = new Text("文件内容");
12          TextArea txtAreaContent = new TextArea();
13          txtAreaContent.setPrefHeight(150);
14          txtAreaContent.setPrefWidth(250);
15          //设置自动换行
16          txtAreaContent.setWrapText(true);
17          //设置 btnOpen 按钮的事件处理器
18          btnOpen.setOnAction(e -> {
19              //创建文件选择器
20              FileChooser fileChooser = new FileChooser();
21              fileChooser.setTitle("打开文件");
22              //设置可打开文件的类型(扩展名)
23              fileChooser.getExtensionFilters().addAll(new FileChooser.ExtensionFilter
                ("TXT", "*.txt"));
24              File file = fileChooser.showOpenDialog(stage);
25              if (file != null) {
26                  txtFileName.setText(file.getAbsolutePath());
27                  try {
28                      FileReader reader = new FileReader(file);
29                      BufferedReader br = new BufferedReader(reader);
30                      String record;
31                      while ((record = br.readLine()) != null) {
32                          //将读取的文件内容在 txtAreaContent 中显示出来
33                          txtAreaContent.setText(txtAreaContent.getText() + record + "\
                            n");
34                      }
35                      br.close();
```

```
36              } catch (Exception ep) {
37                  ep.printStackTrace();
38              }
39          }
40      });
41
42      Label lblColor =new Label("选择颜色");
43      //创建颜色选择器
44      ColorPicker colorPicker =new ColorPicker();
45      colorPicker.setValue(Color.BLACK);
46      colorPicker.setOnAction(e ->{
47          //设置 txtAreaContent 的文字颜色
48          String colorValue=colorPicker.getValue().toString().substring(2);
49              txtAreaContent. setStyle (String. format ( " - fx - text - fill: #% s;",
                colorValue));
50      });
51      Label lblFontSize =new Label("字体大小");
52      //创建滑块,设置字体大小
53      Slider sliderFontSize =new Slider(5, 30, 0.5);
54      sliderFontSize.setShowTickLabels(true);
55      sliderFontSize.setMajorTickUnit(1f);
56      //监听滑块值的变化
57      sliderFontSize.valueProperty()
58      . addListener ((ObservableValue<? extends Number > ov, Number oldValue, Number
        newValue) ->{
59          String colorValue=colorPicker.getValue().toString().substring(2);
60              String style = String. format ( "- fx- font - size:% s; - fx - text - fill: #% s;",
                newValue,colorValue);
61          //设置 txtAreaContent 内容的字体大小及颜色
62          txtAreaContent.setStyle(style);
63      });
64      //创建滚动条,设置字体大小
65      ScrollBar scrollBarFontSize =new ScrollBar();
66      scrollBarFontSize.setMax(30);
67      scrollBarFontSize.setMin(5);
68      scrollBarFontSize.setValue(10);
69      scrollBarFontSize.setUnitIncrement(1);
70      //监听滚动条值的变化
71      scrollBarFontSize.valueProperty()
72      . addListener ((ObservableValue<? extends Number > ov, Number oldValue, Number
        newValue) ->{
73          String colorValue=colorPicker.getValue().toString().substring(2);
74              String style = String. format ( "- fx- font - size:% s; - fx - text - fill: #% s;",
                newValue,colorValue);
75          //设置 txtAreaContent 内容的字体大小及颜色
76          txtAreaContent.setStyle(style);
77      });
78
79      GridPane gridPane =new GridPane();
80      gridPane.setPadding(new Insets(10, 10, 10, 10));
81      gridPane.setVgap(5);
82      gridPane.setHgap(5);
83      gridPane.setAlignment(Pos.CENTER);
84
85      gridPane.add(btnOpen, 0, 0);
86      gridPane.add(txtFileName, 1, 0);
87      gridPane.add(txtContent, 0, 1);
88      gridPane.add(txtAreaContent, 1, 1);
89      gridPane.add(lblColor, 0, 2);
90      gridPane.add(colorPicker, 1, 2);
```

```
91            gridPane.add(lblFontSize, 0, 3);
92            gridPane.add(sliderFontSize, 1, 3);
93            gridPane.add(scrollBarFontSize, 1, 4);
94
95            Scene scene =new Scene(gridPane, 400, 300);
96            stage.setTitle("文件阅读");
97            stage.setScene(scene);
98            stage.show();
99        }
100  }
```

说明：代码省略了导入包的语句。

习题

1. 使用语句(　　　)给标签 lbl 的文本设置为红色。

   A. lbl.setTextFill(Color.RED)；

   B. lbl.setFill(Color.red)；

   C. lbl.setTextFill(Color.red)；

   D. lbl.setFill(Color.RED)；

2. 以下选项不是 Button 父类的是(　　　)。

   A. Labelled　　　　　　B. Label　　　　　　C. ButtonBase　　　　D. Control

3. 将字符串添加到文本区域 ta 的方法是(　　　)。

   A. ta.setText(s)　　　　　　　　　　　B. ta.append(s)

   C. ta.insertText(s)　　　　　　　　　　D. ta.appendText(s)

4. 获取文本字段 tf 内容的方法是(　　　)。

   A. tf.getText(s)　　　　　　　　　　　B. tf.getString()

   C. tf.getText()　　　　　　　　　　　　D. tf.findString()

5. 给列表视图对象 lv 注册监听器以便监听其选项改变的语句是(　　　)。

   A. lv.getItems().addListener(e -> ｛处理语句｝)；

   B. lv.getSelectionModel().selectedItemProperty().addListener(e -> ｛处理语句｝)；

   C. lv.addListener(e -> ｛处理语句｝)；

   D. lv.getSelectionModel().addListener(e -> ｛处理语句｝)；

6. 给滚动条对象 sb 注册监听器以便监听其值改变的语句是(　　　)。

   A. sb.addListener(e -> ｛处理语句｝)；

   B. sb.getValue().addListener(e -> ｛处理语句｝)；

   C. sb.getItems().addListener(e -> ｛处理语句｝)；

   D. sb.valueProperty().addListener(e -> ｛处理语句｝)；

7. 给滑块对象 sl 注册监听器以便监听其改变的语句是(　　　)。

   A. sl.valueProperty().addListener(e -> ｛处理语句｝)；

   B. sl.addListener(e -> ｛处理语句｝)；

   C. sl.getValue().addListener(e -> ｛处理语句｝)；

   D. sl.getItems().addListener(e -> ｛处理语句｝)；

8. 一个用 JavaFX 编写的用户登录程序说明如下。

① 用户界面大小为 250px×150px，如图 9.22 所示。

图 9.22 用户登录

② 用户类型包括管理员用户、学生用户和教师用户，默认为管理员用户。

③"确定"按钮功能：如果用户名为空，则在控制台打印"用户名不可为空！"；如果密码为空，则打印"密码不可为空！"；如果是管理员用户，用户名和密码都是 admin，登录成功则打印"管理员用户登录成功！"；如果是学生用户，用户名和密码都是 student，登录成功则打印"学生用户登录成功！"；如果是教师用户，用户名和密码都是 teacher；登录成功则打印"教师用户登录成功！"；如果登录不成功，则打印"登录失败：用户名或者密码错误！"。

④"取消"按钮功能：将用户名和密码的输入框清空。

⑤"退出"按钮功能：退出程序。

知识链接

链 9.12 JavaFX 的 MVC 结构

9.6 本章小结

9.6 本 章 小 结

本章介绍了一种新的 Java GUI 界面编程方式——JavaFX。

（1）介绍了 JavaFX 程序的基本结构，舞台、场景及节点等几个基本概念。

（2）介绍了 JavaFX 属性的概念及属性的绑定方法。

（3）详细介绍了以下布局面板：Pane、FlowPane、GridPane、BorderPane、StackPane、HBox 和 VBox。以上面板的布局策略各有其特点，可以根据实际情况选取合适的面板进行布局。此外，还有 TextFlow（文本流）、TitlePane（标题窗格）、ScrollPane（滚动面板）、Accordion（手风琴）等其他布局方式，在此不做详细介绍。

（4）重点介绍了 GUI 的事件驱动编程，包括事件、事件类及事件处理流程；详细介绍了事件处理器的不同实现方式。

（5）介绍了鼠标事件及键盘事件的概念及使用方法。

（6）通过实例介绍了 JavaFX 中常用组件的使用方法。JavaFX 提供了丰富的组件，除了本章已介绍的组件，还有如下一些组件：ProgressBar（进度条）、ProgressIndicator（进度指示器）、Menu（菜单）、TableView（表格视图）、TreeView（树视图）、TreeTableView（树表视图）、ToolTip（提示信息）等，感兴趣的读者可自行学习。

习题

1. 使用 JavaFX 编写一个支持中文的文本编辑程序，要求如下。

① 用户界面大小为 500px×400px,如图 9.23 所示。

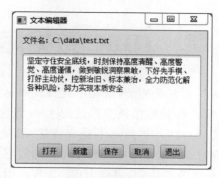

图 9.23 文本编辑器

② 程序启动后,多行文本输入框 TextArea 中初始内容为空,文件名处显示为"文件名:newFile.txt"。

③"打开"按钮功能:弹出"打开文件"对话框,选择文本文件,文件打开后将文件内容显示在多行文本输入框 TextArea 中,同时将文件名显示在"文件名:"标签右边。

④"新建"按钮功能:将多行文本输入框 TextArea 中的内容清空,文件名设置为"newFile.txt"。

⑤"保存"按钮功能:若当前已打开文件,则将多行文本输入框 TextArea 中的内容写入当前已打开的文件中保存;若是新建文件,则弹出"保存文件"对话框,将多行文本输入框 TextArea 中的内容保存到指定位置的文件中。

⑥"取消"按钮功能:将多行文本输入框 TextArea 中的内容清空。

⑦"退出"按钮功能:退出程序。

2. 编写一个 JavaFX 应用程序,模拟一个简单的电子计算器。

① 计算器上有 0、1、2、3、4、5、6、7、8、9 共十个数字按钮。

② 计算器上有＋、－、×、÷、＝共 5 个操作按钮。按"＝"输出计算结果。

③ 计算器上有一个电源开关按钮:电源处于打开时,单击则关闭;处于关闭时,单击则打开。电源按钮处于打开状态时,计算器可正常使用;电源按钮处于关闭状态时,计算器不可使用,即数字按钮及操作按钮变成禁用状态。

课程练习

第10章 JDBC 数据库编程

数据库(DataBase,DB)是一种极为重要、应用广泛且发展迅速的计算机技术,几乎任何信息管理系统都离不开数据库。作为应用极为广泛的 Java 程序,也经常要与数据库"打交道"。JDBC(Java DataBase Connectivity,Java 数据库连接)就是实现 Java 应用程序与数据库通信的一套规范和编程接口(API),Java 应用程序可以通过它来访问关系型数据库。

本章主要以 MySQL 数据库系统为例,讲解 JDBC 编程。因此,需要先安装好 MySQL,5.X 或 8.0 版本皆可。MySQL 的图形化管理工具有 Navicat、SQLyog、Workbench、phpMyAdmin 等,可选择安装其中一种,以便于数据库的管理操作。

10.1 JDBC 概 述

10.1 JDBC
概述

10.1.1 JDBC 的组成与工作过程

1. JDBC 的基本组成

JDBC 是一种实现 Java 应用程序对数据库进行操作的机制。那么,如何实现这个机制呢?

首先要考虑的是用 Java 语言无法直接对数据库进行操作。数据库的标准操作语言是SQL(Structured Query Language,结构化查询语言),它与 Java 语言具有不同的语法、语义和语用。如果要用 Java 语言操作数据库,需要实现两种语言之间的转换。承担这种功能的部件称为 JDBC 数据库驱动。

其次要考虑的是 Java 语言中没有直接进行数据库操作的语句。为了进行数据库操作,需要使用系统提供的 API(Application Programming Interface,应用程序接口),即JDBC API。

因此,一个 JDBC 要由 Java 应用程序、JDBC API、JDBC 数据库驱动和数据源 4 部分组成。

2. JDBC 的基本工作过程

JDBC 的基本工作过程如图 10.1 所示。

(1) 加载 JDBC 驱动:每个 JDBC 驱动都是一个独立的可执行程序。它一般被保存在外存中。加载就是将其调入内存,以便随时执行。

(2) JDBC 是 Java 应用程序与数据库之间的桥梁。连接数据库实际上就是建立 JDBC 驱动与指定数据源(库)之间的连接。

(3) 在当前连接中向 JDBC 驱动传递 SQL,进行数据库的数据操作。

(4) 处理结果:即要把 JDBC 返回的结果数据转换为 Java 程序可以使用的格式。

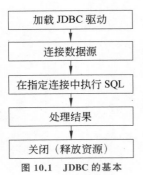

图 10.1 JDBC 的基本
工作过程

（5）处理结束要依次关闭结果资源、语句资源和连接资源。

10.1.2 JDBC API 及其对 JDBC 过程的支持

1. JDBC API 体系与职责

JDBC 的工作过程是在 JDBC API 的支持下完成的。表 10.1 列出了 JDBC API 的几个重要接口/类和它们的职责。

表 10.1   JDBC API 的重要接口/类及其职责

接口/类名称	职 责
java.sql.DriverManager（类）	处理驱动程序的加载和建立新数据库连接
java.sql.Connection（接口）	处理与特定数据库的连接，创建语句资源
java.sql.Statement（接口）	在指定连接中处理 SQL 语句，创建结果资源
java.sql.ResultSet（接口）	处理数据库操作结果集

这些 JDBC API 的组成如图 10.2 所示。由于后一个资源总是由前一个接口实现的对象创建，所以 java.sql.DriverManager 就称为这个接力过程的第一棒，图中将其单独标出。

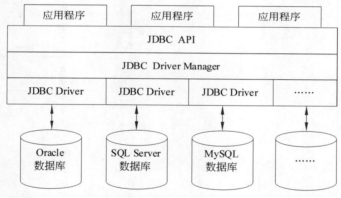

图 10.2   JDBC API 的组成

JDBC API 供程序员调用的接口与类，集成在 java.sql 和 javax.sql 包中。JDBC 驱动负责连接各种不同的数据库。不同厂商的数据库，有不同的 JDBC 驱动，这样 JDBC 就屏蔽了不同数据库的差异，用同一套 API，可以访问不同的数据库。Driver Manager 负责加载和配置好相应的数据库驱动，访问相应的数据库。

2. JDBC API 对 JDBC 过程的支持

图 10.3 为 JDBC 过程中有关对象活动的序列图。

3. JDBC 编程步骤

JDBC 编程的基本步骤如下。

（1）加载数据库驱动。

（2）通过 DriverManager 获取数据库连接。

（3）通过 Connection 对象创建 Statement 对象/PreparedStatement 对象。

（4）使用 Statement 对象/PreparedStatement 对象执行 SQL 语句。

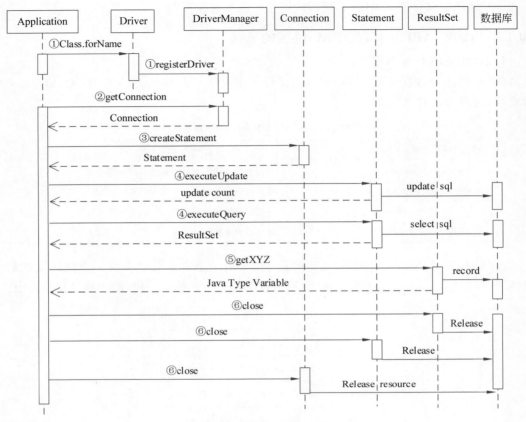

图 10.3　JDBC 过程中有关对象活动序列图

（5）操作结果集 ResultSet。

（6）依次关闭 ResultSet 对象、Statement 对象/PreparedStatement 对象和连接对象。

习题

1. Java 中,JDBC 是指(　　　)。

A. Java 程序与数据库连接的一种机制

B. Java 程序与浏览器交互的一种机制

C. Java 类库名称

D. Java 类编译程序

2. 有关 JDBC 的选项正确的是(　　　)。

A. JDBC 是一种被设计成通用的数据库连接技术,JDBC 技术不仅可以应用在 Java
程序里面,还可以用在 C++ 这样的程序里面

B. JDBC 技术是 Sun 公司设计专门用于连接 Oracle 数据库的技术,连接其他的数据
库只能采用微软的 ODBC 解决方案

C. 微软的 ODBC 和 Sun 公司的 JDBC 解决方案都能实现跨平台使用,只是 JDBC 的
性能要高于 ODBC

D. JDBC 只是个抽象的调用规范,底层程序实际上要依赖于每种数据库的驱动文件

3. Java 程序开发中推荐使用的常用数据库是( )。

　　A. Oracle　　　　　　　　　　　　　　B. SQL Server 2000

　　C. MySQL　　　　　　　　　　　　　　D. DB2

4. 下面选项中不属于 JDBC 实现的是( )。

　　A. JDBC 驱动管理器　　　　　　　　　B. JDBC 驱动器 API

　　C. JDBC 驱动器　　　　　　　　　　　D. Java 程序

5. 下面关于 JDBC 驱动器 API 与 JDBC 驱动器关系的描述,正确的是( )。

　　A. JDBC 驱动器 API 是接口,而 JDBC 驱动器是实现类

　　B. JDBC 驱动器 API 内部包含 JDBC 驱动器

　　C. JDBC 驱动器内部包含 JDBC 驱动器 API

　　D. JDBC 驱动器是接口,而 JDBC 驱动器 API 是实现类

6. JDBC 驱动器也称为 JDBC 驱动程序,它的提供者是( )。

　　A. Sun　　　　　　　B. 数据库厂商　　　　C. Oracle　　　　　　D. ISO

10.2　加载 JDBC 驱动

10.2 加载
JDBC 驱动

10.2.1　JDBC 数据库驱动程序的类型

目前使用的 JDBC 驱动有 4 种基本类型。

1. 类型 1:JDBC-ODBC 桥驱动

ODBC(Open DataBase Connectivity,开放数据库互连)是微软公司开放服务架构 (Windows Open Services Architecture,WOSA)中有关数据库的部分,其基本思想是为用户提供简单、标准、透明的数据库连接公共编程接口。它建立了一组规范,并提供了一组对数据库访问的标准 API;根据 ODBC 的标准开发商去实现底层的驱动程序,并允许根据不同的 DBMS 加以优化,使用户可以直接将 SQL 语句送给 ODBC,从而造就了"应用程序独立性"特性。

ODBC 采用层次结构,以保证其标准性和开放性,共分为 4 层,即应用程序、驱动程序管理器、驱动程序和数据源。如图 10.4 所示为在本地访问和在远程访问两种环境下的 ODBC 结构。

如图 10.5 所示为 JDBC-ODBC 桥驱动的应用模型。JDBC-ODBC 桥驱动的作用是将 JDBC 调用翻译为 ODBC 调用,依靠 ODBC 驱动与数据库通信。这样,一个基于 ODBC 的应用程序对数据库的操作就不再依赖任何 DBMS,也不直接与 DBMS"打交道",所有的数据库操作由对应的 DBMS 的 ODBC 驱动程序完成。也就是说,不论是 Access、MySQL,还是 Oracle 数据库,甚至纯粹的资料或文本文件,只要相对驱动程序能完成衔接的功能,均可用 ODBC API 进行访问,即以统一的方式处理所有的数据库。

由于 ODBC 要求在用户的每台机器中都安装 ODBC 驱动程序,再加上 JDBC-ODBC 桥代码以及额外的层层转换,会加重系统负担,一般来说效率较低,不适合大数据量访问的应用。

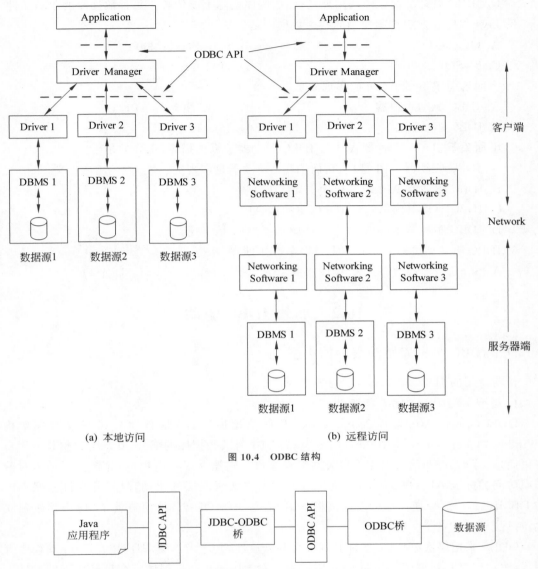

图 10.4 ODBC 结构

图 10.5 JDBC-ODBC 桥驱动的应用模型

2. 类型 2：本地 API 驱动

JDBC 本地 API 驱动也称为部分 Java 驱动。其驱动过程是把客户端的 JDBC 调用转换为标准数据库的调用再去访问数据库。这非常适合控制较严的企业内部局域网环境,但要求数据库系统厂商提供经过专门设计的驱动程序并要求安装在客户端,所以独立性较差、可移植性低。此外,由于多了一个中间层传递数据,它的执行效率不是最好。

3. 类型 3：网络纯 Java 驱动

这种驱动也称为中间件型纯 Java 驱动,即相当于在客户端和数据库服务器之间配置了一个中间层网络服务器,形成一种三层结构。首先由驱动程序将 JDBC 转换为与 DBMS 无关的网络协议,再由中间件服务器将这种协议转换为一种 DBMS 协议。由于它是基于

Server 的，不再需要客户端数据库驱动，可以设计得很小，因此下载时间短，能非常快速地加载到内存中。另外，由于不需要在客户端安装并取得控制权，能把纯 Java 客户端连接到多种不同的数据库上，并可以采用负载均衡、连接缓冲池和数据缓存等技术，具有平台独立性，很适合 Internet 上的应用，是最灵活的 JDBC 驱动程序。但是，这种驱动在中间件层仍然需要配置其他数据库驱动程序，并且由于多了一个中间层传递数据，执行效率还不是最好。

4. 类型 4：本地协议纯 Java 驱动

这种驱动器也称"瘦"驱动或纯 Java 驱动。这种驱动能将 JDBC 调用直接转换为数据库使用的网络协议，可以执行数据库的直接访问，即不需要先把 JDBC 的调用传给 ODBC 或本地数据库接口、中间层服务器，所以其执行效率非常高。此外，无论是客户端还是服务器端都无须安装任何附加软件，实现了平台独立性。这种驱动程序可以被动态地下载，但是对于不同的数据库需要下载不同的驱动程序。这种驱动通常由数据库系统厂商提供实现。

10.2.2　JDBC 驱动类名与 JDBC 驱动程序的下载

1. JDBC 驱动类名

Java 程序要与数据库连接，需要数据库驱动类。不同的数据库有不同的驱动程序，不同厂家实现 JDBC 接口的类不同，例如，有 ODBC 驱动、SQL Server 驱动、MySQL 驱动等。它们通常被封装在一个或多个包中。所以，数据库驱动名一般采用全限定类名的方式——"包名.类名"。表 10.2 为常用数据库的 JDBC 驱动程序名。

表 10.2　常用数据库的 JDBC 驱动程序名

数　据　库	驱动程序名
Oracle	Oracle.jdbc.driver.OracleDriver
DB2	com.ibm.db2.jdbc.app.DB2Driver
SQL Server	2000 版本：com.microsoft.jdbc.sqlserver.SQLServerDriver 2005 及以后版本：com.microsoft.sqlserver.jdbc.SQLServerDriver JDBC-ODBC：sun.jdbc.odbc.JdbcOdbcDriver
Sybase	com.sybase.jdbc.SybDriver
Informix	com.informix.jdbc.IfxDriver
MySQL	5.0 系列版本：com.mysql.jdbc.Driver 8.0 版本：com.mysql.cj.jdbc.Driver
PostgreSQL	org.postgresql.Driver
Derby	org.apache.derby.jdbc.EmbeddedDriver
SQLDB	org.hsqldb.JdbcDriver
ODBC	sun.jdbc.odbc.JdbcOdbcDriver

2. JDBC 驱动程序的下载

进行一个数据库应用程序的开发，首先要把需要的数据库驱动程序配置（下载）到 classpath 中，然后修改本机的环境属性 classpath，这样才能在注册时找到对应的驱动程序。

通过网络搜索可以很容易地找到所需要的数据库驱动程序的下载网站。例如,MySQL 驱动程序可以从其官方网站"https://downloads.mysql.com/archives/c-j/"下载。下载时,Product Version 处选择驱动对应的 MySQL 版本;Operating System 处选择驱动适用的操作系统,选择 Platform Independent 即可,就是不依赖于平台的版本。

此外,一个数据库有不同的版本,所下载的数据库驱动程序一定要对应。例如,SQL Server 数据库提供了两个驱动程序包,即 sqljdbc.jar(JDK 5 及以下)和 sqljdbc/jar(JDK 6 以上)。

10.2.3 DriverManager 类

1. DriverManager 类的作用

DriverManager 类位于用户和数据库驱动之间,是 JDBC 的管理层,它的主要职责是管理数据库驱动和连接数据源。

1) 管理数据库驱动

一个应用程序可能会与多个数据库连接,使用多个数据库驱动。为了便于管理,DriverManager 类要维护一个驱动程序表,每个驱动类名之间用冒号分隔,作为 java.lang.System 的属性。在初始化 DriverManager 类时,它搜索系统属性 jdbc.drivers,如果用户已输入了一个或多个驱动程序,则 DriverManager 类将试图加载它们。注意,一旦 DriverManager 类被初始化,它将不再检查 jdbc.drivers 属性列表。所以,建立数据库驱动表,使 JDBC 管理层能跟踪哪个类加载器就提供哪个驱动程序。这样,当 DriverManager 类打开连接时,它就会仅使用本地文件系统或与发出连接请求的代码相同的类加载器所提供的数据库驱动。

2) 连接数据源

加载 Driver 类并在 DriverManager 类中注册后,即可用来与数据源建立连接。连接由 DriverManager 类的静态方法 getConnection()提供。该方法发出连接请求时,DriverManager 将检查驱动列表 writeDrivers 中的每个 DriverInfo 对象,查看它是否可以建立连接。

有时可能有多个 JDBC 驱动程序可以与给定的 URL 连接。例如,与给定远程数据库连接时,可以使用 JDBC-ODBC 桥驱动程序、JDBC 通用网络协议驱动程序或数据库厂商提供的驱动程序。在这种情况下,测试驱动程序的顺序至关重要,因为 DriverManager 将使用它所找到的第一个可以成功连接到给定 URL 的驱动程序。

这时,DriverManager 首先试图按注册的顺序在每个驱动程序上调用方法 Driver.connect,并向它们传递用户开始传递给方法 DriverManager.getConnection 的 URL 对驱动程序进行测试,然后连接第一个认出该 URL 的驱动程序。

为了避免连接时间太长,甚至出现的无法连接造成的等待,DriverManager 提供了一个静态方法 setLoginTimeout()供程序员根据需要设定连接所允许的最长时间。

2. DriverManager 类中的方法

DriverManager 类中的方法都是静态方法,所以在程序中无须对其实例化就可以用类名直接调用。表 10.3 为 DriverManager 中的常用方法。

表 10.3　DriverManager 中的常用方法

方　　法	说　　明
static void registerDriver(new Driver())	注册一个数据库驱动
static void deregisterDriver(Driver driver)	从驱动列表中删除给定的数据库驱动
static Driver getDrive(String URL)	获取用 URL 指定的数据库驱动
static Connection getConnection(String JDBCurl) static Connection getConnection(String JDBCurl, Properties info) static Connection getConnection (String JDBCurl, String username, String password)	获取与数据库的连接,使用 1~3 个参数: • 数据源 URL • 用户名 • 密码
static void setLoginTimeout(int seconds)	设置程序登录数据库的最长时间(s)
static int getLoginTimeout()	获取程序登录数据库的最长时间(s)
static void println(String message)	将一条消息添加到数据库日志
static PrintWriter getPrintWriter()	获取数据库日志输出流
static void setPrintWriter(PrintWriter out)	设置数据库日志输出流

10.2.4　注册 Driver

为了能让应用程序使用数据库驱动程序,必须加载它们。如前所述,JDBC 驱动程序有不同类型,有不同的厂家,形成不同的 JDBC 驱动程序。但是,既然它们都是为 Java 应用程序连接数据库提供支持,就有一些共同之处,就有一些都要执行的共同方法。这些方法提供了所有 JDBC 驱动程序的标准,被封装成一个 Driver 接口。

因此,加载或注册一个数据库驱动程序实际上就是创建一个 Driver 接口实现程序的实例,并将其添加到 DriverManager 类的驱动列表中,以便管理与连接。

注册是将 JDBC 数据库驱动器添加到 jdbc.drivers 中。Java 提供了 3 种加载注册数据库驱动程序的方法。

1. 使用 DriverManager 类的静态方法 registerDriver()注册

使用 DriverManager 类的 registerDriver()注册的格式如下:

```
DriverManager.registerDriver(new 驱动器类名());
```

例如,注册 Oracle JDBC 驱动程序的代码为:

```
DriverManager.registerDriver(new oracle.jdbc.OracleDriver());
```

加载 Microsoft SQL Server JDBC 驱动程序的代码为:

```
DriverManager.registerDriver(new com.microsoft.jdbc.sqlserverDriver());
```

加载 MySQL JDBC 驱动程序的代码为:

```
DriverManager.registerDriver(new com.mysql.cj.jdbc.Driver());    //MySQL 8.0
DriverManager.registerDriver(new com.mysql.jdbc.Driver());       //MySQL 5.0 系列版本
```

当 Java 应用程序执行上述语句后,相当于获得了类装载器(classLoader)用 String 指定的类——指出了一个驱动程序类的名称。同时,所有 Driver 实现类都必须包含静态代码段,以用来创建该 Driver 实现类的实例。

【代码 10-1】　用 DriverManager 类的静态方法 registerDriver()注册 MySQL 的驱动

程序。

LoadingMySQLDriverDemo1.java

```
1    import java.sql.DriverManager;
2
3    public class LoadingMySQLDriverDemo1 {
4        /** 利用静态代码块加载驱动 */
5        static {
6            try {
7                //Registering MySQL8.0 driver
8                DriverManager.registerDriver(new com.mysql.cj.jdbc.Driver());
9                System.out.println("数据库驱动程序加载成功!");
10           } catch (Exception e) {
11               System.out.println("数据库驱动程序加载失败: " +e.getMessage());
12           }
13       }
14
15       public static void main(String[] args) {
16           System.out.println("数据库驱动程序加载测试");
17       }
18   }
```

程序运行结果：

```
数据库驱动程序加载成功!
数据库驱动程序加载测试
```

说明：

（1）静态代码块的特点是随着类的加载而执行，且只执行一次，并优先于主方法。因此，可利用一段静态初始化块（第5～13行）直接将驱动类加载到内存，以自动完成驱动的注册功能。

（2）加载驱动程序前需做如下准备工作。

一是下载好驱动程序 JAR 包，将其存放在 Eclipse 项目（如 JavaSourceCode）下的某个文件夹下（如 lib），如图 10.6 所示。

二是在 Eclipse 项目中引入驱动程序 JAR 包。右击项目 JavaSourceCode→选择 Properties，弹出如图 10.7 所示的窗口。在窗口的左侧列表中选择 Java Build Path，在右侧选择 Libraries，再单击 Add

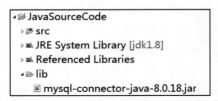

图 10.6　准备好驱动程序

External JARs 按钮，然后找到 lib 文件夹下的驱动程序 mysql-connector-java-8.0.18.jar，就可将其引入项目中。最后，单击 Apply and Close 按钮即可。此时，可以逐个（也可以选择多个 jar，但是限制在同一个文件夹中）添加第三方引用 JAR 包。

2. 使用反射机制进行数据库驱动程序的实例化

如前所述，Class 类中的静态方法 forName( )可以从已知包中将需要的类加载到程序中，知道了驱动程序名（以驱动类的全限定名称形式）就可以将其加载到程序中。如表 10.2 所示，不同的数据库驱动程序的名称是不同的。

JDBC-ODBC 桥驱动程序和 JDBC-Net All-Java 驱动程序直接包含在 rt.jar 中，并由默认环境指出。例如：

```
Class.forName("sun.jdbc.odbc.JdbcOdbcDriver");
```

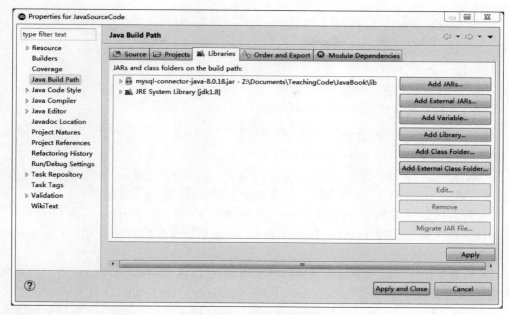

图 10.7　在 Eclipse 项目中引入驱动程序 JAR 包

本地协议 Java 驱动和本地 API 驱动要从数据库系统厂商那里获得。例如，对于 MySQL，要先从 MySQL 的网站下载指定数据库版本的 JDBC Driver，然后在程序中写下列语句载入 驱动程序类：

```
Class.forName("com.mysql.cj.jdbc.Driver");      //MySQL 8.0
Class.forName ("com.mysql.jdbc.Driver");        //MySQL 5.0系列版本
```

说明：

（1）如果要在一个程序中加载多种数据库驱动，可以用多个 Class.forName(DRIVER)。

（2）并非在任何情况下都可以找到指定的驱动程序。如果找不到驱动器类名，forName()就会抛出 ClassNotFoundException 的异常。这个异常是必须捕获的，因此这个功能的调用应该出现在一个 try 块中，并要有合适的 catch 块。

【代码 10-2】　用 Class.forName()加载 MySQL 数据库驱动程序。

LoadingMySQLDriverDemo2.java

```
1    public class LoadingMySQLDriverDemo2 {
2        /** 定义驱动程序 */
3        public static final String DRIVER ="com.mysql.cj.jdbc.Driver";
4
5        static {
6            try {
7                //加载数据库驱动程序
8                Class.forName(DRIVER);
9                System.out.println("数据库驱动程序加载成功!");
10           } catch (Exception e) {
11               System.out.println("数据库驱动程序加载失败: " +e.getMessage());
12           }
13       }
```

```
14
15        public static void main(String[] args) {
16            System.out.println("数据库驱动程序加载测试");
17        }
18    }
```

3. 使用 System.setProperty()方法注册

注册的一种方法是使用 System.setProperty()。例如,使用语句:

```
System.setProperty ("jdbc.drivers", "DRIVER");
```

例如,注册 MySQL JDBC 驱动器的代码为:

```
System.setProperty("jdbc.driver","com.mysql.jdbc.Driver");      //MySQL 5.0系列版本
System.setProperty("jdbc.driver","com.mysql.cj.jdbc.Driver"); //MySQL 8.0
```

另一种方法是使用 System.setProperty().load(new FileInputStream("属性文件名"))并在属性文件中指定 jdbc.driver=driverName。Java 属性文件的扩展名为".properties"。

说明:

(1) 如果要在一个程序中加载多种数据库驱动,可以在 System.setProperty()中将驱动程序用冒号分开,即"System.setProperty("jdbc.drivers","DRIVER1:DRIVER2")"。

(2) 如果一行显得太长,可以用双引号和加号将字符串打断成多行(双引号里的字符串是不能跨行的)。

习题

1. JDBC 的模型对开放数据库连接(ODBC)进行了改进,它包含( )。
   A. 一套发出 SQL 语句的类和方法　　　B. 更新表的类和方法
   C. 调用存储过程的类和方法　　　　　　D. 以上全部都是

2. 下面的选项加载 MySQL 驱动正确的是( )。
   A. Class.forname("com.mysql.JdbcDriver");
   B. Class.forname("com.mysql.driver.Driver");
   C. Class.forname("com.mysql.jdbc.MySQLDriver");
   D. Class.forname("com.mysql.jdbc.Driver");

3. 下述选项中不属于 JDBC 基本功能的是( )。
   A. 与数据库建立连接　　　　　　　　　B. 提交 SQL 语句
   C. 数据库维护管理　　　　　　　　　　D. 处理查询结果

4. 下面选项中属于 DriverManager 类中包含的方法有( )。
   A. getDriver(Driver driver)
   B. getConnection(String url,String user,String pwd)
   C. registerDriver(Driver driver)
   D. getUser(String user)

5. 下面关于 DriverManager 类的作用,描述正确的是( )。
   A. 加载 JDBC 驱动　　　　　　　　　　B. 创建与数据库的连接
   C. 执行 SQL 语句　　　　　　　　　　　D. 处理查询结果

10.3 连接数据源

10.3.1 数据源描述规则——JDBC URL

JDBC URL 将要连接数据源的有关信息封装在一个 String 对象中,其格式如下:

```
JDBC 协议:子协议:子名称
```

JDBC URL 的 3 个部分如下。

1. JDBC 协议

JDBC URL 中的协议总是 jdbc。

2. 子协议

子协议用于标识数据库的连接机制,这种连接机制可由一个或多个驱动程序支持。不同数据库厂家的数据库连接机制名是不相同的,例如,MySQL 数据库使用的子协议名为 mysql,Java DB 使用的子协议名为 derby 等。Derby 是一个完全用 Java 编写的数据库,提供内嵌的 JDBC 驱动,可以把 Derby 嵌入基于 Java 的应用程序中。

有一个特殊的子协议名是 odbc,它是 JDBC URL 为 ODBC 风格的数据源专门保留的。例如,为了通过 JDBC-ODBC 桥访问某个数据库,可以用如下 URL:

```
jdbc:odbc:zhangLib
```

这里,子协议为 odbc,子名称 zhangLib 是本地 ODBC 数据源。

3. 子名称

子名称用于标识数据源,提供定位数据源的更详细信息。它可以依子协议的不同而变化,并且还可以有子名称的子名称。对于位于远程服务器上的数据库,特别是当要通过 Internet 访问数据源时,在 JDBC URL 中应将网络地址作为子名称的一部分,且必须遵循标准的 URL 命名规则:

```
//主机名:端口 / 子名称
```

例如,连接 MySQL 数据库的 JDBC URL 为:

```
jdbc:mysql://服务器名:3306 / 数据库名
```

连接微软 SQL Server 数据库的 JDBC URL 为:

```
jdbc:microsoft:sqlserver: //服务器名:1433/DatabaseName =数据库名
```

JDBC URL 还可以指向逻辑主机或数据库名,使系统管理员不必将特定主机声明为 JDBC URL 名称的一部分,逻辑主机或数据库名将由网络命名系统动态地转换为实际的名称。网络命名服务(例如 DNS、NIS 和 DCE)有多种,而对于使用哪种命名服务并无限制。

10.3.2 获取 Connection 对象

Java 应用程序要与数据库进行数据传递必须先进行连接,即创建一个 Connection 实例,或者说获取一个 Connection 对象。这是 Java 数据库操作的基础,是在 JDBC 活动中形成其他一系列对象的前提,例如 Statement、PreparedStatement、ResultSet 等都由 Connection 直接或者间接衍生。

由于 Connection 是一个接口，自己不能实例化，因此要使用"过继"的策略，可以通过如下 3 种途径获取 Connection 对象。

1. 使用 DriverManager 类获取 Connection 对象

由 DriverManager 的静态方法 getConnection()创建，即先声明一个 Connection 类引用，再用 DriverManager.getConnection()初始化 Connection 类引用。例如：

```
Connection con = DriverManager.getConnection(url, "id", "pwd");
```

注意：

（1）数据库驱动程序需要安装在 classpath 下，以便数据库连接程序能按照 Java 的方式被访问到。

（2）在连接时，除了需要指明要连接数据库的路径 URL 外，还可能需要相应的用户名和密码。例如，上述 id 和 pwd。

（3）连接时，DriverManager 会测试已注册的数据库驱动程序能否连接到指定数据库，根据顺序原则，采用第一个能连通的数据库驱动。

（4）DriverManager 类有 3 个重载的 getConnection()方法，它们都返回一个 Connection 对象，但参数有所不同。

- static Connection getConnection (String JDBCurl)
- static Connection getConnection (String JDBCurl, Properties info)
- static Connection getConnection (String JDBCurl, String username, String password)

其中，info 为包含连接数据库所需各种属性（Properties）的对象，username 为用户名，password 为用户口令，JDBCurl 的内容前面已经做过介绍，这里不再赘述。

下面是几种常用数据库连接的代码段。

（1）与 Oracle 数据库连接：

```
String url = "jdbc:oracle:thin:@127.0.X.XX:1512:orcl";       //orcl 为数据库是 SID,1512 为端口号
String user = "aName";
String password = "aPassword";
Cononnection con = DriverManager.getConnection(url, user, password);
```

（2）与 DB2 数据库连接：

```
String url = "jdbc:db2://127.0.X.XX:5000/sample";       //sample 为数据库名,5000 为端口号
String user = "admin";
String password = "aPassword ";
Cononnection con = DriverManager.getConnection(url, user, password);
```

（3）与 SQL Server 2000 数据库连接：

```
String url = "jdbc:microsoft:sqlserver://127.0.X.XX:1433:DatabaseName =master";
                                                      //master 为数据库名,1433 为端口号
String user = "aName";
String password = "aPassword";
Cononnection con = DriverManager.getConnection(url, user, password);
```

（4）与 SQL Server 2019 数据库连接：

```
String url = "jdbc:sqlserver://服务器名:1433:Databasename =master";
                                                      //master 为数据库名,1433 为端口号
```

```
String user ="sa";
String password ="aPassword";
Cononnection con =DriverManager.getConnection(url, user, password);
```

（5）与 MySQL 数据库连接：

```
String url ="jdbc:mysql://10.0.X.XX:3306/ myDB";          //myDB 为数据库名,3306 为端口号
String user ="root";
String password ="aPassword";
Cononnection con =DriverManager.getConnection(url, user, password);
```

代码 10-3 演示了使用 DriverManager 类与 MySQL 数据库连接,获取 Connection 对象。

假设连接 MySQL 的用户名为 root,密码为 123456;且已创建好一个名为 dbEmpl 的数据库,数据库的字符集建议采用 utf8mb4。

【代码 10-3】 使用 DriverManager 类与 MySQL 数据库连接。

ConnectionDemo1.java

```
1   import java.sql.Connection;
2   import java.sql.DriverManager;
3   import java.sql.SQLException;
4
5   public class ConnectionDemo1 {
6       /** 定义数据库驱动程序(MySQL) */
7       private static final String DRIVER ="com.mysql.cj.jdbc.Driver";
8       /** 定义数据库连接地址 */
9       private static final String URL ="jdbc:mysql://localhost:3306/dbEmpl?
                                serverTimezone=UTC&characterEncoding=utf-8";
10      /** 定义数据库服务器登录用户名 */
11      private static final String USERNAME ="root";
12      /** 定义数据库登录密码 */
13      private static final String PASSWORD ="123456";
14
15      static {
16          try {
17              //加载数据库驱动程序
18              Class.forName(DRIVER);
19              System.out.println("数据库驱动程序加载成功!");
20          } catch (Exception e) {
21              System.out.println("数据库驱动程序加载失败: " +e.getMessage());
22          }
23      }
24
25      /** 主方法 */
26      public static void main(String[] args) {
27          //获取 Connection 对象
28          Connection conn =getConnection();
29
30          //… Do Actual Work …
31
32          //关闭 Connection
33          close(conn);
34      }
35
36      /** 获取 Connection 对象的方法 */
37      public static Connection getConnection() {
38          Connection conn =null;
```

```
39            try {
40                //获取 Connection 对象
41                conn = DriverManager.getConnection(URL, USERNAME, PASSWORD);
42                System.out.println("连接数据库成功!");
43            } catch (SQLException e) {
44                System.out.println("连接数据库失败: " + e.getMessage());
45            }
46            return conn;
47        }
48
49        /** 关闭 Connection */
50        public static void close(Connection conn) {
51            if (conn != null) {
52                try {
53                    conn.close();
54                } catch (SQLException e) {
55                    e.printStackTrace();
56                }
57            }
58        }
59    }
```

程序运行结果：

```
数据库驱动程序加载成功!
连接数据库成功!
```

说明：Connection 对象使用完后要及时关闭，以释放系统资源。

2. 采用 DataSource 接口连接数据源

用 DriverManager 类产生一个对数据源的连接是 JDBC 1.0 采用的方法。JDBC 2.0 则用 DataSource 替代 DriverManager 类连接数据源，使代码变得更小巧精致，也更容易控制。

DataSource 接口是 JDBC 2.0 API 中的新增内容，它提供了连接到数据源的另一种方法。一个 DataSource 对象代表了一个真正的数据源，既可以是关系数据库，也可以是电子表格或表格形式的文件。

DataSource 接口由驱动程序供应商实现，共有以下三种类型的实现。

（1）基本实现：生成标准 Connection 对象。

（2）连接池（Connection Pool）实现：生成自动参与连接池的 Connection 对象。此实现与中间层连接池管理器一起使用。

（3）分布式事务实现：生成一个 Connection 对象，该对象可用于分布式事务，并且几乎始终参与连接池。此实现与中间层事务管理器一起使用，并且几乎始终与连接池管理器一起使用。

代码 10-4 演示了 MySQL 采用数据源（DataSource）获取 Connection 对象，将代码 10-3 中 getConnection()方法做相应修改即可。

【代码 10-4】 MySQL 采用数据源（DataSource）获取 Connection 对象。

getConnection()方法

```
1    /** 采用 DataSource 获取 Connection 对象 */
2    public static Connection getConnection() {
3        Connection conn = null;
4        try {
5            //创建数据源
6            MysqlDataSource ds = new MysqlDataSource();
```

```
7
8            //设置数据源的参数
9            ds.setUrl(URL);
10           ds.setUser(USERNAME);
11           ds.setPassword(PASSWORD);
12
13           //获取 Connection 对象
14           conn =ds.getConnection();
15           System.out.println("连接数据库成功!");
16     } catch (SQLException e) {
17           System.out.println("连接数据库失败: " +e.getMessage());
18     }
19     return conn;
20 }
```

下面是其他几种数据库创建 DataSource,获取 Connection 对象的代码段。

(1) Oracle 数据库。

```
oracle.jdbc.pool.OracleDataSource ds =new oracle.jdbc.pool.OracleDataSource();
ds.setDriverType("thin");
ds.setServerName("localhost");
ds.setPortNumber(1521);
ds.setDatabaseName("TM");              //Oracle SID
ds.setUser("hong");
ds.setPassword("123dfg");
Connection con =ds.getConnection();
```

(2) SQL Server 数据库。

```
com.microsoft.sqlserver.jdbc.SQLServerDataSource ds =new com.microsoft.sqlserver.jdbc.
SQLServerDataSource();
ds.setServerName("localhost");
ds.setPortNumber(1269);
ds.setDatabaseName("DB123");
ds.setUser("sa");
Connection con =ds.getConnection();
```

3. 使用数据库连接池获取

JDBC 工作中的一个瓶颈是数据资源连接的低效,一般要花费 $0.05 \sim 1s$。特别是在 Web 程序设计中,例如,对于大型电子商务网站,往往同时会有几百人甚至成千上万人在线。在这种情况下,频繁地进行数据源连接操作势必占用很多的系统资源,网站的响应速度必定下降,严重的甚至会造成服务器崩溃。解决这一瓶颈问题的有效手段是采用数据库连接池技术。数据库连接池的基本思想就是为数据库连接建立一个"缓冲池"。预先在缓冲池中放入一定数量的连接,当需要建立数据源连接时只需从"缓冲池"中取出一个连接,使用完之后再放回去。通过设定连接池最大连接数来防止系统无尽地与数据库连接,还可以通过连接池的管理机制监视数据库的连接数量、使用情况,为系统开发、测试及性能调整提供依据。

实际上,连接池就是存放数据库连接的容器(集合)。当系统初始化好后,容器被创建,容器中会预先申请一些连接对象,当用户来访问数据库时,从容器中获取连接对象,用户访问之后,会将连接对象归还给容器。使用连接池的好处主要有以下两点。

一是节约资源,提高系统性能。不必每连接一次数据库都去创建一个 Connection 对象,大大减少了创建数据库连接的次数。

二是提高用户访问效率。每次连接只需要从数据库连接池中获取连接即可,不用等待连接数据库的漫长过程。

数据库连接池就是 javax.sql 包下标准接口 DataSource 的实现。接口的实现一般由数据库厂商来实现,也可自己实现。常用的 DataSource 的实现有:DBCP、C3P0、Proxool、druid 等。上述连接池工具的使用,读者可找相关资料自行学习,在此不再赘述。

对于普通应用程序来说,可以选用 DataSource 对象,也可以选用 DriverManager 类。但是,对于需要用的连接池或者分布式事务的应用程序来说,就必须使 DataSource 对象来获得 Connection。

DatabaseConnection(数据库连接)类的主要职责是连接数据源,获得一个 Connection 对象。Connection 对象表示与数据库的连接,底层需要操作系统的 Socket 支持,所以它是一种资源,而作为一种资源,需要按照"建立—打开—使用—关闭"的顺序合理使用。

10.3.3　连接过程中的异常处理

getConnection()方法在执行过程中可能会抛出 SQLException 异常,也需要一个相应的 catch 块处理 SQLException 异常,参见代码 10-3 的第 39~45 行。

10.3.4　Connection 接口的常用方法

在连接建立之后,以后所有的操作都要基于该连接进行,有许多操作与 Connection 的方法有关。表 10.4 为 Connection 的常用方法,其中与事务有关的方法将在 10.7 节中介绍。

表 10.4　Connection 的常用方法

方　　法	说　　明
Statement createStatement() Statement createStatement(int resultSetType, int resultSetConcurrency)	创建一个 Statement 实例,参数如下。 resultSetType:结果集类型 resultSetConcurrency:并发性的结果集
PreparedStatement preparedStatement (String sql) PreparedStatement preparedStatement (String sql, int resultSetType , int resultSetConcurrency)	创建一个 PreparedStatement 实例,参数如下。 sql:要执行的 SQL 语句 resultSetType:结果集类型 resultSetConcurrency:并发性的结果集
CallableStatement prepareCall(String sql)	创建用于调用存储过程的 CallableStatement 对象。 参数 sql:调用存储过程的 SQL 语句
String getCatalog()	获取连接对象的当前目录名
boolean isReadOnly()	判断连接是否为只读模式
void setReadOnly()	设置连接的只读模式
void close()	立即释放连接对象的数据库和 JDBC 资源
boolean isClosed()	判断连接是否关闭
void commit()	提交对数据库的改动并释放当前连接持有的数据库的锁
void rollback()	回滚当前事务中的所有改动并释放当前连接持有的数据库的锁
DatabaseMetaData getMetaData()	获取数据库元数据

特别需要说明的是,Connection 对象联系着数据源。所以 Connection 是一种资源,既然是一种资源,就需要按照"建立—打开—使用—关闭"的顺序合理地使用。

习题

1. DataSource 是 Factory 类型，可以调用 DataSource 的方法（　　）获得数据库连接。
   A. gainConnection()   B. obtainConnection()
   C. connect()   D. getConnection()
2. 有关 Connection 描述错误的是（　　）。
   A. Connection 是 Java 程序与数据库建立的连接对象，这个对象只能用来连接数据库，不能执行 SQL 语句
   B. 只用 MySQL 和 Oracle 数据库的 JDBC 程序需要创建 Connection 对象，其他数据库的 JDBC 程序不用创建 Connection 对象就可以执行 CRUD 操作
   C. JDBC 的数据库事务控制要靠 Connection 对象完成
   D. Connection 对象使用完毕后要及时关闭，否则会对数据库造成负担
3. 下列选项中不属于数据库连接池的功能是（　　）。
   A. 将用户不再使用的连接释放
   B. 当空闲的连接数过多时，释放连接对象
   C. 为用户请求提供可用连接。如果没有空闲连接，且连接数没有超出最大值，创建一个新的数据库连接
   D. 服务器启动时，创建指定数量的数据库连接
4. 可以获取结果集（ResultSet）的元数据的方法是（　　）。
   A. Connection 的 getMetaData()方法
   B. ResultSet 的 getMetaData()方法
   C. Connection 的 getResultMetaData()方法
   D. ResultSet 的 getResultMetaData()方法

知识链接

链 10.1 JDBC 元数据

10.4 创建 SQL 工作空间进行数据库操作

10.4 创建
SQL 工作
空间进行
数据
库操作

Java 程序与数据库建立连接的目的是为了进行数据库的操作并得到操作的结果，为此还必须进行两项工作，即创建 SQL 工作空间、传输 SQL 语句。

10.4.1 SQL

1. SQL 概述

SQL（Structured Query Language，结构化查询语言）用于存取数据以及查询、更新和管

理关系数据库系统。SQL 结构简洁、功能强大、简单易学，所以自 IBM 公司于 1981 年推出以来，得到了广泛应用。今天，绝大部分数据库管理系统，例如 Oracle、Sybase、Informix、SQL Server、MySQL 等都支持 SQL 作为查询语言。

表 10.5 列出了 SQL 的常用语句。

表 10.5　SQL 的常用语句

类　型	语　句	功　能
数据定义	CREATE TABLE	创建一个数据库表
	DROP TABLE	从数据库中删除表
	ALTER TABLE	修改数据库表结构
	CREATE VIEW	创建一个视图
	DROP VIEW	从数据库中删除视图
	CREATE INDEX	为数据库表创建一个索引
	DROP INDEX	从数据库中删除索引
	CREATE DOMAIN	创建一个数据值域
	ALTER DOMAIN	改变域定义
	DROP DOMAIN	从数据库中删除一个域
数据操作	INSERT	向数据库表添加新数据行
	DELETE	从数据库表中删除数据行
	UPDATE	更新数据库表中的数据
数据检索	SELECT	从数据库表中检索数据行和列

2. SQL 语句用法举例

以 MySQL 数据库 dbEmpl 中的职员信息表为例，简单讲解 SQL 语句的用法。职员信息表的结构如表 10.6 所示，后面示例中都将用到此表。

表 10.6　职员信息表的结构

字 段 名	数 据 类 型	允 许 为 空	约　束	说　明
empl_id	int	否	主码	职员编号
empl_name	varchar(20)	否		职员姓名
empl_sex	char(2)	是		职员性别
empl_basesalary	decimal(10,2)	是		职员薪水

1）定义表结构

使用 DDL(Data Definition Language，数据定义语言)在 dbEmpl 数据库中定义一个名为 employeeInfo 的数据表。

```
CREATE TABLE employeeInfo (
    empl_id INT PRIMARY KEY AUTO_INCREMENT,
    empl_name VARCHAR (20) NOT NULL,
    empl_sex CHAR (2),
    empl_basesalary DECIMAL (10, 2)
);
```

这段代码产生一个空的 employeeInfo 数据表，等待数据被填入数据表内。

说明：

（1）字段 empl_id 定义为自动递增（AUTO_INCREMENT），编号从 1 开始，并以 1 为基数递增。这样，当插入数据 empl_id 没指定值时，数据库系统会自动为其生成一个唯一不重复的值。AUTO_INCREMENT 是数据列的一种属性，只适用于整数类型数据列。

（2）数据类型 float，double 容易产生误差，对精确度要求比较高时，建议使用 decimal 来存储，decimal 在 MySQL 内存是以字符串存储的，用于定义货币要求精确度高的数据。此处，empl_basesalary 字段的数据类型就用 decimal。

2）插入数据

用 INSERT 语句在 employeeInfo 数据表中增添一个职员。

```
INSERT INTO employeeInfo
(empl_id, empl_name, empl_sex, empl_basesalary)
VALUES(666, "Zhang", '男', 6566.8);
```

说明：其中第 2 行给出了字段名称列表，所列字段名称的次序决定了数据将被放在哪个字段。例如，第 1 个数据 666 将被放在第 1 个字段 empl_id，第 2 个数据"Zhang"放在第 2 个字段 empl_name，以此类推。INSERT 语句中的字段顺序与数据表中字段的顺序一致时，则不必特意指定字段名称，也可以用以下 INSERT 语句代替：

```
INSERT INTO employeeInfo
VALUES(666, "Zhang", '男', 6566.8);
```

使用这种形式的 INSERT 语句，而被插入数据的次序与建立数据表时不同，数值将被放入错误的字段。如果数据的类型与定义不符，则会出现一个错误信息。

若在 MySQL 中定义数据表时字段 empl_id 定义为自动递增（AUTO_INCREMENT），那么，在插入数据时若没有为 empl_id 指定值，则数据库系统自动为其生成一个值。如下语句就没有给 empl_id 指定值。

```
INSERT INTO employeeInfo
(empl_name, empl_sex, empl_basesalary)
VALUES( "Zhao", '男', 4567.5);
```

因为前面语句已经给 empl_id 赋值为 666，因此，本条语句执行后给 empl_id 的值就从 666 开始增 1，其值为 667。两条 INSERT 语句执行后，数据表 employeeInfo 中的数据如图 10.8 所示。

empl_id	empl_name	empl_sex	empl_basesalary
666	Zhang	男	6566.80
667	Zhao	男	4567.50

图 10.8　数据表 employeeInfo 中的数据

3）检索数据

用 SELECT 语句从 employeeInfo 数据表中检索职员姓名为"Zhang"的数据。

```
SELECT empl_id, empl_name, empl_sex, empl_basesalary
```

```
FROM employeeInfo
WHERE empl_name ="Zhang";
```

WHERE 子句用于检索那些满足指定条件的记录。如果有一个符合条件,将显示如图 10.9 所示的结果。

图 10.9　SELECT 的结果

4）修改数据

用 UPDATE 语句将职员编号为 666 的薪水修改为 8766。

```
UPDATE employeeInfo
SET empl_basesalary =8766
WHERE empl_id=666;
```

说明：当使用 UPDATE 语句时,要确定在 WHERE 子句中提供充分的筛选条件,如此才不会不经意地改变一些不该改变的数据。

5）删除数据

用 DELETE 语句删除职员编号为 666 的记录。

```
DELETE FROM employeeInfo
WHERE empl_id=666;
```

说明：当使用 DELETE 语句时,要确定在 WHERE 子句中提供充分的筛选条件,如此才能避免误删一些不该删除的数据。

3. 静态 SQL 与动态 SQL

从编译和运行的角度来看,SQL 语句可以分为静态 SQL 和动态 SQL。

静态 SQL 语句的编译是在应用程序运行前进行的,而后程序运行时数据库将直接执行编译好的 SQL 语句,编译的结果会存储在数据源内部被持久化保存。所以静态 SQL 语句必须在程序运行前确定所涉及的列名、表名等。动态 SQL 语句是在应用程序运行时被编译和执行的,语句编译的结果被缓存在数据库的内存里。

一般来说,静态 SQL 运行时开销较低,但要求在程序运行前 SQL 语句必须是确定的,并且涉及的数据库对象(列名和表名)必须已存在。动态 SQL 适合于在程序运行前 SQL 语句是不确定或者所涉及的数据库对象还不存在的情形,但是它需要较多的权限,对于系统安全会有不利。

10.4.2　创建 SQL 工作空间

所谓创建 SQL 工作空间,实际上就是创建 Statement 实例。但是,Statement 是一个接口,不能直接创建其实例,与创建 Connection 实例一样,采取"过继"的策略得到其实例,即由 Connection 的方法 createStatement()为其生成一个实例。创建 SQL 工作空间的代码段如下。

```
try {
    Statement stt = conn.createStatement ();
}catch (SQLException e) {
    //…
}
```

10.4.3　用 Statement 实例封装 SQL 语句

一旦 Statement 实例生成,就表明连接的过程已经完成,"接力棒"传送到 Statement。Statement 担负着封装 SQL 语句和与数据库进行交互的职责,这些职责将通过其提供的一套方法实现。表 10.7 为 Statement 接口的主要方法。

表 10.7　Statement 接口的主要方法

方 法 名	用 途
void close()	关闭当前的 Statement 实例
void cancel()	取消 Statement 实例中的 SQL 数据库操作命令
ResultSet executeQuery(String sql)	执行 SQL SELECT 语句,将查询结果存放在一个 ResultSet 对象中
int executeUpdate(String sql)	执行 SQL 更新语句(update、delete、insert),返回整数表示所影响的数据库表行数
boolean execute(String sql)	执行(返回多个结果集的)SQL 语句,即 executeQuery()和 executeUpdate()的合并方法。返回值 true 表示第一个返回值是一个 ResultSet 对象;false 表示这是一个更新计数或者没有结果集
int[] executeBatch()	将一批 SQL 命令提交给数据执行,如果全部命令执行成功,则返回更新计数组成的数组
void addBatch(String sql)	向批执行表中添加一条 SQL 语句
void clearBatch()	清除在 Statement 对象中建立的批量执行 SQL 语句表
int setQueryTimeout (int seconds)	设置查询超时时间(秒数)
int getQueryTimeout()	获取查询超时设置(秒数)
ResultSet getResultSet()	返回当前结果集
boolean getMoreResults()	移动到 Statement 实例的下一个结果集(用于返回多个结果的 SQL 语句)
void setFetchDirection(int dir)	设定从数据库表中获取数据的方向
void setMaxFieldSize(int max)	设定最大字段数
int getMaxFieldSize()	获取结果集中最大字段数
void setMaxRows(int max)	设定一个结果集的最大行数
int getMaxRows()	获取一个结果集中当前的最大行数
void setFetchSize(int rows)	设定返回的结果集行数
int getFetchSize()	获取返回的结果集行数
int getUpdateCount()	获取更新记录数量
Connection getconnection()	获取当前数据库的连接

由于 Statement 对象本身并不包括 SQL 语句,所以要将 SQL 语句作为 Statement 对象的 execute()方法参数。例如,用 executeQuery()方法执行一个 SQL 查询便可以返回一个 ResultSet 对象:

```
ResultSet rsultSet = stt.executeQuery ("SELECT * FROM employeeInfo WHERE empl_basesalary >
7000");
```

```
String sqlQuery ="SELECT * FROM employeeInfo WHERE empl_name ='Wang'";
```

说明：

（1）JDBC 在编译时并不对将要执行的 SQL 查询语句做任何检查，只是将其作为一个 String 类对象，要到驱动程序执行 SQL 查询语句时才知道其是否正确。对于错误的 SQL 查询语句，在执行时将会产生 SQLException 异常。

（2）一个 Statement 实例在同一时间只能打开一个结果集，对第二个结果集的打开隐含着对第一个结果集的关闭。

（3）如果想对多个结果集同时操作，则必须创建出多个 Statement 实例，在每个 Statement 实例上执行 SQL 查询语句以获得相应的结果集。

（4）如果不需要同时处理多个结果集，则可以在一个 Statement 实例上顺序执行多个 SQL 查询语句，对获得的结果集进行顺序操作。

代码 10-5 演示了 JDBC 实现 SQL 的插入、更新及删除操作。JDBCUtils.java 是一个工具类，封装了数据库驱动加载、Connection 的创建及资源的关闭等操作。一般情况下，会将一些通用操作放入工具类，便于使用，同时实现了代码复用。

【代码 10-5】 JDBC 实现 SQL 的插入、更新及删除操作。

JDBCUtils.java

```
1   import java.sql.Connection;
2   import java.sql.DriverManager;
3   import java.sql.ResultSet;
4   import java.sql.Statement;
5
6   /** JDBC 工具类 */
7   public class JDBCUtils {
8       /** 定义数据库驱动程序(MySQL) */
9       private static final String DRIVER ="com.mysql.cj.jdbc.Driver";
10      /** 定义数据库连接地址 */
11      private static final String URL ="jdbc:mysql://localhost:3306/dbEmpl?
                             serverTimezone=UTC&characterEncoding=utf-8";
12      /** 定义数据库服务器登录用户名 */
13      private static final String USERNAME ="root";
14      /** 定义数据库登录密码 */
15      private static final String PASSWORD ="123456";
16
17      static {
18          try {
19              //加载数据库驱动程序
20              Class.forName(DRIVER);
21          } catch (Exception e) {
22              System.out.println("数据库驱动程序加载失败: " +e.getMessage());
23          }
24      }
25
26      /** 获取 Connection 对象的方法 */
27      public static Connection getConnection() throws Exception {
```

```
28        //获取 Connection 对象
29        Connection conn = DriverManager.getConnection(URL, USERNAME, PASSWORD);
30        return conn;
31    }
32
33    /** 关闭连接、工作空间及结果集 */
34    public static void close(Connection conn, Statement stmt, ResultSet rs) throws
       Exception {
35        if (rs != null) {
36            rs.close();
37        }
38        if (stmt != null) {
39            stmt.close();
40        }
41        if (conn != null) {
42            conn.close();
43        }
44    }
45 }
```

JdbcDemo1.java

```
1    import java.sql.Connection;
2    import java.sql.Statement;
3
4    public class JdbcDemo1 {
5        /** 声明数据库连接对象引用 */
6        Connection conn = null;
7        /** 声明语句对象引用 */
8        Statement stmt = null;
9
10        /** 主方法 */
11        public static void main(String[] args) {
12            JdbcDemo1 jdbcDemo = new JdbcDemo1();
13            jdbcDemo.jdbcTest();
14        }
15
16        void jdbcTest() {
17            //定义 SQL 操作字符串
18            String sql = "";
19            try {
20                //建立连接
21                conn = JDBCUtils.getConnection();
22                //创建 SQL 工作空间
23                stmt = conn.createStatement();
24
25                //插入数据
26                sql = String.format("insert into employeeInfo(empl_id,empl_name,
       empl_sex,empl_basesalary) values(1001,'%s','%s',%f)", "Liu", "男", 6784.9);
27                stmt.execute(sql);
28
29                //更新数据
30                sql = String.format("update employeeInfo set empl_basesalary=%f
                                     where empl_id=%d", 9908.5, 1001);
31                stmt.execute(sql);
32
33                //删除数据
34                sql = String.format("delete from employeeInfo where empl_id=%d", 1001);
35                stmt.execute(sql);
36            } catch (Exception e) {
37                e.printStackTrace();
```

```
38            } finally {
39                try {
40                    //关闭连接及操作空间,另一参数设为 null
41                    JDBCUtils.close(conn, stmt, null);
42                } catch (Exception e) {
43                    e.printStackTrace();
44                }
45            }
46        }
47 }
```

说明:第 26 行使用 String 类的 format()方法生成 SQL 语句,结构清晰且不容易出错;而使用+运算符拼接 SQL 语句,则容易出错。若第 26 行的 SQL 语句,用+运算符拼接而成,形式如下:

```
int id=1001;
String name="Liu";
String sex="男";
double salary=6784.9;
String sql="insert into employeeInfo(empl_id, empl_name, empl_sex, empl_basesalary) values
("+id+", '"+name+"', '"+sex+"', "+salary+")";
```

可以看出,用+运算符拼接 SQL 语句,复杂得多,导致容易出错。

习题

1. 下列 SQL 语句中,可以用 executeQuery()方法发送到数据库的是(　　)。

    A. UPDATE   B. DELETE   C. SELECT   D. INSERT

2. Statement 接口的作用是(　　)。

    A. 负责发送 SQL 语句,如果有返回结果,则将其保存到 ResultSet 对象中

    B. 用于执行 SQL 语句

    C. 产生一个 ResultSet 结果集

    D. 以上都不对

3. 下面的描述错误的是(　　)。

    A. Statement 的 executeQuery()方法会返回一个结果集

    B. Statement 的 executeUpdate()方法会返回是否更新成功的 boolean 值

    C. 使用 ResultSet 中的 getString()可以获得一个对应于数据库中 char 类型的值

    D. ResultSet 中的 next()方法会使结果集中的下一行成为当前行

4. 选择 JDBC 可以执行的语句(　　)。

    A. DDL   B. DCL   C. DML   D. 以上都可以

5. 关于 JDBC 访问数据库的说法错误的是(　　)。

    A. 建立数据库连接时必须加载驱动程序,可采用 Class.forName()实现

    B. 用于建立与某个数据源的连接可采用 DriverManager 类的 getConnection()方法

    C. 建立数据库连接时必须要进行异常处理

    D. JDBC 中查询语句的执行方法必须采用 Statement 类实现

6. 下列选项中不属于 Statement 接口提供的方法有(　　)。

    A. executeUpdate(String sql)   B. executeQuery(String sql)

    C. execute(String sql)   D. query(String sql)

10.5　处理结果集

10.5　处理结
果集

Statement 实例执行完与数据库的交互后,结果并非直接传送给 Java 应用程序,而是先用结果集(ResultSet)封装起来。ResultSet 的实例由 Statement 的有关方法生成,这个实例中的数据由 ResultSet 接口方法管理。

10.5.1　结果集游标的管理

ResultSet 接口把结果集当作一个表,用于封装从数据库向 Java 程序传输的数据。结果集中的数据按行进行管理和应用,ResultSet 接口定义了一个游标(cursor),用于指向结果集中的行。游标在初始化时指向第 1 行,并可以用下面的可重用方法改变指向。

- rs.last()、rs.first():跳到结果集的最后一行或第 1 行。
- rs.previous()、rs.next():向上或向下移动一行。
- rs.getRow():得到当前行的行号。
- rs.absolute(n):将游标定位到第 n 行。
- beforeFirst()、afterLast():将游标移到首行前或末行后。
- isFirst()和 isLast():判断游标是否指向首行或末行。

当游标已经到达最后一行时,next()和 previous()都返回 false,这样就可以用循环结构进行结果集的处理。例如:

```
while (rsltSet.next ()) {
    //处理
}
```

10.5.2　getXxx()方法

在 SQL 结果集中,每一列都是一个 SQL 数据类型。但是,SQL 数据类型与 Java 数据类型并不一致。为此,ResultSet 接口中声明了一组 getXxx()方法,用于进行列数据类型的转换。表 10.8 为主要的 getXxx()方法及其数据库表字段类型和返回值类型(Java 类型)之间的对应关系。

表 10.8　主要的 getXxx ()方法及其参数(SQL)类型和返回值(Java)类型之间的对应关系

SQL 类型	Java 数据类型	getXxx ()方法名称
CHAR/ VARCHAR	String	String getString()
LONGVARCHAR	String	InputStreamgetAsciiStream()/getUnicodeStream()
NUMERIC/DECIMAL	java.math.BigDecimal	java.math.BigDecimal getBigDecimal()
BIT	boolean	boolean getBoolean()
TINYINT	Integer	byte getByte()
SMALLINT	Integer	short getShort()
INTEGER	Integer	int getInt()
BIGINT	long	long getLong()
REAL	float	float getFloat()

SQL 类型	Java 数据类型	getXxx（）方法名称
FLOAT/ DOUBLE	double	double getDouble()
BINARY/ VARBINARY	byte[]	byte[] getBytes()
LONGVARBINARY	byte[]	InputStream getBinaryStream()
DATE	java.sql.Date	java.sql.Date getDate()
TIME	java.sql.Time	java.sql.Time getTime()
TIMESTAMP	java.sql.Timestamp	java.sql.Timestamp getTimestamp()

说明：getXxx（）方法用于从 ResultSet 对象中获取不同类型的数据，有 getXxx（int columnIndex）和 getXxx（String columnLabel）两种格式。第一种格式的参数 columnIndex 为结果集中列的索引编号，索引编号从 1 开始；第二种格式的参数 columnLabel 为结果集中列的名称。

10.5.3 updateXxx（）方法

ResultSet 接口还提供了一组更新方法，允许用户通过结果集中列的索引编号或列的名称对当前行的指定列进行更新。这些方法的形式为 updateXxx（），其中的 Xxx 表示 Int、Float、Long、String、Object、Null、Date、Double。

需要注意的是，由于这些方法未将操作同步到数据库中，所以需要执行 updateRow（）或insertRow（）方法实现同步操作。

10.5.4 关闭数据库连接

对数据库操作结束后，应当按照先建立（打开）后关闭的顺序依次关闭 ResultSet、Statement（或 PreparedStatement）和 Connection 引用指向的对象。假设这些对象分别是 rsultSet、stmt 和conn，则应依次执行方法 rsultSet.close（）——关闭查询结果集、stmt.close（）——关闭语句连接和conn.close（）——关闭数据库连接。

10.5.5 JDBC 数据库查询实例

【代码 10-6】 设数据库 dbEmpl 中的数据表 employeeInfo 有如图 10.10 所示的数据。

id	name	sex	salary
1101	张平	男	2345
1102	李梅	女	3478
1103	王明	男	5321.7

图 10.10　数据表 employeeInfo 的数据

根据姓名查询一个职工的职工号、性别和薪水的代码如下，其中，JDBCUtils.java 与代码 10-5 一样。

JdbcDemo2.java

```
1   import java.sql.Connection;
2   import java.sql.ResultSet;
3   import java.sql.Statement;
4
```

```
5   public class JdbcDemo2 {
6       /** 声明数据库连接对象引用 */
7       Connection conn = null;
8       /** 声明语句对象引用 */
9       Statement stmt = null;
10      /** 声明结果集对象引用 */
11      ResultSet resultSet = null;
12
13      /** 主方法 */
14      public static void main(String[] args) {
15          JdbcDemo2 jdbcDemo = new JdbcDemo2();
16          jdbcDemo.jdbcTest();
17      }
18
19      void jdbcTest() {
20          //定义 SQL 操作字符串
21          String sql = "";
22          try {
23              //建立连接
24              conn = JDBCUtils.getConnection();
25              //创建 SQL 工作空间
26              stmt = conn.createStatement();
27
28              //开辟一个空间
29              byte buf[] = new byte[50];
30              //定义一个名字变量
31              String name;
32
33              while (true) {
34                  System.out.print("请输入要查询的职工姓名: ");
35                  //用 buf 接收输入的名字
36                  int count = System.in.read(buf);
37                  name = new String(buf, 0, count - 2);
38                  sql = String.format("SELECT empl_id,empl_sex,empl_basesalary
                            FROM employeeInfo WHERE empl_name = '%s'", name);
39                  //传送 SQL 语句进行查询,得到结果集
40                  resultSet = stmt.executeQuery(sql);
41
42                  //处理结果集
43                  if (resultSet.next()) {                    //当前行有效时
44                      do {
45                          System.out.println("姓名: " + name);
46                          //依据类型访问当前行的各列,columnIndex 从 1 开始
47                          int empl_id = resultSet.getInt(1);
48                          System.out.println("职工号: " + empl_id);
49                          String empl_sex = resultSet.getString(2);
50                          System.out.println("性别: " + empl_sex);
51                          double empl_basesalary = resultSet.getDouble(3);
52                          System.out.println("薪水: " + empl_basesalary);
53                      } while (resultSet.next());            //处于有效行
54                  } else {
55                      System.out.println("对不起,公司查不到此人信息");
56                  }
57              }
58
59          } catch (Exception e) {
60              e.printStackTrace();
61          } finally {
62              try {
63                  //关闭结果集、操作空间及连接,释放资源
```

```
64              JDBCUtils.close(conn, stmt, resultSet);
65          } catch (Exception e) {
66              e.printStackTrace();
67          }
68      }
69  }
70 }
```

本例中使用了如下一段程序代码,各句的作用如下。

```
byte.buf[]=new byte[30];                  //开辟一个 30 字节的空间
String name;                              //定义一个名字变量
int count =System.in.read (buf);          //用 buf 接收输入键盘字符流,返回字符流的长度+2
name =new String (buf,0,count-2);         //用 buf 中的前 count-2 个字符实例化字符串对象
```

这样就实现了将键盘上输入的名字封装在 String 类对象中的目的。运行结果如下:

```
请输入要查询的职工姓名:李梅↵
姓名:李梅
职工号:1102
薪水:3478
请输入要查询的职工姓名:王杰↵
对不起,公司查不到此人信息
请输入要查询的职工姓名:
```

说明:除了通过结果集中列的索引编号来获取字段的值外,也可通过列名称或别名来获取字段的值。

例如:

```
int empl_id =resultSet.getInt("empl_id");
String empl_sex =resultSet.getString("empl_sex ")
double empl_basesalary =resultSet.getDouble("empl_basesalary");
```

习题

1. 在 JDBC 中使用(   )接口来描述结果集。
   A. Statement   B. Connection   C. ResultSet   D. DriverManager

2. 下面关于 ResultSet 接口中 getXxx()方法的描述不正确的是(   )。
   A. 可以通过字段的名称来获取指定数据
   B. 可以通过字段的索引来获取指定的数据
   C. 字段的索引是从 1 开始编号的
   D. 字段的索引是从 0 开始编号的

3. 如果数据库中某个字段为 numberic 型,可以通过结果集中的(   )方法获取。
   A. getNumberic()   B. getDouble()
   C. getBigDecimal()   D. getFloat()

4. 下列选项有关 ResultSet 说法错误的是(   )。
   A. ResultSet 是查询结果集对象,如果 JDBC 执行查询语句没有查询到数据,那么 ResultSet 将会是 null 值
   B. 判断 ResultSet 是否存在查询结果集,可以调用它的 next()方法
   C. 如果 Connection 对象关闭,那么 ResultSet 也无法使用
   D. ResultSet 有一个记录指针,指针所指的数据行叫作当前数据行,初始状态下记录指针指向第一条记录

5. SELECT COUNT(*) FROM student；这条 SQL 语句执行，如果学生表中没有任何数据，那么 ResultSet 中将会是（　　）。

  A. null   B. 有数据

  C. 不为 null，但是没有数据   D. 以上都选项都不对

6. 在 JDBC 编程中执行完下列 SQL 语句：SELECT name，sex，age FROM student；能得到结果集中的第一列数据的代码是（　　）。

  A. rs.getString(0)；   B. rs.getString("name")；

  C. rs.getString(1)；   D. rs.getString('name')；

7. 下面选项中关于 ResultSet 中游标指向的描述正确的是（　　）。

  A. ResultSet 对象初始化时，游标在表格的第一行

  B. ResultSet 对象初始化时，游标在表格的第一行之前

  C. ResultSet 对象初始化时，游标在表格的最后一行之前

  D. ResultSet 对象初始化时，游标在表格的最后一行

8. 编程题。以 JDBC 技术创建一个通讯录应用程序，通讯录中需要存储姓名、电话号码、地址、邮政编码、E-mail 等信息。程序应提供的基本管理功能如下。

（1）添加：增加一个人的记录（包括姓名、电话号码、地址、邮政编码、E-mail 等信息）到通讯录中。

（2）显示：在屏幕上显示所有通讯录中的联系人的全部信息（包括姓名、电话号码、地址、邮政编码、E-mail 等信息）。

（3）查询：可根据姓名查找某人的相关信息，若找到显示该联系人的信息（包括姓名、电话号码、地址、E-mail 等信息）；若没找到则显示"查无此人"。

（4）修改：输入一个人的姓名，若姓名存在，则对其他内容进行修改，若不存在则显示"查无此人"。

（5）删除：输入一个人的姓名，若姓名存在则可将其删除，删除前需有确认删除的提示；若不存在则显示"查无此人"。

编写主程序测试。

10.6　PreparedStatement 接口

10.6 Prepared-Statement 接口

10.6.1　用 PreparedStatement 实例封装 SQL 语句的特点

  Statement 接口实例是一个静态 SQL 工作空间，在实际应用中已经很少使用，在编程中实际使用的是 PreparedStatement 接口。PreparedStatement 接口适于建立动态 SQL 工作空间，其实例执行的 SQL 语句将被预编译并保存到 PreparedStatement 实例中，当操作内容是不确定的时候非常有用。例如要执行一个插入语句，可以描述为：

```
String sql ="INSERT INTO employeeInfo(empl_id, empl_name, empl_sex)" + "VALUES(?,?,?)";
```

  这里的"?"称为占位符，表示"值以后再定"。执行这个 SQL 后，相当于在数据库中插入一个空行，这个空行中有 3 个字段，类型分别为 int、String 和 String。但是，每个字段的值还没有，以后可以使用 setXxx()方法设定。这里的"Xxx"表示某种数据类型，例如 setInt()、setString()等。

在数据库支持预编译的情况下，SQL 语句被预编译并存储在 PreparedStatement 对象中，此后可以多次使用这个对象高效地执行该语句。所以，批量处理 PreparedStatement 可以大大提高效率。另外，PreparedStatement 可防止 SQL 注入，比 Statement 更安全。

10.6.2　PreparedStatement 接口的主要方法

PreparedStatement 接口的方法分为以下两类。

（1）一组封装 SQL 语句的方法（见表 10.9）。

表 10.9　PreparedStatement 接口中用于封装 SQL 语句的主要方法

方 法 名	含 义
void addBatch(String sql)	向批量执行表中添加 SQL 语句，在 Statement 语句中增加用于数据库操作的 SQL 批处理语句
void clearParameters()	清除 PreparedStatement 中的设置参数
boolean execute()	执行 SQL 查询语句，可以是任何类型的 SQL 语句
ResultSet executeQuery()	执行 SQL 查询语句，返回结果集
int executeUpdate ()	执行设置的预处理 SQL 语句：INSERT、UPDATE、DELETE、DDL，返回更新列数
ResultSetMetaData getMetaData()	进行数据库查询，获取数据库元数据

（2）一组 setXxx()方法（见表 10.10）。这组方法中的第一个参数 int index 表示占位符？的位置，索引值从 1 开始。

表 10.10　PreparedStatement 接口中用于设置数据的方法

方 法 名	含 义
void setArray(int index，Array x)	设置为数组类型
void setAsciiStream(int index，InputStream stream，int length)	设置为 ASCII 输入流
void setBigDecimal(int index，BigDecimal x)	设置为十进制长类型
void setBinaryStream (int index，InputStream stream，int length)	设置为二进制输入流
void setCharacterStream (int index，InputStream stream，int length)	设置为字符输入流
void setBoolean(int index，boolean x)	设置为逻辑类型
void setByte(int index，byte b)	设置为字节类型
void setBytes(int index，byte[] b)	设置为字节数组类型
void setDate(int index，Date x)	设置为日期类型
void setFloat(int index，float x)	设置为浮点类型
void setInt(int index，int x)	设置为整数类型
void setLong(int index，long x)	设置为长整数类型
void setRef(int index，int ref)	设置为引用类型
void setShort(int index，short x)	设置为短整数类型
void setString(int index，String x)	设置为字符串类型
void setTime(int index，Time x)	设置为时间类型

10.6.3　PreparedStatement 对象操作 SQL 语句的步骤

PreparedStatement 对象对 SQL 语句进行数据库操作大致分为以下 4 步。

① 创建 PreparedStatement 对象，同时给出预编译的 SQL 语句，例如：

```
PreparedStatement pstmt = con.prepareStatement("select * from employeeInfo where empl_
name=?");
```

② 设置实际参数。

```
pstmt.setString(1,"Zhao");
```

③ 执行 SQL 语句（注意创建 PreparedStatement 对象时已经封装了要执行的 SQL 语句），例如：

```
ResultSet rs =pstmt.executeQuery();
```

④ 关闭 PreparedStatement 对象，例如：

```
pstmt.close();              //调用父类 Statement 类中的 close()方法
```

代码 10-7 演示了使用 PreparedStatement 插入数据。其中，Employee 称为实体类，用来封装职员信息。一般一个实体类对应一个数据表，其中的属性对应数据表中的字段，用一个实体对象表示数据表中的一条记录。用到的 JDBCUtils 类就是代码 10-5 中的 JDBCUtils 类，将其 close()方法的 stmt 参数的类型改为 PreparedStatement 即可。

【代码 10-7】 使用 PreparedStatement 往数据表 employeeInfo 中插入数据。

Employee.java

```
1   public class Employee {
2       /** 职员编号 */
3       private Integer emplId;
4       /** 职员姓名 */
5       private String emplName;
6       /** 职员性别 */
7       private String emplSex;
8       /** 职员薪水 */
9       private Double emplBaseSalary;
10
11      public Integer getEmplId() {
12          return emplId;
13      }
14
15      public void setEmplId(Integer emplId) {
16          this.emplId =emplId;
17      }
18
19      public String getEmplName() {
20          return emplName;
21      }
22
23      public void setEmplName(String emplName) {
24          this.emplName =emplName;
25      }
26
27      public String getEmplSex() {
28          return emplSex;
29      }
30
31      public void setEmplSex(String emplSex) {
32          this.emplSex =emplSex;
33      }
34
```

```
35    public Double getEmplBaseSalary() {
36        return emplBaseSalary;
37    }
38
39    public void setEmplBaseSalary(Double emplBaseSalary) {
40        this.emplBaseSalary = emplBaseSalary;
41    }
42
43    public String toString() {
44        return " id:" + emplId +", name:" + emplName +", sex:" + emplSex +" salary:" +
        emplBaseSalary;
45    }
46 }
```

JdbcDemo3.java

```
1    import java.sql.Connection;
2    import java.sql.PreparedStatement;
3
4    public class JdbcDemo3 {
5        /** 主方法 */
6        public static void main(String[] args) {
7            JdbcDemo3 jdbcDemo = new JdbcDemo3();
8            //创建职员对象
9            Employee employee = new Employee();
10           employee.setEmplName("张天");
11           employee.setEmplSex("男");
12           employee.setEmplBaseSalary(5436.8);
13           jdbcDemo.addEmployee(employee);
14       }
15
16       /** 添加职员信息方法 */
17       public void addEmployee(Employee employee) {
18           //预处理 SQL
19           String sql = " INSERT INTO employeeInfo (empl_name, empl_sex, empl_basesalary)
           VALUES(?,?,?)";
20           //声明 PreparedStatement 对象引用
21           PreparedStatement pstmt = null;
22           //声明 Connection 对象引用
23           Connection conn = null;
24
25           try {
26               //建立连接
27               conn = JDBCUtils.getConnection();
28               //生成 PrepareStatement 实例
29               pstmt = conn.prepareStatement(sql);
30               //设置第 1 个数据内容
31               pstmt.setString(1, employee.getEmplName());
32               //设置第 2 个数据内容
33               pstmt.setString(2, employee.getEmplSex());
34               //设置第 3 个数据内容
35               pstmt.setDouble(3, employee.getEmplBaseSalary());
36               //更新数据库
37               pstmt.executeUpdate();
38               System.out.println("插入数据成功");
39
40           } catch (Exception e) {
41               e.printStackTrace();
42           } finally {
43               try {
```

```
44              //关闭结果集及操作空间,另一参数设为 null
45              JDBCUtils.close(conn, pstmt, null);
46          } catch (Exception e) {
47              e.printStackTrace();
48          }
49      }
50  }
51 }
```

图 10.11 形象地说明了这个程序执行后,两个阶段得到的结果。

张一	男	3456
王五	女	5478
李四	女	7890

张一	男	3456
王五	女	5478
李四	女	7890
？	？	？

张一	男	3456
王五	女	5478
李四	女	7890
张天	男	5436.8

(a) 数据库初始状态　　　(b) 生成PreparedStatement实例后　　　(c) 执行3条设置语句后

图 10.11　PreparedStatement 接口的作用

代码 10-8 演示了使用 PreparedStatement 查询数据。用到的 Employee 类和 JDBCUtils 类与代码 10-7 中的相同。

【代码 10-8】　使用 PreparedStatement 查询数据表 employeeInfo 中的数据。
JdbcDemo4.java

```
1  import java.sql.Connection;
2  import java.sql.PreparedStatement;
3  import java.sql.ResultSet;
4  import java.util.Scanner;
5
6  public class JdbcDemo4 {
7      /** 主方法 */
8      public static void main(String[] args) {
9          //定义职员编号变量
10         int employeeId;
11         Scanner input = new Scanner(System.in);
12         System.out.print("请输入职员编号: ");
13         employeeId = input.nextInt();
14
15         JdbcDemo4 jdbcDemo = new JdbcDemo4();
16         //调用 findById 方法查找职员
17         Employee employee = jdbcDemo.findById(employeeId);
18         //若返回值为 null,则没找到;否则,找到
19         if (employee == null) {
20           System.out.println("对不起,公司查不到此人信息");
21         } else {
22           System.out.println("找到此人,信息如下:\n" + employee);
23         }
24         input.close();
25     }
26
27     /** 查询职员信息方法 */
28     public Employee findById(Integer id) {
29         //声明 EmployeeInfo 对象引用
```

```
30          Employee employee =null;
31          //声明 Connection 对象引用
32          Connection conn =null;
33          //声明 PreparedStatement 对象引用
34          PreparedStatement pstmt =null;
35          //声明 ResultSet 对象引用
36          ResultSet resultSet =null;
37
38          try {
39              //建立连接
40              conn =JDBCUtils.getConnection();
41              //预处理 SQL
42              String sql ="SELECT empl_id,empl_name,empl_sex,empl_basesalary
                                    FROM employeeInfo WHERE empl_id=?";
43              //生成 PrepareStatement 实例
44              pstmt =conn.prepareStatement(sql);
45              //设置第 1 个数据内容
46              pstmt.setInt(1, id);
47
48              //查询数据库
49              resultSet =pstmt.executeQuery();
50              if (resultSet.next()) {
51                  //找到,取出 resultSet 的数据设置到 employee 对象的属性中
52                  employee =new Employee();
53                  employee.setEmplId(resultSet.getInt(1));
54                  employee.setEmplName(resultSet.getString(2));
55                  employee.setEmplSex(resultSet.getString(3));
56                  employee.setEmplBaseSalary(resultSet.getDouble(4));
57              }
58          } catch (Exception e) {
59              e.printStackTrace();
60          } finally {
61              try {
62                  //关闭结果集、操作空间及连接,释放资源
63                  JDBCUtils.close(conn, pstmt, resultSet);
64              } catch (Exception e) {
65                  e.printStackTrace();
66              }
67          }
68          return employee;
69      }
70 }
```

习题

1. 下面关于 PreparedStatement 的说法错误的是(   )。

   A. PreparedStatement 继承了 Statement

   B. PreparedStatement 可以有效地防止 SQL 注入

   C. PreparedStatement 不能用于批量更新的操作

   D. PreparedStatement 存储预编译的 SQL 语句对象,其效率高于 Statement

2. 如果为下列预编译 SQL 的第二个问号赋值,那么正确的选项是(   )。

```
UPDATE message SET name=?,age=?,sex=? WHERE id=?;
```

   A. pst.setInt("2",20);   B. pst.setString("age","20");

   C. pst.setDouble("age",20);   D. pst.setInt(2,20);

3. 使用 Connection 的(　　)方法可以建立一个 PreparedStatement 接口。

   A. createPrepareStatement()　　　　　　B. preparedStatement()

   C. createPreparedStatement()　　　　　　D. prepareStatement()

4. 下列预编译 SQL 正确的是(　　)。

   A. SELECT ＊ FROM ?;

   B. SELECT ?,?,? FROM emp ;

   C. SELECT ＊ FROM emp WHERE salary＞(?)

   D. 以上都不对

5. 下面关于 JDBC 批处理描述不正确的是(　　)。

   A. PreparedStatement 的 addBatch()方法可以把 SQL 语句加入批处理

   B. PreparedStatement 的 executeBatch()方法执行批处理中的 SQL 语句

   C. 最好一次性处理批处理中的全部 SQL 语句

   D. PreparedStatement 的 clearBatch()方法清除批处理中的 SQL 语句

6. 下面关于 PreparedStatement 描述正确的是(　　)。

   A. 需要多次执行的 SQL 语句,使用 PreparedStatement 性能更好

   B. 需要多次执行的 SQL 语句,使用 Statement 性能更好

   C. PreparedStatement 和 Statement 对象,SQL 语句的传递时机不同

   D. PreparedStatement 和 Statement 对象,SQL 语句的传递时机相同

7. 编程题。以 JDBC 技术创建一个通讯录应用程序,通讯录中需要存储姓名、电话号码、地址、邮政编码、E-mail 等信息。程序应提供的基本管理功能如下。

(1) 添加:增加一个人的记录(包括姓名、电话号码、地址、邮政编码、E-mail 等信息)到通讯录中。

(2) 显示:在屏幕上显示所有通讯录中的联系人的全部信息(包括姓名、电话号码、地址、邮政编码、E-mail 等信息)。

(3) 查询:可根据姓名查找某人的相关信息,若找到显示该联系人的信息(包括姓名、电话号码、地址、邮政编码、E-mail 等信息);若没找到则显示"查无此人"。

(4) 修改:输入一个人的姓名,若姓名存在,则对其他内容进行修改,若不存在则显示"查无此人"。

(5) 删除:输入一个人的姓名,若姓名存在则可将其删除,删除前需有确认删除的提示;若不存在则显示"查无此人"。

编写主程序测试。要求 SQL 语句的执行使用 PreparedStatement。

知识链接

链 10.2　Java 日期数据与 Java 8 新增日期时间类　　　　链 10.3　PreparedStatement 与 SQL 注入

10.7 事 务 处 理

10.7.1 事务的概念

在数据库操作中,事务(transaction)指必须作为一个整体进行处理的一组语句,即一个事务中的语句,要么一起成功,要么一起失败,如果只成功一部分,则可能造成数据完整性和一致性的破坏。例如,由银行要从 A 账户转出 1000 元到 B 账户,可以有如下操作过程。

语句 1:将账户 A 金额减去 1000 元。

语句 2:将账户 B 金额增加 1000 元。

假如语句 1 执行成功后,语句 2 执行失败,就会导致 1000 元不知去向,数据的一致性被破坏。当然,也可以用另外一种语句序列:

语句 1:将账户 B 金额增加 1000 元。

语句 2:将账户 A 金额减去 1000 元。

这时,若语句 1 执行成功后,语句 2 执行失败,则银行将会亏损 1000 元。

因此,上述两个语句应当作为一个事务。总之,事务是 SQL 的单个逻辑工作单元。事务应当作为一个整体执行,如果遇到错误,可以回滚事务,取消事务中的所有改变,以保持数据库的一致性和可恢复性。为此,一个事务逻辑工作单元必须具有如下 4 种属性。

(1) 原子性(atomicity):即从执行的逻辑上,事务不可再分,一旦分开,就不能保证数据库的一致性和可恢复性。

(2) 一致性(consistency):即事务操作前后数据库中的数据是一致的、有效的,如果事务出现错误,回滚到原始状态,也要维持其有效性。

(3) 隔离性(isolation):一个事务的执行不能被其他事务干扰。即一个事务内部的操作及使用的数据对并发的其他事务是隔离的,并发执行的各个事务之间不能互相干扰。

(4) 持久性(durability):一个事务一旦被提交,它对数据库中数据的改变就是永久性的,接下来即使数据库发生故障也不应该对其有任何影响。

10.7.2 Connection 类中有关事务处理的方法

Connection 类中有关事务处理的方法见表 10.11。

表 10.11 Connection 类中有关事务处理的方法

方 法 名	说 明
close()	释放连接 JDBC 资源,在提交或回滚事务之前不可关闭连接
boolean isClose()	判断连接是否被关闭,返回 true 或 false
void setAutoCommit(boolean autoCommit)	参数为 true,设置为自动提交;参数为 false,由 commit()按事务提交
boolean getAutoCommit()	判断数据库是否可以自动提交
void commit()	提交操作并释放当前持有的锁,但须先执行 setAutoCommit(false)
void rollback()	数据库操作回滚,即撤销当前事务所做的任何变化
void rollback(Savepoint savepoint)	数据库操作回滚到指定的保存点 savepoint

方 法 名	说 明
Savepoint setSavepoint()	设置数据库的恢复点
Savepoint setSavepoint(String name)	为数据库恢复点命名
String getCatalog()	获取连接对象的当前目录名

10.7.3 JDBC 事务处理程序的基本结构

JDBC 事务处理程序的基本结构如下。

（1）用 conn.setAutoCommit(false)取消 Connection 中默认的自动提交。

（2）一组操作全部成功,用 conn.commit()执行事务提交。

（3）某步抛异常则一组操作全部不成功,在异常处理中,执行 conn.rollback()让事务回滚。

（4）如果需要,可以设置事务保存点,使操作失败时回滚到前一个保存点,例如:

```
Savepoint sp =conn.setSavepoint ();
```

（5）在提交或回滚事务之前不可关闭连接。

代码 10-9 演示了 JDBC 的事务处理,用到的 JDBCUtils 类与代码 10-7 中的相同。假设数据库 dbEmpl 中的数据表 employeeInfo 已存在 id 为 1101 及 1102 的两条数据。

【代码 10-9】 JDBC 的事务处理。

JdbcTransactionDemo.java

```
1    import java.sql.Connection;
2    import java.sql.PreparedStatement;
3    import java.sql.SQLException;
4
5    public class JdbcTransactionDemo {
6        /** 主方法 */
7        public static void main(String[] args) {
8            Connection conn =null;
9            PreparedStatement pstmt1 =null;
10           PreparedStatement pstmt2 =null;
11
12           try {
13               conn =JDBCUtils.getConnection();
14               String sql1 ="UPDATE employeeInfo SET empl_basesalary=? WHERE empl_id=1101";
15               pstmt1 =conn.prepareStatement(sql1);
16               pstmt1.setDouble(1, 3366.7);
17               String sql2 ="UPDATE employeeInfo SET empl_basesalary=? WHERE empl_id=1102";
18               pstmt2 =conn.prepareStatement(sql2);
19               pstmt2.setDouble(1, 4488.9);
20
21               //开启事务:false 为手动提交事务,true 为自动提交事务
22               conn.setAutoCommit(false);
23               //执行更新 SQL 语句
24               pstmt1.executeUpdate();
25               //手动制造异常
26               //int i =1 / 0;
27               pstmt2.executeUpdate();
28               //以上两条 SQL 语句都成功了才提交事务
```

```
29                conn.commit();
30                System.out.println("SUCCESS!");
31          } catch (Exception e) {
32              try {
33                  //如果出现异常就通知数据库回滚事务
34                  conn.rollback();
35              } catch (SQLException ex) {
36                  ex.printStackTrace();
37              }
38              e.printStackTrace();
39          } finally {
40              try {
41                  JDBCUtils.close(conn, pstmt1, null);
42                  JDBCUtils.close(conn, pstmt2, null);
43              } catch (Exception e) {
44                  e.printStackTrace();
45              }
46          }
47      }
48 }
```

说明：若两条 SQL 语句(第 24 和第 27 行)都执行成功了就执行第 29 行提交事务,成功修改数据;若在执行 SQL 语句期间出现了异常(如执行第 26 行),则不会执行第 29 行,而会执行第 34 行来通知数据库回滚事务,这样数据库就会回到执行 SQL 语句之前的状态。

习题

1. 在 JDBC 中使用事务,想要回滚事务的方法是( )。

   A. Connection 的 commit()   B. Connection 的 setAutoCommit()

   C. Connection 的 rollback()   D. Connection 的 close()

2. 下面有关 JDBC 事务的描述正确的是( )。

   A. JDBC 事务默认为自动提交,每执行一条 SQL 语句就会开启一个事务,执行完毕之后自动提交事务,如果出现异常自动回滚事务

   B. JDBC 的事务不同于数据库的事务,JDBC 的事务依赖于 JDBC 驱动文件,拥有独立于数据库的日志文件,因此 JDBC 的事务可以替代数据库事务

   C. 如果需要开启手动提交事务需要调用 Connection 对象的 start()方法

   D. 如果事务没有提交就关闭了 Connection 连接,那么 JDBC 会自动提交事务

3. 下列类或接口包含事务控制方法 commit()、rollback()的是( )。

   A. Connection   B. Statement

   C. ResultSet   D. DriverManager

4. 以下对 JDBC 事务描述错误的是( )。

   A. JDBC 事务可以保证操作的完整性和一致性

   B. JDBC 事务是由 Connection 发起的,并由 Connection 控制

   C. JDBC 事务属于 Java 事务的一种

   D. JDBC 事务属于容器事务类型

10.8 DAO 模 式

10.8 DAO
模式

10.8.1 DAO 概述

1. 数据持久化软件体系

数据持久化是指采用某种介质将数据"持久"地保存起来,供以后使用。在大多数情况下,特别是企业级应用中,数据持久化往往意味着将内存中的数据保存到磁盘上加以固化。为了方便地进行数据的保存、处理、管理和查询,绝大多数系统都会采用数据库技术(也可能是文件技术)进行数据的持久化操作,并且会通过各种关系数据库完成。但是,用 Java 中的对象访问数据源中的数据远没有前面介绍的那样简单。还有许多因素会为其添加许多复杂性。例如:

(1) 数据源不同,如存放于数据库的数据源,存放于 LDAP(轻型目录访问协议)的数据源;又如存放于本地的数据源,存放于远程服务器上的数据源等。

(2) 存储类型不同,比如关系型数据库(RDBMS)、面向对象数据库(ODBMS)、纯文件、XML 等。

(3) 访问方式不同,比如访问关系型数据库,可以用 JDBC、EntityBean、JPA 等来实现,当然也可以采用一些流行的框架,如 Hibernate、IBatis、MyBatis 等。

(4) 供应商不同,比如关系型数据库,流行的有 Oracle、DB2、SQL Server、MySQL 等,它们的供应商是不同的。

(5) 版本不同,比如关系型数据库,不同的版本实现的功能是有差异的,即使是对标准的 SQL 的支持也是有差异的。

在程序设计中,处理这些复杂性的一种方法是分层,使每一层承担不同的职责。如图 10.12(a)所示,最早的客户对于资源的访问是通过一个应用层实现的。这个应用层既要进行逻辑处理,又要进行数据库操作,还要形成用户界面。随着 B/S 模式的发展,应用层中的表现与业务逻辑相分离,形成如图 10.12(b)所示的三层开发框架,即表现层(Presentation Layer,PL)、业务逻辑层(Business Logic Layer,BLL)、数据访问层(Data Access Layer,DAL)。

表现层位于最外层(最上层),最接近用户,用于显示数据和接收用户输入的数据,为用户提供一种交互式操作的界面。

业务逻辑层也称领域层,主要致力于某种领域(Domain)有关的逻辑处理,如业务规则制定、业务流程实现、业务需求处理等。由于它一般位于服务器端,所以也称为服务层(Service)。

数据访问层有时候也称为持久层,主要执行数据的具体操作,可以访问数据库系统、二进制文件、文本文档或是 XML 文档。

2. DAO 模式的设计要求

Java 程序中一切皆对象,一切皆来自类。三层结构中每一层的职责都有相应的对象,分别称为表现对象(Presentation Object,PO)、业务逻辑对象(Business Logic Object,BLO 或 BO)、数据访问对象(Data Access Object,DAO)。在讨论 Java 程序连接数据资源时主要关注 DAO,它包含前面介绍的关于 JDBC 的全部内容。在实践中,人们已经总结出了一个

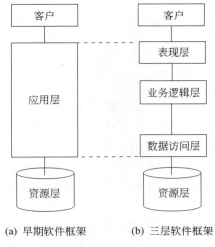

(a) 早期软件框架　　　　(b) 三层软件框架

图 10.12　四种数据持久性软件层次结构模型

成熟的、关于 DAO 的结构框架,将其称为 DAO 模式。

DAO 模式主要解决如下问题。

1) 数据存储与业务逻辑分离

DAO 是一个数据访问接口,位于业务逻辑与数据库资源中间,它抽象了数据访问逻辑,实现了数据存储与业务逻辑的分离,使业务层无须关心具体的 CRUD(Create-Retrieve-Update-Delete,增加-读取-更新-删除)操作。这样,一方面避免了业务代码中混杂 JDBC 调用语句,使得业务逻辑更加清晰;另一方面,由于数据访问接口与数据访问实现的分离,也使得开发人员的专业划分成为可能,使某些精通数据库操作技术的开发人员可以根据接口提供数据库访问的最优化实现,而精通业务的开发人员则可以抛开数据库的烦琐细节,专注于业务逻辑编码。

2) 数据访问与底层实现的分离

DAO 模式通过将数据访问操作分为抽象层和实现层,从而分离了数据使用和数据访问的底层实现细节。这意味着业务层与数据访问的底层细节无关,也就是说,可以在保持上层结构不变的情况下通过切换底层实现来修改数据访问的具体机制。常见的例子就是可以简单地通过仅替换数据访问层实现,轻松地将系统部署在不同的数据库平台之上。

3) 资源管理和调度的分离

在数据库操作中,资源的管理和调度是一个非常值得关注的问题。大多数系统的性能瓶颈往往不是集中在业务逻辑处理之中,而是在系统涉及的各种资源的调度过程中(往往存在着性能黑洞),直接影响数据库操作。DAO 模式将数据访问逻辑从业务逻辑中脱离开来,使得在数据访问层实现统一的资源调度成为可能,通过数据库连接池以及各种缓存机制(Statement Cache、Data Cache 等,缓存的使用是高性能系统实现的一个关键所在)的配合使用,往往可以在保持上层系统不变的情况下大幅度提升系统性能。

10.8.2　DAO 模式的基本结构

DAO 模式也称为 DAO 框架,它以 DAO 为核心,包括 ConnectionManager 类、VO

(Value Object)类、DAO 接口、DAO 实现类以及 DAO 工厂类。

1. ConnectionManager 类

ConnectionManager 类用于管理数据库连接,通常它会有一个方法,调用这个方法将返回一个 Connection 的实例。因此,ConnectionManager 应当封装 Connection 的获取方式。

2. VO 类

如图 10.13 所示,VO(Value Object,值对象)通常用于业务层之间的数据传递,用来降低不同层之间的耦合性。简单地说,其作用就是解耦。

图 10.13 VO 在 DAO 设计模式中的作用

VO 类中的属性与表中的字段相对应,用一个 VO 对象表示数据表中的一条记录,并且这些属性要由该类中的 setter 和 getter 方法设置和获取。

> 注意:VO 只是在 DAO 设计模式中的称呼,类似地,在其他开发环境中还有其他称呼,一般将它们称为简单的 Java 对象(Plain Ordinary Java Object,POJO)。2005 年以后,简单 Java 类被越来越多的人关注,并被规范为如下开发原则。
> * 类名要与表名一致。
> * 类中所有的属性必须封装,不允许出现任何的基本类型,只能使用包装类型。
> * 所有的属性都必须是 private 的,并且必须通过 setter 和 getter 方法设置和获取。
> * 类中必须提供无参构造器。
> * 必须实现 java.io.Serializable 接口。
> 此外,DAO 模式还对 VO 的包名有严格规定。例如,项目的总包名称若为 com.jpleasure.jdbc,则 VO 的包名必须为 com.jpleasure.jdbc.vo。

3. DAO

DAO 是 DAO 模式的核心。它采用代理模式,由一个 DAO 接口 IEmpDAO、一个 DAO 直接实现类 EmpDAOImpl 和一个代理实现类 IEmpDAOProxy 组成。

IEmpDAO 接口定义操作标准,例如,增加、修改、删除、按 ID 查询等,可以随意更换不同的数据库。EmpDAOImpl 类完成具体的数据库操作,但不负责数据库的打开和关闭。IEmpDAOProxy 类主要完成数据库的打开和关闭,并调用直接实现类对象的操作。

4. DAO 工厂类

在没有 DAO 工厂类的情况下,必须通过创建 DAO 实现类的实例才能完成数据库操作。这时就必须知道具体的子类,对于后期的修改非常不便。如后期需要创建一个操作 Oracle 的 DAO 实现类,这时就必须修改所有使用 DAO 实现类的代码。使用 DAO 工厂类可以很好地解决后期修改的问题,可以通过该 DAO 工厂类的一个静态方法来获得 DAO 实现类实例。这时如果需要替换 DAO 实现类,只需修改该 DAO 工厂类中的方法代码,而不必修改所有的操作数据库代码。

10.8.3 DAO 程序举例

下面以职工数据库管理程序为例设计其 DAO。假定

数据库系统：MySQL 5.x 或 MySQL 8.0。

数据库名：dbEmpl。

职员信息表名：employeeInfo。

字段名：empl_id（职工编号）、empl_name（姓名）、empl_sex（性别）、empl_basesalary（工资）。

服务器端程序开发工具：Eclipse。

包路径：unit10.code10。

1. 数据库工具类 JDBCUtils 设计

数据库工具类 JDBCUtils 主要封装了管理数据库连接的方法，实际上就是一个 ConnectionManager 类。

在前面学习的 JDBC 示例中都是把数据库的连接参数（URL、用户名及密码等）硬编码到 Java 代码中，这样做不利于代码的维护。当参数有变时需要修改代码，并且每次修改后都要重新编译程序。因此，最佳实践是把一些经常改变的配置参数放置在 properties 配置文件中，以实现配置参数与代码的分离，以提高程序的通用性，也有利于程序的维护。当参数有变时只需修改配置文件，无须修改代码，也就不用每次修改参数时都重新编译程序。此例将数据库连接的一些参数保存在 properties 文件 dbConfig.properties 中，此配置文件放在项目的 src 目录下。

dbConfig.properties

```
jdbc.driverClass=com.mysql.cj.jdbc.Driver
jdbc.url=jdbc:mysql://localhost:3306/dbEmpl?serverTimezone=UTC&characterEncoding=utf-8
jdbc.username=root
jdbc.password=123456
```

PropertiesUtils.java

```java
1    package unit10.code10.utils;
2
3    import java.io.IOException;
4    import java.io.InputStream;
5    import java.util.Properties;
6
7    /** 属性文件操作工具类 */
8    public class PropertiesUtils {
9        /** 创建一个操作配置文件的对象 */
10       static Properties prop =new Properties();
11
12       /**
13        * 加载属性文件
14        *
15        * @param fileName 需要加载的 properties 文件,文件需要放在 src 根目录下
16        * @return 是否加载成功
17        */
18       public static boolean loadFile(String fileName) {
19           try {
20               //使用类的加载器的方式获取属性文件的输入流
21               InputStream is =PropertiesUtils.class.getClassLoader()
                         .getResourceAsStream("fileName");
```

```
22              //加载属性文件
23              prop.load(is);
24          } catch (IOException e) {
25              e.printStackTrace();
26              return false;
27          }
28          return true;
29      }
30
31      /**
32       * 根据 Key 取回相应的 value
33       *
34       * @param key
35       * @return value
36       */
37      public static String getPropertyValue(String key) {
38          return prop.getProperty(key);
39      }
40  }
```

JDBCUtils.java

```
1   package unit10.code10.utils;
2
3   import java.sql.Connection;
4   import java.sql.DriverManager;
5   import java.sql.PreparedStatement;
6   import java.sql.ResultSet;
7
8   /** JDBC 工具类 */
9   public class JDBCUtils {
10      /** 数据库驱动程序 (MySQL) */
11      private static String DRIVER = "";
12      /** 数据库连接地址 */
13      private static String URL = "";
14      /** 数据库服务器登录用户名 */
15      private static String USERNAME = "";
16      /** 数据库登录密码 */
17      private static String PASSWORD = "";
18
19      static {
20          try {
21              //获取属性文件中的数据库连接参数
22              PropertiesUtils.loadFile("dbConfig.properties");
23              DRIVER=PropertiesUtils.getPropertyValue("jdbc.driverClass");
24              URL=PropertiesUtils.getPropertyValue("jdbc.url");
25              USERNAME=PropertiesUtils.getPropertyValue("jdbc.username");
26              PASSWORD=PropertiesUtils.getPropertyValue("jdbc.password");
27              //加载数据库驱动程序
28              Class.forName(DRIVER);
29          } catch (Exception e) {
30              System.out.println("数据库驱动程序加载失败: " +e.getMessage());
31          }
32      }
33
34      /** 获取 Connection 对象的方法 */
35      public static Connection getConnection() throws Exception {
36          //获取 Connection 对象
37          Connection conn =DriverManager.getConnection(URL, USERNAME, PASSWORD);
```

```
38          return conn;
39      }
40
41      /** 关闭连接、工作空间及结果集 */
42      public static void close(Connection conn, PreparedStatement stmt, ResultSet rs)
        throws Exception {
43          if (rs !=null) {
44              rs.close();
45          }
46          if (stmt !=null) {
47              stmt.close();
48          }
49          if (conn !=null) {
50              conn.close();
51          }
52      }
53  }
```

2. VO 类设计

EmpVO.java

```
1   /** 职员表的 VO 类 */
2   public class EmpVO {
3       /** 职员编号 */
4       private Integer emplId;
5       /** 职员姓名 */
6       private String emplName;
7       /** 职员性别 */
8       private String emplSex;
9       /** 职员薪水 */
10      private Double emplBaseSalary;
11
12      public Integer getEmplId() {
13          return emplId;
14      }
15
16      public void setEmplId(Integer emplId) {
17          this.emplId =emplId;
18      }
19
20      public String getEmplName() {
21          return emplName;
22      }
23
24      public void setEmplName(String emplName) {
25          this.emplName =emplName;
26      }
27
28      public String getEmplSex() {
29          return emplSex;
30      }
31
32      public void setEmplSex(String emplSex) {
33          this.emplSex =emplSex;
34      }
35
36      public Double getEmplBaseSalary() {
37          return emplBaseSalary;
38      }
39
```

```
40      public void setEmplBaseSalary(Double emplBaseSalary) {
41          this.emplBaseSalary = emplBaseSalary;
42      }
43  }
```

3. IEmpDAO 接口设计

IEmpDAO.java

```
1   package unit10.code10.dao;
2
3   import java.util.List;
4   import unit10.code10.vo.EmpVO;
5
6   public interface IEmpDAO {
7       /**
8        * 数据库增加操作,一般以 doXXX 方式命名;
9        * @param emp 要增加的数据对象;
10       * @return 是否增加成功的标签
11       * @throws Exception 有异常交上层处理
12       */
13      public boolean doCreate(EmpVO empVO) throws Exception;
14
15      /**
16       * 根据关键字查询数据,一般以 findXX 的方式命名;
17       * @param keyWord 查询关键字
18       * @return 返回全部查询结果,每个 EmpVO 对象为表的一行记录
19       * @throws Exception 有异常交上层处理
20       */
21      public List<EmpVO> findByKeyword(String keyWord) throws Exception;
22
23      /**
24       * 根据职员编号查询职员信息
25       * @param empId 职员编号
26       * @return 用户 vo 对象
27       * @throws Exception 有异常交上层处理
28       */
29      public EmpVO findByID(int empID) throws Exception;
30  }
```

说明:

(1) 在 IEmpDAO 中定义了 doCreate()、findByKeyword()、findByID()三个抽象方法。doCreate()用于执行数据插入操作。在执行插入操作时要传入一个 EmpVO 对象,该对象中保存着增加的所有用户信息。

findByKeyword()方法用于执行根据给定关键字的模糊查询操作。由于可能返回多条查询结果,所以使用 List 返回。

findByID()方法根据职工号返回一个 EmpVO 对象,该对象包含一条完整数据信息。

(2) findByKeyword()返回类型为 List＜EmpVO＞,它说明 findByKeyword()返回类型是一个列表,而该列表的元素为 EmpVO 类型或 EmpVO 子类型。

4. IEmpDAO 的实现类设计

IEmpDAO 的实现类有两种,一种是直接实现类,另一种是代理操作类。

(1) IEmpDAO 接口的直接实现类主要是负责具体的数据库操作。在操作时为了性能及安全将使用 PreparedStatement 接口完成。

EmpDAOImpl.java

```java
1    package unit10.code10.dao;
2
3    import unit10.code10.utils.JDBCUtils;
4    import unit10.code10.vo.EmpVO;
5    import java.sql.Connection;
6    import java.sql.PreparedStatement;
7    import java.sql.ResultSet;
8    import java.util.ArrayList;
9    import java.util.List;
10
11   public class EmpDAOImpl implements IEmpDAO {
12
13       @Override
14       public boolean doCreate(EmpVO empVO) throws Exception {
15           //获取数据库连接对象
16           Connection conn = JDBCUtils.getConnection();
17           //定义标志位
18           boolean flag = false;
19           String sql = "insert into employeeInfo (empl_id,empl_name,empl_sex,
                                      empl_basesalary) values(?,?,?,?)";
20           //实例化 PrepareStatement 对象
21           PreparedStatement pStmt = conn.prepareStatement(sql);
22           //设置参数
23           pStmt.setInt(1, empVO.getEmplId());
24           pStmt.setString(2, empVO.getEmplName());
25           pStmt.setString(3, empVO.getEmplSex());
26           pStmt.setDouble(4, empVO.getEmplBaseSalary());
27           //更新记录的行数大于 0,则插入数据成功
28           if (pStmt.executeUpdate() > 0) {
29               //修改标志位
30               flag = true;
31           }
32           //关闭资源
33           JDBCUtils.close(conn, pStmt, null);
34           return flag;
35       }
36
37       @Override
38       public List<EmpVO> findByKeyword(String keyWord) throws Exception {
39           Connection conn = JDBCUtils.getConnection();
40           //定义集合,接收数据
41           List<EmpVO> empVOList = new ArrayList<EmpVO>();
42           EmpVO empVO = null;
43           //根据姓名、性别进行模糊查询
44           String sql = "select empl_id,empl_name,empl_sex,empl_basesalary from
                          employeeInfo where empl_name like ? or empl_sex like ?";
45           //实例化 PreparedStatement
46           PreparedStatement pStmt = conn.prepareStatement(sql);
47           //设置查询关键字
48           pStmt.setString(1, "%" + keyWord + "%");
49           pStmt.setString(2, "%" + keyWord + "%");
50           //执行查询操作
51           ResultSet rs = pStmt.executeQuery();
52           while (rs.next()) {
53               //实例化 EmpVO 对象
54               empVO = new EmpVO();
55               //设置 EmpVO 对象属性
56               empVO.setEmplId(rs.getInt(1));
57               empVO.setEmplName(rs.getString(2));
58               empVO.setEmplSex(rs.getString(3));
```

```
59              empVO.setEmplBaseSalary(rs.getDouble(4));
60              //向集合中增加对象
61              empVOList.add(empVO);
62          }
63          //关闭资源
64          JDBCUtils.close(conn, pStmt, rs);
65          //返回查询结果
66          return empVOList;
67      }
68
69      @Override
70      public EmpVO findByID(int empID) throws Exception {
71          Connection conn = JDBCUtils.getConnection();
72          EmpVO empVO = null;
73          String sql = "select empl_id,empl_name,empl_sex,empl_basesalary from
                                        employeeInfo where empl_id=?";
74          PreparedStatement pStmt = conn.prepareStatement(sql);
75          //设置参数职工号
76          pStmt.setInt(1, empID);
77          ResultSet rs = pStmt.executeQuery();
78          if (rs.next()) {
79              empVO = new EmpVO();
80              empVO.setEmplId(rs.getInt(1));
81              empVO.setEmplName(rs.getString(2));
82              empVO.setEmplSex(rs.getString(3));
83              empVO.setEmplBaseSalary(rs.getDouble(4));
84          }
85          //关闭资源
86          JDBCUtils.close(conn, pStmt, rs);
87          //若查询不到结果,则返回默认值 null
88          return empVO;
89      }
90  }
```

说明:

① 在进行数据添加操作时,首先要实例化 PreparedStatement 接口,然后将 EmpVO 对象中的内容依次设置到 PreparedStatement 操作中,如果最后更新的记录大于 0,则表示插入成功,将标志位修改为 true。

② 在 findByKeyword()方法中查询数据时,首先实例化了 List 接口的对象;在定义 SQL 语句时,将职员姓名和性别定义成了模糊查询的字段,然后分别将查询关键字设置到了 PreparedStatement 对象中,由于查询出来的是多条记录,所以每一条记录都重新实例化了一个 EmpVO 对象,同时会将内容设置到每个 EmpVO 对象中,并将这些对象全部加到 List 集合中。

③ findByID()方法按编号查询时,如果此编号的用户存在,则实例化 EmpVO 对象,并将内容取出赋予 EmpVO 对象中的属性,如果没有查询到相应的用户,则返回 null。

④ DAO 层尽量不要处理异常,抛出异常交给上层(调用者)去处理,见第 14、38、70 行。

(2) IEmpDAO 接口的代理实现类 IEmpDAOProxy 负责数据库的打开和关闭操作。

IEmpDAOProxy.java

```
1   package unit10.code10.dao;
2
3   import unit10.code10.vo.EmpVO;
4   import java.util.List;
```

```
5
6    public class IEmpDAOProxy implements IEmpDAO {
7        /** 声明 IEmpDAO 引用 */
8        private IEmpDAO empDAO =null;
9
10       public IEmpDAOProxy() {
11           //实例化 IEmpDAO 引用
12           this.empDAO =new EmpDAOImpl();
13       }
14
15       @Override
16       public boolean doCreate(EmpVO empVO) throws Exception {
17           //定义标志位
18           boolean flag =false;
19           //如果要插入的用户编号不存在,则插入数据
20           if (this.empDAO.findByID(empVO.getEmplId()) ==null) {
21               flag =this.empDAO.doCreate(empVO);
22           }
23           return flag;
24       }
25
26       @Override
27       public List<EmpVO> findByKeyword(String keyWord) throws Exception {
28           List<EmpVO> empVOList =this.empDAO.findByKeyword(keyWord);
29           return empVOList;
30       }
31
32       @Override
33       public EmpVO findByID(int id) throws Exception {
34           EmpVO empVO =null;
35           empVO =this.empDAO.findByID(id);
36           return empVO;
37       }
38   }
```

说明:在代理实现类的构造器中实例化了 EmpDAO 的直接实现类,并且代理实现类的各个方法也调用了直接实现类中的相应的方法。

5. DAOFactory 设计

工厂类 DAOFactory 将 DAO 对象的生成与对象的使用相分离。

DAOFactory.java

```
1    package unit10.code10.dao;
2
3    public class DAOFactory {
4      public static IEmpDAO getIEmpDAOInstance()throws Exception {
5      //取得代理类的实例
6        return new IEmpDAOProxy();
7      }
8    }
```

6. 客户器端程序设计及测试

Client.java

```
1    package unit10.code10;
2
3    import java.util.List;
4    import java.util.Scanner;
5    import unit10.code10.dao.*;
6    import unit10.code10.vo.EmpVO;
```

```java
7
8    public class Client {
9        public static void main(String ages[]) {
10           EmpVO empVO = null;
11           Scanner input = new Scanner(System.in);
12
13           try {
14               IEmpDAO empDao = DAOFactory.getIEmpDAOInstance();
15
16               //插入数据
17               empVO = new EmpVO();
18               empVO.setEmplId(8808);
19               empVO.setEmplName("李杰");
20               empVO.setEmplSex("男");
21               empVO.setEmplBaseSalary(6789.34);
22               if (empDao.doCreate(empVO)) {
23                   System.out.println("新增职员成功");
24               } else {
25                   System.out.println("新增职员失败");
26               }
27
28               //根据ID查询数据
29               System.out.print("请输入要查询的ID: ");
30               int id = input.nextInt();
31               empVO = empDao.findByID(id);
32               if (empVO != null) {
33                   System.out.println("根据ID找到如下数据: ");
34                   printEmpVO(empVO);
35               } else {
36                   System.out.print("无此编号");
37               }
38
39               //根据Keyword查询数据
40               List<EmpVO> empVOList = DAOFactory.getIEmpDAOInstance().findByKeyword("李");
41               if (empVOList.size() == 0) {
42                   System.out.println("未找到符合要求的数据");
43               } else {
44                   System.out.println("根据Keyword找到如下数据: ");
45                   for (EmpVO empVOLoop : empVOList) {
46                       printEmpVO(empVOLoop);
47                   }
48               }
49           } catch (Exception e) {
50               e.printStackTrace();
51           }
52           input.close();
53       }
54
55       public static void printEmpVO(EmpVO empVO) {
56           System.out.println("ID: " + empVO.getEmplId() + "; 姓名: " + empVO.getEmplName()
                   + "; 性别: " + empVO.getEmplSex() + "; 工资: " + empVO.getEmplBaseSalary());
57       }
58  }
```

习题

1. DAO 指的是(　　)。

    A. Data Access Object   B. Delete Access Object

    C. Date Access Operator   D. Date Access Object

2. 以下选项中关于 DAO 模式的说法错误的是(　　)。

　A. DAO 是"Data Access Object"的含义,实现对数据库资源的访问

　B. DAO 模式中要定义 DAO 接口和实现类,隔离了不同数据库的实现

　C. DAO 负责执行业务逻辑操作,将业务逻辑和数据访问隔离开来

　D. 使用 DAO 模式提高了数据访问代码的复用性

3. 在实现 DAO 设计模式时,下面的(　　)模式经常被采用。

　A. Proxy　　　　　B. Factory　　　　　C. Prototype　　　　D. Observer

4. 编程题。以 JDBC 技术创建一个通讯录应用程序,通讯录中需要存储姓名、电话号码、地址、邮政编码、E-mail 等信息。程序应提供的基本管理功能如下。

(1) 添加:增加一个人的记录(包括姓名、电话号码、地址、邮政编码、E-mail 等信息)到通讯录中。

(2) 显示:在屏幕上显示所有通讯录中的联系人的全部信息(包括姓名、电话号码、地址、邮政编码、E-mail 等信息)。

(3) 查询:可根据姓名查找某人的相关信息,若找到显示该联系人的信息(包括姓名、电话号码、地址、邮政编码、E-mail 等信息);若没找到则显示"查无此人"。

(4) 修改:输入一个人的姓名,若姓名存在,则对其他内容进行修改,若不存在则显示"查无此人"。

(5) 删除:输入一个人的姓名,若姓名存在则可将其删除,删除前需有确认删除的提示;若不存在则显示"查无此人"。

编写主程序测试,要求使用 DAO 模式实现。

知识链接

链 10.4　Java 程序配置　　　　链 10.5　JavaBean

10.9 本章小结

10.9　本 章 小 结

本章简单介绍了 JDBC 的组成及工作过程;重点讲解了 JDBC 数据库访问的详细步骤,包括加载数据库驱动、获取数据库连接,执行 SQL 语句,处理执行结果等;在介绍数据库访问时详细讲解了 Statement、PreparedStatement 的区别和联系。本章还介绍了事务相关知识,包括如何在 JDBC 编程中进行事务控制。本章最后介绍了 DAO 模式,包括 DAO 模式的概念及组成,通过一个实例说明如何实现 DAO 模式。

习题

1. 编程题。以 JDBC 技术编写一个具有英-汉、汉-英双向查询功能的英汉字典。

2. 编程题。以 JDBC 技术创建一个通讯录应用程序,通讯录中需要存储姓名、电话号

码、地址、邮政编码、E-mail 等信息。程序应提供的基本管理功能如下。

（1）添加：增加一个人的记录（包括姓名、电话号码、地址、邮政编码、E-mail 等信息）到通讯录中。

（2）显示：在屏幕上显示所有通讯录中的联系人的全部信息（包括姓名、电话号码、地址、邮政编码、E-mail 等信息）。

（3）查询：可根据姓名查找某人的相关信息，若找到显示该联系人的信息（包括姓名、电话号码、地址、邮政编码、E-mail 等信息）；若没找到则显示"查无此人"。

（4）修改：输入一个人的姓名，若姓名存在，则对其他内容进行修改，若不存在则显示"查无此人"。

（5）删除：输入一个人的姓名，若姓名存在则可将其删除，删除前需有确认删除的提示；若不存在则显示"查无此人"。

编写主程序测试。要求如下。

（1）通过配置文件连接数据库。

（2）操作界面为 JavaFX 图形用户界面。

知识链接

链 10.6 从 JavaFX 访问
数据库

链 10.7 Javadoc

链 10.8 Java 程序的
打包与发布

链 10.9 案例实践——
英文词典（V3）

第三篇

晋 级 篇

- 第 11 章　设计模式
- 第 12 章　Java 泛型编程与集合框架
- 第 13 章　Java 多线程
- 第 14 章　函数式编程

第11章 设计模式

课程练习

11.1 设计模式概述

11.1 设计模式概述

11.1.1 什么是设计模式

设计模式(Design Pattern)是一套被反复使用、多数人知晓的、经过分类编目的、代码设计经验的总结。使用设计模式的目的是为了可重用代码,提高代码的可扩展性和可维护性。在软件模式中,设计模式是研究最为深入的分支,设计模式代表了最佳的实践。设计模式是在软件开发中,经过验证的,用于解决在特定环境下、重复出现的、特定问题的解决方案。这些解决方案是众多软件开发人员经过相当长的一段时间的试验和错误总结出来的,已经在成千上万的软件中得以应用。

1990—1992 年,GoF(Gang of Four,四人组,指 Erich Gamma、Richard Helm、Ralph Johnson 和 John Vlissides,见图 11.1)开始收集程序设计中的模式,从中总结出了面向对象程序设计领域的 23 种经典的设计模式,把它们分为创建型(Creational Pattern)、结构型(Structural Pattern)和行为型(Behavioral Pattern)三大类,并给每一个模式起了一个形象的名字,发表在 1995 年他们出版的著作 *Design Patterns*: *Elements of Reusable Object-Oriented Software*(《设计模式:可重用的面向对象软件的要素》)中。

图 11.1 "四人组"与他们的《设计模式》

需要说明的是,GoF 的 23 种设计模式是成熟的、可以被人们反复使用的面向对象设计方案,是经验的总结,也是良好思路的总结。但是,这 23 种设计模式并不是可以采用的设计模式的全部。可以说,凡是可以被广泛重用的设计方案,都可以称为设计模式。有人估计已经发表的软件设计模式已经超过 100 种,此外,还有人在研究反模式。

面向对象程序设计原则,是人们对于设计模式进行分析、总结、提炼出来的基本思想。反过来,也可以认为设计模式是这些原则的经典应用案例。简单来说,面向对象设计原则是设计模式的理论,设计模式是它的实践。本章介绍几个简单的设计模式及其应用,读者可以从中领略一下面向对象程序设计原则的意义。

11.1.2 为什么要学习设计模式

设计模式是软件工程的基石,如同大厦的一块块砖石一样。项目中合理地运用设计模式可以完美地解决很多问题,每种模式在现实中都有相应的原理来与之对应,每种模式都描述了一个在我们周围不断重复发生的问题,以及该问题的核心解决方案,这也是设计模式能被广泛应用的原因。设计模式的本质是面向对象设计原则的实际运用,是对类的封装性、继承性和多态性以及类的关联关系和组合关系的充分理解。

设计模式之于面向对象系统的设计和开发的作用就犹如数据结构之于面向过程开发的作用一般,可以说,不会设计模式的编码人员不能称之为工程师。因此,要成为一名优秀的软件开发工程师,学好用好设计模式相当重要。正确使用设计模式具有以下优点。

(1) 可以提高程序员的思维能力、编程能力和设计能力。

(2) 使程序设计更加标准化、代码编制更加工程化,使软件开发效率大大提高,从而缩短软件的开发周期,有效节省开发成本。

(3) 使设计的代码可重用性高、可读性强、可靠性高、灵活性好、可维护性强。

设计模式本质上是用于承载变化的业务逻辑,使写出的代码简洁、易扩展。它们就像武功中的招式,但具体的招式并不是目的,抽象思维才是设计模式的内核,也是学习设计模式的重点。

11.1.3　设计模式的分类

1. 根据目的来分

根据模式是用来完成什么工作来划分,GoF 将模式分成三大类,即创建型、结构型和行为型。其中,创建型包含 5 种设计模式,结构型包含 7 种设计模式,行为型包含 11 种设计模式,共有 23 种设计模式。由于篇幅有限,本章只选择使用频率较高、具有代表性的几种设计模式进行学习,以抛砖引玉。读者可在此基础上再参考相关的设计模式著作,进一步了解学习更多的设计模式。

1) 创建型模式

创建型模式主要用于描述如何创建对象,它的主要特点是"将对象的创建与使用分离",避免用户直接使用 new 运算符创建对象。下列模式属于创建型模式。

- 工厂方法模式(Factory Method Pattern)。
- 抽象工厂模式(Abstract Factory Pattern)。
- 建造者模式(Builder Pattern)。
- 原型模式(Prototype Pattern)。
- 单例模式(Singleton Pattern)。

本章将学习属于创建型模式的工厂方法模式。

2) 结构型模式

结构型模式主要用于描述如何实现类或对象的组合。和类有关的结构型模式涉及如何合理地使用继承机制,和对象有关的结构型模式涉及如何合理地使用对象组合机制。下列模式属于结构型模式。

- 适配器模式(Adapter Pattern)。
- 桥接模式(Bridge Pattern)。
- 组合模式(Composite Pattern)。
- 装饰模式(Decorator Pattern)。

- 外观模式(Facade Pattern)。
- 享元模式(Flyweight Pattern)。
- 代理模式(Proxy Pattern)。

本章将学习属于结构型模式的外观模式和适配器模式。

3) 行为型模式

行为型模式主要用于描述类或对象之间怎样相互协作共同完成单个对象都无法单独完成的任务,以及怎样分配职责。下列模式属于行为型模式。

- 解释器模式(Interpreter Pattern)。
- 模板方法模式(Template Method Pattern)。
- 责任链模式(Chain of Responsibility Pattern)。
- 命令模式(Command Pattern)。
- 迭代器模式(Iterator Pattern)。
- 中介者模式(Mediator Pattern)。
- 备忘录模式(Memento Pattern)。
- 观察者模式(Observer Pattern)。
- 状态模式(State Pattern)。
- 策略模式(Strategy Pattern)。
- 访问者模式(Visitor Pattern)。

本章将学习属于行为型模式的观察者模式和策略模式。

这 23 种设计模式不是孤立存在的,很多模式之间存在一定的关联关系,在规模大的系统开发中常常同时使用多种设计模式。

2. 根据作用范围来分

根据模式是主要用于类上还是主要用于对象上来分,这种方式可分为类模式和对象模式两种。

1) 类模式

用于处理类与子类之间的关系,这些关系通过继承来建立,是静态的,在编译时刻便确定下来了。GoF 中的工厂方法、(类)适配器、模板方法、解释器属于该模式。

2) 对象模式

用于处理对象之间的关系,这些关系可以通过组合或聚合来实现,在运行时刻是可以变化的,更具动态性。GoF 中除了以上 4 种,其他的都是对象模式。其中,适配器模式既可以作为类结构型模式,也可以作为对象结构型模式。

习题

1. 以下是设计模式具有的优点是(　　　)。
　　A. 适应需求变化
　　B. 程序易于理解
　　C. 减少开发过程中的代码开发工作量
　　D. 简化软件系统的设计

2. 常用的基本设计模式可分为(　　　)。

A. 创建型、结构型和行为型　　　　　　B. 对象型、结构型和行为型

C. 过程型、结构型和行为型　　　　　　D. 抽象型、接口型和实现型

3. 当我们想创建一个具体的对象而又不希望指定具体的类时,可以使用(　　)模式。

A. 创建型　　　　　B. 结构型　　　　　C. 行为型　　　　　D. 以上都可以

4. 设计模式的两大主题是(　　)。

A. 系统的维护与开发　　　　　　　　B. 对象组合与类的继承

C. 系统架构与系统开发　　　　　　　D. 系统复用与系统扩展

5. 下列模式中属于行为模式的是(　　)。

A. 工厂模式　　　　　B. 观察者　　　　　C. 适配器　　　　　D. 以上都是

6. 下列模式属于结构型设计模式的是(　　)。

A. 组合(Composite)模式　　　　　　B. 享元(Flyweight)模式

C. 单体模式　　　　　　　　　　　　D. 工厂方法

7. 以下哪些问题通过应用设计模式不能够解决?(　　)

A. 指定对象的接口　　　　　　　　　B. 针对接口编程

C. 确定软件的功能都正确实现　　　　D. 设计应支持变化

8. 以下关于创建型模式说法正确的是(　　)。

A. 创建型模式关注的是对象的创建

B. 创建型模式关注的是功能的实现

C. 创建型模式关注的是组织类和对象的常用方法

D. 创建型模式关注的是对象间的协作

知识链接

链 11.1　框架、架构与设计模式

11.2　简单工厂模式

11.2 简单工厂模式

11.2.1　简单工厂模式的定义

简单工厂(Simple Factory)模式并非 GoF 中的一种设计模式,但通常将它作为学习其他工厂模式的基础,也是一种非常便于使用的设计模式。它的基本思想是把程序中要用到的对象都集中到一个"工厂"去"制造",以实现对象的创建与使用的分离,实现知识最小原则。

简单工厂模式(Simple Factory Pattern):在简单工厂模式中,专门定义一个工厂类来负责创建其他类的实例,它可以根据参数的不同返回不同类的实例,被创建的实例通常都具有共同的父类。因为在简单工厂模式中用于创建实例的方法是静态方法,因此简单工厂模式又被称为静态工厂方法(Static Factory Method)模式,它属于类创建型模式。

11.2.2　简单工厂模式的结构

简单工厂模式的要点在于：当你需要什么，只需要传入一个正确的参数，就可以获取你所需要的对象，而无须知道其创建细节。简单工厂模式结构比较简单，其核心是工厂类的设计。简单工厂模式的结构如图 11.2 所示。

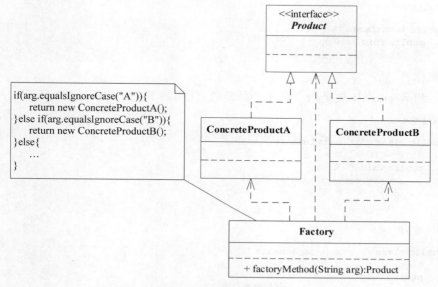

图 11.2　简单工厂模式的结构

简单工厂模式结构包含如下 3 种角色。

- 抽象产品角色（Product）：抽象产品角色是工厂类所创建的所有对象的父类，封装了各种产品对象的公有方法，它一般是接口或者抽象类。抽象产品角色的引入将提高系统的灵活性，使得在工厂类中只需定义一个通用的工厂方法，因为所有创建的具体产品对象都是其子类对象。
- 具体产品角色（ConcreteProduct）：具体产品角色是简单工厂模式的创建目标，所有被创建的对象都是某个具体类的实例。每一个具体产品角色都继承了抽象产品角色，需要实现在抽象产品中声明的抽象方法。
- 工厂角色（Factory）：工厂角色即工厂类，作为简单工厂模式的核心，工厂类角色的职责是生成具体产品类的对象；工厂类可以被外界直接调用，创建所需的产品对象；在工厂类中提供了静态的工厂方法 factoryMethod()，它的返回类型为抽象产品类型 Product。

11.2.3　简单工厂模式实例

下面通过一个例子来描述简单工厂模式中所涉及的各个角色。

例 11.1　图形对象的创建问题。

为了说明简单工厂模式的思想，下面仅考虑图形对象的建立。使用简单工厂模式设计一个可以创建不同几何图形（Shape），如 Circle、Rectangle 等绘图工具类，每个几何图形均具有绘制 draw()方法。

【代码 11-1】 使用简单工厂模式实现例 11.1。根据不同的参数生产不同的图形。

（1）抽象产品。

抽象产品（Product）角色是名字为 IShape 的接口，该接口的不同实现类就是不同的具体产品。IShape 接口的代码如下。

IShape.java

```
1   public interface IShape {
2       public void draw();
3   }
```

（2）具体产品。

Circle 和 Rectangle 类是两个具体产品角色，代码如下。

Circle.java

```
1   public class Circle implements IShape {
2       @Override
3       public void draw() {
4           System.out.println("画圆。");
5       }
6   }
```

Rectangle.java

```
1   public class Rectangle implements IShape {
2       @Override
3       public void draw() {
4           System.out.println("画矩形。");
5       }
6   }
```

（3）工厂。

工厂角色（Factory）是一个名字为 ShapeFactory 的类，它有一个静态方法 productShape()，用来创建不同的图形对象。ShapeFactory 类的代码如下。

ShapeFactory.java

```
1   public class ShapeFactory {
2       /** 图形生产静态方法 */
3       public static IShape productShape(String type) throws Exception {
4           IShape shape = null;
5           if (type.equalsIgnoreCase("circle")) {
6               shape = new Circle();
7           } else if (type.equalsIgnoreCase("rectangle")) {
8               shape = new Rectangle();
9           } else {
10              throw new Exception("对不起,暂不生产这种图形!");
11          }
12          return shape;
13      }
14  }
```

（4）客户端类。

客户端调用工厂类的静态工厂方法进行测试。

Client.java

```
1    import java.util.Scanner;
2
3    public class Client {
4        public static void main(String[] args) {
5            Scanner input = new Scanner(System.in);
6            System.out.println("请输入需要的形状：");
7            String shapeType = input.next();
8            try {
9                //由工厂中的方法创建对象
10               IShape shape = ShapeFactory.productShape(shapeType);
11               shape.draw();
12           } catch (Exception ex) {
13               System.out.println(ex.getMessage());
14           }
15           input.close();
16       }
17   }
```

下面是三次测试情况。

（1）测试 1：

```
请输入需要的形状：
circle ↵
画圆。
```

（2）测试 2：

```
请输入需要的形状：
Rectangle ↵
画矩形。
```

（3）测试 3：

```
请输入需要的形状：
triangle ↵
对不起,暂不生产这种图形!
```

说明：

（1）之所以将 productShape（）方法定义成静态的,是为了直接用类名（ShapeFactory）调用。因为简单工厂类没有实例化的必要。这样,就把简单工厂类作为一个工具类了。由于简单工厂类的方法是静态的,所以简单工厂也称为静态工厂方法（Static Factory Method）模式。

（2）若为了进一步防止客户端随意创建简单工厂的实例,还可以将简单工厂类的构造器定义成私密的,只允许其在成员方法中创建实例。

代码 11-1 中所有类之间的关系如图 11.3 所示。

图 11.3 中,IShape 接口是抽象产品角色,Circle 和 Rectangle 类是具体产品角色,ShapeFactory 类是工厂角色,Client 类是用于测试的客户端类。

11.2.4 简单工厂模式的优点和缺点

1. 简单工厂模式的优点

简单工厂模式的主要优点如下。

（1）工厂类含有必要的判断逻辑,可以决定在什么时候创建哪一个产品类的实例,实现了创建对象和使用对象的分离。从客户端（Client）看,免除了直接创建产品对象的责任,仅

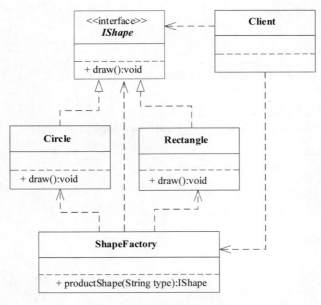

图 11.3　代码 11-1 中的类关系

负责使用产品,实现了最小知识原则和单一职责原则。

(2) 客户端不必知道所创建的具体产品类的类名,只需要知道具体产品类所对应的参数即可。

(3) 一个对象可以很容易地被(实现了相同接口的)另一个对象所替换。

(4) 对象间的连接不必硬绑定到一个具体类的对象上。

(5) 系统不依赖于产品类实例如何被创建、组合和表达的细节。

2. 简单工厂模式的缺点

简单工厂模式的主要缺点如下。

(1) 由于工厂类集中了所有产品创建逻辑,职责过重,一旦不能正常工作,将会影响到整个系统的运行。

(2) 使用简单工厂模式将会增加系统中类的个数,在一定程度上增加了系统的复杂度和理解难度。

(3) 系统扩展困难,一旦添加新产品就不得不修改工厂逻辑,同样破坏了“开闭原则”。从服务器端看,由两套相互关联的类体系组成:一套是图形系统,一套是工厂系统。图形系统由接口 IShape 及其派生出的子类组成,实现了面向接口编程的原则——当需要增加一种图形产品时只要派生一个相应的子类即可,在一定程度上符合开闭原则。但是在工厂系统中,采用静态方法创建产品对象(不需要生成工厂对象就可以创建),甚至采用私密的构造器,因而无法通过派生子类来改变接口方法的行为。若需要增加产品,就要修改相应的业务逻辑或者判断逻辑,不符合开闭原则。

(4) 在产品类型较多时,有可能造成工厂逻辑过于复杂,不利于系统的扩展和维护。当产品种类增多或产品结构复杂时,将会使工厂类难承其重。

11.2.5 简单工厂模式的适用场景

在以下情况下可以使用简单工厂模式。

(1) 工厂类负责创建的对象比较少。由于创建的对象较少,不会造成工厂方法中的业务逻辑太过复杂。

(2) 客户端只知道传入工厂类的参数,对于如何创建对象不关心。客户端既不需要关心创建细节,甚至连类名都不需要记住,只需要知道类型所对应的参数。

习题

1. 关于简单工厂模式说法错误的是( )。

    A. 简单工厂模式不适合开闭原则,增加新产品需要修改工厂类代码

    B. 简单工厂模式中需要建立一个抽象工厂类和多个具体工厂类

    C. 简单工厂模式中对象的创建集中在工厂类中,便于维护和扩展

    D. 简单工厂模式中对象的创建和使用分开,客户端无须创建对象

2. 简单工厂模式的优点不包括( )。

    A. 它提供了专门的工厂类用于创建对象,实现了对责任的分割

    B. 客户无须知道所创建的具体产品类的类名

    C. 客户可以免除直接创建产品对象的责任而仅"消费"产品

    D. 工厂角色可以通过继承而得以复用

3. 下列属于面向对象基本原则的是( )。

    A. 继承   B. 封装   C. 里氏代换   D. 都不是

4. Open-Close 原则的含义是一个软件实体( )。

    A. 应当对扩展开放,对修改关闭

    B. 应当对修改开放,对扩展关闭

    C. 应当对继承开放,对修改关闭

    D. 以上都不对

5. 设计一个可以创建不同几何形状(如圆形、方形和三角形等)的绘图工具,每个几何图形都要有绘制 draw()和擦除 erase()两个方法,要求在绘制不支持的几何图形时,提示一个 Unsupported Exception 异常。

    (1) 使用简单工厂模式实现该程序的设计,并用代码模拟实现。

    (2) 使用 UML 画出该实例的类图。

知识链接

链 11.2　面向对象程序设计原则概述   链 11.3　从可维护性说起:开闭原则

11.3　工厂方法模式

11.3.1　工厂方法模式的定义

工厂方法是简单工厂模式的延伸,它继承了简单工厂模式的优点,同时还弥补了简单工厂模式的不足。工厂方法是最常用的设计模式之一,是很多开源框架和 API 类库的核心模式。

工厂方法模式(Factory Method Pattern)又称为工厂模式(Factory Pattern),也叫虚拟构造器模式(Virtual Constructor Pattern)或者多态工厂模式(Polymorphic Factory Pattern),它属于类创建型模式。在工厂方法模式中,工厂类有工厂父类和工厂子类。工厂父类负责定义创建产品对象的公共接口,而工厂子类则负责生成具体的产品对象,这样做的目的是将产品类的实例化延迟到工厂子类中完成,即通过工厂子类来确定究竟应该实例化哪一个具体产品类。

11.3.2　工厂方法模式的结构

工厂方法模式中核心工厂类不再负责产品的创建,仅负责声明具体工厂子类必须实现的接口。而由其子类来具体实现工厂方法,创建具体的产品对象。这样进一步抽象化的好处是使得工厂方法模式可以使系统在不修改具体工厂角色的情况下引进新的产品。工厂方法模式结构如图 11.4 所示。

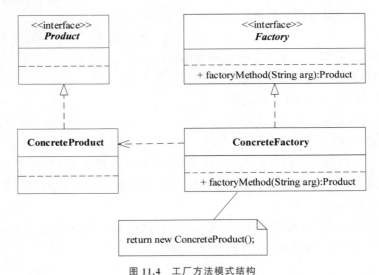

图 11.4　工厂方法模式结构

工厂方法模式属于创建型模式,在其结构中包含如下 4 种角色。

- 抽象产品角色(Product):它是具体产品类继承的父类或者共同接口,是工厂方法模式所创建对象的超类型,也就是产品对象的公共父类。
- 具体产品角色(ConcreteProduct):这类角色是具体产品的抽象,它实现了抽象产品接口,某种类型的具体产品由专门的具体工厂创建,具体工厂和具体产品之间一一对应。

- 抽象工厂角色(Factory)：在抽象工厂类中，声明了工厂方法(Factory Method)，用于返回一个产品。抽象工厂是工厂方法模式的核心，是具体工厂角色的共同接口或者必须继承的父类，所有创建对象的工厂类都必须实现该接口。抽象工厂角色由抽象类或者接口来实现。作为工厂方法模式的核心，它与客户端无关。
- 具体工厂角色(ConcreteFactory)：它是抽象工厂类的子类，实现了抽象工厂中定义的工厂方法，含有和具体业务逻辑有关的代码，并可由客户端调用，返回一个具体产品类的实例。

11.3.3 工厂方法模式实例

下面通过一个例子来描述工厂方法模式中所涉及的各个角色。

【代码 11-2】 使用工厂方法模式实现例 11.1。

（1）抽象产品。

与代码 11-1 中的抽象产品相同。

（2）具体产品。

与代码 11-1 中的具体产品相同。

（3）抽象工厂。

抽象工厂角色是一个接口或抽象类。抽象工厂负责定义一个称为工厂方法的抽象方法，该方法要求返回具体产品类的实例。对于例 11.1 的问题，抽象工厂角色是名字为 ShapeFactory 的接口，ShapeFactory 的代码如下。

ShapeFactory.java

```
1  public interface ShapeFactory {
2      /** 工厂方法 */
3      public IShape shapeFactoryMethod();
4  }
```

（4）具体工厂。

具体工厂重写抽象工厂的工厂方法，使该方法返回具体产品的实例。对于例 11.1 的问题，CircleFactory 和 RectangleFactory 类是具体工厂角色，代码如下。

CircleFactory.java

```
1  public class CircleFactory implements ShapeFactory {
2      /** 重写工厂方法 */
3      @Override
4      public IShape shapeFactoryMethod() {
5          return new Circle();
6      }
7  }
```

RectangleFactory.java

```
1  public class RectangleFactory implements ShapeFactory {
2      /** 重写工厂方法 */
3      @Override
4      public IShape shapeFactoryMethod() {
5          return new Rectangle();
```

```
6        }
7    }
```

（5）客户端类。

客户端调用具体工厂类的工厂方法进行测试。

Client.java

```
1    public class Client {
2        public static void main(String[] args) {
3            ShapeFactory shapeFactory;
4            IShape shape;
5
6            shapeFactory = new CircleFactory();
7            //创建圆对象
8            shape = shapeFactory.shapeFactoryMethod();
9            shape.draw();
10
11           shapeFactory = new RectangleFactory();
12           //创建矩形对象
13           shape = shapeFactory.shapeFactoryMethod();
14           shape.draw();
15       }
16   }
```

程序运行结果：

```
画圆。
画矩形。
```

说明：

（1）在简单工厂模式中，产品部分符合了开闭原则，但工厂部分不符合开闭原则。工厂方法模式使得工厂部分也能符合开闭原则。

（2）简单工厂模式的工厂中包含必要的判断逻辑，而工厂方法模式又把这些判断逻辑移到了客户端代码中。这似乎又返回到没有采用模式的情况，还多了一个中间环节。但是，这正是工厂方法与没有采用模式不同之处，它暴露给客户的不是如何生产对象的方法，而是如何去找工厂的方法。

代码 11-2 中所有类之间的关系如图 11.5 所示。

图 11.5 中，IShape 接口是抽象产品角色，Circle 和 Rectangle 类是具体产品角色，ShapeFactory 接口是抽象工厂角色，CircleFactory 和 RectangleFactory 类是具体工厂角色，Client 类是用于测试的客户端类。

11.3.4 工厂方法模式的优点和缺点

1. 工厂方法模式的优点

工厂方法模式的主要优点如下。

（1）一个调用者想创建一个对象，只要知道其名称就可以了。

（2）扩展性高，如果想增加一个产品，只要扩展一个工厂类就可以。在系统中新增产品时，无须修改抽象工厂和抽象产品提供的接口，无须修改客户端，也无须修改其他的具体工厂和具体产品，而只要添加一个具体工厂和具体产品就可以了，这样，系统的可扩展性也就变得非常好，也完全符合"开闭原则"。

（3）屏蔽产品的具体实现，调用者只关心产品的接口。在工厂方法模式中，工厂方法用

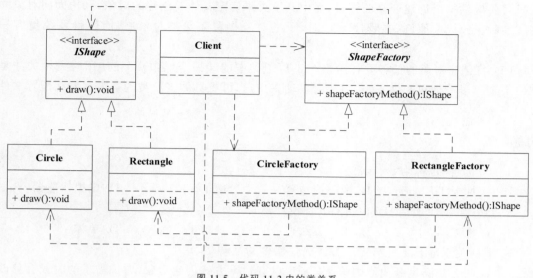

图 11.5 代码 11-2 中的类关系

来创建客户所需要的产品,同时还向客户隐藏了哪种具体产品类将被实例化这一细节,用户只需要关心所需产品对应的工厂,无须关心创建细节,甚至无须知道具体产品类的类名。

(4) 基于工厂角色和产品角色的多态性设计是工厂方法模式的关键。它能够让工厂可以自主确定创建何种产品对象,而如何创建这个对象的细节则完全封装在具体工厂内部。工厂方法模式之所以又被称为多态工厂模式,正是因为所有的具体工厂类都具有同一抽象父类。

2. 工厂方法模式的缺点

工厂方法模式的主要缺点如下。

(1) 在添加新产品时,需要编写新的具体产品类,而且还要提供与之对应的具体工厂类,系统中类的个数将成对增加,导致增加了系统的复杂度,同时也增加了系统具体类的依赖。

(2) 工厂方法模式会形成产品对象与工厂方法的耦合。

(3) 由于考虑到系统的可扩展性,需要引入抽象层,在客户端代码中均使用抽象层进行定义,增加了系统的抽象性和理解难度。

11.3.5　工厂方法模式的适用场景

在以下情况下可以考虑使用工厂方法模式。

(1) 客户程序使用的产品对象存在变动的可能,在编码时不需要预见创建哪种产品类的实例。

(2) 一个类不知道它所需要的对象的类。在工厂方法模式中,客户端不需要知道具体产品类的类名,只需要知道所对应的工厂即可,具体的产品对象由具体工厂类创建;客户端需要知道创建具体产品的工厂类。

(3) 开发人员不希望将对象创建的细节信息暴露给外部程序。

(4) 抽象工厂类通过其子类来指定创建哪个对象。在工厂方法模式中,对于抽象工厂类只需要提供一个创建产品的接口,而由其子类来确定具体要创建的对象,利用面向对象的多态性和里氏代换原则,在程序运行时,子类对象将覆盖父类对象,从而使得系统更容易扩展。

(5) 将创建对象的任务委托给多个工厂子类中的某一个,客户端在使用时无须关注是哪一个工厂子类创建产品子类,需要时再动态指定,可将具体工厂类的类名存储在配置文件或数据库中。

习题

1. 工厂方法也称为(　　)。

   A. 抽象工厂　　　　B. 抽象构造器　　　　C. 虚工厂　　　　D. 虚拟构造器

2. Java 数据库连接 JDBC 用到哪种设计模式?(　　)

   A. 生成器　　　　B. 工厂方法　　　　C. 抽象工厂　　　　D. 单体

3. 下列关于静态工厂与工厂方法表述错误的是(　　)。

   A. 两者都满足开闭原则:静态工厂以 if else 方式创建对象,增加需求的时候会修改源代码

   B. 静态工厂对具体产品的创建类别和创建时机的判断是混合在一起的,这点在工厂方法中

   C. 不能形成静态工厂的继承结构

   D. 在工厂方法模式中,对于存在继承等级结构的产品树,产品的创建是通过相应等级结构的工厂创建的

4. 以下关于单一职责原则的叙述不正确的是(　　)。

   A. 单一职责原则的英文名称是 Single Responsibility Principle

   B. 单一职责原则要求一个类只有一个职责

   C. 单一职责原则有利于对象的稳定,降低类的复杂性

   D. 单一职责原则提高了类之间的耦合性

5. 下面关于工厂方法模式说法错误的是(　　)。

   A. 工厂方法模式使一个类的实例化延迟到其子类中

   B. 工厂方法模式中具有抽象工厂、具体工厂、抽象产品和具体产品 4 个角色

   C. 工厂方法模式可以处理多个产品的多个等级结构

   D. 工厂方法模式可以屏蔽产品类

6. 不应该强迫客户依赖于它们不用的方法是关于(　　)的表述。

   A. 开闭原则　　　　　　　　　　　　B. 接口隔离原则

   C. 里氏替换原则　　　　　　　　　　D. 依赖倒置原则

7. 设计一个程序来读取多种不同存储格式的图片,针对每一种图片格式都设计一个图片读取器(ImageReader),如 GIF 格式图片读取器(GifReader)用于读取 GIF 格式的图片,JPEG 格式图片读取器(JpegReader)用于读取 JPEG 格式的图片,Tiff 格式图片读取器(TiffReader)用于读取 Tiff 格式的图片。图片读取器对象通过图片读取器工厂(ImageReaderFactory)来创建,ImageReaderFactory 是一个抽象类,用于定义创建图片读取器的工厂方法,其子类 GifReaderFactory、JpegReaderFactory 和 TiffReaderFactory 用于创

建具体的图片读取器对象。

　　（1）使用工厂方法实现该程序的设计，并用代码模拟实现。

　　（2）使用 UML 画出该实例的类图。

知识链接

链 11.4　单一职责原则和接口隔离原则

11.4　外　观　模　式

11.4　外观
模式

11.4.1　外观模式的定义

　　外观模式（Facade Pattern）为多个复杂的子系统提供一个一致的接口，使这些子系统更加容易使用。外观模式是一种使用频率非常高的结构型设计模式，它通过引入一个外观角色来简化客户端与子系统之间的交互，为复杂的子系统调用提供一个统一的入口，来隐藏系统的复杂性，降低子系统与客户端的耦合度，且客户端调用非常方便。

　　例如，患者去医院看病，可能要与挂号、门诊、划价、化验、收费、取药等部门打交道，这样会让患者觉得很复杂；引入外观模式可以很好地解决这个问题，医院可以设置一个接待员，由接待员负责代为挂号、划价、缴费、取药等。这个接待员就是外观模式中外观角色的体现，病人只与接待员打交道，而由接待员与各个部门打交道，这样患者就会觉得很方便，如图 11.6 所示。

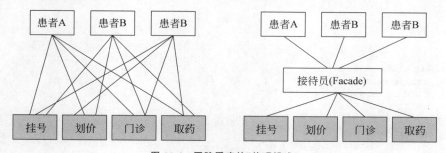

图 11.6　医院看病的"外观模式"

11.4.2　外观模式的结构

　　外观模式的结构比较简单，主要是定义了一个高层接口——外观角色，它包含对各个子系统的引用，客户端可以通过它访问各个子系统的功能，而不需要与子系统内部的很多对象打交道。外观模式的结构图如图 11.7 所示。

　　外观模式又称为门面模式，外观模式结构包含如下两种角色。

　　（1）外观角色（Facade）：为多个子系统对外提供一个共同的接口（外观接口）。对外，外观角色提供一个易于客户端访问的接口；对内，外观角色可以访问子系统中的所有功能。

・ 355 ・

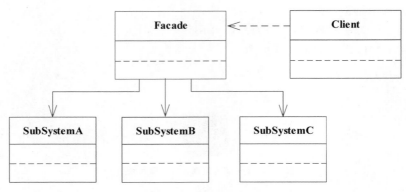

图 11.7　外观模式结构

（2）子系统角色（SubSystem）：可以有一个或者多个子系统角色，它实现系统的部分功能，客户可以通过外观角色访问它，子系统并不知道外观的存在。

11.4.3　外观模式的实例

下面通过一个例子来描述外观模式中所涉及的各个角色。

例 11.2　智能家具控制器。

日常生活中需要使用各种电器，如开灯、关灯、打开电视机、关闭电视机。每种电器都要独立控制，使用比较麻烦，特别是对于老年人。可开发一种智能家具控制器解决此问题，由此控制器统一控制灯、电视机等电器，做到一键开、关电器。在此实例中，灯、电视相当于子系统，智能家具控制器相当于外观。

【代码 11-3】　使用外观模式实现例 11.2。

（1）子系统。

Light.java

```java
1    /** 子系统：灯类 */
2    public class Light {
3        public void lightOn() {
4            System.out.println("开灯");
5        }
6
7        public void lightOff() {
8            System.out.println("关灯");
9        }
10   }
```

TV.java

```java
1    /** 子系统：电视机类 */
2    public class TV {
3        public void tvOn() {
4            System.out.println("打开电视");
5        }
6
7        public void tvOff() {
8            System.out.println("关闭电视");
9        }
10   }
```

（2）外观。

IntelligentController.java

```java
1   public class IntelligentController {
2       private Light light;
3       private TV tv;
4
5       public IntelligentController() {
6           light = new Light();
7           tv = new TV();
8       }
9
10      public void turnOn() {
11          light.lightOn();
12          tv.tvOn();
13      }
14
15      public void turnOff() {
16          light.lightOff();
17          tv.tvOff();
18      }
19  }
```

（3）客户端类。

客户端通过外观调用子系统的方法进行测试。

Client.java

```java
1   public class Client {
2       public static void main(String[] args) {
3           IntelligentController ic = new IntelligentController();
4           ic.turnOn();
5           ic.turnOff();
6       }
7   }
```

程序运行结果：

```
开灯
打开电视
关灯
关闭电视
```

说明：从此实例可看出外观模式的本质是封装交互，简化调用。用户原来是与各种电器的遥控器直接打交道，引入外观模式后，外观提供统一的接口，用户改而只与外观打交道，由外观统一调用各种电器的遥控方法。

代码 11-3 中所有类之间的关系如图 11.8 所示。

图 11.8 中，TV 和 Light 类是子系统角色，IntelligentController 类是外观角色，Client 类是用于测试的客户端类。

11.4.4 外观模式的优点和缺点

1. 外观模式的优点

外观模式的主要优点如下。

（1）降低了子系统与客户端之间的耦合度，使得子系统的变化不会影响调用它的客户类，只需要调整外观类即可。

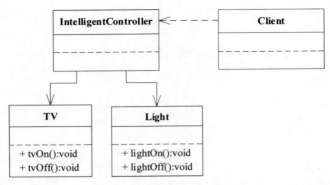

图 11.8　代码 11-3 中的类关系

（2）对客户屏蔽了子系统组件，减少了客户处理的对象数目，并使得子系统使用起来更加容易。

（3）提高了安全性。想让用户访问子系统的哪些业务就开通哪些逻辑，不在外观上开通的方法，用户就访问不到。

（4）一个子系统的修改对其他子系统没有任何影响，而且子系统内部变化也不会影响到外观对象。

2. 外观模式的缺点

外观模式的主要缺点如下。

（1）不能很好地限制客户端直接使用子系统类，很容易带来未知风险。如果对客户端访问子系统类做太多的限制，则减少了可变性和灵活性。

（2）如果设计不当，增加新的子系统可能需要修改外观类或客户端的源代码，违背了"开闭原则"。

11.4.5　外观模式的适用场景

通常在以下情况下可以考虑使用外观模式。

（1）当一个复杂系统的子系统很多时，外观模式可以为系统设计一个简单的接口供外界访问。

（2）以防其他人员带来的风险扩散。

（3）客户端程序与多个子系统之间存在很大的依赖性。引入外观模式可以将子系统与客户端解耦，从而提高子系统的独立性和可移植性。

（4）对分层结构系统构建时，使用外观模式定义子系统中每层的入口点，层与层之间不直接产生联系，而通过外观类建立联系，降低层之间的耦合度。

习题

1. 以下用来描述外观模式的是（　　　）。

A. 为子系统中的一组接口提供一个一致的界面，本模式定义了一个高层接口，这个接口使得这一子系统更加容易使用

B. 定义一个用于创建对象的接口，让子类决定实例化哪一个类

C. 保证一个类仅有一个实例,并提供一个访问它的全局访问点

D. 在不破坏封装性的前提下,捕获一个对象的内部状态,并在该对象之外保存这个状态。这样以后就可将该对象恢复到原先保存的状态

2. 下列描述中不是外观模式特点的是( )。

A. 对客户端屏蔽了子系统组件

B. 实现了子系统与客户端之间的紧耦合关系

C. 单个子系统的修改不影响其他子系统

D. 子系统类变化时,只需要修改外观类即可

3. "不要和陌生人说话"是( )原则的通俗表述。

A. 接口隔离 　　　B. 里氏代换 　　　C. 依赖倒转 　　　D. 迪米特

4. 以下关于外观模式的叙述中正确的是( )。

A. 外观模式符合单一职责原则

B. 在外观模式中,一个子系统的外部与内部通信通过统一的外观对象进行

C. 在外观模式中,客户类只需要直接与外观对象进行交互

D. 外观模式是迪米特法则的一种具体实现

5. 在计算机主机(MainFrame)中,只需要按下主机的开机按钮(on()),就可以调用其他硬件设备和软件的启动方法,如内存的自检(check()),CPU的运行(run()),硬盘的读取(read()),操作系统的载入(load())等,如果某一过程发生错误,则计算机启动失败。

(1) 使用外观模式实现该程序的设计,并用代码模拟实现。

(2) 使用 UML 画出该实例的类图。

知识链接

链 11.5　不要和陌生人说话:迪米特法则

11.5　适配器模式

11.5.1　适配器模式的定义

11.5 适配器模式

适配器模式(Adapter Pattern,别名为包装器,Wrapper):将一个类的接口转换成客户希望的另外一个接口,使得原本由于接口不兼容而不能一起工作的那些类可以一起工作。这里所提及的接口是指广义的接口,它可以表示一个方法或者方法的集合。适配器模式既可以作为类结构型模式,也可以作为对象结构型模式。

适配器模式是作为两个不兼容的接口之间的桥梁,这种类型的设计模式属于结构型模式,它结合了两个独立接口的功能。例如,美国电器电压110V,中国电器电压220V,若想在中国使用美国电器,就要有一个适配器将220V转换为110V。MacBook笔记本想要投影到投影仪上,由于笔记本电脑是Type-C接口,投影仪是VGA接口,两种接口不兼容不能直接

投影,需要一个适配器将视频信号从 Type-C 接口转到 VGA 接口,最后才能输出到大屏幕上。用笔记本电脑访问照相机的 SD 内存卡时需要一个读卡器,读卡器是作为内存卡和笔记本电脑之间的适配器,将内存卡插入读卡器,再将读卡器插入笔记本,这样就可以通过笔记本来读取内存卡。

11.5.2 适配器模式的结构

在适配器模式中,通过增加一个新的适配器类来解决接口不兼容的问题,使得原本没有任何关系的类可以协同工作。根据适配器类与适配者类的关系不同,适配器模式可分为类适配器和对象适配器两种。在类适配器模式中,适配器与适配者之间是继承(或实现)关系;在对象适配器模式中,适配器与适配者之间是关联关系。对象适配器模式结构如图 11.9 所示。

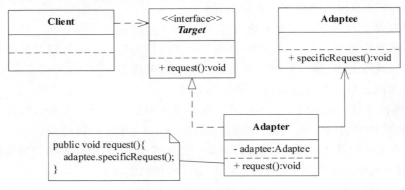

图 11.9 对象适配器模式结构

在对象适配器模式结构中包含如下 3 种角色。

(1) 目标角色(Target):目标定义客户所期待接口,可以是一个抽象类或接口,也可以是具体类。

(2) 适配者角色(Adaptee):适配者即被适配的角色,就是需要适配到目标角色的类。它定义了一个已经存在的接口,这个接口需要适配,适配者类一般是一个具体类,包含客户希望使用的业务方法,在某些情况下可能没有适配者类的源代码。

(3) 适配器角色(Adapter):适配器是目标角色和适配者角色之间的桥梁,它把适配者角色的类转换成目标接口的实现。适配器类是适配器模式的核心,在对象适配器中,它通过继承 Target 并关联一个 Adaptee 对象使二者产生联系。

根据对象适配器模式结构图,在对象适配器中,Target 期待调用 request 方法,而适配者类 Adaptee 并没有该方法(这就是所谓的不兼容),但是它所提供的 specificRequest()方法却是客户端所需要的。为使 Target 能够使用 Adaptee 类里的 specificRequest 方法,故提供一个中间环节 Adapter 类(即适配器类),此类包装了一个适配者 Adaptee 的实例,把 Adaptee 的接口与 Target 的接口衔接起来(即进行适配),在适配器的 request()方法中调用适配者的 specificRequest()方法。因为适配器类与适配者类是关联关系(也可称之为委派关系),所以这种适配器模式称为对象适配器模式。

除了对象适配器模式之外,适配器模式还有一种形式,那就是类适配器模式,类适配器模式和对象适配器模式最大的区别在于适配器和适配者之间的关系不同,对象适配器模式中适配器和适配者之间是关联关系,而类适配器模式中适配器和适配者是继承关系,类适配器模式结构如图 11.10 所示。

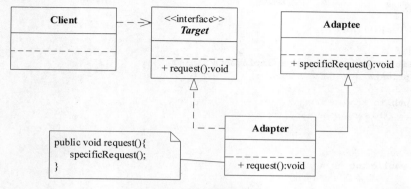

图 11.10　类适配器模式结构

　　根据类适配器模式结构图,适配器类实现了目标接口 Target,并继承了适配者类,在适配器类的 request()方法中调用所继承的适配者类的 specificRequest()方法,从而实现了适配。

　　类适配器模式类之间的耦合度比对象适配器模式高,且要求程序员了解现有组件库中的相关组件的内部结构,所以应用相对较少些。在实际开发中,对象适配器的使用频率更高,故在此只详细介绍对象适配器。

11.5.3　适配器模式的实例

　　下面通过一个例子来描述适配器模式中所涉及的各个角色。

　　例 11.3　笔记本电脑充电器。

　　笔记本电脑的电源一般用的都是 5V 电压,但是家用电是 220V,要让笔记本电脑充上电,最好的办法应该是通过一个工具把 220V 的电压转换成 5V,这个工具就是充电器。目标接口 Target 就相当于 5V 直流电,220V 交流电相当于被适配者 Adaptee,充电器本身相当于 Adapter 适配器。

　　【代码 11-4】　使用适配器模式实现例 11.3。

　　(1) 目标。

Target5V.java

```
1    /** 目标电压:5V * /
2    public interface Target5V {
3        public int output5V();
4    }
```

　　(2) 适配者。

Adaptee220V.java

```
1    /** 被适配电压:220V * /
2    public class Adaptee220V {
3        //输出 220V 的电压
4        public int output220V() {
5            int src =220;
6            return src;
```

```
7    }
8  }
```

（3）适配器。

VoltageAdapter.java

```
1    /** 适配器类 */
2    public class VoltageAdapter implements Target5V {
3        private Adaptee220V adaptee;
4
5        public VoltageAdapter(Adaptee220V adaptee220V) {
6            this.adaptee = adaptee220V;
7        }
8
9        @Override
10       public int output5V() {
11           //获取到 220V 电压
12           int srcV = adaptee.output220V();
13           System.out.println("电源适配器开始工作,此时输出电压是: " + srcV + "V");
14           //转成 5V
15           int dstV = srcV / 44;
16           System.out.println("电源适配器工作完成,此时输出电压是: " + dstV + "V");
17           return dstV;
18       }
19   }
```

（4）客户端类。

Client.java

```
1    public class Client {
2        public static void main(String[] args) {
3            Adaptee220V adaptee220V = new Adaptee220V();
4            Target5V target = new VoltageAdapter(adaptee220V);
5            target.output5V();
6        }
7    }
```

程序运行结果：

```
电源适配器开始工作,此时输出电压是: 220V
电源适配器工作完成,此时输出电压是: 5V
```

代码 11-4 中所有类之间的关系如图 11.11 所示

图 11.11 中,Target 5V 接口是目标角色,Adaptee220V 类是适配者角色,VoltageAdapter 类是适配器角色,Client 类是用于测试的客户端类。

11.5.4 适配器模式的优点和缺点

1. 适配器模式的优点

无论是对象适配器模式还是类适配器模式,都具有如下优点。

（1）将目标类和适配者类解耦,解决了目标类和适配者类接口不一致的问题。通过引入一个适配器类来重用现有的适配者类,无须修改原有结构。

（2）增加了类的透明性和复用性,将具体的业务实现过程封装在适配者类中,对于客户端类而言是透明的,而且提高了适配者的复用性,同一个适配者类可以在多个不同的系统中复用。

（3）灵活性和扩展性都非常好,符合"开闭原则"。

具体来说,对象适配器模式还有如下优点。

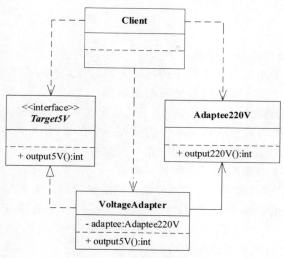

图 11.11　代码 11-4 中类的关系

　　一个对象适配器可以把多个不同的适配者适配到同一个目标,也就是说,同一个适配器可以将适配者类和它的子类都适配到目标接口。

　　类适配器模式还有如下优点。

　　由于适配器 Adapter 类是适配者 Adaptee 类的子类,因此可以在适配器类中置换一些适配者的方法,即 Override(重写),使得适配器的灵活性更强。

2. 适配器模式的缺点

类适配器模式的缺点如下。

　　(1) 由于 Java 至多继承一个类,一次最多只能适配一个适配者类,不能同时适配多个适配者。

　　(2) 在 Java 语言中,类适配器模式中的目标抽象类只能为接口,不能为类,其使用有一定的局限性。

　　对象适配器模式的缺点如下。

　　与类适配器模式相比,要在适配器中置换适配者类的某些方法比较麻烦(因为类适配器模式是基于继承的,可以重写适配者类的方法,对象适配器模式则不能)。如果想修改适配者类的一个或多个方法,就只好先做一个适配者的子类,把适配者类的方法置换掉,然后把适配者的子类当作真正的适配者进行适配,实现过程较为复杂。

11.5.5　适配器模式的适用场景

　　在以下情况下可以考虑使用适配器模式。

　　(1) 系统需要复用现有类,而该类的接口(如方法名)不符合系统的需求,可以使用适配器模式使得原本由于接口不兼容而不能一起工作的那些类可以一起工作。

　　(2) 使用第三方提供的组件,但组件接口定义和自己要求的接口定义不同。

　　(3) 需要一个统一的输出接口,而输入端的类型不可预知。

　　(4) 统一多个类的接口设计。某个功能的实现依赖多个外部系统(或者说类)。通过适配器模式,将它们的接口适配为统一的接口定义,然后就可以使用多态的特性来复用代码逻辑。

习题

1. 以下用来描述适配器模式的是（　　）。

   A. 表示一个作用于某对象结构中的各元素的操作，它使用户可以在不改变各元素的类的前提下定义作用于这些元素的新操作

   B. 定义一个用于创建对象的接口，让子类决定实例化哪一个类

   C. 将一个类的接口转换成客户希望的另外一个接口，使得原本由于接口不兼容而不能一起工作的那些类可以一起工作

   D. 动态地给一个对象增加一些额外的职责

2. 对于违反里式代换原则的两个类，可以采用的候选解决方案错误的是（　　）。

   A. 创建一个新的抽象类 C，作为两个具体类的超类，将 A 和 B 共同的行为移动到 C 中，从而解决 A 和 B 行为不完全一致的问题

   B. 将 B 到 A 的继承关系改组成委派关系

   C. 区分是"Is-a"还是"Has-a"。如果是"Is-a"，可以使用继承关系，如果是"Has-a"应该改成委派关系

   D. 以上方案错误

3. 对象适配器模式是（　）原则的典型应用。

   A. 合成聚合复用原则　　　　　　　　B. 里式代换原则

   C. 依赖倒转原则　　　　　　　　　　D. 迪米特法则

4. 适配器模式是一种（　　）模式。

   A. 结构型　　　　B. 创建型　　　　C. 行为型　　　　D. 过程型

5. 现有一个接口 DataOperation 定义了排序算法 sort(int []) 和查找方法 search(int [],int)，已知类 QuikSort 的 quickSort() 方法实现了快速排序算法，类 BinarySearch 类的 binarySearch(int[], int) 实现了二分查找法，现使用适配器模式设计一个系统，在不修改源代码的情况下将 QuickSort 类和 BinarySearch 类的方法适配到 DataOperation 接口。

   （1）使用适配器模式实现该程序的设计，并用代码实现。

   （2）使用 UML 画出该实例的类图。

知识链接

链 11.6　里氏代换原则

11.6　观察者模式

11.6　观察者模式

11.6.1　观察者模式的定义

观察者模式是一种非常经典、使用频率很高的设计模式之一，它用于建立一种对象与对象之间的依赖关系，一个对象发生改变时将自动通知其他对象，其他对象将相应做出反应。

在此,发生改变的对象称为观察目标,而被通知的对象称为观察者,一个观察目标可以对应多个观察者,而且这些观察者之间没有相互联系,可以根据需要增加和删除观察者,使得系统更易于扩展,这就是观察者模式的模式动机。

观察者模式(Observer Pattern):指多个对象间存在一对多的依赖关系,当一个对象状态发生改变时,所有依赖于它的对象都得到通知并被自动更新。这种模式有时又称作发布-订阅(Publish/Subscribe)模式、模型-视图(Model/View)模式、源-监听器(Source/Listener)模式,它是一种对象行为型模式。例如,现实世界中,拍卖会的时候,大家相互叫价,拍卖师会观察最高标价,然后通知给其他竞价者竞价;开车到交叉路口时,遇到红灯会停,遇到绿灯会行;软件世界中,MVC 模式中的模型与视图的关系;Java 图形用户界面编程事件模型中的事件源与事件处理者。

11.6.2 观察者模式的结构

对于观察者模式而言,有观察者和被观察者之分。因此,观察者模式结构中通常包括观察目标(被观察者)和观察者两个继承层次结构。观察者模式的结构如图 11.12 所示。

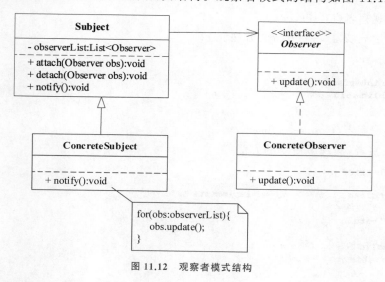

图 11.12 观察者模式结构

在观察者模式结构图中,主要有两组实体对象,一组是观察者(Observer),一组是被观察者(Subject)。所有的观察者,都实现了 Observer 接口;所有的被观察者,都继承自 Subject 抽象类。在观察者模式结构图中包含如下 4 种角色。

(1) 抽象目标角色(Subject):抽象目标又称为抽象主题,它是指被观察的对象。它把所有观察者对象的引用保存在一个集合中,每个目标都可以有任意数量的观察者。它还提供一系列方法来增加和删除观察者对象,同时它定义了通知方法 notify()。目标类可以是接口,也可以是抽象类或具体类。

(2) 具体目标角色(ConcreteSubject):具体目标是目标类的子类,它实现抽象目标中的通知方法 notify(),当具体目标的内部状态发生改变时,通知所有注册过的观察者对象。

(3) 抽象观察者角色(Observer):观察者将对观察目标的改变做出反应,观察者一般定义为一个抽象类或接口,它包含一个更新自己的抽象方法 update(),当接到具体目标的更改通知时被调用。

（4）具体观察者角色（ConcreteObserver）：具体观察者中会维护一个指向具体目标对象的引用，它存储了具体观察者的状态，这些状态和具体目标的状态要保持一致。它实现了在抽象观察者 Observer 中定义的更新接口 update()，以便在得到目标更改通知时更新自身的状态。通常在实现时，可以调用具体目标类的 attach()方法将自己添加到目标类的集合中或通过 detach()方法将自己从目标类的集合中删除。

11.6.3 观察者模式的实例

下面通过一个例子来描述观察者模式中所涉及的各个角色。

例 11.4 考试成绩发布。

期末考试结束，老师经过阅卷、分数汇总、分数录入等操作后，就可以发布成绩了，成绩发布后主动通知学生去查询。这就是观察者模式的一种发布-订阅形式，其中，学生是观察者，成绩是被观察者。

【代码 11-5】 使用观察者模式实现例 11.4。

（1）抽象观察者（Observer）。

抽象观察者定义了一个更新的方法。

Observer.java

```
1   public interface Observer {
2       public void update(String message);
3   }
```

（2）具体观察者（ConcreteObserver）。

学生是观察者，实现了更新的方法。

StudentObserver.java

```
1   public class StudentObserver implements Observer {
2       /** 学生姓名 */
3       private String name;
4
5       public StudentObserver(String name) {
6           this.name =name;
7       }
8
9       @Override
10      public void update(String message) {
11          System.out.println(name +": " +message);
12      }
13  }
```

（3）抽象目标角色（Subject）。

抽象目标提供了 attach()、detach()、notify()三个方法。

Subject.java

```
1   import java.util.ArrayList;
2   import java.util.List;
3
4   public abstract class Subject {
5       //定义一个观察者集合,用于存储所有观察者对象
6       protected List<Observer>observerList =new ArrayList<Observer>();
```

```
7
8      //注册方法,用于向观察者集合中增加一个观察者
9      public void attach(Observer observer) {
10         observerList.add(observer);
11     }
12
13     //注销方法,用于在观察者集合中删除一个观察者
14     public void detach(Observer observer) {
15         observerList.remove(observer);
16     }
17
18     //声明抽象通知方法
19     public abstract void notify(String message);
20 }
```

（4）具体目标角色（ConcreteSubject）。

成绩是具体目标（具体被观察者），里面存储了订阅该成绩的学生，并实现了抽象目标中的方法。

ScoreSubject.java

```
1  public class ScoreSubject extends Subject {
2      //实现通知方法
3      @Override
4      public void notify(String message) {
5          //遍历观察者集合,调用每一个观察者的响应方法
6          for (Observer observer : observerList) {
7              observer.update(message);
8          }
9      }
10 }
```

（5）客户端类。

客户端类调用具体被观察者的通知方法进行测试。

Client.java

```
1  public class Client {
2      public static void main(String[] args) {
3          //创建具体被观察者对象：成绩
4          ScoreSubject scoreSubject=new ScoreSubject();
5
6          //创建具体观察者对象：学生
7          StudentObserver student1=new StudentObserver("张飞");
8          StudentObserver student2=new StudentObserver("关羽");
9          StudentObserver student3=new StudentObserver("赵云");
10
11         //给被观察者添加观察者：学生订阅成绩
12         scoreSubject.attach(student1);
13         scoreSubject.attach(student2);
14         scoreSubject.attach(student3);
15
16         //通知观察者：发布成绩了
17         scoreSubject.notify("成绩发布了,请上网查询!");
18     }
19 }
```

程序运行结果：

```
张飞：成绩发布了,请上网查询!
关羽：成绩发布了,请上网查询!
```

代码 11-5 中所有类之间的关系如图 11.13 所示

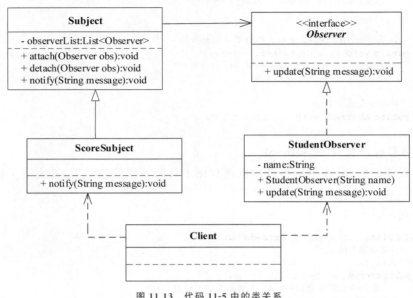

图 11.13　代码 11-5 中的类关系

　　图 11.13 中，Observer 接口是抽象观察者角色，StudentObserver 类是具体观察者角色，Subject 类是抽象目标角色，ScoreSubject 类是具体目标角色，Client 类是用于测试的客户端类。

11.6.4　观察者模式的优点和缺点

1. 观察者模式的优点

观察者模式的主要优点如下。

　　(1) 观察者模式可以实现表示层和数据逻辑层的分离，并定义了稳定的消息更新传递机制，抽象了更新接口，使得可以有各种各样不同的表示层作为具体观察者角色。

　　(2) 降低了目标与观察者之间的耦合关系，两者之间是抽象耦合关系。被观察者角色所知道的只是一个具体观察者列表，每一个具体观察者都符合一个抽象观察者的接口。被观察者并不认识任何一个具体观察者，它只知道它们都有一个共同的接口。

　　(3) 观察者模式支持广播通信。观察目标会向所有登记过的观察者发送通知，简化了一对多系统设计的难度。

　　(4) 观察者模式符合"开闭原则"的要求。增加新的具体观察者无须修改原有的系统代码。

2. 观察者模式的缺点

观察者模式的主要缺点如下。

　　(1) 如果一个观察目标对象有很多直接和间接观察者，将所有的观察者都通知到会花费很多时间，影响程序的效率。

　　(2) 如果在被观察者之间有循环依赖，被观察者会触发它们之间进行循环调用，导致系统崩溃。在使用观察者模式时要特别注意这一点。

（3）虽然观察者模式可以随时使观察者知道所观察的对象发生了变化，但是观察者模式没有相应的机制使观察者知道所观察的对象是怎么发生变化的。

11.6.5　观察者模式的适用场景

在以下情况下可以考虑使用观察者模式。

（1）一个抽象模型有两个方面，其中一个方面依赖于另一个方面，将这两个方面封装在独立的对象中使它们可以各自独立地改变和复用。

（2）当一个对象的数据更新时，这个对象需要让其他对象也各自更新自己的数据，但这个对象不知道具体有多少对象需要更新数据。

（3）当一个对象必须通知其他对象，而它又不知道这些对象是谁。

（4）对象仅需要将自己的更新通知给其他对象而不需要知道其他对象的细节。

（5）需要在系统中创建一个触发链，A 对象的行为将影响 B 对象，B 对象的行为将影响 C 对象……可以使用观察者模式创建一种链式触发机制。

习题

1. 以下关于观察者模式的表述，错误的是（　　　）。

A. 观察者角色的更新是被动的

B. 被观察者可以通知观察者进行更新

C. 观察者可以改变被观察者的状态，再由被观察者通知所有观察者依据被观察者的状态进行

D. 以上表述全部错误

2. 要依赖于抽象，不要依赖于具体。即针对接口编程，不要针对实现编程，是（　　　）的表述。

A. 开闭原则 　　　　　　　　　　　B. 接口隔离原则

C. 里氏代换原则 　　　　　　　　　D. 依赖倒转原则

3. Observer（观察者）模式适用于（　　　）。

A. 当一个抽象模型存在两个方面，其中一个方面依赖于另一方面，将这二者封装在独立的对象中以使它们可以各自独立地改变和复用

B. 当对一个对象的改变需要同时改变其他对象，而不知道具体有多少对象有待改变时

C. 当一个对象必须通知其他对象，而它又不能假定其他对象是谁。也就是说，你不希望这些对象是紧耦合的

D. 一个对象结构包含很多类对象，它们有不同的接口，而想对这些对象实施一些依赖于其具体类的操作

4. 以下关于依赖倒置原则的叙述不正确的是（　　　）。

A. 依赖倒置原则的简称是 DIP

B. 高层模块不依赖于低层模块，低层模块依赖于高层模块

C. 依赖倒置原则中高层模块和低层模块都依赖于抽象

D. 依赖倒置原则实现模块间的松耦合

5. 设计一个控制金鱼缸水质、水温与水位高度的软件系统。基本需求为：该程序用于自动控制金鱼缸中的水质、水温与水位高度。系统硬件包含鱼缸、化学传感器、水温传感器与水位传感器。当化学传感器的读数超过某种范围时，鱼缸需要排除部分废水，同时充入新鲜的水；当水温传感器读数低于某温度，或者超过某温度值时，需要开启加热设备或者冷却设备调整水温；当水位读数高于或低于特定高度时，需要开启排水设备，排除部分水或者添加新鲜的水。

(1) 使用观察者模式设计该软件系统，并用代码模拟实现。

(2) 使用 UML 画出该实例的类图。

知识链接

链 11.7 依赖倒转原则

11.7 策略模式

11.7 策 略 模 式

某商场现在采用如下营销策略收款。

(1) 正常收款(cash normal)销售策略。

(2) 打折收款(cash discount)策略，如商品按照牌价打 9 折。

(3) 返利收款(cash rebate)策略，如满 200 返 70。

要求程序能根据需要引入一些新的营销策略。

11.7.1 不用策略模式的商场营销解决方案

【代码 11-6】 不用策略模式的商场收款代码。

Cash.java

```
1   import java.math.BigDecimal;
2   import java.math.RoundingMode;
3
4   /** 收款类 */
5   public class Cash {
6       /** 按原价收款额 */
7       BigDecimal goodsPrice;
8       /** 营销类型 */
9       String cashType;
10
11      public BigDecimal getGoodsPrice() {
12          return goodsPrice;
13      }
14
15      public void setGoodsPrice(BigDecimal goodsPrice) {
16          this.goodsPrice =goodsPrice;
17      }
18
19      public void setCashType(String cashType) {
```

```
20          this.cashType =cashType;
21      }
22
23      /** 计算打折之后的收款 */
24      public BigDecimal calculate() {
25          if ("打折收款".equals(cashType)) {
26              System.out.println(cashType +",按照 9 折原价收款。");
27              return goodsPrice. multiply ( new BigDecimal ( " 0. 9")). setScale ( 2,
                  RoundingMode.DOWN);
28          } else if ("返利收款".equals(cashType)) {
29              System.out.println(cashType +",若满 200 返 70。");
30              if (goodsPrice.compareTo(BigDecimal.valueOf(200)) >=0)
31                  return goodsPrice.subtract(BigDecimal.valueOf(70));
32              else
33                  return goodsPrice;
34          } else {
35              System.out.println("正常收款,按照原价收款。");
36              return goodsPrice;
37          }
38      }
39 }
```

说明:浮点数据类型不适合金融高精度的运算,误差较大。因此,使用 BigDecimal 类型表示收款额,以进行精确计算。

Client.java

```
1   /** 测试类 */
2   public class Client {
3       /** 主方法 */
4       public static void main(String[] args) {
5           Cash cash=new Cash();
6           double originalGoodsPrice=1200.0;
7           double discountGoodsPrice;
8
9           cash.setGoodsPrice(originalGoodsPrice);
10          System.out.println("应收金额为: " +originalGoodsPrice);
11          System.out.println("--------------------------------------------");
12
13          cash.setCashType("打折收款");
14          discountGoodsPrice=cash.calculate();
15          System.out.println("实收金额为: "+discountGoodsPrice);
16          System.out.println("--------------------------------------------");
17
18          cash.setCashType("返利收款");
19          discountGoodsPrice=cash.calculate();
20          System.out.println("实收金额为: "+discountGoodsPrice);
21      }
```

程序运行结果:

```
应收金额为: 1200.0
------------------------
打折收款,按照 9 折原价收款。
实收金额为: 1080.0
------------------------
返利收款,若满 200 返 70。
实收金额为: 1130.0
```

讨论:

通过 Cash 类实现了商场营销的收款计算,该方案解决了商场营销的策略问题,每一种策略都可以称为一种打折算法，更换营销策略只需修改客户端代码中的参数，无须修改源代码，但该方案并不是一个完美的解决方案，它至少存在如下三个问题。

（1）Cash 类的 calculate()方法非常庞大，它包含所有收款算法的实现代码，在代码中出现了较长的 if…else…语句，不利于测试和维护。

（2）增加新的收款算法或者对原有收款算法进行修改时必须修改 Cash 类的源代码，违反了"开闭原则"，系统的灵活性和可扩展性较差。因为商场的营销策略不是一成不变的，往往需要根据市场情况采取不同的营销策略，不仅需要在几种策略之间进行切换，还需要修改每种营销策略的计算方法。例如，当推行一段时间的打折策略，顾客对这个策略厌倦之后，改用返利策略，而且与上次的返利计算方法有所不同。

（3）算法的复用性差。如果在另一个系统（如电影票销售管理系统）中需要重用某些打折算法，只能通过对源代码进行复制粘贴来重用，无法单独重用其中的某个或某些算法，导致重用较为麻烦。

如何解决这三个问题？导致产生这些问题的主要原因在于 Cash 类职责过重，它将各种打折算法都定义在一个类中，这既不便于算法的重用，也不便于算法的扩展。因此需要对 Cash 类进行重构，将原本庞大的 Cash 类的职责进行分解，将算法的定义和使用分离，这就是策略模式所要解决的问题。

11.7.2　策略模式的定义

完成一项任务，往往可以有多种不同的方式，每一种方式称为一个策略，可以根据环境或者条件的不同选择不同的策略来完成该项任务。

策略模式（Strategy Pattern）：定义一系列算法，将每一个算法封装起来，使它们可以相互替换。本模式使得算法可独立于使用它的客户而变化，也就是算法的改变不会影响使用算法的客户。策略模式也称为政策（Policy）模式，它是一种对象行为型模式。例如，旅行的出游方式，选择骑自行车、坐汽车或坐高铁，每一种旅行方式都是一个策略；一个人的交税比例与他的工资有关，不同的工资水平对应不同的税率。

策略模式的基本思想是要设计一个独立的策略类和一个环境类。

（1）一个独立的策略类——concrete strategy 用于封装一组算法。这些策略类具有共同的接口——abstract strategy。这种策略（算法）层次结构，使得所有算法的实现是同一接口的不同实现，地位是平等的，从而有助于实现开闭原则，有利于算法互换、扩展和改变。abstract strategy 可以是接口，也可以是抽象类，具体要看其中是否有抽取出来的具体策略类的共同属性和行为。

（2）环境类——context 对象的引入，使每个算法（策略）都能独立于使用它的客户端，使程序可以针对不同的背景、环境或上下文（context）以及算法效率或用户选择，做出的相应反映、产生的相应行为，为用户选择一种最佳算法。通常，上下文类不负责决定具体使用哪个算法，只负责持有算法，把选择算法的职责交给客户端，由客户端选择好具体算法后，设置到上下文对象中。让上下文对象持有该算法。这样，用户选择了需要的算法，就可以在满足开闭原则的情况下由上下文对象调用到相应的算法。

11.7.3 策略模式的结构

策略模式的结构如图 11.14 所示。

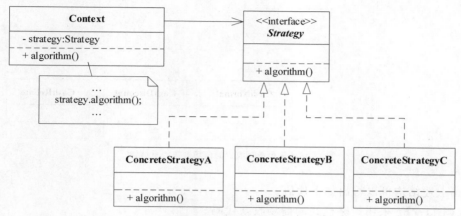

图 11.14 策略模式结构

在策略模式结构图中包含如下 3 种角色。

（1）抽象策略角色（AbstractStrategy）：抽象策略角色规定策略或算法的行为。它为所支持的算法声明了抽象方法，是所有具体策略类的父类。它可以是抽象类或具体类，也可以是接口。环境类通过抽象策略类中声明的方法在运行时调用具体策略类中实现的算法。

（2）具体策略角色（ConcreteStrategy）：具体策略角色是实现了抽象策略接口的具体实现类。它实现抽象策略接口所定义的抽象方法，即给出策略的具体算法。在运行时，具体策略类将覆盖在环境类中定义的抽象策略类对象，使用一种具体的算法实现某个业务处理。

（3）环境角色（Context）：环境角色是使用算法的角色，它在解决某个问题（即实现某个方法）时可以采用多种策略。环境角色持有抽象策略 Strategy 的引用，可以动态修改持有的具体策略 ConcreteStrategy，给客户调用。

采用上述结构，就可以支持算法互换、扩展和改变，使程序可以针对不同的背景、环境或上下文（context）以及算法效率或用户选择，做出的相应反应、产生的相应行为，为用户选择一种最佳算法。策略模式使用的就是面向对象的继承和多态机制，从而实现同一行为在不同场景下具备不同实现。策略模式的本质是分离算法，选择实现。策略模式提供了一种可插入式（Pluggable）算法的实现方案。

11.7.4 采用策略模式的商场营销解决方案

下面采用策略模式作为商场营销的解决方案，来描述策略模式中所涉及的各个角色。

1. 程序设计

考虑采用策略模式。参照图 11.14，对于商场营销问题可以得到如图 11.15 所示的类结构。

图 11.15 中，ICashStrategy 接口是抽象策略角色，CashNormal、CashDiscount 和 CashRebate 类是具体策略角色，CashContext 类是环境角色，Client 类是用于测试的客户端类。

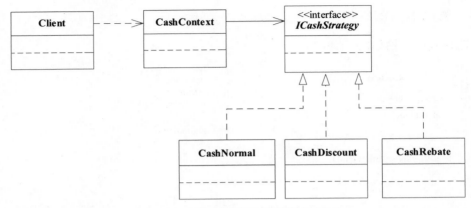

图 11.15 采用策略模式的商场营销的类结构

根据上述结构可以写出如下代码。

【代码 11-7】 采用策略模式的商场收款代码。

（1）抽象策略角色。

ICashStrategy.java

```
1    /** 计算收款接口 */
2    public interface ICashStrategy {
3        public abstract BigDecimal calculate(BigDecimal total);
4    }
```

（2）具体策略角色。

CashNormal.java

```
1    /** 正常收款子类 */
2    public class CashNormal implements ICashStrategy {
3        @Override
4        public BigDecimal calculate(BigDecimal total) {
5            return total;
6        }
7    }
```

CashDiscount.java

```
1    import java.math.BigDecimal;
2
3    /** 打折收款子类 */
4    public class CashDiscount implements ICashStrategy {
5        /** 打折率 */
6        private double discountRate;
7
8        /** 默认打折率 */
9        public CashDiscount() {
10           this.discountRate = 0.9;
11       }
12
13       /** 构造器传入打折率 */
14       public CashDiscount(double discountRate) {
15           this.discountRate = discountRate;
16       }
17
18       @Override
```

```
19        public BigDecimal calculate(BigDecimal total) {
20            return total.multiply(BigDecimal.valueOf(discountRate));
21        }
22    }
```

CashRebate.java

```
1    import java.math.BigDecimal;
2
3    /** 返利收款子类 */
4    public class CashRebate implements ICashStrategy {
5        /** 返利条件 */
6        private double rebateCondition;
7        /** 返利额度 */
8        private double rebateAmount;
9
10       /** 默认返利条件和额度 */
11       public CashRebate() {
12           this.rebateCondition = 200;
13           this.rebateAmount = 70;
14       }
15
16       /** 构造器传入返利条件和额度 */
17       public CashRebate(double rebateCondition, double rebateAmount) {
18           this.rebateCondition = rebateCondition;
19           this.rebateAmount = rebateAmount;
20       }
21
22       @Override
23       public BigDecimal calculate(BigDecimal total) {
24           if (total.compareTo(BigDecimal.valueOf(rebateCondition)) >= 0) {
25               return total.subtract(BigDecimal.valueOf(rebateAmount));
26           } else {
27               return total;
28           }
29       }
30   }
```

（3）环境角色（Context）。

CashContext.java

```
1    public class CashContext {
2        /** 声明 CashStrategy 引用 */
3        private ICashStrategy cashStrategy = null;
4
5        /** 构造器传入具体策略对象 */
6        public CashContext(ICashStrategy cs) {
7            this.cashStrategy = cs;
8        }
9
10       /** 计算应收金额 */
11       public BigDecimal getCash(BigDecimal total) {
12           //调用收款策略类的收款计算方法
13           return cashStrategy.calculate(total);
14       }
15   }
```

（4）客户端类。

客户端类调用不同的收款策略进行测试。

Client.java

```
1    public class Client {
2        public static void main(String[] args) {
3            CashContext cashContext = null;
4            Scanner input = new Scanner(System.in);
5            //商品单价
6            double unitPrice = 0.0;
7            //商品数量
8            int productQuantity = 0;
9            //应收金额
10           BigDecimal amountReceivable = BigDecimal.valueOf(0.0);
11           //实收金额
12           BigDecimal amountPaid = BigDecimal.valueOf(0.0);
13
14           System.out.println("请输入商品定价和数量:");
15           unitPrice = input.nextDouble();
16           productQuantity = input.nextInt();
17           amountReceivable = BigDecimal.valueOf(unitPrice).multiply(BigDecimal
                                                    .valueOf(productQuantity));
18
19           int choice = 0;
20           do {      //选择菜单
21               System.out.println("1:正常收款");
22               System.out.println("2:打折收款");
23               System.out.println("3:返利收款");
24               System.out.println("请选择(1~3):");
25               choice = input.nextInt();
26           } while (choice < 1 || choice > 3);
27
28           //判断逻辑
29           switch (choice) {
30           case 1:
31               cashContext = new CashContext(new CashNormal());
32               break;
33           case 2:
34               cashContext = new CashContext(new CashDiscount());
35               break;
36           case 3:
37               cashContext = new CashContext(new CashRebate());
38               break;
39           }
40
41           amountPaid = cashContext.getCash(amountReceivable);
42           System.out.println("应收金额: " + amountReceivable + ",实收金额: " + amountPaid);
43           input.close();
44       }
45   }
```

2. 测试

（1）正常收费测试情形。

```
请输入商品定价和数量:
12 5 ↵
1:正常收款
2:打折收款
3:返利收款
请选择(1~3):
1 ↵
应收金额: 60.0,实收金额: 60.0
```

（2）打折收费测试情形。

```
请输入商品定价和数量:
12 10 ↵
1:正常收款
2:打折收款
3:返利收款
请选择(1～3):
2 ↵
应收金额: 120.0,实收金额: 108.0
```

（3）返利收费测试情形。

```
请输入商品定价和数量:
12 20 ↵
1:正常收款
2:打折收款
3:返利收款
请选择(1～3):
3 ↵
应收金额: 240.0,实收金额: 170.0
```

3. 讨论

（1）就技术而言,策略模式是用来封装算法的,但在实践中,它几乎可以封装任何类型的规则。只要在分析过程中发现有在不同的时间应用不同的业务规则的情形都可以使用策略模式,例如,画不同的图形等。

（2）分别封装算法减少了算法类与使用算法类之间的耦合,使得算法的扩展变得方便,只要增加一个策略子类(Context 和客户端要同时修改)即可。这也简化了单元测试,使得每个算法类都可以单独测试。

（3）策略模式将算法的选择与算法的实现相分离,这意味着必须将策略类所需要的信息传递给它们。其最基本的情况是选择的具体实现职责要由客户端承担,再将选择转给Context。这就要求客户端必须知道所有策略类,了解每一个算法,并能自行选择,这势必会给客户端造成很大压力。

11.7.5　策略模式与简单工厂模式结合

采用策略模式会使客户端的负担很重。一个解决方法是把客户端的判断逻辑移到CashContext 类中,在 CashContext 类中生成有关算法对象,这相当于在 CashContext 类中添加了简单工厂的一些职责。

代码 11-8 将策略模式结合简单工厂模式对代码 11-7 进行了改造,只改造了 CashContext类和 Client 类的代码。

【代码 11-8】　策略模式结合简单工厂模式的商场收款代码。

CashContext.java

```
1   public class CashContext {
2       /** 声明 CashStrategy 引用 */
3       private ICashStrategy cashStrategy =null;
4
5       /** 构造器传入策略类型 */
6       public CashContext(int strategyType) {
7           //判断逻辑
8           switch (strategyType) {
9           case 1:
10              cashStrategy =new CashNormal();
```

```
11              break;
12          case 2:
13              cashStrategy = new CashDiscount(0.9);
14              break;
15          case 3:
16              cashStrategy = new CashRebate(200, 70);
17              break;
18          }
19      }
20
21      /** 计算应收金额 */
22      public BigDecimal getCash(BigDecimal total) {
23          //调用收款策略类的收款计算方法
24          return cashStrategy.calculate(total);
25      }
26  }
```

Client.java

```
1   public class Client {
2       public static void main(String[] args) {
3           Scanner input = new Scanner(System.in);
4           //商品单价
5           double unitPrice = 0.0;
6           //商品数量
7           int productQuantity = 0;
8           //应收金额
9           BigDecimal amountReceivable = BigDecimal.valueOf(0.0);
10           //实收金额
11           BigDecimal amountPaid = BigDecimal.valueOf(0.0);
12
13           System.out.println("请输入商品定价和数量:");
14           unitPrice = input.nextDouble();
15           productQuantity = input.nextInt();
16           amountReceivable = BigDecimal.valueOf(unitPrice).multiply
                                (BigDecimal.valueOf(productQuantity));
17
18           int choice = 0;
19           do { //选择菜单
20               System.out.println("1:正常收款");
21               System.out.println("2:打折收款");
22               System.out.println("3:返利收款");
23               System.out.println("请选择(1～3):");
24               choice = input.nextInt();
25           } while (choice < 1 || choice > 3);
26
27           CashContext cashContext = new CashContext(choice);
28           amountPaid = cashContext.getCash(amountReceivable);
29           System.out.println("应收金额: " + amountReceivable + ",实收金额: " + amountPaid);
30           input.close();
31       }
32   }
```

讨论:

(1) 在单纯的策略模式中,客户端除了要了解 Context 类外,还要了解所有策略(算法)类——这是一些实现类,并没有完全实现"面向接口,而不是面向实现的编程"。采用简单工厂与策略相结合模式,客户端只需了解 Context 类,基本实现了面向接口的编程。

(2) 模式要灵活应用。针对不同问题,不仅要很好地选择或设计合适的模式,还可能要为一个模式选择一些别的模式进行补充。

11.7.6　策略模式的优点和缺点

1. 策略模式的优点

策略模式的主要优点如下。

（1）策略模式提供了对“开闭原则”的完美支持，用户可以在不修改原有系统的基础上选择算法或行为，也可以灵活地增加新的算法或行为。

（2）不同抽象策略类表示一组不同的算法族，易于管理算法。

（3）算法具有多样性，且具备自由切换功能。

（4）使用策略模式可以有效避免使用多重条件选择语句，增强了封装性，简化了操作，从而降低出错概率。

（5）使用组合代替继承，易于修改和扩展。

2. 策略模式的缺点

策略模式的主要缺点如下。

（1）客户需要知道所有的策略类，并自行决定使用哪一种策略类。

（2）所有策略类都必须对外暴露，以便客户端能进行选择。

（3）每个具体算法都会产生一个策略类，造成策略类过多。

11.7.7　策略模式的适用场景

在以下情况下可以考虑使用策略模式。

（1）一个系统需要动态地在几种算法中选择一种。

（2）如果在一个系统里面有许多相关的类，它们之间的区别仅在于它们的行为有异，那么使用策略模式可以动态地让一个对象在许多行为中选择一种行为。

（3）如果一个对象有很多的行为，如果不用恰当的模式，这些行为就只好使用多重的条件选择语句来实现。

（4）不希望客户端知道复杂的、与算法相关的数据结构，在具体策略类中封装算法和相关的数据结构，提高算法的保密性与安全性。

习题

1. 在应用程序中可用哪些设计模式分离出算法？（　　　）

　A. 工厂方法　　　　B. 策略模式　　　　　C. 访问者模式　　　　D. 装饰器模式

2. 下面关于继承表述错误的是（　　　）。

　A. 继承是一种通过扩展一个已有对象的实现，从而获得新功能的复用方法

　B. 泛化类（超类）可以显式地捕获那些公共的属性和方法。特殊类（子类）则通过附加属性和方法来进行实现的扩展

　C. 破坏了封装性，因为这会将父类的实现细节暴露给子类

　D. 继承本质上是“白盒复用”，对父类的修改不会影响到子类

3. Strategy（策略）模式的意图是（　　　）。

　A. 定义一系列的算法，把它们一个个地封装起来，并且使它们可相互替换

　B. 为一个对象动态连接附加的职责

C. 你希望只拥有一个对象,但不用全局对象来控制对象的实例化

D. 在对象之间定义一种一对多的依赖关系,这样当一个对象的状态改变时,所有依赖于它的对象都将得到通知并自动更新

4. 面向对象系统中功能复用的最常用技术是(　　)。

　　A. 类继承　　　　　B. 对象组合　　　　C. 使用抽象类　　　　D. 使用实现类

5. 下列关于对象组合的优点表述不当的是(　　)。

　　A. 容器类仅能通过被包含对象的接口来对其进行访问

　　B. "黑盒"复用,封装性好,因为被包含对象的内部细节对外是不可见的

　　C. 通过获取指向其他的具有相同类型的对象引用,可以在运行期间动态地定义(对象的)组合

　　D. 造成极其严重的依赖关系

6. 一个书店为了促销采取了如下策略:所有计算机类图书(computer book)给予 10%折扣;所有语言类图书(language book)给予每本 2 元的优惠;所有小说类图书(novel book)每满 100 元给予 10 元的返利。

(1) 使用策略模式为该书店设计一个促销程序。

(2) 使用 UML 画出该实例的类图。

知识链接

链 11.8　合成复用原则

11.8　本章小结

11.8　本章小结

(1) 在软件工程中,设计模式(Design Pattern)是对软件设计中普遍存在(反复出现)的各种问题,所提出的解决方案。根据模式的目的来划分的话,GoF(Gang of Four)设计模式可以分为以下 3 种类型:创建型模式、结构型模式和行为型模式,共 23 种设计模式。

(2) 简单工厂模式的要点在于:当你需要什么,只需要传入一个正确的参数,就可以获取所需要的对象,而无须知道其创建细节。

(3) 工厂方法模式定义一个创建产品对象的工厂接口,让子类决定实例化哪一种实例对象,也就是将实际创建实例对象的工作推迟到子类当中,核心工厂类不再负责具体产品的创建。

(4) 外观模式有两个要点:一是当我们需要将多个职责封装在一起的时候,使用外观模式提供一个统一的访问入口;二是当外观模式中的子系统可能会有扩展和替换的时候,使用抽象外观去支持其扩展性。

(5) 适配器模式的核心是改变接口以符合客户的期望。

(6) 观察者模式的核心就是当被观察者做出行为的时候,观察者一定会进行更新。

(7) 策略模式的核心就在于算法的定义与使用的解耦,在一个计算方法中把容易变化

的算法抽出来作为"策略"参数传进去,从而使得新增策略不必修改原有逻辑。

习题

1. 以下不属于 Class 类的对象实例化方式是( )。

    A. 通过 Object 类的 getClass()方法   B. 通过"类.class"的形式

    C. 通过 Class.forName()方法。   D. 通过 Constructor 类

2. 以下属于 Java 反射机制作用的是( )。

    A. 在运行时判断任意一个对象所属的类

    B. 在运行时调用任意一个对象的方法

    C. 在运行时判断任意一个类所具有的成员变量和方法

    D. 在运行时构造任意一个类的对象

3. 可以利用( )的反射机制进行对象的实例化操作。

    A. 在仅定义有有参构造器的情况下,使用 Class 类的 newInstance()方法

    B. 在定义有无参构造器的情况下使用 Class 类的 newInstance()方法

    C. 在无定义有有参构造器的情况下使用 Class 类的 newInstance()方法

    D. 使用 Constructor 类

4. 以下属于 Java 反射机制优点的是( )。

    A. 提高了程序的性能

    B. 可以动态地创建对象和编译

    C. 最大限度发挥了 Java 的灵活性

    D. 使用反射机制快过直接执行 Java 代码

5. 下列关于反射和泛型的联系说法正确的是( )。

    A. 泛型只在编译时有效,无法在运行期获取泛型的具体类型

    B. 反射机制可以获取泛型的具体类型

    C. 可以通过反射绕过泛型检查,因为运行期泛型根本没有用

    D. 以上说法都不对

知识链接

链 11.9 类文件与类加载

链 11.10 Class 对象

链 11.11 反射 API

链 11.12 使用反射及配置文件的工厂模式

链 11.13 使用反射及配置文件的策略模式

课程练习

12.1 泛型

第 12 章　Java 泛型编程与集合框架

12.1　泛　　型

12.1.1　泛型基础

泛型(generics)就是泛指任何类型或多种类型,用于在设计时类型无法确定的情形。

例 12.1　要管理学生成绩,可是学生成绩应当采用什么类型定义呢? 下面是评定学生成绩的几种方法。

- 百分制:有时要用到小数,采用 float 或 double 类型。
- 5 分制:可以采用 int 类型。
- 等级制:A、B、C、D,可以采用字符类型。
- 两级制:通过、不通过,可以采用 boolean 类型。
- 评语制:优秀、良好、中、差,或可以采用字符串类型。

这是一个看起来简单,但又不好解决的问题。

(1) 基于 Object 类型的解决方案。

Java 对此不是无能为力,类型的"老祖宗"Object 类就可以解决这个问题。基本思路如图 12.1 所示。

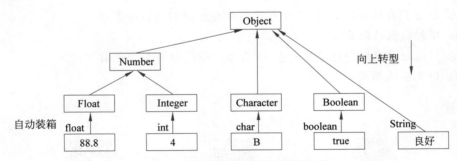

图 12.1　基于 Object 解决多类型覆盖问题

这样,就可以定义如下的成绩类。

【代码 12-1】　使用 Object 类定义。

Grade.java

```
1  public class Grade {
2      private Object studGrade;
3
4      public void setStudGrade(Object sGrade) {
5          this.studGrade = sGrade;
6      }
```

```
7
8        public Object getStudGrade() {
9            return studGrade;
10       }
11   }
```

这个类的定义非常简洁。但是,在应用程序中必须要进行强制拆箱的转换。

【代码 12-2】 使用 Object 类定义的测试类。

GradeDemo.java

```
1    public class GradeDemo {
2        public static void main(String[] args) {
3            Grade g = new Grade();
4            //自动装箱
5            g.setStudGrade(88.8f);
6            //强制拆箱
7            float studGrade = (float) g.getStudGrade();
8            System.out.println("这个学生的成绩为: " + studGrade);
9        }
10   }
```

运行结果如下：

```
这个学生的成绩为: 88.8
```

如果不进行强制拆箱,就会导致错误。

(2) 基于泛型的解决方案。

为了说明什么是泛型,先看一下前面这个例子改用泛型后的形式。

【代码 12-3】 使用泛型定义。

GenericsDemo.java

```
1    /** 泛型类, T 表示一个形式上的类型名 */
2    class Grade<T> {
3        private T studGrade;
4
5        public void setStudGrade(T sGrade) {
6            this.studGrade = sGrade;
7        }
8
9        public T getStudGrade() {
10           return studGrade;
11       }
12   }
13
14   public class GenericsDemo {
15       public static void main(String[] args) {
16           Grade<Float> g1 = new Grade<Float>();
17           //自动装箱
18           g1.setStudGrade(88.8f);
19           //不需要强制拆箱
20           float studGrade = g1.getStudGrade();
21           System.out.println("这个学生的成绩为: " + studGrade);
22
23           Grade<String> g2 = new Grade<String>();
24           g2.setStudGrade("优秀");
25           System.out.println("这个学生的成绩为: " + g2.getStudGrade());
26       }
27   }
```

运行结果如下：

```
这个学生的成绩为：88.8
这个学生的成绩为：优秀
```

说明：

① 使用泛型比使用 Object 类更简洁、可靠。

② 这里的＜T＞是一个形式上的类型，称为类型形式参数，所以泛型也称为类属，它表示后面出现的"T"就是与这里同样的类型。其类型形式参数的名字与方法的形式参数的名字一样，仅起角色的作用，名字本身没有实质性意义。不过由于"T"是 type 的首字母，所以人们多用 T。其实，用其他字母效果一样。

③ 一般的泛型类定义的格式如下。

```
［访问权限］class 类名＜泛型标识 1,泛型标识 2,…＞{
    ［访问权限］泛型标识 1 变量名表；
    ［访问权限］泛型标识 2 变量名表；
    …
    ［访问权限］返回类型 方法名(泛型标识 参数名){}；
}
```

④ 泛型类在实例化类的时候指明泛型的具体类型，即要在类名后加以具体类标识来定义对象的引用，格式如下。

```
类名＜具体类型名＞引用名 ＝new 类名＜具体类型名＞();
```

这样，泛型类中所有的泛型类型都将解释为"具体类型"，从类型参数化的角度，可以把泛型类定义中"类名＜泛型标识＞"部分的＜泛型标识＞看作类型形参，而把对象引用声明中"类名＜具体类型名＞"部分的＜具体类型名＞看作类型实参。

从 Java 7 开始的菱形语法中，可以根据左侧的类型推出右侧的类型，所以右侧尖括号中的类型可以省略不写。

```
类名＜具体类型名＞引用名 ＝new 类名＜＞();
```

把两个尖括号并排放在一起非常像一个菱形，这种语法也就被称为"菱形语法"。

如果在定义对象时只使用类名，不使用"具体类型名"，这样做是可以的。但这样就不能很好地实现泛型具体化，是一种不安全的操作。读者可以设计一个例子试一下。

⑤ 泛型类定义的泛型，在整个类中有效。如果被方法使用，那么泛型类的对象明确要操作的具体类型后，所要操作的类型已经固定了。

⑥ 泛型的本质是参数化类型，也就是所操作的数据类型被指定为一个参数。泛型的类型参数只能是类类型，不能是简单类型。

⑦ 泛型有三种常用的使用方式：泛型类，泛型方法和泛型接口。

12.1.2　泛型方法

例 12.2　设计一个将数组的两个指定位置上的数据进行交换的方法。但是，数组是什么类型要到使用时才知道。这是一个泛型方法。

【代码 12-4】　泛型方法演示。

SwapArrayDemo.java

```
1    public class SwapArrayDemo {
2        /** 泛型方法 */
3        public <T>void swap(T[] array, int index1, int index2) {
4            T temp =array[index1];
5            array[index1] =array[index2];
6            array[index2] =temp;
7        }
8    }
```

TestSwap.java

```
1    import java.util.Arrays;
2
3    /** 测试类 */
4    public class TestSwap {
5        /** 主方法 */
6        public static void main(String[] args) {
7            SwapArrayDemo d =new SwapArrayDemo();
8
9            Integer[] intArr ={ 12, 56, 34, 78, 41, 90 };
10           System.out.println("交换前: " +Arrays.toString(intArr));
11           //交换整型数组
12           d.swap(intArr, 1, 4);
13           System.out.println("交换后: " +Arrays.toString(intArr));
14
15           String[] stringArr ={ "aa", "bb", "cc", "dd", "ee" };
16           System.out.println("交换前: " +Arrays.toString(stringArr));
17           //交换字符串数组
18           d.swap(stringArr, 0, 3);
19           System.out.println("交换后: " +Arrays.toString(stringArr));
20       }
21   }
```

运行结果如下：

```
交换前: [12, 56, 34, 78, 41, 90]
交换后: [12, 41, 34, 78, 56, 90]
交换前: [aa, bb, cc, dd, ee]
交换后: [dd, bb, cc, aa, ee]
```

说明：(1) 泛型方法的一般格式如下。

[访问权限]<泛型标识>返回值类型 方法名(泛型标识 参数名) {方法体;}

(2) 泛型方法是指方法的参数是泛型,而不是方法的返回值。

(3) 泛型类,是在实例化类的时候指明泛型的具体类型;而泛型方法,是在调用方法的时候指明泛型的具体类型。

(4) 泛型方法可以让不同方法操作不同类型,且类型还不确定。与泛型类不同,泛型方法的类型参数只能在它所修饰的泛型方法中使用。

(5) 泛型方法的方法头中返回值类型前必须用尖括号括起来,用来描述泛型的标记,如 <T>,否则就不是泛型方法。

(6) 如果方法的返回值是泛型的话,该方法不能被 static 修饰。因为被 static 修饰的方法不需要 new 对象就可以访问。而 T 泛型的具体类型是需要 new 对象的时候才指定的,两者是矛盾的。因此,如果静态方法要使用泛型,必须将静态方法也定义成泛型方法。

12.1.3 泛型接口

定义泛型接口的一般格式如下。

```
interface 接口名<泛型标识>{ }
```

【代码 12-5】 定义一个泛型接口，并实现该接口。

PrintInterface.java

```
1    public interface PrintInterface<T>
2    {
3        public void print(T t);
4    }
```

PrintImpl_1.java

```
1    /** 实现类确定了类型 */
2    public class PrintImpl_1 implements PrintInterface<String>{
3        @Override
4        public void print(String t) {
5            System.out.println("print:" +t);
6        }
7    }
```

PrintImpl_2.java

```
1    /** 实现类类型不确定 */
2    public class PrintImpl_2<T> implements PrintInterface<T>{
3        public void print(T t) {
4            System.out.println("print:" +t);
5        }
6    }
```

TestPrintImpl.java

```
1    /** 测试类 */
2    public class TestPrintImpl {
3        /** 主方法 */
4        public static void main(String[] args) {
5            PrintImpl_1 obj1 = new PrintImpl_1();
6            obj1.print("java");
7
8            PrintImpl_2<Integer> obj2 = new PrintImpl_2<Integer>();
9            obj2.print(6);
10       }
11   }
```

运行结果如下：

```
print:java
print:6
```

说明：类 PrintImpl_1 实例的 print()方法只能打印字符串；类 PrintImpl_2 实例的 print()方法则能打印实例化时指定类型的数据；若 PrintImpl_2 实例化时不指定类型参数，则该实例的 print()方法可以打印任意类型的数据。

12.1.4 多泛型类

例 12.3 在现实中有一些"键值对"数据，如词汇表；class→类，object→对象；张三→

32,李四→28 等。许多情况下,并不知道键和值的类型。

【代码 12-6】 多泛型类演示。

Key_Value.java

```
1   /** 多泛型类 */
2   public class Key_Value<K, V>{
3       private K key;
4       private V value;
5
6       public void setKey(K key) {
7           this.key =key;
8       }
9
10      public K getKey() {
11          return this.key;
12      }
13
14      public void setValue(V value) {
15          this.value =value;
16      }
17
18      public V getValue() {
19          return this.value;
20      }
21  }
```

TestKeyValue.java

```
1   /** 测试类 */
2   public class TestKeyValue {
3       /** 主方法 */
4       public static void main(String[] args) {
5           Key_Value<String, Integer> kv =new Key_Value<String, Integer>();
6           kv.setKey("计算机系");
7           kv.setValue(3);
8           System.out.print(kv.getKey() +"在" + kv.getValue() +"号楼");
9       }
10  }
```

运行结果如下:

计算机系在 3 号楼

习题

1. 下列哪些项是泛型的优点?(   )
   A. 不用向下强制类型转换   B. 代码容易编写
   C. 类型安全   D. 运行速度快
2. 泛型的本质是(   )。
   A. 参数化方法   B. 参数化类型   C. 参数化类   D. 参数化对象
3. 泛型不能用于(   )。
   A. 类   B. 接口   C. 方法   D. 枚举
4. 定义一个名为 A 的带有一个泛型类型参数的类,使用(   )。
   A. public class A<E> { ··· }   B. public class A<E, F> { ··· }
   C. public class A(E) { ··· }   D. public class A(E, F) { ··· }
5. 定义一个名为 A 的带有两个泛型类型参数的类,使用(   )。

A. public class A<E> { … }　　　　　　B. public class A<E, F> { … }

C. public class A(E) { … }　　　　　　D. public class A(E, F) { … }

6. 定义一个名为 A 的带有一个泛型类型参数的接口,使用(　　　)。

A. public interface A<E> { … }　　　B. public interface A<E, F> { … }

C. public interface A(E) { … }　　　D. public interface A(E, F) { … }

7. 定义一个名为 A 的带有两个泛型类型参数的接口,使用(　　　)。

A. public interface A<E> { … }　　　B. public interface A<E, F> { … }

C. public interface A(E) { … }　　　D. public interface A(E, F) { … }

8. 下面关于泛型的说法不正确的是(　　　)。

A. 泛型的具体确定时间可以是在定义方法的时候

B. 泛型的具体确定时间可以是在创建对象的时候

C. 泛型的具体确定时间可以是在继承父类定义子类的时候

D. 泛型就是 Object 类型

知识链接

链 12.1　静态方法与泛型　　　链 12.2　泛型方法与可变参数　　　链 12.3　泛型与数组

12.2 泛型语
法扩展

12.2　泛型语法扩展

12.2.1　泛型通配符

在程序中,方法有定义、声明、调用 3 个过程。与此对应,泛型类有定义、实例化、应用 3 个过程。在方法的 3 个过程中必须注意参数的匹配,同样在泛型的 3 个过程中也要注意泛型类型(类型参数)的匹配。

【代码 12-7】　泛型类型匹配的问题示例。

InfoDemo.java

```
1   public class InfoDemo {
2       /** 主方法 */
3       public static void main(String[] args) {
4           //具体化为 String 类型
5           Info<String>info = new Info<String>();
6           //实际类型为 String
7           info.setVar("会议通知");
8           //欲用 String 类型调用 fun()
9           fun(info);
10      }
11      public static void fun(? t){
12          System.out.println("信息: " +t);
13      }
14  }
15
```

```
16    class Info<T>{
17        private T var;
18
19        public void setVar(T var) {
20            this.var =var;
21        }
22
23        public String toString() {
24            return this.var.toString();
25        }
26    }
```

讨论：程序中的问号处该用什么样的类型才能使表达式 fun(info)正确地被执行呢？

（1）如果使用"Info<String>"，那么前面定义的泛型类就没有意义。

（2）如果使用"Info<Object>"，尽管 String 是 Object 的子类，也会因对象引用的传递无法进行，在程序编译时会出现如下错误。

```
Exception in thread "main" java.lang.Error: Unresolved compilation problem:
    The method fun(Info<Object>) in the type InfoDemo is not applicable for the arguments
(Info<String>)
```

（3）如果使用"Info"，程序可以正常运行，但与前面关于 Info 类的泛型定义不一致，会造成理解上的问题。

（4）使用"Info<? >"，既保留了使用"Info"的特点，又与前面关于 Info 类的泛型定义相一致。

这里"?"称为泛型通配符，表示可以使用任何泛型类型对象，可用来代替具体的类型实参。需要注意的是，此处的"?"是类型实参，而不是类型形参。也就是说，它和 Number、String、Integer 一样都是一种实际的类型。实际上，可以把"?"看成所有类型的父类，是一种真实的类型。

12.2.2　泛型设限

泛型设限是指沿着类的继承关系为泛型设置一个实例化类型范围的上限和下限。

设置泛型对象的上限使用 extends，表示参数类型只能是该类型或该类型的子类，声明对象格式为：

类名<? extends 类>对象名称

设置泛型对象的下限使用 super，表示参数类型只能是该类型或该类型的父类，声明对象格式为：

类名<? super 类>对象名称

设置泛型上限与下限的示例如图 12.2 所示。

所谓上限是在 Object 派生层次中将某一个类作为上限位置，如图 12.2 中表达式<? extends Number>设置泛型实例的上限为 Number，即这个范围包括 Number、Byte、Short、Integer、Float、Double、Long。所谓下限是在 Object 派生层次中将某一层作为下限位置，如图 12.2 中表达式<? super String>设置泛型实例的下限为 String，即这个范围包括 String 和 Object 两种类型。在这里 extends 和 super 是两个关键字。

代码 12-8 演示了泛型设限的具体实现。

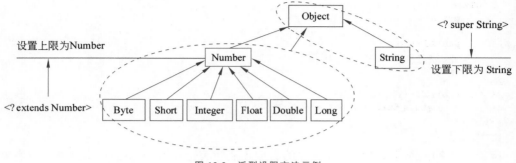

图 12.2　泛型设限方法示例

【代码 12-8】　泛型设限示例。

TestLimit.java

```
1    /** 测试类 */
2    public class TestLimit {
3        /** 主方法 */
4        public static void main(String[] args) {
5            Person<Integer>p1 =new Person<>();
6            p1.setValue(78);
7            Person<Double>p2 =new Person<>();
8            p2.setValue(8.56);
9            Person<String>p3 =new Person<>();
10           p3.setValue("java");
11           Person<Object>p4 =new Person<>();
12           p4.setValue(new Object());
13
14           //泛型的上限测试
15           show(p1);
16           show(p2);
17           //错误
18           //show(p3);
19
20           //泛型的下限测试
21           display(p3);
22           display(p4);
23           //错误
24           //display(p2);
25
26       }
27
28       /** 泛型的上限：限定了 Person 的参数类型只能是 Number 或者是其子类 */
29       public static void show(Person<? extends Number>p) {
30           System.out.println(p.getValue());
31       }
32
33       /** 泛型的下限：限定了 Person 的参数类型只能是 String 或 Object */
34       public static void display(Person<? super String>p) {
35           System.out.println(p.getValue());
36       }
37   }
```

Person.java

```
1    public class Person<T>{
```

```
2        private T value;
3
4        public T getValue() {
5            return value;
6        }
7
8        public void setValue(T value) {
9            this.value =value;
10       }
11  }
```

12.2.3　泛型嵌套

泛型嵌套指一个类的泛型中指定了另外一个类的泛型。

【代码 12-9】　泛型嵌套示例。

Key_Value.java

```
1   public class Key_Value<K, V>{
2       private K key;
3       private V value;
4
5       public Key_Value(K key, V value) {
6           this.setKey(key);
7           this.setValue(value);
8       }
9
10      public void setKey(K key) {
11          this.key =key;
12      }
13
14      public K getKey() {
15          return this.key;
16      }
17
18      public void setValue(V value) {
19          this.value =value;
20      }
21
22      public V getValue() {
23          return this.value;
24      }
25  }
```

Info.java

```
1   public class Info< I>{
2       private I info;
3
4       public Info(I info) {
5           this.setInfo(info);
6       }
7
8       public void setInfo(I info) {
9           this.info =info;
10      }
11
12      public I getInfo() {
13          return this.info;
```

```
14        }
15    }
```

Test.java

```
1    /** 测试类 */
2    public class Test {
3        /** 主方法 */
4        public static void main(String[] args) {
5            //键-值对
6            Key_Value<String, Integer>kv =new Key_Value<String, Integer>("计算机系", 3);
7            //嵌套的实例化表示
8            Info<Key_Value<String, Integer>>i =new Info<Key_Value<String, Integer>>(kv);
9            System.out.print(i.getInfo().getKey() +"在" +i.getInfo().getValue() +"号楼");
10       }
11   }
```

运行结果如下：

```
计算机系在 3 号楼
```

习题

1. （　　　）不属于泛型使用的规则和限制。

A. 泛型的类型参数可以有多个

B. 泛型的参数类型可以使用 extends 语句

C. 泛型的参数类型可以是通配符类型

D. 同一种泛型不能对应多个版本

2. 建立一个受限 Number 的泛型类型，使用（　　）。

A. <E extends Number>　　　　　　　B. <E extends Object>

C. <E>　　　　　　　　　　　　　　D. <E extends Integer>

3. 泛型中限定通配符<? extends T>表示（　　）。

A. 泛型类型必须是 T 的子类来设定泛型类型的上边界

B. 泛型类型必须是 T 的父类来设定泛型类型的下边界

C. 可以用任意泛型类型来替代

D. 不可以用任何泛型类型来替代

4. 下面关于泛型通配符的说法正确的有（　　）。

A. 无边界通配符可以匹配任意类型

B. 固定上边界通配符<? extends 边界类>可以匹配边界类或它的子类

C. 固定下边界通配符<? super 边界类>可以匹配边界类或它的子类

D. 类型形参和类型实参都可以使用固定上边界通配符

12.3 Java 集
合中主要
接口简介

12.3　Java 集合中主要接口简介

　　Java 集合就像一个容器，用来存放 Java 类的对象。集合框架是为表示和操作集合而规定的一种统一的标准的体系结构。Java 集合框架提供了一套性能优良且使用方便的接口和类,Java 集合框架位于 java.util 包中。

为了方便应用,java.util 包中提供了若干有用的数据聚集(collections,也称容器),这些数据聚集封装了各种常用的数据结构,形成一些常用数据结构的框架,构成了 Java 数据结构 API。多数聚集在 java.util 包中被定义成为接口,目的是为应用提供更大的发挥空间。图 12.3 为核心聚集接口的层次结构。

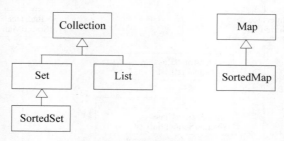

图 12.3　核心聚集接口的层次结构

Java 的聚类接口分为以下两大类。

(1) 实现 Collection 接口的聚集对象是一个包含独立数据元素的对象集。

(2) 实现 Map 接口的聚集对象是一个包含数据元素对(键-值对)的对象集,并且每个键最多可以映射到一个值,其中键是不能重复的。

Collection 接口有以下两个子接口。

(1) Set 接口是不包含重复元素的 Collection,非常适合不包含重复元素且无排序要求的数据结构。

(2) List 接口是有序的 Collection 接口并且允许有相同的元素,非常适合有顺序要求的数据结构,例如,堆栈和队列。

Collection 接口和 Map 接口可以分别派生出一些常用数据结构的接口、抽象类和类,构成 Java 的数据结构框架。图 12.4 为 Java 数据结构 API 中一些重要聚集实现间的继承关系。

习题

1. 下面说法不正确的是(　　)。

　　A. 列表(List)、集合(Set)和映射(Map)都是 java.util 包中的接口

　　B. List 接口是可以包含重复元素的有序集合

　　C. Set 接口是不包含重复元素的集合

　　D. Map 接口将键映射到值,键可以重复,但每个键最多只能映射一个值

2. 集合 API 中 Set 接口的特点是(　　)。

　　A. 不允许重复元素,元素有顺序　　　　B. 允许重复元素,元素无顺序

　　C. 允许重复元素,元素有顺序　　　　　D. 不允许重复元素,元素无顺序

3. 表示键值对概念的接口是(　　)。

　　A. Set　　　　　　　B. List　　　　　　　C. Collection　　　　D. Map

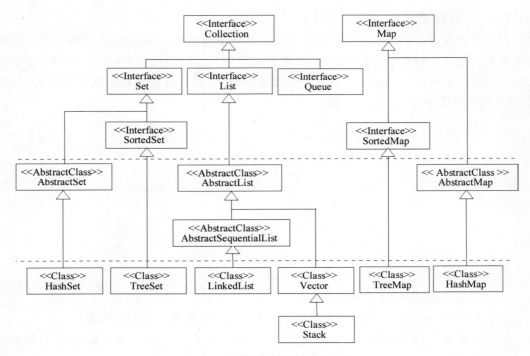

图 12.4　重要聚集实现间的继承关系

4. List 接口的特点是(　　　)。

    A. 不允许重复元素,元素有顺序

    B. 不允许重复元素,元素无顺序

    C. 允许重复元素,元素有顺序

    D. 允许重复元素,元素无顺序

知识链接

链 12.4　Java 数据结构

12.4 Collec-
tion 接口
及其子
接口

12.4　Collection 接口及其子接口

12.4.1　Collection 接口

Collection 接口的定义为:

```
public interface Collection<E>extends Iterable<E>
```

这是一个泛型接口定义。这个泛型定义可以保证一个聚集中全部元素的类型统一,避免造成 ClassCastException 异常。表 12.1 给出了 Collection 定义的抽象方法。

表 12.1　Collection 接口方法说明

方　　　法	说　　　明
int size()	返回容器中元素数目
boolean isEmpty()	判定容器是否为空(为空返回 true)
boolean contains(Object o)	检查容器中是否包含指定对象 o
boolean containsAll(Collection<? > c)	检查容器中是否包含 c 中所有对象
boolean add(Object o)	插入单个元素 o,成功返回 true
boolean addAll(Collection<? Extends E> c)	插入 c 中所有元素,成功返回 true
boolean remove(Object o)	删除指定元素,成功返回 true
boolean removeAll(Collection<? > c)	删除一组对象,成功返回 true
boolean retainAll(Collection<? > c)	只保留 c 中包含的所有元素(即求两个集合的交集)。只要 Collection 发生改变就返回 true
Iterator<E> interator()	实例化 Iterator 接口,可遍历容器中的元素
boolean equals(Object o)	比较容器对象与 o 是否相同,相同返回 true
int hashCode()	返回对象哈希码
void clear()	移除容器中所有元素
Object{} toArray()	将集合变为对象数组
<T> T{} toArray(T[] a))	返回 a 类型的内容

注意:Collection 提供了数据聚集的最大框架,但是它太抽象,用它装载数据意义不太明确,而且在具体细节上还有不足。所以,在一般情况下,人们更偏向使用其子类,如 List 接口、Set 接口、SortedSet 接口、ArrayList 接口、LinkedList 接口、Queue 接口等。这些子类接口大大扩充了 Collection,使用起来不仅意义明确,而且更为便捷。

12.4.2　List 集合

List 集合为列表类型,列表的主要特征是以线性方式存储对象。List 集合包括 List 接口以及 List 接口的所有实现类。因为 List 接口实现了 Collection 接口,所以 List 接口拥有 Collection 接口提供的所有常用方法。

1. List 接口的定义与扩展方法

List 是 Collection 的子接口,其定义如下:

```
public interface List<E> extends Collection<E>
```

在 List 接口中扩展了 Collection 接口的方法,这些方法在表 12.2 中介绍。

表 12.2　List 接口中扩展方法

方　　　法	说　　　明
E set(int index, E element)	用给定对象替换指定位置 index 处的元素
E get(int index)	返回给定位置 index 处的元素
E remove(int index)	删除指定位置的元素,后续元素依次前移
void add(int index, E element)	插入给定元素到指定位置 index,其后元素依次后(右)移
boolean addAll(int index, Collection<? extends E> c)	在指定位置插入一组元素,其后元素依次后(右)移

方　　　法	说　　　明
int indexOf(Object o)	返回指定元素最先位置。若指定元素不存在,则返回−1
int lastIndexOf(Object o)	从后向前查找指定元素最先位置。若指定元素不存在,则返回−1
ListIterator<E> listIterator()	为 ListIterator 接口实例化
List<E> subList(int fromIndex, int toIndex)	返回 fromIndex 到 toIndex 之间的子 List

2. List 的实现

List 实现有通用和专用实现。通用实现有两个:ArrayList 和 LinkedList。专用实现有一个:CopyOnWriteArrayList。下面仅介绍两个通用实现。

（1）ArrayList——List 的数组实现,ArrayList 在第 4 章已经介绍过。

（2）LinkedList——List 的链表实现。

3. LinkedList 类

1) LinkedList 类的常用方法

LinkedList 集合中常用的方法,如表 12.3 所示。

表 12.3　LinkedList 集合中常用的方法

方　　　法	说　　　明
boolean add(E e)	向集合中添加元素
boolean addFirst(E e)	向集合开头添加元素
boolean addLast(E e)	向集合尾部添加元素
E getFirst()	从集合中获取头部元素
E getLast()	从集合中获取尾部元素
E removeFirst()	从集合中删除第一个元素,并返回该元素
E removeLast()	从集合中删除最后一个元素,并返回该元素
E pop()	弹出首部一个元素
void push()	向集合头添加一个元素
boolean isEmpty()	判断集合是否为空

2)用 LinkedList 实现堆栈

栈(Stack)是一种特殊的线性表,是一种后进先出(Last In First Out,LIFO)的数据结构。

【代码 12-10】　用 LinkedList 实现堆栈示例。

StackDemo.java

```
1   import java.util.*;
2
3   public class StackDemo {
4       /** 创建一个链表 */
5       private LinkedList<Integer>list =new LinkedList<>();
6
7       /** 主方法 */
8       public static void main(String[] args) {
9           StackDemo stack =new StackDemo();
10          int i;
11          for (i =0; i <6; i +=2) {
```

```
12              //压栈
13              stack.push(i);
14              //显示栈顶元素
15              System.out.print(stack.getTop() +",");
16          }
17          //空一行
18          System.out.println();
19          while(!stack.isEmpty()) {
20              //弹出并显示栈顶元素
21              System.out.print(stack.pop() +",");
22          }
23      }
24
25      /** 压栈方法 */
26      public void push(Integer v) {
27          list.addFirst(v);
28      }
29
30      /** 读栈顶元素 */
31      public Integer getTop() {
32          return list.getFirst();
33      }
34
35      /** 弹出方法 */
36      public Integer pop() {
37          return list.removeFirst();
38      }
39
40      /** 判断链表是否为空 */
41      public boolean isEmpty() {
42          return list.isEmpty();
43      }
44 }
```

程序运行结果：

```
0,2,4,
4,2,0,
```

3）用 LinkedList 实现队列

队列是一种先进先出（First In First Out，FIFO）的数据结构。

【代码 12-11】 用 LinkedList 实现队列示例。

QueueDemo.java

```
1   import java.util.*;
2
3   public class QueueDemo {
4       /** 创建一个链表 */
5       private LinkedList<Integer>list =new LinkedList<>();
6
7       /** 主方法 */
8       public static void main(String[] args) {
9           QueueDemo queue =new QueueDemo();
10          for (int i =0; i <6; i +=2) {
11              //入队
12              queue.enQue(i);
13          }
14          while (!queue.isEmpty()) {
15              //显示队首元素
16              System.out.print("队首元素是: " +queue.getHead() +",");
```

```
17              //显示队首元素
18              System.out.print("队尾元素是: "+queue.getTail() +",");
19              //显示队首元素并移除
20              System.out.println("出队元素是: "+queue.deQue());
21          }
22          System.out.println("这个队列空");
23      }
24
25      /** 入队方法 */
26      public void enQue(Integer v) {
27          list.addFirst(v);
28      }
29
30      /** 出队方法 */
31      public Integer deQue() {
32          return list.removeLast();
33      }
34
35      /** 读队头元素 */
36      public Object getHead() {
37          return list.getLast();
38      }
39
40      /** 读队尾元素 */
41      public Object getTail() {
42          return list.getFirst();
43      }
44
45      /** 判断链表是否为空 */
46      public boolean isEmpty() {
47          return list.isEmpty();
48      }
49 }
```

程序运行结果:

```
队首元素是: 0,队尾元素是: 4,出队元素是: 0
队首元素是: 2,队尾元素是: 4,出队元素是: 2
队首元素是: 4,队尾元素是: 4,出队元素是: 4
这个队列空
```

12.4.3 Set 集合

Set 集合不允许包含相同的元素。Set 集合包括 Set 接口以及 Set 接口的所有实现类。因为 Set 接口实现了 Collection 接口,所以 Set 接口拥有 Collection 接口提供的所有常用方法。

1. Set 及其实现

Set 是 Collection 的子接口,其定义如下:

```
public interface Set<E> extends Collection<E>
```

Set 接口继承了 Collection 接口,但它没有定义自己的方法。

Set 实现有通用实现和专用实现。通用实现有以下三个。

(1) HashSet:采用散列存储非重复元素,是无序的,就是读取数据的顺序不一定和插入数据的顺序一样。

(2) TreeSet:对输入数据进行有序排列。

（3）LinkedHashSet：具有可预知的迭代顺序，并且是用链表实现的。

专用实现有下面两个。

（1）EnumSet：用于枚举类型的高性能 Set 实现。

（2）CopyOnWriteArraySet：通过复制数组支持实现。

利用 Set 元素唯一的特性，可以快速对一个集合进行去重操作，避免使用 List 的 contains()
方法进行遍历、对比、去重操作。

2. HashSet 类

【代码 12-12】 HashSet 应用示例。

HashSetDemo.java

```
1   import java.util.HashSet;
2   import java.util.Set;
3
4   public class HashSetDemo {
5       /** 主方法 */
6       public static void main(String[] args) {
7           Set<String>aSet =new HashSet<String>();
8           //添加元素
9           aSet.add("A");
10          aSet.add("B");
11          aSet.add("B");
12          aSet.add("B");
13          aSet.add("C");
14          aSet.add("C");
15          aSet.add("E");
16          aSet.add("D");
17          //输出对象集合，调用 toString()
18          System.out.println(aSet);
19      }
20  }
```

程序运行结果：

```
[A, B, C, D, E]
```

说明：

（1）重复元素只能添加一个。

（2）HashSet 是无顺序的：输出不是按照插入顺序，也不是按照大小顺序。从输出结果
看实际是有序的，只不过 HashSet 是通过内部 hashCode()方法计算 hash 值后自动进行了
排序，所以读取的是经过内部排序后的数据。

3. TreeSet 类

【代码 12-13】 TreeSet 应用示例。

TreeSetDemo.java

```
1   import java.util.TreeSet;
2   import java.util.Set;
3
4   public class TreeSetDemo {
5       /** 主方法 */
6       public static void main(String[] args) {
7           Set<String>aSet =new TreeSet<String>();
8           //添加元素
9           aSet.add("E");
```

```
10          aSet.add("A");
11          aSet.add("B");
12          aSet.add("B");
13          aSet.add("C");
14          aSet.add("C");
15          aSet.add("D");
16          aSet.add("F");
17          //输出对象集合,调用 toString()
18          System.out.println(aSet);
19      }
20  }
```

程序运行结果:

```
[A, B, C, D, E, F]
```

说明:

(1) 重复元素只能添加一个。

(2) TreeSet 是有顺序的:输出虽不是按照输入顺序,但是按照大小顺序。

4. 应用实例

例 12.4 生成 1～100 中 20 个互不相同的随机整数。

利用 Set 集合不允许包含相同元素的特性,可用其存储生成的随机数,以保证互不相同。

【代码 12-14】 用 HashSet 存储随机数,实现例 12.4。

RandomNumberSetDemo.java

```
1   import java.util.HashSet;
2   import java.util.Random;
3   import java.util.Set;
4
5   public class RandomNumberSetDemo {
6       public static void main(String[] args) {
7           //获取随机数
8           Set<Integer> numbers = getRandomNumber(20, 1, 100);
9           System.out.println("20 个随机数: ");
10          //输出随机数
11          for (Integer n : numbers) {
12              System.out.print(n + " ");
13          }
14      }
15
16      /**
17       * 产生随机数
18       *
19       * @param count          产生随机数的个数
20       * @param minNumber      随机数的下限
21       * @param maxNumber      随机数的上限
22       * @return               随机数集合
23       */
24      public static Set < Integer > getRandomNumber (int count, int minNumber, int
        maxNumber) {
25          Random random = new Random();
26          //Set 集合不允许包含相同的元素
27          Set<Integer> hSet = new HashSet<Integer>();
28          int size = hSet.size();
29          //生成 count 个 minNumber～maxNumber 中互不相同的随机整数(包括 minNumber 和 maxNumber)
```

```
30              while (size <count) {
31                  int number =random.nextInt(maxNumber) +minNumber;
32                  //将随机数 number 放入集合中
33                  hSet.add(number);
34                  //获取集合元素个数
35                  size =hSet.size();
36              }
37          return hSet;
38      }
39  }
```

程序某次运行结果：

```
20个随机数：
1 33 97 67 71 8 73 42 43 76 14 16 48 51 84 23 88 59 62 63
```

例 12.5　Student 类包含姓名和成绩两个属性,要求将学生按成绩降序排序并输出其姓名和成绩信息。

利用 TreeSet 集合有序存储元素的特性,可用其存储学生对象,以达到排序的目的。TreeSet 的自然排序是根据集合元素的大小,TreeSet 将它们以升序排列。要实现对象的排序,那么该类必须实现 Comparable 接口,并重写其 compareTo()方法。

【代码 12-15】　用 TreeSet 存储学生对象,实现例 12.5。
Student.java

```
1   public class Student implements Comparable<Student>{
2       private String name;
3       private double grade;
4
5       public Student(String name, double grade) {
6           this.name =name;
7           this.grade =grade;
8       }
9
10      public String getName() {
11          return name;
12      }
13
14      public void setName(String name) {
15          this.name =name;
16      }
17
18      public double getGrade() {
19          return grade;
20      }
21
22      public void setGrade(double grade) {
23          this.grade =grade;
24      }
25
26      @Override
27      public int compareTo(Student stu) {
28          //按照成绩降序排序
29          return (int) (stu.getGrade() -this.getGrade());
30      }
31
32      @Override
33      public String toString() {
```

```
34            return "[姓名: " +this.name +", 成绩: " +this.grade +"]";
35        }
36  }
```

说明：若想实现升序排序，则只需把第29行改为：

```
return (int) (this.getGrade() -stu.getGrade());
```

StudentTest.java

```
1   import java.util.Set;
2   import java.util.TreeSet;
3
4   public class StudentTest {
5       public static void main(String[] args) {
6           Student[] stuList={new Student("王飞",80),new Student("赵林",76),
7               new Student("孙云",90),new Student("李三",88),new Student("钱晓",68) };
8           //存储学生对象的 TreeSet 集合
9           Set<Student>stuSet =new TreeSet<Student>();
10
11          //排序前
12          System.out.println("排序前: ");
13          for (Student stu : stuList) {
14            System.out.println(stu);
15          }
16
17          //将 Student 对象加入 TreeSet 集合,进行排序
18          for (Student stu : stuList) {
19            stuSet.add(stu);
20          }
21
22          //排序后
23          System.out.println("排序后: ");
24          for (Student stu : stuSet) {
25            System.out.println(stu);
26          }
27      }
28  }
```

程序执行结果：

```
排序前:
[姓名: 王飞, 成绩: 80.0]
[姓名: 赵林, 成绩: 76.0]
[姓名: 孙云, 成绩: 90.0]
[姓名: 李三, 成绩: 88.0]
[姓名: 钱晓, 成绩: 68.0]
排序后:
[姓名: 孙云, 成绩: 90.0]
[姓名: 李三, 成绩: 88.0]
[姓名: 王飞, 成绩: 80.0]
[姓名: 赵林, 成绩: 76.0]
[姓名: 钱晓, 成绩: 68.0]
```

习题

1. 下面哪些方法不是接口 Collection 中已声明的方法？（   ）

   A. 添加元素的 add(Object obj)方法

   B. 删除元素的 remove(Object obj)方法

C. 得到元素个数的 length()方法

D. 返回迭代器的 iterator()方法,迭代器用于元素遍历

2. 创建一个只能存放 String 的泛型 ArrayList 的语句是哪项?(　　　)

   A. ArrayList<int> al=new ArrayList<int>();

   B. ArrayList<String> al=new ArrayList<String>();

   C. ArrayList al=new ArrayList<String>();

   D. ArrayList<String> al =new List<String>();

3. 使用 TreeSet 的无参构造创建集合对象存储元素时,该元素必须(　　　)。

   A. 实现 Comparable 接口　　　　　　B. 有 main()方法

   C. 有 get 和 set 方法　　　　　　　　D. 实现 Serializable 接口

4. 将集合转成数组的方法是(　　　)。

   A. asList()　　　　　　　　　　　　B. toCharArray()

   C. toArray()　　　　　　　　　　　　D. copy()

5. HashSet 在创建对象存储元素的时候,以下说法错误的是(　　　)。

   A. 可以使用泛型

   B. 可以存储任意内容

   C. 存储与取出的顺序不同

   D. 存储的元素会按照一定的规则,不会去除重复元素

6. 下面关于 Collection 和 Collections 的区别正确的是(　　　)。

   A. Collections 是集合顶层接口

   B. Collection 是针对 Collections 集合操作的工具类

   C. List、Set、Map 都继承自 Collection 接口

   D. Collections 是针对 Collection 集合操作的工具类

知识链接

链 12.5　Collections 类

12.5　聚集的标准输出

12.5 聚集的
标准输出

前面已经输出过一个聚集的元素。对于 List 可以直接调用 get()方法输出,对于 Set 还没有介绍。实际上,对于聚集的标准输出方式是采用迭代器。此外还有在第 4 章中介绍的 foreach。

12.5.1　Iterator 接口

Java 数据结构也可以看成是 Java 提供的一些数据容器(container)对象。为了能提供在各种容器对象中访问各个元素,而又不暴露该对象的内部细节,Java 提供了迭代器(Iterator)接口。

在 Iterator 接口中定义了以下三个方法。

- hasNext()：是否还有下一个元素。
- next()：返回当前元素。
- remove()：删除当前元素。

【代码 12-16】 将代码 12-12 改用迭代器输出。

IteratorDemo.java

```
1    import java.util.*;
2
3    public class IteratorDemo {
4        /** 主方法 */
5        public static void main(String[] args) {
6            Set<String>aSet =new HashSet<String>();
7            //添加元素
8            aSet.add("A");
9            aSet.add("B");
10           aSet.add("B");
11           aSet.add("B");
12           aSet.add("C");
13           aSet.add("C");
14           aSet.add("D");
15           aSet.add("E");
16
17           //获取 Set 集合的迭代器 Iterator
18           Iterator<String>iter =aSet.iterator();
19           //通过 Iterator 遍历集合中的元素
20           while (iter.hasNext()) {
21               System.out.print(iter.next() +",");
22           }
23       }
24   }
```

程序执行结果：

```
A,B,C,D,E,
```

也可以使用迭代器 Iterator 遍历 List，例如：

```
List<String>list =new ArrayList<>();
list.add("A");
list.add("B");
list.add("C");
list.add("D");

//获取 List 集合的迭代器 Iterator
Iterator<String>it =list.iterator();
//通过 Iterator 遍历集合中的元素
while (it.hasNext()) {
    System.out.print(it.next() +",");
}
```

12.5.2 foreach

foreach 在第 4 章中已经使用过，它的一般格式为：

```
for(类 元素名 ：聚集名){
    …
}
```

【代码 12-17】 将代码 12-12 改用 foreach 输出。

SetForeachDemo.java

```
1    import java.util.*;
2
3    public class SetForeachDemo {
4        /** 主方法 */
5        public static void main(String[] args) {
6            Set<String>aSet =new HashSet<String>();
7            //添加元素
8            aSet.add("A");
9            aSet.add("B");
10           aSet.add("B");
11           aSet.add("B");
12           aSet.add("C");
13           aSet.add("C");
14           aSet.add("D");
15           aSet.add("E");
16
17           //用 foreach 输出集合元素
18           for (String str : aSet) {
19             System.out.print(str +",");
20           }
21       }
22   }
```

程序执行结果:

```
A,B,C,D,E,
```

习题

1. 不是迭代器接口(Iterator)所定义的方法是(　　　)。

   A. hasNext()　　　　　B. next()　　　　　　C. remove()　　　　　　D. nextElement()

2. 关于迭代器说法错误的是(　　　)。

   A. 迭代器是取出集合元素的方式

   B. 迭代器的 hasNext()方法返回值是布尔类型

   C. List 集合有特有迭代器

   D. next()方法将返回集合中的上一个元素.

3. 对于增强 for 循环说法错误的是(　　　)。

   A. 增强 for 循环可以直接遍历 Map 集合

   B. 增强 for 循环可以操作数组

   C. 增强 for 循环可以操作 Collection 集合

   D. 增强 for 循环是 JDK 1.5 版本后出现的

4. 以下不属于 List 集合遍历方式的是(　　　)。

   A. Iterator 迭代器实现

   B. 增强 for 循环实现

   C. get()和 size()方法结合实现

   D. get()和 length()方法结合实现

12.6　Map 接口类及其应用

12.6.1　Map 接口的定义与方法

　　Map 用于保存具有映射关系的数据，Map 里保存着两组数据：key 和 value，它们都可以是任何引用类型的数据，但 key 不能重复。所以通过指定的 key 就可以取出对应的 value。

　　Map 没有继承 Collection 接口，Map 是一个具有双泛型定义的接口，所以在应用时必须先设置好 key 和 value 的类型。其定义如下：

```
public interface Map<K,V>
```

　　Map 接口定义了大量方法，这些方法在表 12.4 中介绍。

表 12.4　Map 接口中的方法

方　　　法	说　　　明
boolean containsKey(Object key)	判断指定的 key 是否存在
boolean containsValue(Object value)	判断指定的 value 是否存在
boolean isEmpty()	判断聚集是否为空
boolean equals(Object o)	对象比较
Set<K> keySet()	取得所有 key
Set<Map.Entry<K,V>> entrySet()	将 Map 对象变为 Set 集合
V get(Object key)	根据 key 取得 value
V put(K key,V value)	向 Map 集中加入新键值对元素
V remove(Object key)	根据 key 删除 value
int size()	取得 Map 集的大小
int hashCode()	返回 Hash 码
void clear()	清空 Map 集
void putAll(Map<? Extends K,? extends V> t)	将一个 Map 集中的元素加入到另一 Map 集中
Collection<V> values()	取得全部 value

12.6.2　Map.Entry 接口

　　Map.Entry 是内部定义的一个专门用于保存 key-value 内容的接口。图 12.5 是 Map.Entry 职责的示意图，其定义如下：

```
public static interface Map.Entry<K,V>
```

　　由于这个接口是使用 static 声明为了内部接口，所以可以通过"外部类.内部类"的形式直接调用。表 12.5 为它所定义的主要方法。

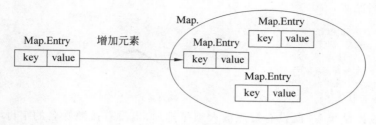

图 12.5　Map.Entry 职责示意图

表 12.5　Map.Entry 接口中的主要方法

方　　法	说　　明
boolean equals(Object o)	对象比较
int hashCode()	返回 Hash 码
V getValue()	取得 value
V setValue(V value)	设置 value 的值
K getKey()	取得 key

12.6.3　HashMap 类

HashMap 类和 TreeMap 类是 Map 实现类中最常使用的两个。它们的区别在于在 HashMap 中存放的对象是无序的,在 TreeMap 中存放的对象是按 key 排序的。

由 HashMap 类实现的 Map 集合,允许以 null 作为键对象,但是因为键对象不可以重复,所以这样的键对象只能有一个。

【代码 12-18】　HashMap 类的应用示例。

HashMapDemo.java

```
1   import java.util.HashMap;
2   import java.util.Map;
3
4   public class HashMapDemo {
5       /** 主方法 */
6       public static void main(String[] args) {
7           //类型参数是 key-value 对
8           Map<String, Float>stuGradeMap =null;
9           stuGradeMap =new HashMap<String, Float>();
10
11          stuGradeMap.put("zhang3", 88.88f);
12          stuGradeMap.put("li4", 77.77f);
13          stuGradeMap.put("wang5", 99.99f);
14          stuGradeMap.put("chen6", 66.66f);
15          stuGradeMap.put("guo7", 87.65f);
16
17          System.out.println("输出所有学生姓名和成绩: ");
18          //通过 Map.entrySet 遍历 key 和 value,推荐此方式,尤其是 Map 容量大时
19          for (Map.Entry<String, Float>entry : stuGradeMap.entrySet()) {
20              System.out.println("学生姓名: " +entry.getKey() +", 成绩: " +entry.getValue());
21          }
22      }
23  }
```

程序的执行结果：

```
输出所有学生姓名和成绩:
学生姓名: zhang3, 成绩: 88.88
学生姓名: li4, 成绩: 77.77
学生姓名: guo7, 成绩: 87.65
学生姓名: wang5, 成绩: 99.99
学生姓名: chen6, 成绩: 66.66
```

说明：从输出结果看，既没有按照输入顺序排列，也没有按照姓名的字母顺序排序。

代码 12-18 中介绍了通过 entrySet 的 for 循环方式遍历 HashMap，遍历 HashMap 的其他方式还有：

（1）keySet 的 for 循环方式。

```java
Set<String>keySet =stuGradeMap.keySet();
for (String key : keySet) {
    System.out.println("学生姓名: " +key +", 成绩: " +stuGradeMap.get(key));
}
```

（2）keySet 的 iterator 迭代器方式。

```java
Iterator<String>iter =stuGradeMap.keySet().iterator();
while (iter.hasNext()) {
    String key =iter.next();
    System.out.println("学生姓名: " +key +", 成绩: " +stuGradeMap.get(key));
}
```

（3）entrySet 的 iterator 迭代器方式。

```java
Iterator<Map.Entry<String, Float>>it =stuGradeMap.entrySet().iterator();
while (it.hasNext()) {
    Map.Entry<String, Float>entry =it.next();
    System.out.println("学生姓名: " +entry.getKey() +", 成绩: " +entry.getValue());
}
```

（4）调用 map 的 forEach 方法。

```java
stuGradeMap.forEach((key, value) ->{
    System.out.println("学生姓名: " +key +", 成绩: " +value);
});
```

说明：forEach 方式的内部实现使用的是 entrySet 的 for 循环方式；JDK 8 以上支持此方式。

以上几种遍历方式的效率分析如下。

（1）entrySet 方式的效率整体都比 keySet 方式要高一些。就单纯的获取 key 来说，两者的差别并不大，但是如果要获取 value，还是 entrySet 的效率会更好，因为 keySet 需要从 map 中再次根据 key 获取 value，而 entrySet 一次就把 key 和 value 都放到了 entry 中。因此，Map 容量大时，推荐用 entrySet 方式。

（2）iterator 的迭代器方式比 for 循环方式的效率高。

遍历方式的选择：如果只是获取 key 推荐使用 keySet；如果同时需要 key 和 value 推荐使用 entrySet；如果需要在遍历过程中删除元素推荐使用 Iterator，使用 Iterator 自带的 remove()删除方法。

以上遍历方法及效率分析，同样适用于 TreeMap。

12.6.4 TreeMap 类

由 TreeMap 类实现的 Map 集合,不允许键对象为 null,因为集合中的映射关系是根据键对象按照一定顺序排列的。

【代码 12-19】 TreeMap 类的应用示例,使用 TreeMap 实现例 12.5。

Student.java

```java
1   public class Student {
2       private String name;
3       private double grade;
4
5       public Student(String name, double grade) {
6           this.name = name;
7           this.grade = grade;
8       }
9
10      public String getName() {
11          return name;
12      }
13
14      public void setName(String name) {
15          this.name = name;
16      }
17
18      public double getGrade() {
19          return grade;
20      }
21
22      public void setGrade(double grade) {
23          this.grade = grade;
24      }
25
26      @Override
27      public String toString() {
28          return "[姓名: " + this.name + ", 成绩: " + this.grade + "]";
29      }
30  }
```

TreeMapDemo.java

```java
1   import java.util.Map;
2   import java.util.Set;
3   import java.util.Comparator;
4   import java.util.Iterator;
5   import java.util.TreeMap;
6
7   public class TreeMapDemo {
8       /** 主方法 */
9       public static void main(String[] args) {
10          Student[] stuList = { new Student("王飞", 80), new Student("赵林", 76),
11          new Student("孙云", 90), new Student("李三", 88), new Student("钱晓", 68) };
12
13          /*
14           * 存储学生对象的 TreeMap 集合;
15           * 默认的 TreeMap 按 key 升序排列:
16           * Map<Double, Student> studGradeMap = new TreeMap<Double, Student>();
17           * 实现降序排列: 创建 TreeMap 对象时需注入 Comparator 比较器对象
```

```
18            */
19         Map<Double, Student> studGradeMap = new TreeMap<Double, Student>(new Comparator
           <Double>() {
20             public int compare(Double a, Double b) {
21                 return (int) (b - a);
22             }
23         });
24
25         //排序前
26         System.out.println("排序前: ");
27         for (Student stu : stuList) {
28             System.out.println(stu);
29         }
30
31         //将 Student 对象加入 TreeMap,进行排序;成绩作为 key,学生对象作为 value
32         for (Student stu : stuList) {
33             studGradeMap.put(stu.getGrade(), stu);
34         }
35
36         System.out.println("排序后: ");
37         //使用方法 Set<K>keySet() , 获取集合的所有 key
38         Set<Double> keys = studGradeMap.keySet();
39         Iterator<Double> iter = keys.iterator();
40         while (iter.hasNext()) {
41             Double str = iter.next();
42             System.out.println(studGradeMap.get(str));
43         }
44     }
45 }
```

程序的执行结果:

```
排序前:
[姓名: 王飞, 成绩: 80.0]
[姓名: 赵林, 成绩: 76.0]
[姓名: 孙云, 成绩: 90.0]
[姓名: 李三, 成绩: 88.0]
[姓名: 钱晓, 成绩: 68.0]
排序后:
[姓名: 孙云, 成绩: 90.0]
[姓名: 李三, 成绩: 88.0]
[姓名: 王飞, 成绩: 80.0]
[姓名: 赵林, 成绩: 76.0]
[姓名: 钱晓, 成绩: 68.0]
```

说明:从输出结果看,是按照学生成绩降序排序的。需要注意的是,由于 Map 的 key 不能重复,因此,不能有相同的成绩,但实际上成绩会有相同的情况。

习题

1. 可实现有序对象的操作是(　　)。

 A. HashMap   B. HashSet   C. TreeMap   D. Stack

2. 实现了 Set 接口的类是(　　)。

 A. ArrayList   B. HashTable   C. HashSet   D. Collection

3. Java 中的集合类包括 ArrayList、LinkedList、HashMap 等类,下列关于集合类描述正确的是(　　)。

 A. ArrayList 和 LinkedList 均实现了 List 接口

B. ArrayList 的查询速度比 LinkedList 快

C. 添加和删除元素时 ArrayList 的表现更佳

D. HashMap 实现 Map 接口，它允许任何类型的键和值对象，并允许将 null 用作键或值

4. 对于 HashMap 集合说法正确的是（　　　）。

A. 底层是数组结构 　　　　　　B. 底层是链表结构

C. 可以存储 null 值和 null 键 　　D. 不可以存储 null 值和 null 键

5. 关于 Map.Entry 接口说法错误的是（　　　）。

A. 具有 getkey( )方法 　　　　　B. 具有 getValue( )方法

C. 具有 keySet( )方法 　　　　　D. 具有 setValue( )方法

6. TreeMap 通过比较器接口，保证元素唯一性，必须重写（　　　）方法。

A. equals( ) 　　　B. compareTo( ) 　　　C. compare( ) 　　　D. toString( )

12.7　本章小结

12.7　本章
小结

　　Java 泛型（generics）是 JDK 5 中引入的一个新特性，泛型提供了编译时类型安全监测机制，该机制允许程序员在编译时监测非法的类型。泛型的本质是参数化类型，也就是所操作的数据类型被指定为一个参数。使用泛型时，在实际使用之前类型就已经确定了，不需要强制类型转换，使代码具有更好的安全性和可读性。泛型被广泛应用于集合中。

　　Java 的集合机制，本质上是一个数据容器，像之前学过的数组、字符串都是一种数据容器。Java 集合框架提供了一套性能优良、使用方便的接口和类。Java 集合框架位于 java.util 包中，所以当使用集合框架的时候需要导入该包。Java 常用集合的特点如表 12.6 所示。

表 12.6　常用 Java 集合的特点

集　　合	特　　点
ArrayList	底层数据结构是数组，查询快，增删慢；线程不安全，效率高；可以存储重复元素
LinkedList	底层数据结构是链表，查询慢，增删快；线程不安全，效率高；可以存储重复元素
Vector	底层数据结构是数组，查询快，增删慢；线程安全，效率低；可以存储重复元素
HashSet	底层数据结构采用哈希表实现，元素无序且唯一，线程不安全，效率高，可以存储 null 元素
TreeSet	底层数据结构采用二叉树来实现，元素唯一且已经排好序
HashMap	底层数据结构是哈希表；线程不安全，效率高；元素无序
TreeMap	底层数据结构是二叉树；元素有序

习题

　　1. 定义一个操作类，完成一个数组的有关操作。这个数组中可以存放任何类型的元素，并且其操作由外部决定。

　　2. 设计一个通用方法，求出数组中最大元素。方法有一个参数：通用类型数组。用 Integer、Double、String 类型的数组来测试这个方法。

　　3. 请应用泛型编写程序。首先定义一个接口，它至少包含一个可以计算面积的成员方

法。然后,编写实现该接口的两个类:正方形类和圆类。接着编写一个具有泛型特征的类,要求利用这个类可以在控制台窗口中输出某种图形的面积,而且这个类的类型变量所对应的实际类型可以是前面编写的正方形类或圆类,最后利用这个具有泛型特点的类在控制台窗口中分别输出给定边长的正方形的面积和给定半径的圆的面积。

4. 约瑟夫问题:n 个人围成一个圈进行游戏。游戏的规则是:首先约定一个数字 m,然后用随机方法确定一个人,从这个人开始报数,这个人报 1,下一个人报 2……让报 m 的人出列;接着从下一个人报 1 开始,继续游戏,并让报 m 的人出列……如此下去,直到最后游戏圈内只剩 1 人为止。这个剩下的人就是优胜者。用链表模拟约瑟夫问题。

5. 请定义一个 Collection 类型的集合,存储以下字符串:"JavaEE 企业级开发指南""Oracle 高级编程""MySQL 从入门到精通""Java 架构师之路"。 请编程实现以下功能。

(1) 使用迭代器遍历所有元素,并打印。

(2) 使用迭代器遍历所有元素,筛选书名小于 10 个字符的,并打印。

(3) 使用迭代器遍历所有元素,筛选书名中包含"Java"的,并打印。

(4) 如果书名中包含"Oracle",则删掉此书。删掉后遍历集合,并打印所有书名。

知识链接

链 12.6　List、Set 和 Map 遍历过程中　　　　链 12.7　案例实践——　　　　链 12.8　案例实践——
删除元素问题　　　　　　　　　　　英文词典(V4)　　　　　　　　英文词典(V5)

第13章 Java 多线程

课程练习

前面学习的程序都是单线程编程,所有程序也都只有一条顺序执行流——程序从 main()方法开始执行,依次向下执行每行代码,如果程序执行某行代码时遇到了阻塞(例如从键盘输入数据),则程序将会停滞在该处。但实际应用中单线程的程序往往功能非常有限,设想一下,如果淘宝网的服务器只能进行单线程处理,那大家在购物处理订单时不知道要等到什么时候了,这样用户体验会非常糟糕;而多线程的程序则可以包含多个顺序执行流,多个顺序执行流之间互不干扰,利用多线程技术则可以大大提高服务器处理订单的效率。多线程处理是 Java 语言的一个重要特征,Java 程序可以通过非常简单的方式来启动多线程,利用多线程技术可以使系统同时运行多个程序块,缩短了程序的响应时间,提高了计算机资源的利用率,达到了多任务处理的目的。

13.1 Java 多线程概述

13.1.1 进程与线程

1. 进程的概念

进程(process)是计算机由单道程序系统向多道程序系统发展过程中被提出的一个重要概念。在单道程序系统中,计算机只能一道程序一道程序地执行,每个程序执行时,系统的一切资源都可以由这道程序使用,因为同一时间只有一道程序在运行。

单道程序系统中资源的利用率非常低,特别是 CPU 等一些高速部件的利用率极低。为了有效地利用这些资源,多道程序系统应运而生。在多道程序系统中,CPU 被划分成时间片(quantum),由操作系统给每个运行的程序分配时间片,使多道程序分别在不同的时间片中使用 CPU。这样,从宏观上看,多道程序是在同时执行;而从微观上看,多道程序是轮流在执行。这种情况称为程序的并发运行。从操作系统管理的角度,除了要给每道程序的运行分配 CPU 时间片之外,还要为每道程序运行分配存储空间,用于保存程序处理的数据。

多道程序可以指多个程序同时运行,也可以指一个程序的多个运行实例(如同时打开的多个 Word 文档)。为了准确地描述程序动态执行过程的性质,20 世纪 60 年代初人们引入了进程的概念,将其定义为程序的一次运行活动。所以,一个程序可以对应一个或多个进程,而一个进程只对应一个程序。进程与进程根据时间片共享 CPU,但不共享内存,每个进程在各自独立的内存空间中运行。一个应用程序可以同时启动多个进程,例如,对于 IE 浏览器程序,每打开一个 IE 浏览器窗口,就启动了一个新的进程。

一般来说,进程具有如下特征。

(1) 动态性:进程的实质是程序的一次执行过程,是临时的,有生命期的。进程是动态产生,动态死亡的。而程序只是一个静态的指令集合。

(2) 并发性:任何进程都可以同其他进程一起并发执行,而多个进程之间相互独立、互不影响。

（3）独立性：进程是一个能独立运行的基本单位，拥有自己独立的资源及私有的地址空间；同时也是系统分配资源和调度的独立单位。

（4）结构性：进程由程序、数据和进程控制块三部分组成。

（5）异步性：由于进程间的相互制约，使进程具有执行的间断性，即进程按各自独立的、不可预知的速度向前推进。

进程是一个资源分配的单位，即是一个资源的拥有者，因而进程在创建、撤销和切换中系统必须为之付出较大的时空开销。正因为如此，在系统中所设置的进程数目不宜过多，进程切换的频率也不宜太高，这就限制了并发程度的进一步提高。

> **注意**：并发（concurrence）和并行（parallel）是两个不同的概念。并行是指多个进程在同一时刻点发生，CPU 同时执行，是真正的同时执行；并发是指多个进程在同一时间段内发生，CPU 交替执行，实际上在同一时刻只能有一个进程执行，由于 CPU 处理的速度非常快，让用户感觉是多个进程同时在执行。从事件发生的时间上来看，并发指的是多个事情在同一时间段内同时发生了，并行指的是多个事情在同一时间点上同时发生了。从资源占用的角度来看，并发的多个任务之间是互相抢占资源的，并行的多个任务之间是不互相抢占资源的。

2. 线程的概念

为了能使多个程序更好地并发执行，同时能尽量减少系统的开销，人们又开始考虑作为调度和分派的基本单位不同时作为独立分配资源的单位，即在一个资源单位内将进程分成若干执行线索（或执行流程）。这些执行线索能并发运行，但由于不是资源分配单位，所以能够轻装上阵。这就是线程（thread）的概念。例如，Web 服务器中，多个线程并发运行，每个线程能够响应来自不同客户的请求。再例如，当启动文字处理软件 Word 时就启动了一个进程，该进程中就有多个线程在同时运行，如 Word 的拼写检查功能和首字母自动大写功能等都是 Word 进程中的线程。

一个进程可以有一个或多个线程。也就是说，线程属于进程，一个线程对应一个进程；而一个进程可以对应多个线程。这些线程共享系统分派给这个进程的内存。除此之外，还是需要拥有一个属于自己的内存空间（堆栈）和程序计数器的，以便保存线程内部所使用的数据和指令位置。这个属于线程的内存空间很小，称为线程栈。这就使线程之间的切换比进程之间的切换要简便得多。所以线程也被称为轻型进程（Light Weight Process，LWP）。

线程与进程的关系是局部与整体的关系，每个进程都由操作系统为其分配独立的内存地址空间，而同一进程中的所有线程在同一块地址空间工作，这些线程共享同一块内存和系统资源，图 13.1 显示了进程与线程的关系。每个线程具有逻辑上独立的堆栈和一组寄存器，堆栈是保证线程独立运行所必需的。

进程是资源分配的最小单位，线程是 CPU 调度的最小单位。线程提供了运行一个任务的机制。对于 Java 而言，可以在一个程序中并发地启动多个线程。这些线程可以在多处理器系统上同时运行。而在单处理器系统中，多个线程共享 CPU 时间称为时间分享，而操作系统负责调度及分配资源给它们。这种安排是可行的，因为 CPU 的大部分时间是空闲的。例如，在等待用户输入数据时，CPU 什么也不做。

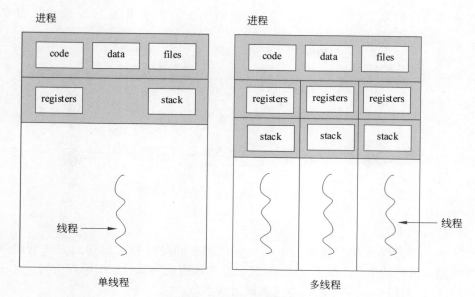

图 13.1　进程与线程的关系

　　在采用多线程技术的程序中,同一个进程中的多个线程之间可以并发执行,并且一个线程可以创建和撤销另一个线程。当系统创建一个进程时,就会自动生成它的第一个线程——称为主线程。然后可以由这个主线程生成其他线程,而这些线程又可以生成更多的线程。

　　3. Java 主线程

　　Java 支持多线程的程序设计,并且其程序是以线程的方式运行的。当 JVM 加载代码,发现 main()方法后就启动一个线程,这个线程就称作"主线程"(Main Thread,在 Windows 窗体应用程序中一般指 UI 线程),该线程负责执行 main()方法。在 main()方法中还可以再创建其他线程。简单地说,main()函数是一个应用的入口,也代表了这个应用的主线程。

　　Java 程序运行时所有线程都直接或间接地由主线程生成,并由主线程进行直接或间接的调度、分派。如果 main()方法中没有创建其他线程,那么当 main()方法返回时 JVM 就会结束 Java 应用程序。但如果 main()方法中创建了其他线程,那么 JVM 就要在主线程和其他线程之间轮流切换,保证每个线程都有机会使用 CPU 资源。

　　在 Java 中,所有线程都是同时启动的,哪个线程占有了 CPU 等运行资源,哪个线程就可以运行;Java 程序每次运行时需要启动两个线程,一个是 main 线程,一个是垃圾收集线程;在 Java 线程运行过程中,其他线程并不会随着主线程的结束而结束。

13.1.2　Java 线程的生命周期及实现方式

　　每个线程都有从创建、启动到死亡的过程,这个过程称为线程的生命周期。线程的生命周期有五种状态:新建(new)、就绪(runnable)、运行(running)、阻塞(blocked)和死亡(dead)。线程被创建并启动后,并不是一启动就进入运行状态,也不是一直处于运行状态;线程启动后并不能一直占用 CPU 独自运行,CPU 会在多条线程之间切换,所以线程也会多次在运行、阻塞之间切换。一个线程在完整的生命周期的某一时刻会处于如图 13.2 所示的新建、就绪、运行、阻塞、死亡 5 个状态之一,该图中还给出了引起 Java 线程状态变化的原因。

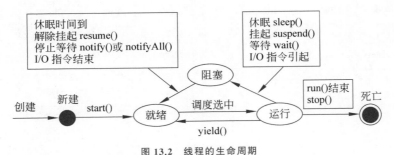

图 13.2 线程的生命周期

1. 新建(new)状态

新建(new)状态又称新生状态。使用 new 关键字和某线程类的构造方法创建线程对象,则该线程对象就处于新生状态,表示系统已经为该线程对象分配了内存空间。处于新生态的线程可通过调用 start()方法使它进入就绪状态。

创建 Java 线程就是创建 Java 线程对象。为了创建线程对象,必须要先定制一个适合于问题的线程类。在 Java 语言中可以通过以下三种途径来创建多线程。

(1) 实现 Runnable 接口,并实现该接口的 run()方法。

(2) 继承 Thread 类,重写 run()方法。

(3) 实现 Callable 接口,重写 call()方法。

例 13.1 编写一个程序,创建三个任务以及运行这些任务的线程。

- 第 1 个任务打印 10 次字母 A。
- 第 2 个任务打印 20 次字母 B。
- 第 3 个任务打印 30 次字母 C。

下面用创建多线程的三种途径来实现此功能。

1) 通过 Runnable 接口的实现类创建

Runnable 接口的定义:

```
public interface Runnable{
    public void run();
}
```

实现 Runnable 接口实现多线程:

```
class 类名称 implements Runnable {
    声明数据成员;
    定义成员方法;
    @Override
    public void run(){              //重写 Runnable 中的 run()方法,线程完成功能的代码
        线程主体;                   //业务逻辑代码
    }
}
```

说明:

(1) Runnable 接口只有一个抽象方法 run()方法,因此其实现类要实现 run(),在其中实现自己的业务逻辑。

（2）利用 Runnable 接口的实现类来启动多线程分为以下三个步骤。

① 定义 Runnable 接口的实现类，并重写该接口的 run()方法，该 run()方法的方法体就代表了线程需要完成的任务。因此，经常把 run()方法称为线程执行体。

② 创建 Runnable 实现类的实例，并以此实例作为 Thread 的 Target 来创建 Thread 对象，该 Thread 对象才是真正的线程对象。

③ 调用线程对象的 start()方法来启动该线程。

【代码 13-1】 用 Runnable 接口的实现类创建线程实现例 13.1。

PrintCharRunnableTest.java

```
1   /** 测试类 */
2   public class PrintCharRunnableTest {
3       /** 主方法 */
4       public static void main(String[] args) {
5           //创建线程目标对象：创建 Runnable 实现的实例
6           Runnable printA = new PrintCharRunnable('A', 10);
7           Runnable printB = new PrintCharRunnable('B', 20);
8           Runnable printC = new PrintCharRunnable('C', 30);
9
10          //创建线程：将线程目标对象作为 Thread 的 target 来创建 Thread 对象
11          Thread thread1 = new Thread(printA);
12          Thread thread2 = new Thread(printB);
13          Thread thread3 = new Thread(printC);
14
15          //设置线程名称
16          thread1.setName("printA-Thread");
17          thread2.setName("printB-Thread");
18          thread3.setName("printC-Thread");
19
20          //启动线程
21          thread1.start();
22          thread2.start();
23          thread3.start();
24      }
25  }
```

PrintCharRunnable.java

```
1   public class PrintCharRunnable implements Runnable {
2       /** 打印的字符 */
3       private char charToPrint;
4       /** 打印字符的次数 */
5       private int times;
6
7       /** 构造器 */
8       public PrintCharRunnable(char charToPrint, int times) {
9           this.charToPrint = charToPrint;
10          this.times = times;
11      }
12
13      @Override /** 重写 run 方法,线程完成的任务 */
14      public void run() {
15          for (int i = 0; i < times; i++) {
16              System.out.print(charToPrint);
17          }
18      }
19  }
```

程序某次运行结果：

AAAABBBBBBBBBBBBBBBBBBBBCCCCCCCCCCCCCCCCCCCCCCCCCCCCCAAAAAA

说明：

（1）从运行结果可看出，并不是按顺序输出 A、B、C，而是交叉输出的；可尝试多运行几次，每次运行的结果基本都不一样，也就是说，多线程运行的结果都是随机的，体现了线程调度的随机性。

（2）实现 Runnable 接口的实现类对象（称为线程的目标对象）自己不能启动线程，需要将此类的对象传递给 Thread，由 Thread 的 start()方法启动，start()方法只能启动一次。

（3）启动多线程不能直接运行 run()方法，Java 虚拟机会自动调用该方法。

（4）main 函数是 Java 运行启动的入口，它是由一个叫 main 的主线程调用的。

（5）如果一个线程没有专门设置名称，程序会默认将名称设置为 Thread-num，num 是从 0 开始累加的数字。在 run()方法中可通过调用 Thread.currentThread().getName()方法获取当前线程的名称。

2）通过 Thread 类的派生类创建

在 java.lang 包中定义了 Thread 类，一个类若继承了 Thread 类，此类就称为多线程实现类。

继承 Thread 类实现多线程：

```
class 类名称 extends Thread {
    声明数据成员;
    定义成员方法;
    @Override
    public void run(){         //重写 Thread 类中的 run()方法,线程完成功能的代码
        线程主体;               //业务逻辑代码
    }
}
```

说明：

（1）Thread 本质上是 Runnable 接口的一个实现类，因此继承 Thread 后需要覆盖 run()来实现自己的业务逻辑。

（2）利用 Thread 的子类来启动多线程分为以下三个步骤。

① 定义 Thread 类的子类，并重写该类的 run()方法，该 run()方法体同样是该线程的线程执行体。

② 创建 Thread 子类的实例。

③ 调用线程对象的 start()方法来启动该线程。

【代码 13-2】 通过继承自 Thread 类的子类创建线程实现例 13.1。

PrintCharThreadTest.java

```
1   /** 测试类 */
2   public class PrintCharThreadTest {
3       /** 主方法 */
4       public static void main(String[] args) {
5           //创建线程
6           Thread thread1 = new PrintCharThread('A', 10);
7           Thread thread2 = new PrintCharThread('B', 20);
8           Thread thread3 = new PrintCharThread('C', 20);
9
10          //设置线程名称
```

```
11          thread1.setName("printA-Thread");
12          thread2.setName("printB-Thread");
13          thread3.setName("printC-Thread");
14
15          //启动线程
16          thread1.start();
17          thread2.start();
18          thread3.start();
19      }
20  }
```

PrintCharThread.java

```
1   /** 继承 Thread 的类 */
2   public class PrintCharThread extends Thread {
3       /** 打印的字符 */
4       private char charToPrint;
5       /** 打印字符的次数 */
6       private int times;
7
8       /** 构造器 */
9       public PrintCharThread(char charToPrint, int times) {
10          this.charToPrint = charToPrint;
11          this.times = times;
12      }
13
14      @Override /** 重写 run 方法,线程完成的任务 */
15      public void run() {
16          for (int i = 0; i < times; i++) {
17              System.out.print(charToPrint);
18          }
19      }
20  }
```

程序某次运行结果:

```
AAAAAACCCCCCCCCCCCCCCCCCCCBAAAABBBBBBBBBBBBBBBBBB
```

3) 通过 Callable 接口的实现类创建

Callable 接口的定义:

```
public interface Callable<V>{
    V call() throws Exception;
}
```

实现 Callable 接口实现多线程:

```
class 类名称 implements Callable<具体类型>{
    声明数据成员;
    定义成员方法;
    @Override            //重写 Callable 中的 call()方法,线程完成功能的代码
    public 具体类型 call() throws Exception {
        线程主体;          //业务逻辑代码
    }
}
```

说明:

(1) Callable 接口是一个泛型接口,在实现该接口时传入具体的类型;若不需要返回值,则传入类型为 Void。

(2) Callable 接口的实现类重写的是 call()方法,而不是 run()方法。

（3）Callable 在任务结束后提供一个返回值。

（4）Callable 中的 call()方法可以抛出异常。

（5）利用 Callable 接口的实现类来启动多线程分为以下五个步骤。

① 创建 Callable 接口的实现类,并重写 call()方法。call()方法体就是该线程的线程执行体。

② 创建 FutureTask 对象。创建 Callable 接口实现类的对象,使用 FutureTask 类包装 Callable 对象,该 FutureTask 对象封装了 Callable 对象的 call()方法的返回值。

③ 创建线程。使用 FutureTask 对象作为 Thread 对象的 target 创建线程。

④ 启动线程。调用线程对象的 start()方法来启动该线程。

⑤ 获取返回值。调用 FutureTask 对象的 get()方法来获取子线程 call()方法执行的结果。

【代码 13-3】 用 Callable 接口的实现类创建线程实现例 13.1。

PrintCharCallableTest.java

```
1   import java.util.concurrent.FutureTask;
2
3   public class PrintCharCallableTest {
4       /** 主方法 */
5       public static void main(String[] args) {
6           //创建 Callable 接口实现类的对象
7           PrintCharCallable c1 = new PrintCharCallable('A', 10);
8           PrintCharCallable c2 = new PrintCharCallable('B', 20);
9           PrintCharCallable c3 = new PrintCharCallable('C', 20);
10
11          //创建线程目标对象:使用 FutureTask 类包装 Callable 对象
12          FutureTask<Void> result1 = new FutureTask<>(c1);
13          FutureTask<Void> result2 = new FutureTask<>(c2);
14          FutureTask<Void> result3 = new FutureTask<>(c3);
15
16          //创建线程:使用 FutureTask 对象作为 Thread 对象的 target 创建线程
17          Thread thread1 = new Thread(result1);
18          Thread thread2 = new Thread(result2);
19          Thread thread3 = new Thread(result3);
20
21          //设置线程名称
22          thread1.setName("printA-Thread");
23          thread2.setName("printB-Thread");
24          thread3.setName("printC-Thread");
25
26          //启动线程
27          thread1.start();
28          thread2.start();
29          thread3.start();
30      }
31  }
```

PrintCharCallable.java

```
1   import java.util.concurrent.Callable;
2
3   public class PrintCharCallable implements Callable<Void>{
4       /** 打印的字符 */
5       private char charToPrint;
6       /** 打印字符的次数 */
7       private int times;
```

```
8
9        /** 构造器 */
10       public PrintCharCallable(char charToPrint, int times) {
11           this.charToPrint =charToPrint;
12           this.times =times;
13       }
14
15       @Override /** 重写 call()方法,线程完成的任务 */
16       public Void call() throws Exception {
17           for (int i =0; i <times; i++) {
18               System.out.print(charToPrint);
19           }
20           return null;
21       }
22   }
```

程序某次运行结果:

```
AAAAAAAAAABBBBBBBBBBBBBBBBBCCCCCCCCCCCCCCCCCCCCCCBBBB
```

4) 实现多线程三种方式的比较

采用 Runnable 接口实现的多线程可以继承其他类;访问当前线程,需要用 Thread.getCurrentThread()方法。采用 Runnable 接口的方式创建的多线程可以共享线程体的实例变量。

采用 Thread 类实现的多线程,线程已经继承了 Thread 类,不可继承其他类;访问当前线程,只需用 this。使用继承 Thread 类的方法来创建线程类,多条线程之间无法共享线程类的实例变量。

实际开发中通常采用 Runnable 接口来实现多线程,因为实现 Runnable 接口比继承 Thread 类有如下好处。

(1) 避免继承的局限,一个类可以继承多个接口,但是类只能继承一个类。

(2) Runnable 接口实现的线程便于资源共享。而通过 Thread 类实现,各自线程的资源是独立的,不方便共享。

(3) 增强程序的扩展性,将设置程序线程任务和开启新线程进行了分离。

Callable 接口与 Runnable 接口的功能类似,但提供了比 Runnable 更强大的功能,是 Runnable 的一个增强版。两者的区别主要有以下四点。

(1) Callable 提供的方法是 call(),而 Runnable 提供的方法是 run()。

(2) Callable 可以在任务结束后提供一个返回值,而 Runnable 的任务是不能返回值的。

(3) Callable 中的 call()方法可以抛出异常,而 Runnable 的 run()方法不能抛出异常。

(4) 运行 Callable 任务可以拿到一个 Future 对象,表示异步计算的结果。它提供了检查计算是否完成的方法,以等待计算的完成,并检索计算的结果。通过 Future 对象可以了解任务执行情况,可取消任务的执行,还可获取执行结果。Future 接口提供了如下方法。

- boolean cancel(boolean mayInterruptIfRunning):用来取消任务,成功返回 true,失败则返回 false。

- boolean isCancelled():表示任务是否被取消成功,如果在任务正常完成前被取消成功,则返回 true。

- boolean isDone():表示任务是否已经完成,若任务完成,则返回 true。

- V get()：用来获取执行结果，这个方法会产生阻塞一直等到任务执行完毕才返回。
- V get(long timeout，TimeUnit unit)：用来获取执行结果，如果在指定时间内还没获取到结果，直接返回 null。

Runnable 适用于完全异步的任务，不用操心执行情况、异常出错的。

Callable 适用于需要有返回结果的，对执行中的异常要知晓的，需要提交到线程池中。

无论用哪种方式实现了多线程，调用 start()方法并不意味着立即执行多线程代码，而是使线程进入就绪状态，什么时候运行要看 CPU 的情况。

例 13.2　售票程序：设共有 5 张火车票，在 3 个售票点上销售。

火车票是多个售票点的共享资源，把一个售票点当作一个线程，用线程来模拟售票点。下面采用继承 Thread 类和实现 Runnable 接口来分别实现销售火车票。

【代码 13-4】　用继承 Thread 类的子类创建卖票线程，并通过 3 个线程对象同时卖票。

ThreadTicketTest.java

```
1    /** 测试类 */
2    public class ThreadTicketTest {
3        public static void main(String[] args) {
4            ThreadTicket win1 = new ThreadTicket();
5            //用线程名称代表窗口名称
6            win1.setName("1 号窗口");
7            ThreadTicket win2 = new ThreadTicket();
8            win2.setName("2 号窗口");
9            ThreadTicket win3 = new ThreadTicket();
10           win3.setName("3 号窗口");
11
12           //启动线程,窗口开始卖票
13           win1.start();
14           win2.start();
15           win3.start();
16       }
17   }
```

ThreadTicket.java

```
1    public class ThreadTicket extends Thread {
2        /** 火车票总数 */
3        private int tickets = 5;
4
5        @Override /** 重写 run 方法 */
6        public void run() {
7            while (true) {
8                //判断是否有剩余票
9                if (this.tickets > 0) {
10                   System.out.println(this.getName() + "卖出第" + this.tickets-- + "张票");
11               } else {
12                   //余票不足,停止售票
13                   break;
14               }
15           }
16       }
17   }
```

程序某次运行结果：

```
1 号窗口卖出第 5 张票
1 号窗口卖出第 4 张票
1 号窗口卖出第 3 张票
```

```
1 号窗口卖出第 2 张票
1 号窗口卖出第 1 张票
2 号窗口卖出第 5 张票
3 号窗口卖出第 5 张票
2 号窗口卖出第 4 张票
3 号窗口卖出第 4 张票
2 号窗口卖出第 3 张票
3 号窗口卖出第 3 张票
3 号窗口卖出第 2 张票
3 号窗口卖出第 1 张票
2 号窗口卖出第 2 张票
2 号窗口卖出第 1 张票
```

说明：这里共生成了 3 个目标线程对象，要执行 3 次 run()方法，每次都卖出 5 张票，共卖出 15 张票。但实际只有 5 张票，出现重票的错误，原因是不能资源共享。也就是说，使用继承 Thread 类的方法来创建线程类，多条线程之间无法共享线程类的实例变量(此例的实例变量为 tickets)。

【代码 13-5】 通过 Runnable 接口的实现类创建卖票线程，并通过 3 个线程对象同时卖票。

RunnableTicketTest.java

```
1    /** 测试类 */
2    public class RunnableTicketTest {
3        public static void main(String[] args) {
4            RunnableTicket mt = new RunnableTicket();
5
6            for (int i = 1; i <= 3; i++) {
7                //用线程名称代表窗口名称
8                Thread win = new Thread(mt, i + "号窗口");
9                //启动线程,窗口开始卖票
10               win.start();
11           }
12       }
13   }
```

RunnableTicket.java

```
1    public class RunnableTicket implements Runnable {
2        /** 火车票总数 */
3        private int tickets = 5;
4
5        @Override /** 重写 run 方法 */
6        public void run() {
7            while (true) {
8                //判断是否有剩余票
9                if (this.tickets > 0) {
10                   String winName = Thread.currentThread().getName();
11                   System.out.println(winName + "卖出第" + this.tickets-- + "张票");
12               } else {
13                   //余票不足,停止售票
14                   break;
15               }
16           }
17       }
18   }
```

程序某次运行结果：

```
1 号窗口卖出第 5 张票
1 号窗口卖出第 3 张票
```

说明：这里只生成了 1 个目标线程对象，虽然执行了 3 次 start()方法，但都只在一个目标线程对象上运行，所以总共卖出 5 张票。原因是实现了资源共享。也就是说，采用 Runnable 接口的方式创建的多线程可以共享线程体的实例属性。这是因为在这种方式下，程序所创建的 Runnable 对象只是线程的 target，而多条线程可以共享一个 target，故可共享一个 target 的属性。

注意：虽然使用 Runnable 接口实现的多线程，可实现资源共享，但也存在线程安全问题，将程序多运行几次或出票后用 sleep()方法让线程睡眠一小会儿，就可能出现重票或错票的情况，例如：

1 号窗口卖出第 5 张票
1 号窗口卖出第 3 张票
1 号窗口卖出第 2 张票
3 号窗口卖出第 1 张票
2 号窗口卖出第 4 张票
1 号窗口卖出第 0 张票

问题出现的原因恰恰就是资源共享，当某个线程操作车票的过程中，操作尚未完成时，其他线程参与进来操作车票。其解决方案就是将在后面学习的线程同步。

2. 就绪(runnable)状态

就绪状态又称可运行(runnable)状态。处于就绪状态的线程已经具备了运行的条件，它进入了线程队列，等待系统为它分配 CPU 资源，一旦获得 CPU 资源，该线程就进入运行状态。

3. 运行(running)状态

具备了运行条件并非就可以立即运行，还需要获得 CPU 时间片才能运行。CPU 时间片的分配是由 JVM 的线程调度程序调度的。处于就绪状态的线程一旦被调度并获得 CPU 资源，就进入运行状态。进入运行状态的线程执行自己 run()方法中的代码。

处于运行状态的线程除了可以进入死亡状态外，还可能进入就绪状态和阻塞状态。

1) 从运行状态到就绪状态

处于运行状态的线程调用了 yield()方法，它将放弃 CPU 时间，进入就绪状态。这时有以下几种可能的情况。

(1) 如果没有其他的线程处于就绪状态等待运行，该线程会立即继续运行。

(2) 如果有等待的线程，此时线程回到就绪状态与其他线程竞争 CPU 时间。一般来说，调用 yield()方法只能将 CPU 时间让给具有同优先级的或高优先级的线程而不能让给低优先级的线程。

调用线程的 yield()方法可以使耗时的线程暂停执行一段时间，使其他线程有执行的机会。

2) 从运行状态到阻塞状态

有多种原因可使当前运行的线程进入阻塞状态，进入阻塞状态的线程当相应的事件结束或条件满足时进入就绪状态。使线程进入阻塞状态可能有多种原因。

（1）线程调用了 sleep()方法，将停止执行一段时间，进入睡眠状态。休眠结束回到就绪状态，与其他线程竞争 CPU 时间。

（2）一个运行的线程，遇到有的线程需要进行 I/O 操作（如从键盘接收数据）时，就会离开运行状态而进入阻塞状态，这称为 I/O 阻塞。Java 所有的 I/O 方法都具有这种行为。

（3）有时某个线程的执行需要等待另一个线程执行结束后再继续执行，这时可以调用 join()方法进入阻塞状态。

（4）在对象上 wait()方法等待某个条件变量，此时该线程进入阻塞状态。直到被通知（调用了 notify()或 notifyAll()方法）结束等待后，线程回到就绪状态。

（5）另外，如果线程不能获得对象锁，也进入就绪状态。

4. 阻塞（blocked）状态

阻塞状态又称不可运行状态。当一个正在执行的线程由于执行 suspend()、join()或 sleep()方法，或等待 I/O 设备的使用权等原因阻碍它运行，那么该线程将让出 CPU 的控制权并暂时中止自己的执行，进入阻塞状态。阻碍因素解除，也不会直接进入运行状态，而要先进入就绪状态重新排队或按照优先级别强占当前运行的线程资源。

5. 死亡（dead）状态

死亡状态也称终止状态，有以下两种情况使线程进入死亡状态。

（1）正常死亡：线程完成它的全部工作，run()方法执行结束。

（2）非正常死亡：一个未捕获的异常使线程被终止（stop）或被撤销（destroy）。

13.1.3　Java 多线程程序实例：室友叫醒

例 13.3　宿舍中的两个室友李仕和王舞，早上，李仕起床后，王舞还在睡觉。李仕每隔两分钟要叫醒王舞一次："快起床！"李仕叫醒 5 次后，王舞起床。

这里有两个线程，即叫醒者线程和睡觉者线程。李仕按约定执行叫醒 maxWakeTimes 次后，不管王舞有没有起床，不再叫他，即叫醒者线程死亡；同时王舞起床后，睡觉者线程也即中断。下面分别介绍如何通过继承 Thread 类和实现 Runnable 接口两种途径创建本例中的线程。

1. 通过继承 Thread 类的子类创建线程

Thread 类把 Runnable 接口中唯一的方法 run()实现为空方法，所以通过继承 Thread 类创建线程，必须覆盖方法 run()。

【代码 13-6】 用继承 Thread 类的子类创建线程的例 13.3 的程序代码。

Roommate.java

```
1    /** 主类 */
2    public class Roommate {
3        public static void main(String[] args) {
4            //创建睡觉者线程
5            SleeperThread wangWu = new SleeperThread("王舞");
6            //创建叫醒者线程
7            WakerThread liShi = new WakerThread("李仕", 5);
8            //启动睡觉者线程
9            wangWu.start();
10           //启动叫醒者线程
```

```java
11          liShi.start();
12      }
13  }
14
15  /** 叫醒者线程类 */
16  class WakerThread extends Thread {
17      /** 叫醒者姓名 */
18      private String wakerName;
19      /** 最大叫醒次数 */
20      private static int maxWakeTimes = 1;
21      /** 当前叫醒次数 */
22      private static int wakeTimes = 0;
23
24      public WakerThread(String wakerName, int n) {
25          super();
26          this.wakerName = wakerName;
27          maxWakeTimes = n;
28      }
29
30      public String getWakerName() {
31          return wakerName;
32      }
33
34      public static int getWakeTimes() {
35          return wakeTimes;
36      }
37
38      public static int getMaxWakeTimes() {
39          return maxWakeTimes;
40      }
41
42      @Override
43      public void run() {
44          while (wakeTimes <= maxWakeTimes) {
45              System.out.println(getWakerName() + "叫: 快起床!");
46              try {
47                  //间隔两分钟
48                  sleep(2 * 60 * 1000);
49              } catch (InterruptedException ie) {
50              }
51              wakeTimes++;
52          }
53      }
54  }
55
56  /** 睡觉者线程类 */
57  class SleeperThread extends Thread {
58      /** 睡觉者姓名 */
59      private String sleeperName;
60
61      public SleeperThread(String sleeperName) {
62          this.sleeperName = sleeperName;
63      }
64
65      public String getSleeperName() {
66          return sleeperName;
67      }
68
69      @Override
70      public void run() {
```

```
71          while (true) {
72              System.out.println(getSleeperName() + "在睡觉中...");
73              try {
74                  //间隔两分钟
75                  sleep(2 * 60 * 1000);
76              } catch (InterruptedException ie) {
77              }
78              if (WakerThread.getWakeTimes() >= WakerThread.getMaxWakeTimes()) {
79                  break;
80              }
81          }
82          System.out.println(getSleeperName() + "起来了...");
83          //中断睡觉
84          interrupt();
85      }
86  }
```

程序执行结果：

```
王舞在睡觉中...
李仕叫：快起床！
王舞在睡觉中...
李仕叫：快起床！
王舞在睡觉中...
李仕叫：快起床！
李仕叫：快起床！
王舞在睡觉中...
李仕叫：快起床！
王舞在睡觉中...
李仕叫：快起床！
王舞起来了...
```

讨论：

(1) 分析运行结果可以看出，wangWu 和 liShi 两个线程是交错运行的，感觉就像是两个线程在同时运行。但是实际上一台计算机通常就只有一个 CPU，在某个时刻只能有一个线程在运行，而 Java 语言在设计时就充分考虑到线程的并发调度执行。对于程序员来说，在编程时要注意给每个线程执行的时间和机会，主要是通过线程睡眠的办法（调用 sleep() 方法）让当前线程暂停执行，再由其他线程来争夺执行的机会。如果上面的程序中没有用到 sleep() 方法，则就是线程 wangWu 先执行完毕，然后线程 liShi 再执行完毕。所以用活 sleep() 方法是学习线程的一个关键。

(2) 通过继承 Thread 类来创建线程，代码简洁，容易理解。但是，由于 Java 的单一继承机制，使得当一个类继承了 Thread 类，就无法再继承其他类，这在许多情况下不得不采取另一种方法——通过实现接口 Runnable 来创建线程。

2. 通过 java.lang.Runnable 接口的实现类创建线程

【代码 13-7】 用 Runnable 接口的实现类创建线程的例 13.3 的程序代码。

Roommate.java

```
1   /** 主类 */
2   public class Roommate {
3       public static void main(String[] args) {
4           //创建睡觉者线程
5           Thread t1 = new Thread(new RoommateThread("王舞", 5));
6           //用线程名称标识睡觉者线程
7           t1.setName("sleeper");
```

```
8          //创建叫醒者线程
9          Thread t2 =new Thread(new RoommateThread("李仕", 5));
10         //用线程名称标识叫醒者线程
11         t2.setName("waker");
12         //启动睡觉者线程
13         t1.start();
14         //启动叫醒者线程
15         t2.start();
16      }
17  }
18
19  /** 叫醒者 & 睡觉者线程类 */
20  class RoommateThread implements Runnable {
21      /** 最大叫醒次数 */
22      private static int maxWakeTimes =0;
23      /** 当前叫醒次数 */
24      private static int wakeTimes =0;
25      /** 叫醒者或睡觉者姓名 */
26      private String wsName;
27
28      public RoommateThread(String name, int n) {
29          this.wsName =name;
30          maxWakeTimes =n;
31      }
32
33      public String getWsName() {
34          return wsName;
35      }
36
37      @Override
38      public void run() {
39          if (Thread.currentThread().getName().equals("waker")) {
40            for (wakeTimes =0; wakeTimes <=maxWakeTimes; wakeTimes++) {
41               System.out.println(getWsName() +"叫: 快起床!");
42               try {
43                   //间隔两分钟
44                   Thread.sleep(2 * 60 * 1000);
45               } catch (InterruptedException ie) {
46               }
47            }
48          } else if (Thread.currentThread().getName().equals("sleeper")) {
49            while (true) {
50               System.out.println(getWsName() +"在睡觉中...");
51               try {
52                   //间隔两分钟
53                   Thread.sleep(2 * 60 * 1000);
54               } catch (InterruptedException ie) {
55               }
56               if (wakeTimes >=maxWakeTimes) {
57                   System.out.println(getWsName() +"起来了...");
58                   //中断睡觉
59                   return;
60               }
61            }
62         }
63      }
64  }
```

程序执行结果：

王舞在睡觉中...

```
李仕叫：快起床！
王舞在睡觉中...
李仕叫：快起床！
王舞在睡觉中...
李仕叫：快起床！
李仕叫：快起床！
王舞在睡觉中...
王舞在睡觉中...
李仕叫：快起床！
王舞在睡觉中...
李仕叫：快起床！
王舞起来了...
```

13.1.4　线程调度与线程优先级

支持多线程是 Java 语言的一个特点。为了彰显多线程的优越性，多数 Java 应用程序都是由多个线程所组成，并且在同一时刻往往会有多个线程满足运行条件。但是，在单 CPU 的计算机中，每一时刻只有一个线程可以运行。在双 CPU 的计算机内，也只有两个 CPU，即使是在多 CPU 的计算机中，CPU 也是有限的。因此，线程并不会完全并行执行。为此，Java 会提供一个线程调度器监视启动后进入可运行状态的所有线程，并按照一定的规则对这些线程进行调度。

1. Java 线程的优先级标准

（1）分为 10 个等级，分别用 1～10 中的数字表示。数字越大，表明线程的级别越高。

（2）默认的优先级为 5。在没有特别指出的情况下，主线程的优先级为 5。

（3）对于子线程，其初始优先级与父线程相同。

（4）一个线程的优先级可以由程序员设定或改变。

2. Java 线程的调度策略

Java 线程调度的策略是：优先级高的线程应该获得 CPU 资源执行的更大概率，优先级低的线程也并非总不能执行。通常采用下面两种调度策略。

（1）强占式（preemptive）调度策略。通常，Java 运行时系统支持一种简单的固定优先级的调度算法：高优先级的线程会在较低优先级线程之前得到执行，并且当前线程在执行过程中，若有更高优先级的线程就绪，则该优先级高的线程会被立即执行。

具有相同优先级的多个线程都为最高优先级，将按照"先到先服务"的方式执行。

（2）时间片轮转（round-robin）调度策略。这种调度策略是从所有处于就绪状态的线程中选择优先级最高的线程分配一定的 CPU 时间运行，该时间过后再选择其他线程运行。只有当前线程运行结束、放弃（yield）CPU 或由于某种原因进入阻塞状态，低优先级的线程才有机会执行；如果有两个优先级相同的线程都在等待 CPU，则调度程序以轮转的方式选择运行的线程。

具体采用哪种策略取决于 JVM，也依赖于操作系统。

习题

1. Java 语言具有许多优点和特点，下列选项中哪个反映了 Java 程序并行机制的特点？
（　　）

    A. 安全性　　　　　　B. 多线程　　　　　　C. 跨平台　　　　　　D. 可移植

2. 下面关于线程的叙述中,正确的是(　　　)。

　　A. 不论是系统支持线程还是用户级线程,其切换都需要内核的支持

　　B. 线程是资源的分配单位,进程是调度和分配的单位

　　C. 不管系统中是否有线程,进程都是拥有资源的独立单位

　　D. 在引入线程的系统中,进程仍是资源分配和调度分派的基本单位

3. 在下列情况中,线程放弃 CPU,进入阻塞状态的是(　　　)。

　　A. 系统死机

　　B. 线程进行 I/O 访问、外存读写、等待用户输入等

　　C. 为等候一个条件,线程调用 wait()方法

　　D. 在抢先式系统中,低优先级别线程参与调度

4. 线程生命周期中正确的状态是(　　　)。

　　A. 新建状态、运行状态和终止状态

　　B. 新建状态、运行状态、阻塞状态和终止状态

　　C. 新建状态、可运行状态、运行状态、阻塞状态和终止状态

　　D. 新建状态、可运行状态、运行状态、恢复状态和终止状态

5. 如果线程当前是新建状态,则它可到达的下一个状态是(　　　)。

　　A. 运行状态　　　　B. 阻塞状态　　　　C. 可运行状态　　　　D. 终止状态

6. 有以下程序段:

```
class MyThread extends Thread {
    public static void main(String args[]) {
        MyThread t =new MyThread();
        MyThread s =new MyThread();
        t.start();
        System.out.print("one.");
        s.start();
        System.out.print("two.");
    }

    public void run() {
        System.out.print("Thread");
    }
}
```

则下面正确的选项是(　　　)。

　　A. 编译失败

　　B. 程序运行结果为：one.Threadtwo.Thread

　　C. 程序运行结果是：one.two.ThreadThread

　　D. 程序运行结果不确定

7. 下列关于线程优先级的说法中,正确的是(　　　)。

　　A. 线程的优先级是不能改变的　　　　B. 线程的优先级是在创建线程时设置的

　　C. 在创建线程后的任何时候都可以设置　　D. B 和 C

8. 下列各项操作中可以用来创建一个新线程的是(　　　)。

　　A. 实现 java.lang.Runnable 接口并重写 start()方法

　　B. 实现 java.lang.Runnable 接口并重写 run()方法

　　C. 继承 java.lang.Thread 类并重写 run()方法

    D. 实现 java.lang.Thread 类并实现 start()方法
9. 作为类中新线程的开始点,线程的执行是从下面哪个方法开始的?(　　)
    A. public void start()
    B. public void run()
    C. public void int()
    D. public static void main(String args[])

知识链接

链 13.1　JVM 运行时数据区

13.2　java.lang.Thread 类

13.2 java.
lang.
Thread 类

Thread 类隐式继承自 java.lang.Object,也是 Runnable 接口的一个实现类,其定义部分如下:

```
public class Thread implements Runnable
```

在 Thread 类中定义了各种用于创建和控制线程的方法和属性。

13.2.1　Thread 类的构造器

- public Thread():创建线程,系统设置默认线程名。
- public Thread(String name):创建线程,指定一个线程名。
- public Thread(Runnable target,String name):创建线程;指定一个线程名,线程启动时,激发目标对象 target 自动调用接口中的 run()方法,执行业务逻辑。
- public Thread(ThreadGroup group,Runnable target,String name):创建线程;线程启动时,激发 target 中的 run()方法;指定一个线程名;将线程加入线程组 group。

13.2.2　Thread 类中的优先级别静态常量

Java 所有的线程在运行前都会保持在就绪状态,排队等待 CPU 资源。但是也有例外,即优先级别高的线程会被优先执行。为了使线程对于操作系统和用户的重要性区分开,Java 定义了线程的优先级策略。相应地,在 Thread 类中定义了表示线程最低、最高和普通优先级的 3 个静态成员变量(见表 13.1)分别代表优先级的最低、中等和最高。一个线程对象被创建时,其默认的线程优先级是中等(NORM_PRIORITY)。

表 13.1　Java 线程的优先级别

静态变量定义	描　述	表 示 常 量
public static final TYPE MIN_PRIORITY	最低优先级	1
public static final TYPE NORM_PRIORITY	中等优先级(默认优先级)	5
public static final TYPE MAX_PRIORITY	最高优先级	10

可以使用 setPriority()方法设置一个线程的优先级别。

13.2.3　Thread 类中影响线程状态的方法

如表 13.2 所示为 Thread 类中定义的会影响线程状态的几个方法。

表 13.2　影响线程状态的方法

方　法　名	状态变化	说　　　明
public void start()	新建→就绪	启动线程
public void run()	就绪→运行 运行→死亡	线程入口点,被 start()自动调用,运行线程。 执行结束,线程正常死亡
public static void sleep(long millis〔,int nanos〕)	运行→阻塞	当前线程休眠 millis 毫秒+nanos 纳秒,再进入就绪
public void wait(〔long millis〕)	运行→阻塞	等待或最多等待 millis 毫秒。只能在同步方法中被调用
public void notify()	阻塞→就绪	唤醒等待队列中优先级别最高的线程,用于同步控制
public void notifyAll()	阻塞→就绪	唤醒等待队列中全部线程,用于同步控制
public final void join(〔long millis〔,int nanos〕〕)	运行→就绪	连接线程,暂停当前线程执行
public static void yield()	运行→就绪	暂停正在执行的线程
public void destroy()	运行→死亡	撤销当前线程,但不进行任何善后工作

下面重点介绍几个可以暂停一个线程执行的方法。

1. 线程休眠:sleep()方法

一个线程执行 sleep()方法后就会进入阻塞状态休眠一段时间。休眠的时间由 sleep()的参数设定。按照指定休眠时间的精确性,sleep()的参数分为两种:精确时间的参数为(long millis,int nanos),指定休眠 millis 毫秒+nanos 纳秒;较粗略的时间参数只指定 millis 毫秒。

Thread 类中定义了一个 interrupt()方法。一个处于睡眠中的线程若调用了 interrupt()方法,该线程立即结束睡眠进入就绪状态。

2. 线程让步:yield()方法

yield()方法也可以暂停一个线程的执行,放弃当前分得的 CPU 时间,但是它不使线程阻塞,而是将该线程放入可运行池中。若这时可执行池中有一个同优先级的进程,就把 CPU 交给这个线程;若可执行池中没有同优先级的线程,则被中断的线程将继续执行。这样不会浪费 CPU 资源,而 sleep()在休眠时,可能会浪费 CPU 时间。

3. 线程连接:join()方法

yield()和 sleep()是当前线程的方法,而 join()是另外一个线程的方法。一个线程调用另一个线程的 join()方法,就是强制让那个线程运行,自己进入阻塞状态,等到那个线程死亡后恢复运行。

13.2.4　Thread 类中的一般方法

- public static native Thread currentThread():返回当前正在执行线程的引用。
- public final String getName():获取线程对象名字。

- public final void setName(String name)：设置线程对象名字。
- public final void setPriority(int newPriority)：设置线程的优先级。
- public final boolean isAlive()：测试线程是否在运行状态。
- public static int activeCount()：返回当前线程所在线程组中的活动线程数。
- public final ThreadGroup getThreadGroup()：获取线程组名。
- public String toString()：用字符串返回线程信息。
- public void interrupt()：中断此线程。如果线程处于被阻塞状态，那么线程将立即退出被阻塞状态，并抛出一个 InterruptedException 异常；如果线程处于正常活动状态，那么会将该线程的中断标志设置为 true，仅此而已。被设置中断标志的线程将继续正常运行，不受影响。interrupt()并不能真正地中断线程，需要被调用的线程自己进行配合才行。
- public static boolean interrupted()：测试当前线程是否被中断（检查中断标志），返回一个 boolean 并清除中断状态，第二次再调用时中断状态已经被清除，将返回一个 false。
- public boolean isInterrupted()：只测试此线程是否被中断，不会清除中断状态。
- public final void setDaemon(boolean on)：on 为 true 设置当前线程为守护线程，否则设置为用户线程。
- public final boolean isDaemon()：测试当前线程是否是守护线程。

13.2.5 Thread 类从 Object 继承的方法

Thread 类还继承了类 java.lang.Object 的所有方法，其中的 clone()、equals()、getClass()、hashCode()已经在前面介绍过。在线程管理中有重要作用的 notify()、notifyAll()和 wait()只能被同步方法调用，将在 13.4.1 节介绍。

习题

1. 以下哪个方法用于定义线程的执行体？（　　　）

   A. start()   B. init()

   C. run()   D. synchronized()

2. 下列说法中错误的一项是（　　　）。

   A. 一个线程是一个 Thread 类的实例

   B. 线程从传递给线程的 Runnable 实例的 run()方法开始执行

   C. 线程操作的数据来自 Runnable 实例

   D. 新建的线程调用 start()方法就能立即进入运行状态

3. 调用线程的下列方法，不会改变该线程在生命周期中状态的方法是（　　　）。

   A. yield()   B. wait()   C. sleep()   D. isAlive()

4. 下列方法中可能使线程停止执行的是（　　　）。

   A. sleep()   B. wait()   C. notify()   D. yield()

5. Java 语言中提供了一个（　　　）线程，自动回收动态分配的内存。

   A. 异步线程   B. 消费者   C. 守护   D. 垃圾收集

6. 用(　　)方法可以改变线程的优先级。

    A. run()　　　　　　B. setPriority()　　　　C. yield()　　　　　　D. sleep()

知识链接

链 13.2　守护线程

13.3　线程池

13.3　线　程　池

13.3.1　线程池概念

    线程池(thread pool)是池化技术应用中的一种,其他还有数据库连接池、HTTP 连接池等。池化技术的思想主要是为了减少每次获取资源的消耗,提高对资源的利用率。多线程运行期间,系统不断地启动和关闭新线程,成本非常高,会过度消耗系统资源,以及带来过度切换线程的危险,从而可能会限制系统吞吐量并且造成系统性能降低。这时,线程池就是最好的选择了。线程池是管理并发执行任务个数的理想方法。简单来讲,线程池就是线程的集合。线程池事先将多个线程对象放到一个容器中,当使用的时候就不用 new 线程而是直接去池中拿线程即可,节省了开辟子线程的时间,提高代码的执行效率。线程池在系统启动时即创建一定数量空闲的线程,程序将一个任务传给线程池,线程池就会启动一条线程来执行这个任务,执行结束以后,该线程并不会死亡,而是再次返回线程池中成为空闲状态,等待执行下一个任务。使用线程池可以高效地执行任务,大大提高系统性能。

    线程池提供了一种限制、管理资源的策略,使用线程池的优势如下。

    (1) 降低系统资源消耗。通过重复利用已创建的线程来降低线程创建和销毁造成的消耗。

    (2) 提高系统响应速度。当有任务到达时,通过复用已存在的线程,无须等待新线程的创建就能立即执行。

    (3) 提高线程的可管理性。线程是稀缺资源,如果无限制地创建,可能会导致内存占用过多而产生 OOM(Out Of Memory,内存溢出),不仅会消耗系统资源,还会降低系统的稳定性,使用线程池可以进行统一的分配、监控和调优。

    (4) 提供更强大的功能,有延时定时线程池。

13.3.2　Java 提供的线程池

    Executors 是 Java 中的一个工具类,它提供静态方法来创建不同类型的线程池。

    • public static ExecutorService newFixedThreadPool(int nThreads):创建固定数目线程的线程池。可控制线程最大并发数,超出的线程会在队列中等待。适用于负载较重的场景,对当前线程数量进行限制。

    • public static ExecutorService newCachedThreadPool():创建一个可缓存的线程池。如果线程池长度超过处理需要,可灵活回收空闲线程,若无空闲线程可回收,则新建线程。会适时终止并从缓存中移除那些已有 60s 未被使用的线程。适用于负载较轻的场景,执行短期异步任务。

- public static ScheduledExecutorService newScheduledThreadPool(int corePoolSize):创建一个定长,且支持定时及周期性的任务执行的线程池。多数情况下可用来替代 Timer 类。适用于执行延时或者周期性任务。
- public static ExecutorService newSingleThreadExecutor():创建一个单线程化的线程池。它只会用唯一的工作线程来执行任务,保证所有的任务按照指定的顺序(FIFO、LIFO、优先级)来执行。适用于需要保证顺序执行各个任务。

以上方法创建出来的线程池都实现了 ExecutorService 接口,返回的 ScheduledExecutorService 接口是 ExecutorService 的子接口,而 ExecutorService 接口是 Executor 的子接口。Executor 接口用来执行线程池中的任务,ExecutorService 接口用来管理和控制任务。

Executor 接口定义如下:

```
public interface Executor {
    void execute(Runnable command);
}
```

Executor 是一个顶层接口,它只声明了一个方法 execute(Runnable),用来执行传进去的任务,其返回值为 void,参数为 Runnable 类型。

ExecutorService 接口继承了 Executor 接口,其定义如下:

```
public interface ExecutorService extends Executor {
    void shutdown();
    List<Runnable> shutdownNow();
    boolean isShutdown();
    boolean isTerminated();
    <T> Future<T> submit(Callable<T> task);
        ...
}
```

submit():用来向线程池提交任务,但是它和 execute()方法不同,它能够返回任务执行的结果。

shutdown():用来关闭线程池,不再添加新的任务,但是现有任务将继续执行直至完成。

shutdownNow():用来关闭线程池,中断所有的任务,返回值是 List<Runnable>,List 对象存储的是还未运行的任务,也就是被取消掉的任务。

isShutDown():当调用 shutdown()或 shutdownNow()方法后返回为 true。

isTerminated():当调用 shutdown()方法后,并且所有提交的任务完成后返回为 true;当调用 shutdownNow()方法,成功停止后返回为 true。

代码 13-8 演示了如何使用定长线程池实现例 13.1。PrintCharRunnable 类同代码 13-1。

【代码 13-8】 使用定长线程池实现例 13.1。

ThreadPoolDemo.java

```
1  import java.util.concurrent.ExecutorService;
2  import java.util.concurrent.Executors;
```

```
3
4    public class ThreadPoolDemo {
5        public static void main(String[] args) {
6            //创建一个最大线程数为3的线程池
7            ExecutorService fixedThreadPool =Executors.newFixedThreadPool(3);
8
9            //提交任务到线程池
10           fixedThreadPool.execute(new PrintCharRunnable('A', 10));
11           fixedThreadPool.execute(new PrintCharRunnable('B', 20));
12           fixedThreadPool.execute(new PrintCharRunnable('C', 30));
13
14           //关闭线程池
15           fixedThreadPool.shutdown();
16       }
17   }
```

说明：若将第 7 行替换为下面的语句

```
ExecutorService fixedThreadPool =Executors.newFixedThreadPool(1);
```

那么三个打印字符的任务将依次执行，因为线程池中只有一个线程。

【代码 13-9】 CachedThreadPool 示例。

CachedThreadPoolDemo.java

```
1    import java.util.concurrent.ExecutorService;
2    import java.util.concurrent.Executors;
3
4    public class CachedThreadPoolDemo {
5        public static void main(String[] args) {
6            //创建一个可缓存线程池
7            ExecutorService cachedThreadPool =Executors.newCachedThreadPool();
8            for (int i =0; i <10; i++) {
9                try {
10                   //sleep 以便观察线程的复用、新建情况
11                   Thread.sleep(500);
12               } catch (InterruptedException e) {
13                   e.printStackTrace();
14               }
15               cachedThreadPool.execute(new Runnable() {
16                   public void run() {
17                       //打印 100 以内随机整数及正在执行的缓存线程信息
18                       String threadName =Thread.currentThread().getName();
19                       System.out.println(threadName +"==>" +(int) (Math.random() * 101));
20                       try {
21                           Thread.sleep(1000);
22                       } catch (InterruptedException e) {
23                           e.printStackTrace();
24                       }
25                   }
26               });
27           }
28           cachedThreadPool.shutdown();
29       }
30   }
```

程序某次执行结果：

```
pool-1-thread-1==>26
pool-1-thread-2==>72
pool-1-thread-3==>79
pool-1-thread-2==>50
```

```
pool-1-thread-1==>78
pool-1-thread-3==>14
pool-1-thread-1==>1
pool-1-thread-2==>18
pool-1-thread-3==>4
pool-1-thread-1==>9
```

说明：

（1）缓冲线程池为无限大，当执行当前任务时上一个任务已经完成，会复用执行上一个任务的线程，而不用每次新建线程。可尝试把第 11 行的 sleep 时间增大/减小，或把第 9～14 行注释掉，再次运行程序观察新建线程情况，可以看出每种情况下复用的线程数目是不一样的。

（2）第 15 行向线程池提交任务时采用匿名类新建任务。

（3）使用线程池时当前线程默认的名称为 pool-X-thread-Y，X 为线程池的编号，Y 为线程的编号。

【代码 13-10】 ScheduledThreadPool 示例。

ScheduledThreadPoolDemo.java

```
1    import java.util.concurrent.Executors;
2    import java.util.concurrent.ScheduledExecutorService;
3    import java.util.concurrent.TimeUnit;
4
5    public class ScheduledThreadPoolDemo {
6        private static int i = 0;
7
8        public static void main(String[] args) {
9            ScheduledExecutorService scheduledThreadPool=Executors.newScheduledThreadPool(5);
10
11            //1.延迟一定时间执行一次
12            scheduledThreadPool.schedule(() ->{
13                System.out.println("schedule ==>" + (i++));
14            }, 2, TimeUnit.SECONDS);
15
16            //2.按照固定频率周期执行
17            scheduledThreadPool.scheduleAtFixedRate(() ->{
18                System.out.println("scheduleAtFixedRate ==>" + (i++));
19            }, 2, 3, TimeUnit.SECONDS);
20        }
21    }
```

程序部分执行结果：

```
schedule ==>0
scheduleAtFixedRate ==>1
scheduleAtFixedRate ==>2
scheduleAtFixedRate ==>3
scheduleAtFixedRate ==>4
scheduleAtFixedRate ==>5
scheduleAtFixedRate ==>6
```

说明：

（1）schedule()的方法签名如下：

```
schedule(Runnable command,long delay, TimeUnit unit)
```

schedule()方法有三个参数，第一个参数 command 是线程任务，第二个参数 delay 表示任务执行延迟时长,第三个参数 unit 表示延迟时间的单位。如上面代码所示,就是延迟两秒后执行任务。

（2）scheduleAtFixedRate()的方法签名如下：

```
scheduleAtFixedRate(Runnable command,long initialDelay,long period,TimeUnit unit)
```

scheduleAtFixedRate()方法有四个参数,command 参数表示执行的线程任务,initialDelay 参数表示第一次执行的延迟时间,period 参数表示第一次执行之后按照多久一次的频率来执行,最后一个参数是时间单位。如上面代码所示,表示两秒后执行第一次,之后按每隔三秒执行一次

（3）schedule()及 scheduleAtFixedRate()方法采用 Lambda 表达式形式提交任务。

习题

1. Java 中使用线程池,如下选项中对其优点描述错误的是（　　）。

   A. 降低资源消耗

   B. 增加了实现复杂度并降低了性能

   C. 提高相应速度

   D. 提高线程的可管理性

2. Executors 返回的线程池对象有哪些弊端?（　　）

   A. 线程调度慢

   B. 可能会堆积大量的请求,从而导致 OOM

   C. 可能会堆积大量的线程,从而导致 OOM

   D. 内部有 Bug,稳定性差

3. Java 常用线程池有（　　）。

   A. newFixedThreadPool　　　　　　　　　B. newCachedThreadPool

   C. newSingleThreadExecutor　　　　　　　D. newScheduledThreadPool

4. 对于 Java 中线程池的描述错误的是（　　）。

   A. 限定线程的个数,不会导致由于线程过多导致系统运行缓慢或崩溃

   B. 线程池每次都不需要去创建和销毁,节约了资源

   C. 线程池不需要每次都去创建,响应时间更快

   D. 使用线程池可以使线程的创建不用人工控制,但是会让高并发情况下的线程运行效率降低

5. 如下选项中对于线程池的工作原理描述错误的是（　　）。

   A. 首先判断核心线程池中的线程是否已经满了,如果没满,则创建一个核心线程执行任务,否则进入下步

   B. 判断工作队列是否已满,没有满则加入工作队列,否则执行下一步

   C. 判断线程数是否达到了最大值,如果没达到,则创建非核心线程执行任务,否则执行饱和策略,默认抛出异常

   D. 以上都不对

知识链接

链 13.3　定时器线程 Timer 类

链 13.4　JavaFX 多线程

13.4　多线程管理

13.4　多线程
管理

Java 支持多线程,具有并发功能,从而大大提高了计算机的处理能力。在各线程之间不存在共享资源的情况下,多个线程的执行顺序可以是随机的,但是当两个以上的线程需要共享同一资源时,线程之间的执行次序就需要协调,否则会出现异常情况。例如生产者与消费者问题,只有生产者生产了产品之后消费者才能消费,同理,当生产者生产的产品堆满货架时,应该停止生产。

互斥同步是常见的一种保障并发正确性的手段。同步是指在多个线程并发访问共享资源时,保证共享资源在同一时间内只被一个线程使用。而互斥是实现同步的一种手段。互斥指线程间相互排斥地使用共享资源,就是一次只允许一个线程使用共享资源。

与同步对应的一个概念是异步,异步和同步是相对的,同步就是任务顺次执行,执行完一个再执行下一个,需要等待、协调运行。异步就是任务彼此独立,在等待某事件的过程中继续做自己的事,不需要等待这一事件完成后再工作。另外,异步与多线程并不是一个同等关系,异步是最终目的,多线程只是实现异步的一种手段。异步除了用多线程实现外,也可以将一些耗时的操作交给其他进程来处理。

13.4.1　多线程同步共享资源

1. 问题的提出

Java 可以创建多个线程。在多线程程序中必须关注多线程共享资源时的冲突问题。例如,在售票系统中,可以为每一位旅客生成一个线程,假若他们在不同的计算机上访问系统,则有可能出现如下问题:系统中只剩余 1 张票,而同时有 3 位旅客订票。结果出现 3 位旅客订的是同一张票。再如,银行存/取款系统中,某个账号中只有 1 万元,而两个客户同时取款,并且各取 1 万元,就有可能两人都取走 1 万元。

例 13.2 的售票程序中的火车票就是多个售票点的共享资源,下面以此为例说明多线程共享资源时带来的冲突问题。

【代码 13-11】　没有使用线程同步实现例 13.2。

TicketWindowTest.java

```
1  public class TicketWindowTest {
2      public static void main(String[] args) {
3          TicketWindowWithoutSync tw = new TicketWindowWithoutSync();
4          for(int i=1; i<=3; i++){
5              Thread t = new Thread(tw, i+"号窗口");
6              t.start();
7          }
8      }
9  }
```

TicketWindowWithoutSync.java

```
1    public class TicketWindowWithoutSync implements Runnable {
2        /** 总的火车票数  */
3        private int tickets =5;
4
5        @Override
6        public void run() {
7            while (true) {
8                if (tickets >0) {
9                    String winName =Thread.currentThread().getName();
10                   System.out.println(winName +"卖出第" +tickets--+"张票");
11                   try {
12                       //出票成功后让当前售票窗口睡眠,以便让其他售票窗口卖票
13                       Thread.sleep(200);
14                   } catch (InterruptedException e) {
15                       e.printStackTrace();
16                   }
17               } else {
18                   //余票不足,停止售票
19                   break;
20               }
21           }
22       }
23   }
```

程序某次执行结果:

```
1号窗口卖出第 5 张票
2号窗口卖出第 4 张票
3号窗口卖出第 3 张票
3号窗口卖出第 2 张票
1号窗口卖出第 2 张票
2号窗口卖出第 2 张票
1号窗口卖出第 1 张票
3号窗口卖出第 0 张票
```

说明:本代码与代码 13-5 的主要区别是加了如下语句:

```
Thread.sleep(200);
```

这样出票成功后就让当前售票窗口睡眠,以便让其他售票窗口卖票。其结果是能明显看出售票时出现了重票、错票等问题,输出结果并不是所预期的那样。尝试多运行几次,输出结果都是随机而不可预测的。这说明当所有线程同时访问同一个数据源(共享数据,此处为车票)时,就可能会出现数据错误问题。

那么,到底是什么原因导致程序出错呢? 由于车票是共享资源,当某个线程操作车票的过程中,尚未操作完成时其他线程就参与进来操作车票,而导致出错。

操作车票的表达式 tickets--实际上包含两个操作,一是读取余票,二是更新余票。下面给出售票某时刻一个可能的情景,如图 13.3 所示。

步骤	余票	线程 1	线程 2
1	2	读取 tickets,值为 2	
2	2		读取 tickets,值为 2
3	1	tickets = tickets−1;	
4	1		tickets = tickets−1;

图 13.3　线程 1 和线程 2 在某个时刻操作车票的情景

图 13.3 的步骤详情如下。

步骤 1：线程 1 读取余票（值为 2）。

步骤 2：线程 2 读取到同样的余票（值为 2）。

步骤 3：线程 1 将余票更新为 1。

步骤 4：线程 2 也将余票更新为 1。

这个情景的效果是线程 1 在操作车票的读写操作还没有全部完成，在步骤 2 中线程 2 就参与进来操作车票，导致 2 号车票重复卖出。很明显，问题是线程 1 和线程 2 以一种会引起冲突的方式访问一个共享资源（车票），这是多线程程序中存在的一个普遍问题。如果一个类的对象可以保证多个线程访问的时候正确操作共享数据，那么它是线程安全的（thread-safe），否则不是线程安全的。如上例所示，TicketWindowWithoutSync 类不是线程安全的。

资源冲突可能导致系统中的数据出现不完整性和不一致性。克服的办法是协调各线程对于共享资源的使用——多线程同步。同步就是指多个操作在同一个时间段内只能有一个线程对共享资源进行操作，其他线程只有等到此线程对该资源的控制完成之后才能对共享资源进行操作。共享资源可以是代码块，也可以是方法。

2. 对象互斥锁

线程同步用于协调相互依赖的线程的执行。实现线程同步的基本思想是确保某一时刻只有一个线程对共享资源进行操作。Java 中最基本的同步手段就是用关键字 synchronized 为共享的资源对象加锁。这个锁称为互斥锁或互斥量（mutex），也称信号锁。当对象被加以互斥锁后，表明该对象在任一时刻只能由一个线程访问，即共享这个资源的多个线程之间成为互斥关系，这个被锁定的对象称为同步对象。

解决资源共享的同步操作，可以使用同步代码块和同步方法两种方式完成。

1）采用同步代码块实现同步

可以利用 synchronized 关键字来同步代码块。同步代码块的语法格式为：

```
synchronized (同步对象名){
    需要同步的代码块；
}
```

说明：

（1）使用同步代码块需指定一个需要同步的对象，一般都将当前对象（this）设置为同步对象。同步对象也可以指定一个一般对象或类名.class。

（2）同步对象必须是一个对象的引用。若一个线程要访问同步对象，而同步对象已经被另一个线程锁定，则在解锁之前，该线程将被阻塞。当获准对一个对象加锁时，该线程就执行同步块中的语句，执行完就解除给对象所加的锁。

（3）同步代码块允许设置同步方法中的部分代码，而不必是整个方法。这大大增强了程序的并发能力。

【代码 13-12】 使用同步代码块实现例 13.2 的售票程序。

TicketWindowTest.java

```
1   public class TicketWindowTest {
2       public static void main(String[] args) {
3           TicketWindowWithSyncCodeBlock tw =new TicketWindowWithSyncCodeBlock();
```

```
4              for(int i=1; i<=3; i++){
5                  Thread t =new Thread(tw, i+"号窗口");
6                  t.start();
7              }
8          }
9      }
```

TicketWindowWithSyncCodeBlock.java

```
1   public class TicketWindowWithSyncCodeBlock implements Runnable {
2       /** 火车票总数  */
3       private int tickets =5;
4
5       @Override
6       public void run() {
7           while (true) {
8               synchronized (this) {
9                   if (tickets >0) {
10                  String winName =Thread.currentThread().getName();
11                  System.out.println(winName+"卖出第" +tickets--+"张票");
12                  try {
13                      //出票成功后让当前售票窗口睡眠,以便让其他售票窗口卖票
14                      Thread.sleep(200);
15                  } catch (InterruptedException e) {
16                      e.printStackTrace();
17                  }
18                  } else {
19                  //余票不足,停止售票
20                  break;
21                  }
22              }
23          }
24      }
25  }
```

程序执行结果：

```
1 号窗口卖出第 5 张票
3 号窗口卖出第 4 张票
2 号窗口卖出第 3 张票
2 号窗口卖出第 2 张票
2 号窗口卖出第 1 张票
```

说明：从运行结果可以看出,把操作共享数据（车票）的代码加上 synchronized 关键字,即同步代码块后售票结果就正常了。可尝试多运行几次,尽管输出结果是随机的,但是不会出现重票、错票等错误了。

2）采用同步方法实现同步

可以使用关键字 synchronized 来同步方法,以便一次只有一个线程可以访问这个方法。同步方法的语法格式为：

[方法修饰符] synchronized 返回类型 方法名(参数列表) { }

一个同步方法在执行之前需要加锁,锁是一种实现资源排他使用的机制。对于实例方法,要给调用该方法的对象加锁,称为对象锁。对于静态方法,要给这个类加锁,称为类锁。只能由一个线程获得同步方法的访问权,该线程调用一个对象上的同步实例方法（静态方法）,首先给该对象（类）加锁,然后执行该方法,执行结束才会自动解锁。在解锁之前,另一个试图调用此方法的线程将被阻塞,直到解锁此线程才能获得这个方法的访问权。

代码 13-13 就是把代码 13-12 中的售票代码移入 sellTicket（）方法，并加关键字 synchronized，使之成为同步方法。

【代码 13-13】 使用同步方法实现例 13.2 的售票程序。

TicketWindowWithSyncMethod.java

```
1   public class TicketWindowWithSyncMethod implements Runnable {
2       /** 火车票总数 */
3       private int tickets = 5;
4
5       @Override
6       public void run() {
7           //循环次数要超出总票数
8           for (int i = 0; i < 20; i++) {
9               sellTicket();
10          }
11      }
12
13      /** 售票方法 */
14      private synchronized void sellTicket() {
15          if (tickets > 0) {
16              String winName = Thread.currentThread().getName();
17              System.out.println(winName + "卖出第" + tickets-- + "张票");
18              try {
19                  //出票成功后让当前售票窗口睡眠，以便让其他售票窗口卖票
20                  Thread.sleep(200);
21              } catch (InterruptedException e) {
22                  e.printStackTrace();
23              }
24          }
25      }
26  }
```

程序执行结果：

```
1号窗口卖出第 5 张票
1号窗口卖出第 4 张票
3号窗口卖出第 3 张票
3号窗口卖出第 2 张票
2号窗口卖出第 1 张票
```

说明：

（1）使用同步方法后也得到了所期望的运行结果，即售票结果正常。

（2）sellTicket（）方法是实例方法，加锁对象是 this。多线程编程中当代码需要同步时就会用到锁，任何一个对象都能作为一把锁。synchronized 修饰对象不同，加锁的对象也不一样。

• 当 synchronized 修饰实例方法时，锁对象是 this。

- 当 synchronized 修饰静态方法时,锁对象是当前类的 Class 对象。
- 当 synchronized 修饰代码块时,锁对象是 synchronized(obj)中的这个 obj。

若在例 13.2 的售票程序基础上增加一个功能,即知道每个窗口卖票的数量,要实现这一功能,就需要线程执行完任务后能返回一个值,用 Thread 和 Runnable 实现的多线程都不能有返回值,而用 Callable 接口实现的多线程可有返回值,因此可用 Callable 接口结合线程同步来实现此功能。

【代码 13-14】 用 Callable 接口结合线程同步实现例 13.2 的售票程序,可返回每个窗口卖的票数,同时用到了线程池。

TicketResult.java

```
1    /** 售票结果类 */
2    public class TicketResult {
3        /** 售票窗口编号 */
4        private String winNum;
5        /** 窗口售票数量 */
6        private Integer total;
7
8        public TicketResult(String winNum, Integer total) {
9            this.winNum =winNum;
10           this.total =total;
11       }
12
13       public String getWinNum() {
14           return winNum;
15       }
16
17       public void setWinNum(String winNum) {
18           this.winNum =winNum;
19       }
20
21       public Integer getTotal() {
22           return total;
23       }
24
25       public void setTotal(Integer total) {
26           this.total =total;
27       }
28   }
```

TicketWindow.java

```
1    import java.util.concurrent.Callable;
2
3    public class TicketWindow implements Callable<TicketResult>{
4        /** 火车票总量 */
5        private int tickets =5;
6
7        @Override
8        public TicketResult call() {
9            //存储窗口卖票的数量
10           int total =0;
11           //获取线程名称;格式为:pool-X-thread-Y,X 为线程池编号,Y 为线程编号
12           String threadName=Thread.currentThread().getName();
13           String winNum=threadName.substring(threadName. lastIndexOf("-") +1);
14           while (true) {
```

```
15          synchronized (this) {
16              if (tickets >0) {
17                  System.out.println(winNum +"号窗口卖出第" +tickets--+"张票");
18                  //记录卖票的数量
19                  total++;
20                  try {
21                      //出票成功后让当前售票窗口睡眠,以便让其他售票窗口卖票
22                      Thread.sleep(200);
23                  } catch (InterruptedException e) {
24                      e.printStackTrace();
25                  }
26              } else {
27                  //余票不足,停止售票
28                  break;
29              }
30          }
31      }
32      //返回窗口卖票的结果
33      return new TicketResult(winNum,total);
34  }
35 }
```

TicketTestWithThreadPool.java

```
1  import java.util.*;
2  import java.util.concurrent.*;
3
4  public class TicketTestWithThreadPool {
5      public static void main(String[] args) {
6          //创建线程池
7          ExecutorService executorService =Executors.newFixedThreadPool(3);
8          TicketWindow tw =new TicketWindow();
9          List<Future<TicketResult>>futureList =new ArrayList<>();
10
11         for (int i =1; i <=3; i++) {
12             //提交任务;Future 接口用来访问多线程任务执行结果
13             Future<TicketResult> future =executorService.submit(tw);
14             futureList.add(future);
15         }
16
17         //获取结果
18         for (Future<TicketResult>future : futureList) {
19           try {
20               TicketResult result =future.get();
21               System.out.println(result.getWinNum() +"号窗口总共卖了" +result.getTotal
                  () +"张票!");
22           } catch (Exception e) {
23               e.printStackTrace();
24           }
25         }
26         executorService.shutdown();
27     }
28 }
```

程序某次执行结果:

```
1 号窗口卖出第 5 张票
3 号窗口卖出第 4 张票
3 号窗口卖出第 3 张票
2 号窗口卖出第 2 张票
2 号窗口卖出第 1 张票
```

3. java.lang.Object 类中提供的互斥锁配合方法

线程可以通过 java.lang.Object 类中的 wait()、notify() 和 notifyAll() 方法相互通信,3 个方法配合互斥锁处理线程同步,这是一种"等待-唤醒"机制。这 3 个方法也只能在同步方法中被调用,只能出现在 synchronized 锁定的一段代码中。

(1) public final void wait():使当前线程等待,直到另一个线程对该对象调用 notify() 或 notifyAll() 方法。当一个线程使用的同步方法中要用到某个变量,而该变量又需要其他线程修改才能符合本线程需要时,则可以在同步方法中将当前线程挂起,释放互斥锁,进行等待。注意,它与 sleep() 不同,sleep() 不会释放互斥锁。

(2) public final void notify() 和 public final void notifyAll():当有一些线程等待某一个同步方法时,可以使用 notify() 唤醒等待队列中优先级别最高的一个线程用,用 notifyAll() 唤醒等待队列中所有线程。

例 13.4 开门问题。张飞开门忘了带钥匙,等关羽送来钥匙才能开门。

下面用等待-唤醒机制来解决这个同步问题。

【代码 13-15】 使用 wait()、notify() 方法实现例 13.4。

OpenDoorSync.java

```
1   public class OpenDoorSync {
2       public static void main(String[] args) throws Exception {
3           Person person = new Person();
4           PersonThread zhang = new PersonThread(person);
5           PersonThread guan = new PersonThread(person);
6           Thread z = new Thread(zhang, "张飞");
7           Thread g = new Thread(guan, "关羽");
8           z.start();
9           g.start();
10      }
11  }
12
13  class Person {
14      /** 是否有钥匙 */
15      private boolean keyFlag = false;
16
17      /** 开门方法 */
18      public synchronized void openDoor() {
19          while (!keyFlag) {
20              try {
21                  System.out.println("开门,没带钥匙,等待……");
22                  wait();
23              } catch (InterruptedException e) {
24              }
25          }
26          System.out.println("拿到钥匙,开门!");
27      }
28
29      /** 送钥匙方法 */
30      public synchronized void deliverKey() {
31          try {
32              System.out.println("快马加鞭送钥匙……");
```

```
33              //送钥匙需要时间,休眠一会
34              Thread.sleep(4000);
35          } catch (InterruptedException ie) {
36          }
37          System.out.println("钥匙送到!");
38          keyFlag =true;
39          //钥匙送到,唤醒开门线程
40          notify();
41      }
42  }
43
44  class PersonThread implements Runnable {
45      private Person person;
46
47      public PersonThread(Person person) {
48          this.person =person;
49      }
50
51      @Override
52      public void run() {
53          String name =Thread.currentThread().getName();
54          if (name.equals("张飞")) {
55              person.openDoor();
56          } else if (name.equals("关羽")) {
57              person.deliverKey();
58          }
59      }
60  }
```

程序执行结果:

```
开门,没带钥匙,等待……
快马加鞭送钥匙……
钥匙送到!
拿到钥匙,开门!
```

13.4.2 线程死锁问题

利用同步方法可以解决共享资源时的正确性问题,但同步也会带来死锁问题。在有两个以上线程的系统中,当形成封闭的等待环时就会产生死锁现象。即一个线程 A 在等待线程 B 的资源,线程 B 在等待线程 C 的资源……又在等待线程 A 的资源。最后形成无限制的等待。

Java 还没有有效地解决死锁的机制。有效的办法是谨慎使用多线程,并注意以下几点。

(1) 真正需要时才采用多线程程序。

(2) 对共享资源的占有时间要尽量短。

(3) 使用多个锁时,确保所有线程都按照相同顺序获得锁。

13.4.3 线程组

Java 允许使用线程组(Thread Group)对一组线程进行统一管理。例如,调用 interrupt()方法中断某个线程组中所有线程的运行等。

线程组管理的职责由 ThreadGroup 类担当。一般来说,线程组的操作有如下 3 类。

(1) 创建线程组。

（2）将有关线程加入线程组。

（3）对线程组中的线程进行统一操作。

1. 创建线程组

线程组由 ThreadGroup 的构造器创建，参数为线程组名。ThreadGroup 构造器的两种原型为：

```
public ThreadGroup(String name);
public ThreadGroup(ThreadGroup parent, String name);
```

其中，name 指定线程组名称，parent 用于指定父线程组。

例如：

```
String groupName = "myThreadGroup";
ThreadGroup tg = new ThreadGroup(groupName);
```

2. 将有关线程加入线程组

可以在创建一个线程时将其添加到线程组中。例如：

```
Thread t = new Thread(tg, "aThread");
```

3. 对线程组中的线程进行统一操作

对线程组中的线程进行操作使用 ThreadGroup 的有关方法。例如，要将线程组 tg 中的线程全部中断，可以调用 ThreadGroup 的方法 interrupt()，即

```
tg.interrupt();
```

若要检查线程组中的线程是否处于可运行状态，可以调用方法 activeCount()，即

```
tg.activeCount() == 0;
```

习题

1. 当多个线程对象操作同一资源时，使用（　　）关键字进行资源同步。

    A. transient   B. synchronized

    C. public   D. static

2. 下列说法中，错误的一项是（　　）。

    A. 对象锁在 synchronized() 语句执行完之后由持有它的线程返还

    B. 对象锁在 synchronized() 语句中出现异常时由持有它的线程返还

    C. 当持有锁的线程调用了该对象的 wait() 方法时，线程将释放其持有的锁

    D. 当持有锁的线程调用了该对象的构造方法时，线程将释放其持有的锁

3. 使用 synchronized 来实现线程的同步，但是也会产生（　　）问题。

    A. 线程的死锁   B. 线程的睡眠

    C. 线程的启动   D. 线程的运行

4. 线程同步中，对象的锁在（　　）情况下持有线程返回。

    A. 当 synchronized() 语句块执行完后

    B. 在 synchronized() 语句块执行中出现例外（exception）时

    C. 当持有锁的线程调用该对象的 wait() 方法时

    D. 以上都是

13.5 本章小结

1. 线程是比进程更小的执行单位。进程是运行中的程序,线程则是进程中的一个执行流程。进程就是线程的容器,一个进程至少有一个线程,一个进程中也可以有多个线程。Java 支持多线程编程,采用多线程能够提高系统资源的利用率。

2. Java 虚拟机的多线程是通过线程轮流切换分配处理执行时间的方式来实现的,在任何一个确定的时刻,一个处理器(对于多核处理器来说是一个内核)都只会执行一条程序中的指令。

3. Java 语言中可以继承 Thread 类来实现多线程,也可以采用实现 Runnable 接口实现多线程,采用后一种方法能够达到资源共享的目的。

4. 可以使用 start()方法启动线程,使用 sleep(long)方法将线程转入休眠状态,以便其他线程获得运行的机会。

5. 多线程的功能执行代码是 run()方法,继承 Thread 类则必须覆盖该方法,实现 Runnable 接口则必须实现 run()方法。线程对象不会直接调用 run()方法,Java 虚拟机会自动调用该方法。

6. 线程的生命周期指线程都有新建、就绪、运行、阻塞、死亡等 5 种状态。

7. 当多个线程对象操作同一共享资源时,为了避免线程破坏共享资源,可以使用 synchronized 关键字来进行资源的同步。同步有同步方法和同步代码块两种形式。不过,同步可能会引起死锁问题。

习题

1. 用多线程求解某范围的素数,每个线程负责 1000 个数:线程 1 找 1~1000,线程 2 找 1001~2000,线程 3 找 2001~3000。

(1) 编写程序将每个线程找到的素数及时打印,要求分别利用 Thread 类和 Runnable 接口实现。

(2) 将每个线程找到的素数统一在主线程中打印出来,用 Callable 接口实现。

2. 模拟一个电子时钟,它可以在任何时候被停止或启动,能独立运行,并且每隔 10s 显示一个时间。

3. 某汉堡店有两名厨师,一名营业员。两名厨师分别做一种类型的汉堡 A 和 B。该店的基本情况如下。

- A 类汉堡的初期产量:20 个。
- B 类汉堡的初期产量:30 个。
- A 类汉堡的制作时间:3s。
- B 类汉堡的制作时间:4s。
- 购买 A 类汉堡的顾客频度:1s,1 名。
- 购买 B 类汉堡的顾客频度:2s,1 名。

请模拟这个汉堡店的营业情况。

4. 有一个买电影票的队列,依次为张三、李四、王五三人。张三手中只有一张 50 元的钱,李四手中只有一张 20 元的钱,王五只有一张 10 元的钱。每张电影票 10 元,售票员只有 3 张 10 元的钱。请用一个多线程程序模拟这个买票过程。

5. 用多线程求解某范围的素数,每个线程负责 100 个数:线程 1 找 1~100,线程 2 找 101~200,线程 3 找 201~300,线程 4 找 301~400,线程 5 找 401~500,线程 6 找 501~ 600,线程 7 找 601~700,线程 8 找 701~800,线程 9 找 801~900,线程 10 找 901~1000。编写程序将每个线程找到的素数及时打印,要求分别用 newFixedThreadPool(线程数目为 5)、newCachedThreadPool 和 newSingleThreadExecutor 三种类型的线程池实现。

6. 用多线程和 Socket 设计一个多人聊天的程序。

第14章 函数式编程

课程练习

函数式编程(Functional Programming)或称函数程序设计,又称泛函编程,是一种编程范式,主要思想是把程序用一系列计算的形式来表达,主要关心数据到数据之间的映射关系。编程范式就是一种如何编写程序的方法论。

函数式编程中的函数这个术语不是指计算机程序中的函数,而是指数学中的函数,表示一种映射关系,即自变量的映射。例如,y=sqrt(x)函数计算 x 的平方根,只要 x 不变,不论什么时候调用,调用多少次,y 的值都是不变的。函数式编程的思想其实就是如此,其执行结果仅与输入的参数有关,不依赖其他外部的状态,也不会产生副作用,这种函数称为纯函数(Pure Function)。函数式编程中的变量也和命令式编程中的变量的概念不一致,命令式中的变量大多是指存储单元的状态,而函数式中的变量指的是数学中代数上的变量,即一个值的名称,变量的值是不可变的,即不可以多次给一个变量赋值。

在函数式编程中函数是"一等公民",就是说,函数与其他数据类型一样,处于平等地位,可以将函数赋值给其他变量,也允许把函数本身作为参数传入另一个函数,还允许返回一个函数;可以在任何地方定义(包括函数内或函数外);可以对函数进行组合。函数式编程的本质就是把函数看作数据。研究函数式编程的理论是 λ(Lambda)演算,所以经常把支持函数式编程的编码风格称为 Lambda 表达式。Java 8 引入了 Lambda 表达式,以及由此引入了函数式编程及函数式接口。

14.1 Lambda 表达式

14.1 Lamb-
da 表达式

Lambda 表达式是一个匿名函数,它没有名称,但它有参数列表、函数主体、返回类型,可能还有一个可以抛出的异常列表。Lambda 表达式是一段可以像数据一样进行传递的代码。使用 Lambda 表达式能够写出更加简洁、灵活的代码。并且,作为一种更紧凑的代码风格,使用 Lambda 表达式能够提升 Java 的语言表达能力。

14.1.1 从匿名类到 Lambda 的转换

从匿名类到 Lambda 的转换是 Lambda 表达式的关键所在。

下面以实现 Runnable 接口创建线程为例,演示从使用内部类实现到使用匿名类实现,再到使用 Lambda 表达式实现的完整转换过程。

【代码 14-1】 使用内部类创建多线程。

InnerClassRunnableDemo.java

```
1    public class InnerClassRunnableDemo {
2        public static void main(String[] args) {
3            Thread t = new Thread(new InnerClassRunnable());
4            t.start();
5        }
```

```
6
7        /** 使用内部类实现 Runnable 接口 */
8        static class InnerClassRunnable implements Runnable {
9            @Override
10           public void run() {
11               System.out.println("Hello Runnable");
12           }
13       }
14   }
```

说明：第 8～13 行内部类 InnerClassRunnable 实现了 Runnable 接口，第 3 行将 InnerClassRunnable 类的匿名对象传入 Thread 类的构造器来创建线程对象。

【代码 14-2】 使用匿名内部类创建多线程。

AnonymousClassRunnableDemo.java

```
1        public class AnonymousClassRunnableDemo {
2            public static void main(String[] args) {
3            Thread t = new Thread(new Runnable() {
4                @Override
5                public void run() {
6                    System.out.println("Hello Runnable");
7                }
8            });
9            t.start();
10           }
11       }
```

说明：

（1）第 3～8 行创建了一个 Runnable 接口的匿名内部类，如下：

```
new Runnable() {
    @Override
    public void run() {
        System.out.println("Hello Runnable");
    }
}
```

把以上匿名内部类作为参数传入 Thread 类的构造器来创建线程对象。

当然，也可以把这个匿名内部类直接赋给 Runnable 接口的引用变量，例如：

```
Runnable r = new Runnable(){
    @Override
    public void run(){
        System.out.println("Hello Runnable ");
    }
};
```

再把此引用变量 r 作为参数传入 Thread 类的构造器来创建线程对象，例如：

```
Thread t = new Thread(r);
```

（2）匿名内部类简化了内部类的代码，图 14.1 演示了其简化过程。

【代码 14-3】 使用 Lambda 表达式创建多线程。

LambdaRunnableDemo.java

```
1    public class LambdaRunnableDemo {
2        public static void main(String[] args) {
3            Thread t = new Thread(() ->{
```

```
4                System.out.println("Hello Runnable");
5            });
6            t.start();
7        }
8    }
```

```
public class InnerClassRunnableDemo {          public class InnerClassRunnableDemo {
    public static void main(String[] args) {       public static void main(String[] args) {
        Thread t = new Thread(                         Thread t = new Thread(
            new InnerClassRunnable());                     new class InnerClassRunnable
        t.start();                                         implements Runnable() {
    }                                                      @Override
static class InnerClassRunnable                             public void run() {
    implements Runnable {                                      System.out.println("Hello Runnable")
        @Override                                          }
        public void run() {                            });
            System.out.println("Hello Runnable")       t.start();
        }                                          }
    }                                          }
}
```

(a) 一个内部类 InnerClassRunnable   (b) 匿名内部类

图 14.1　从内部类到匿名内部类

说明：

（1）第 3～5 行使用了如下形式的 Lambda 表达式：

```
() ->{
    System.out.println("Hello Runnable");
}
```

把它作为参数传入 Thread 类的构造器来创建线程对象。就是用() -> {}代码块替代了整个匿名类。Lambda 其实就是匿名方法，这是一种把方法作为参数进行传递的编程思想。

当然，也可以把这个 Lambda 表达式直接赋值给 Runnable 接口的引用变量，例如：

```
Runnable r = () ->{
    System.out.println("Hello Runnable");
};
```

（2）从直观上看，Lambda 表达式要比匿名内部类简洁得多。Lambda 表达式对匿名内部类的简化过程如图 14.2 所示。

Lambda 表达式实现的 Runnable 接口，接口类型都省略了，运行时怎样确定参数类型呢？JVM 编译器能够通过上下文推断出数据类型，这就是"类型推断"。

简化代码只是 Java 引入 Lambda 表达式的原因之一。Lambda 的目的其实就是为了支持函数式编程，而为了支持 Lambda 表达式，才有了函数式接口。另外，在面对大型数据集合时，为了能够更加高效地开发，编写的代码更加易于维护，更加容易运行在多核 CPU 上，Java 在语言层面增加了 Lambda 表达式。

14.1.2　Lambda 表达式的语法

Lambda 表达式的基本语法格式如下：

```
public class InnerClassRunnableDemo {
    public static void main(String[] args) {
        Thread t = new Thread(
            new Runnable() {
            @Override
            public void run() {
                System.out.println("Hello Runnable");
            }
        });
        t.start();
    }
}
```

(a) 匿名内部类

```
public class LambdaRunnableDemo {
    public static void main(String[] args) {
        Thread t = new Thread(() -> {
            System.out.println("Hello Runnable");
        });
        t.start();
    }
}
```

(b) Lambda表达式

图 14.2　从匿名内部类到 Lambda 表达式

```
(parameters) ->expression 或 (parameters) ->{ statements; }
```

Lambda 表达式在 Java 语言中引入了一个新的语法元素和操作符"→",该操作符被称为 Lambda 操作符或箭头操作符。因此,Java 中又将 Lambda 表达式称为箭头函数。箭头操作符将 Lambda 表达式分为以下两部分。

(1) 左侧部分指定了 Lambda 表达式的参数列表。Lambda 表达式本质上是对接口的实现,Lambda 表达式的参数列表本质上对应着接口中方法的参数列表。

(2) 右侧部分指定了 Lambda 函数体,即 Lambda 表达式所需要执行的功能。Lambda 体本质上就是接口方法具体实现的功能。

Lambda 表达式可以有返回值,也可以没有返回值。如果有返回值,需要代码段的最后一句通过 return 的方式返回对应的值。

Lambda 表达式是一个匿名函数,没有函数名称只有函数体。简单来说,这是一种没有声明的方法,即没有访问修饰符、返回值声明和名称。

Lambda 表达式的具体语法格式总结如下。

• 语法格式一:无参数,无返回值,Lambda 体只有一条语句。示例如下:

```
Runnable r = () ->System.out.println("Hello Lambda");
new Thread(r).start();
```

• 语法格式二:Lambda 表达式需要一个参数,并且无返回值。示例如下:

```
Consumer<String> consumer = (x) ->System.out.println(x);
consumer.accept("Hello Lambda");
```

• 语法格式三:Lambda 只需要一个参数时,参数的小括号可以省略。示例如下:

```
Consumer<String> consumer =x ->System.out.println(x);
consumer.accept("Hello Lambda");
```

• 语法格式四:Lambda 需要两个参数,并且有返回值。示例如下:

```
Comparator<Integer> comparator = (x, y) ->{
    return Integer.compare(x, y);
};
```

• 语法格式五:当 Lambda 体只有一条语句时,return 和大括号可以省略。示例如下:

```
Comparator<Integer> comparator =(x, y) ->Integer.compare(x, y);
```

- 语法格式六：Lambda 表达式的参数列表的数据类型可以省略不写。示例如下：

```
BinaryOperator<Integer> bo = (Integer a, Integer b) ->{
    return a +b;
};
```

等同于：

```
BinaryOperator<Integer> bo = (a, b) ->{
    return a +b;
};
```

上述 Lambda 表达式中的参数类型省略后，编译时由编译器推断得出具体类型。Lambda 表达式中无须指定类型，程序依然可以编译，这是因为编译器根据程序的上下文，在后台推断出了参数的类型。Lambda 表达式的类型是由编译器根据上下文环境推断出来的。这就是所谓的"类型推断"。

习题

1. 对函数式编程思想的理解中，不正确的是（   ）。
   A. 函数式编程是一种结构化编程范式，是如何编写程序的方法论
   B. 函数是第一等公民 first class，是指它享有与变量同等的地位
   C. 高阶函数可以接收入另一个函数作为其输入参数
   D. 函数式编程中，变量不可以指向函数

2. 下列不属于面向函数编程的特点的是（   ）。
   A. 程序每一行语句可以表达出更多有关算法的信息
   B. 有赋值语句
   C. 没有状态和存储单元的概念
   D. 程序具有单一的调用结构

3. 下面关于函数式编程的说法错误的是（   ）。
   A. 函数式编程是一种编程范式，跟面向对象编程是并列关系
   B. 函数式编程可以很大程度上让代码可以重用
   C. 函数式编程可以很大程度上提高程序的性能
   D. 函数式编程中的函数是程序中的函数或者方法

4. 函数式编程中函数是一等公民包括（   ）。
   A. 函数可以存储在变量中   B. 函数可以作为参数
   C. 函数可以作为返回值   D. 函数可以递归调用

5. Lambda 表达式实际上是一个什么函数？（   ）。
   A. 函数   B. 匿名函数
   C. 过程   D. 以上都不是

6. 关于 Lambda 表达式说法正确的是（   ）。
   A. Lambda 表达式也可称为闭包，是推动 Java 8 发布的最重要的新特性
   B. Lambda 表达式本质上是一个匿名方法，允许把函数作为一个方法的参数或者把

```
```

代码看成数据

    C. 可以用逗号分隔的参数列表、->符号、函数体三部分表示,可以把函数体放在一对花括号中

    D. Lambda 可能会返回一个值,返回值的类型也是由编译器推测出来的

7. 下列选项中不符合 Java 中 Lambda 表达式语法的是(   )。

    A. x -> x+1   B. (x, y) -> x+y

    C. (num) -> { return num+1; }   D. x, y -> x+y

8. 使用 Lambda 表达式创建线程,下面选项错误的是(   )。

    A. Runnable r = ()->{ System.out.println ("HelloWorld");}; new Thread (r).start();

    B. new Thread(()->System.out.println("HelloWorld")).start();

    C. Runnable r = { System.out.println ("HelloWorld");}; r.start();

    D. new Thread (()->{System.out.println ("HelloWorld");}).start();

14.2 函数式接口

14.2.1 函数式接口概述

    Lambda 表达式能简化匿名内部类的书写,但并不能取代所有的匿名内部类。Lambda 表达式想要替代匿名类是有条件的,即这个匿名类实现的接口必须是函数式接口(Functional Interface)。也就是说,Lambda 表达式需要函数式接口的支持。函数式接口是 Java 支持函数式编程的基础。

    函数式接口是指有且仅有一个抽象方法的接口,但是可以有多个非抽象方法的接口(可以包含 default 或 static 方法)。一般通过 FunctionalInterface 这个注解来表明某个接口是一个函数式接口。函数式接口可以被隐式转换为 Lambda 表达式。Runnable 接口能够用 Lambda 表达式实现,是因为 Runnable 接口的定义符合函数式接口的要求,其定义如下:

```
@FunctionalInterface
public interface Runnable {
    public abstract void run();
}
```

    同样,事件处理器能用 Lambda 表达式简化,也是因为 EventHandler 接口是一个函数式接口,其定义如下:

```
@FunctionalInterface
public interface EventHandler<T extends Event>extends EventListener {
    void handle(T event);
}
```

    如果某个接口只有一个抽象方法,但没有给该接口声明 FuncationalInterface 注解,那么编译器依旧会将该接口看作函数式接口。虽然@FunctionalInterface 注解不是必需的,但是自定义函数式接口最好还是都加上,一是养成良好的编程习惯;二是加了之后编译器会对接口增加一个强制性的检查,如果接口里有多个抽象方法,使用了该注解就会提示有语法错误;三是防止他人修改,一看到这个注解就知道是函数式接口,避免他人再往接口内添加

抽象方法造成不必要的麻烦。

函数式接口,即适用于函数式编程场景的接口。而 Java 中的函数式编程体现就是 Lambda,所以函数式接口就是可以适用于 Lambda 使用的接口。只有确保接口中有且仅有一个抽象方法,Java 中的 Lambda 才能顺利地进行推导。前面有提到,编译器会根据上下文推断出 Lambda 参数类型,是因为 Java 已经知道函数接口的单个抽象方法的预期参数的类型,编译器可以自动理解方法返回类型或参数类型。

函数式接口与其他接口的区别如下。

(1) 函数式接口中只能有一个抽象方法(不包括与 Object 的方法重名的方法)。

(2) 可以有从 Object 继承过来的抽象方法,因为所有类的最终父类都是 Object。

(3) 接口中唯一抽象方法的命名并不重要,因为函数式接口就是对某一行为进行抽象,主要目的就是支持 Lambda 表达式。

14.2.2 自定义函数式接口

Java 8(JDK 1.8)开始可以自定义函数式接口,方便开发人员使用 Lambda 表达式来实现相应的功能。

例 14.1 使用函数式接口和 Lambda 表达式实现对字符串的处理功能,如大小写转换。

【代码 14-4】 例 14.1 的实现代码。

(1) 首先定义一个函数式接口。

StringFunc.java

```
1    @FunctionalInterface
2    public interface StringFunc <T>{
3        public T getValue(T s);
4    }
```

(2) 再定义一个操作字符串的方法,其中参数为 StringFunc 接口实例和需要转换的字符串。

```
1    public static String handlerString(StringFunc<String>strFunc, String str) {
2        return strFunc.getValue(str);
3    }
```

(3) 最后对自定义的函数式接口进行测试,此时传递的函数式接口的参数为 Lambda 表达式,并且将字符串转换为大写。

TestLambda.java

```
1    public class TestLambda {
2        public static void main(String[] args) {
3            //JDK 1.8 之前用匿名内部类
4            String str1 =handlerString(new StringFunc<String>() {
5                @Override
6                public String getValue(String s) {
7                    return s.toUpperCase();
8                }
9            }, "hangzhou");
10           System.out.println(str1);
11
12           //JDK1.8 开始用 Lambada 表达式
13           String str2 =handlerString(s ->s.toUpperCase(), "shanghai");
```

```
14              System.out.println(str2);
15          }
16
17      public static String handlerString(StringFunc<String>strFunc, String str) {
18          return strFunc.getValue(str);
19      }
20  }
```

程序运行结果：

```
HANGZHOU
SHANGHAI
```

说明：

（1）调用 handlerString()方法时使用匿名内部类和 Lambda 表达式进行了对比。

（2）当然，可以通过 handlerString(StringFunc<String> strFunc, String str)方法结合 Lambda 表达式对字符串进行任意操作，如转换为小写、取子串等。例如：

```
String str =handlerString(s ->s.substring(0, 4), "shanghai");
```

注意：为了将 Lambda 表达式作为参数传递，接收 Lambda 表达式的参数类型必须是与该 Lambda 表达式兼容的函数式接口的类型。

例 14.2　声明一个带两个泛型的函数式接口，泛型类型为<T，R>，其中，T 作为参数的类型，R 作为返回值的类型。在 TestLambda 类中声明方法。使用接口作为参数计算两个 double 型参数的和。

【代码 14-5】　例 14.2 的实现代码。

SumFunc.java

```
1   @FunctionalInterface
2   public interface SumFunc<T, R>{
3       R add(T t1, T t2);
4   }
```

TestLambda.java

```
1   public class TestLambda {
2       public static void main(String[] args) {
3           operate(120.1, 230.4, (x, y) ->x +y);
4       }
5
6        public static void operate (Double num1, Double num2, SumFunc< Double, Double >
    sumFunc) {
7           System.out.println("值为: "+sumFunc.add(num1, num2));
8       }
9   }
```

程序运行结果：

```
值为：350.5
```

说明：也可以进行其他类型的运算，如求积：

```
operate(120.1, 230.4, (x, y) ->x * y);
```

14.2.3　Java 内置函数式接口

使用 Lambda 必须要用函数式接口，JDK 提供了大量常用的函数式接口以丰富 Lambda 的典型使用场景，它们主要在 java.util.function 包中被提供。

1. 核心函数式接口

Consumer、Supplier、Function 及 Predicate 是 Java 内置四大核心函数式接口，如表 14.1 所示。四大核心函数式接口也是最常用的函数式接口。

表 14.1　Java 内置四大核心函数式接口

函 数 式 接 口	参 数 类 型	返 回 类 型	使 用 场 景
Consumer：消费型接口	T	void	对类型为 T 的对象应用操作，包含方法：void accept(T t)
Supplier：供给型接口	无	T	返回类型为 T 的对象，包含方法：T get()
Function：函数型接口	T	R	对类型为 T 的对象应用操作，并返回 R 类型的结果。包含方法：R apply(T t)
Predicate：断言型接口	T	boolean	确定类型为 T 的对象是否满足约束条件，并返回 boolean 类型的数据。包含方法：boolean test(T t)

1) Consumer：消费型接口

Consumer 接口是消费型接口。Java 8 中对 Consumer 的定义如下：

```
@FunctionalInterface
public interface Consumer<T>{
    void accept(T t);

    default Consumer<T>andThen(Consumer<? super T>after) {
        Objects.requireNonNull(after);
        return (T t) ->{ accept(t); after.accept(t); };
    }
}
```

（1）抽象方法：void accept(T t)，接收一个参数进行消费，但无须返回结果。使用示例：

```
Consumer<String>consumer1 =e->System.out.println("hello "+e);
 consumer1.accept("java");

 Consumer<String>consumer2 =System.out::println;
 consumer2.accept("hello function");
```

输出结果：

```
hello java
hello function
```

说明：双冒号::称为"方法引用符"。

（2）默认方法：andThen(Consumer after)，先消费然后再消费，先执行调用 andThen 接口的 accept() 方法，然后再执行 andThen() 方法参数 after 中的 accept() 方法。使用示例：

```
Consumer<String>consumer1 =s ->System.out.print("省份: " +s.split(",")[0]);
Consumer<String>consumer2 =s ->System.out.println("-->省会: " +s.split(",")[1]);
```

```
String[] strings = { "浙江,杭州", "江苏,南京" };
for (String string : strings) {
    consumer1.andThen(consumer2).accept(string);
}
```

输出结果：

```
省份:浙江-->省会:杭州
省份:江苏-->省会:南京
```

2) Supplier：供给型接口

Supplier 接口是供给型接口。Java 8 中对 Supplier 接口的定义如下：

```
@FunctionalInterface
public interface Supplier<T>{
    T get();
}
```

抽象方法：T get()，无参数，有返回值。使用示例：

```
Supplier<String> supplier1 = () ->"hello java";
System.out.println(supplier1.get());

Supplier<Integer> supplier2 = () ->new Random().nextInt(100);
System.out.println(supplier2.get());
```

输出结果：

```
hello java
51
```

说明：这类接口适合提供数据的场景。

3) Function：函数型接口

Function 接口是函数型接口。Java 8 中对 Function 接口的定义如下：

```
@FunctionalInterface
public interface Function<T, R>{
    R apply(T t);

    default <V>Function<V, R>compose(Function<? super V, ? extends T>before) {
        Objects.requireNonNull(before);
        return (V v) ->apply(before.apply(v));
    }

    default <V>Function<T, V>andThen(Function<? super R, ? extends V>after) {
        Objects.requireNonNull(after);
        return (T t) ->after.apply(apply(t));
    }

    static <T>Function<T, T>identity() {
        return t ->t;
    }
}
```

（1）抽象方法：R apply(T t)，传入一个参数，返回想要的结果。使用示例：

```
Function<Integer, Integer>function1 =e ->e * 5;
System.out.println(function1.apply(4));

Function<String, String>function2 =s ->s.toUpperCase();
System.out.println(function2.apply("hangzhou"));
```

输出结果：

```
20
HANGZHOU
```

（2）默认方法：compose(Function before)，先执行 compose() 方法参数 before 中的 apply 方法，然后将执行结果传递给调用 compose 函数中的 apply() 方法再执行。使用示例：

```
Function<Integer, Integer>function1 = e -> e * 3;
Function<Integer, Integer>function2 = e -> e * e;

Integer apply2 = function1.compose(function2).apply(4);
System.out.println(apply2);
```

输出结果：

```
48
```

（3）默认方法：andThen(Function after)，先执行调用 andThen 函数的 apply() 方法，然后再将执行结果传递给 andThen() 方法 after 参数中的 apply() 方法在执行。它和 compose() 方法整好是相反的执行顺序。使用示例：

```
Function<Integer, Integer>function1 = e -> e * 3;
Function<Integer, Integer>function2 = e -> e * e;

Integer apply3 = function1.andThen(function2).apply(4);
System.out.println(apply3);
```

输出结果：

```
144
```

（4）静态方法：identity()，获取一个输入参数和返回结果相同的 Function 实例。使用示例：

```
Function<Integer, Integer>identity = Function.identity();
Integer apply = identity.apply(6);
System.out.println(apply);
```

输出结果：

```
6
```

说明：这个方法的作用就是输入什么返回结果就是什么。

4）Predicate：断言型接口

Predicate 接口是断言型接口。Java 8 中对 Predicate 接口的定义如下：

```
@FunctionalInterface
public interface Predicate<T>{

    boolean test(T t);

    default Predicate<T>and(Predicate<? super T>other) {
        Objects.requireNonNull(other);
        return (t) -> test(t) && other.test(t);
    }

    default Predicate<T>negate() {
        return (t) -> !test(t);
```

```
    }

    default Predicate<T>or(Predicate<? super T>other) {
        Objects.requireNonNull(other);
        return (t) ->test(t) || other.test(t);
    }

    static <T>Predicate<T>isEqual(Object targetRef) {
        return (null ==targetRef)
            ? Objects::isNull
            : object ->targetRef.equals(object);
    }
}
```

（1）抽象方法：boolean test(T t)，传入一个参数，返回一个布尔值。使用示例：

```
Predicate<Integer>predicate =t ->t >10;
boolean test =predicate.test(12);
System.out.println(test);
```

输出结果：

```
true
```

说明：当 predicate 函数调用 test()方法的时候，就会拿 test()方法的参数进行 t -> t > 10 的条件判断，12 肯定是大于 10 的，最终结果为 true。

（2）默认方法：and(Predicate other)，相当于逻辑运算符中的 &&，当两个 Predicate 函数的返回结果都为 true 时才返回 true。使用示例：

```
Predicate<String>predicate1 =s ->s.length() >0;
Predicate<String>predicate2 =s ->s.contains("测试");
boolean test =predicate1.and(predicate2).test("&& 测试");
System.out.println(test);
```

输出结果：

```
true
```

（3）默认方法：or(Predicate other)，相当于逻辑运算符中的 ‖，当两个 Predicate 函数的返回结果有一个为 true 则返回 true，否则返回 false。使用示例：

```
Predicate<String>predicate1 =s ->s.length() ==0;
Predicate<String>predicate2 =s ->s.contains("测试");
boolean test =predicate1.or(predicate2).test("‖测试");
System.out.println(test);
```

输出结果：

```
true
```

（4）默认方法：negate()，取反，相当于逻辑运算符中的"!"。使用示例：

```
Predicate<String>predicate =s ->s.length() >0;
boolean result =predicate.negate().test("取反");
System.out.println(result);
```

输出结果：

```
false
```

（5）静态方法：isEqual(Object targetRef)，对当前操作进行"＝"操作，即判等操作，可以理解为 A == B。使用示例：

```
boolean test1 = Predicate.isEqual("java").test("java");
boolean test2 = Predicate.isEqual("java").test("hello");
System.out.println(test1);
System.out.println(test2);
```

输出结果：

```
true
false
```

2. 其他函数式接口

除了四大核心函数接口外，Java 8 还提供了一些其他的函数式接口，如表 14.2 所示。

表 14.2　其他的函数式接口

函数式接口	参 数 类 型	返 回 类 型	使 用 场 景
BiFunction(T，U，R)	T，U	R	对类型为 T，U 的参数应用操作，返回 R 类型的结果。接口定义的方法：R apply(T t，U u)
UnaryOperator（Function 子接口）	T	T	对类型为 T 的对象进行一元运算，并返回 T 类型的结果。包含方法为 T apply(T t)
BinaryOperator（BiFunction 子接口）	T，T	T	对类型为 T 的对象进行二元运算，并返回 T 类型的结果。包含方法为 T apply(T t1，T t2)
BiConsumer<T，U>	T，U	void	对类型为 T 和 U 的参数应用操作。包含方法为 void accept(T t，U u)
ToIntFunction	T	int	计算 int 值的函数
ToLongFunction	T	long	计算 long 值的函数
ToDoubleFunction	T	double	计算 double 值的函数
IntFunction	int	R	参数为 int 类型的函数
LongFunction	long	R	参数为 long 类型的函数
DoubleFunction	double	R	参数为 double 类型的函数

学会了 Java 8 中四大核心函数式接口的用法，其他函数式接口也就知道如何使用了，在此不做详细介绍了。

习题

1. Java 支持函数式编程的基础是（　　）。
   A. 接口　　　　　　　B. 泛型接口　　　　　C. 函数式接口　　　D. 抽象方法
2. 关于函数式接口描述错误的是（　　）。
   A. 不是所有的接口都能缩写成 Lambda 表达式，只有函数式接口才能缩写成 Lambda 表达式
   B. 函数式接口只能包含一个抽象方法
   C. 函数式接口必须要使用@FunctionalInterface 注解
   D. 函数式接口可以包含多个抽象方法
3. 下面哪个接口是函数式接口？（　　）
   A. public interface Adder{ int add(int a，int b)；}
   B. public interface SmartAdder extends Adder{int add(double a，double b)；}

C. public interface Nothing{ }

D. public interface Nothing{int add(int a，int b)；int sub(int a，int b)；}

4. 定义了一个函数式接口 Inter，并定义了一个方法使用该接口：

```
@FunctionalInterface
public interface Inter{
    void show();
}

public void method (Inter inter) {
    inter.show();
}
```

下列哪个选项可以成功调用 method()方法？（   ）

A. method(() -> show(System.out.println("Lambda 表达式调用")));

B. method(show(System.out.println("Lambda 表达式调用")) -> ());

C. method(() -> System.out.println("Lambda 表达式调用"));

D. method(System.out.println("Lambda 表达式调用") -> ());

14.3 方法引用

14.3.1 方法引用分类

从 JDK 1.8 开始，可以使用方法引用。当要传递给 Lambda 体的操作已经有实现的方法了，可以使用方法引用。方法引用的操作符是双冒号"::"。用操作符"::"将方法名和对象或类的名字分隔开来的表达式被称为方法引用。方法引用可以理解为 Lambda 表达式的另外一种表现形式，是 Lambda 表达式的简写，提高了代码可读性。

【代码 14-6】 方法引用简单示例。

PrintFunc.java

```
1    @FunctionalInterface
2    public interface PrintFunc {
3        /** 接收一个字符串参数，并打印显示它 */
4        public void print(String str);
5    }
```

MethodReferenceDemo.java

```
1    public class MethodReferenceDemo {
2        public static void main(String[] args) {
3            //Lambda 表达式
4            printString(s ->System.out.println(s),"Hello,World!");
5
6            //方法引用
7            printString(System.out::println, "Hello,Java!");
8        }
9
10       private static void printString(PrintFunc data,String str) {
11           data.print(str);
12       }
13   }
```

程序运行结果：

```
Hello,World!
Hello,Java!
```

说明：

（1）如果 Lambda 要表达的函数方案已经存在于某个方法的实现中，则可以通过双冒号来引用该方法作为 Lambda 的替代者。System.out 对象中有一个重载的 println(String) 方法恰好就是我们所需要的。那么对于 printString() 方法的函数式接口参数，对比下面两种写法，完全等效。

```
//Lambda 表达式写法
s ->System.out.println(s)
//方法引用写法
System.out::println
```

第一种写法的语义是指：拿到参数之后经 Lambda 之手，继而传递给 System.out.println() 方法去处理。

第二种等效写法的语义是指：直接让 System.out 中的 println() 方法来取代 Lambda。两种写法的执行效果完全一样，而第二种方法引用的写法复用了已有方案，更加简洁。

（2）Lambda 中传递的参数一定是方法引用中的那个方法可以接收的类型，否则会出现编译错误（是错误，不是异常）。

如上例中，传递的 Lambda 为：

```
(int s) ->System.out.println(s)
```

则会出现如下错误：

```
Error: 不兼容的类型：lambda 表达式中的参数类型不兼容
```

方法引用的分类情况，如表 14.3 所示。

表 14.3　方法引用的分类

类　型	语　法	对应的 Lambda 表达式	说　明
静态方法引用	类名::静态方法	(args) ->类名.静态方法(args)	函数式接口中被实现方法的全部参数传给该类方法作为参数
实例方法引用	对象::实例方法	(args) ->对象.实例方法(args)	函数式接口中被实现方法的全部参数传给该方法作为参数
对象方法引用	类名::实例方法	(inst,args)-> inst.实例方法(args)	函数式接口中被实现方法的第一个参数作为调用者，后面的参数全部传给该方法作为参数
构造器引用	类名::new	(args) -> new 类名(args)	函数式接口中被实现方法的全部参数传给该构造器作为参数
数组引用	dataType[]::new	(args) -> new dataType[args]	数组引用算是构造器引用的一种。函数式接口中被实现方法的全部参数传给该数组构造器作为参数

引用的方法的参数列表必须与实现的抽象方法参数列表保持一致。

14.3.2　静态方法引用

静态方法引用就是引用类的静态方法，语法为：

```
类名::静态方法名
```

方法引用与 Lambda 表达式示例：

```
String::valueOf 等价于 s ->String.valueOf(s);
Math::pow 等价于 (x,y) ->Math.pow(x,y);
```

【代码 14-7】 静态方法引用实例。

TestMethodRef.java

```
1   public class TestMethodRef {
2       public static void main(String[] args) {
3           //Lambda 表达式：相当于直接把类的静态方法写在 Lambda 体里
4           StringFunc stringFunc1 = (a, b) ->StringClass.concatString(a, b);
5           String result1 =stringFunc1.handleString("hello ", "java");
6           System.out.println(result1);
7
8           //方法引用
9           StringFunc stringFunc2 =StringClass::concatString;
10          String result2 =stringFunc2.handleString("hello ", "world");
11          System.out.println(result2);
12      }
13  }
14
15  @FunctionalInterface
16  interface StringFunc {
17      String handleString(String a, String b);
18  }
19
20  class StringClass {
21      public static String concatString(String a, String b) {
22          return a +b;
23      }
24  }
```

程序运行结果：

```
hello java
hello world
```

说明：

（1）第 4 行，Lambda 表达式的代码块只有一条语句，表达式所实现的 handleString()方法需要返回值，因此 Lambda 表达式将会把这条代码的值作为返回值。

（2）对于第 9 行的静态方法（类方法）引用，也就是调用 StringClass 类的 concatString()方法来实现 StringFunc 函数式接口中唯一的抽象方法，当调用 StringFunc 接口中的唯一抽象方法时，调用参数将会传给 StringClass 类的 concatString()类方法。

14.3.3 实例方法引用

实例方法引用就是引用对象实例的方法，语法为：

对象实例::实例方法名

方法引用与 Lambda 表达式示例：

```
String str ="hello";
Function<String, Integer>strLengthFunction1 =s ->s.length();
System.out.println(strLengthFunction1.apply(str));            //输出 5
Function<String, Integer>strLengthFunction2 =String::length;
System.out.println(strLengthFunction2.apply(str));            //输出 5
String str1 ="hello world!";
```

```
BiPredicate<String, String>strEqualsFunction1 = (s1, s2) ->s1.equals(s2);
System.out.println(strEqualsFunction1.test(str, str1));        //输出 false
BiPredicate<String, String>strEqualsFunction2 =String::equals;
System.out.println(strEqualsFunction2.test(str1, str1));       //输出 true
//若实例方法要通过对象来调用，第一个参数会成为调用实例方法的对象，后面的参数为调用方法的参数
String::length 等价于 lambda 表达式 s ->s.length();
String::equals 等价于 lambda 表达式 (s1,s2) ->s1.equals(s2);
//若实例方法为 this 或 super，参数会成为调用方法的参数
this::equals 等价于 lambda 表达式 s ->this.equals(s);
super::equals 等价于 lambda 表达式 s ->super.equals(s);
```

【代码 14-8】 实例方法引用实例。

TestMethodRef.java

```
1   public class TestMethodRef {
2       public static void main(String[] args) {
3           //Lambda 表达式
4           StringClass stringClass1 =new StringClass();
5           StringFunc stringFunc1 = (a, b) ->stringClass1.concatString(a, b);
6           String result1 =stringFunc1.handleString("hello ", "java");
7           System.out.println(result1);
8
9           //方法引用
10          StringClass stringClass2 =new StringClass();
11          StringFunc stringFunc2 =stringClass2::concatString;
12          String result2 =stringFunc2.handleString("hello ", "world");
13          System.out.println(result2);
14      }
15  }
16
17  @FunctionalInterface
18  interface StringFunc {
19      String handleString(String a, String b);
20  }
21
22  class StringClass {
23      public String concatString(String a, String b) {
24          return a +b;
25      }
26  }
```

程序运行结果：

```
hello java
hello world
```

说明：

（1）第 5 行，Lambda 表达式的代码块只有一条语句，表达式所实现的 handleString()
方法需要返回值，因此 Lambda 表达式将会把这条代码的值作为返回值。

（2）对于第 11 行的实例方法引用，也就是调用 stringClass2 对象的 concatString()方法
来实现 StringFunc 函数式接口中唯一的抽象方法，当调用 StringFunc 接口中的唯一抽象方
法时，调用参数将会传给 stringClass2 对象的 concatString()实例方法。

14.3.4 对象方法引用

若 Lambda 参数列表中的第一个参数是实例方法的调用者，而第二个参数（或无参数）
是实例方法的参数时，可以使用对象方法引用。语法为：

```
类名::实例方法名
```

这种模式并不是要直接调用类的实例方法,这样显然连编译都过不去。这种模式实际上是对象::实例方法模式的一种变形。

【代码 14-9】 对象方法引用实例。

TestMethodRef.java

```
1   public class TestMethodRef {
2       public static void main(String[] args) {
3           //Lambda 表达式
4           StringFunc stringFunc1 = (a, b, c) ->a.substring(b, c);
5           String result1 = stringFunc1.handleString("hello java", 2, 8);
6           System.out.println(result1);
7
8           //方法引用
9           StringFunc stringFunc2 = String::substring;
10          String result2 = stringFunc2.handleString("hello java", 2, 8);
11          System.out.println(result2);
12      }
13  }
14
15  @FunctionalInterface
16  interface StringFunc {
17      String handleString(String a, int b, int c);
18  }
```

程序运行结果:

```
llo ja
llo ja
```

说明:

(1) 第 4 行,Lambda 表达式的代码块只有一条语句,表达式所实现的 handleString() 方法需要返回值,因此 Lambda 表达式将会把这条代码的值作为返回值。

(2) 对于第 9 行的对象方法引用,也就是调用某个 String 对象的 substring() 方法来实现 StringFunc 函数式接口中唯一的抽象方法,当调用 StringFunc 接口中的唯一的抽象方法时,第一个调用参数将作为 substring() 方法的调用者,剩下的调用参数会作为 substring() 实例方法的调用参数。

14.3.5 构造器引用

构造器引用就是引用类的构造器,语法为:

```
类名::new
```

构造器也是方法,构造器引用实际上表示一个函数式接口中的唯一方法引用了一个类的构造器,引用的是那个参数相同的构造器。

方法引用与 Lambda 表达式示例:

```
//会根据参数寻找合适的构造器
String::new 等价于 lambda 表达式 s->new String(s);
也等价于 ()->new String();
```

【代码 14-10】 构造器引用实例。

TestMethodRef.java

```
1   public class TestMethodRef {
2       public static void main(String[] args) {
```

```
3        //Lambda 表达式
4        TargetFunc targetFunc1 =(a) ->new TargetClass("java");
5        TargetClass targetClass1 =targetFunc1.getTargetClass("123");
6        System.out.println(targetClass1.oneString);
7
8        //方法引用
9        TargetFunc targetFunc2 =TargetClass::new;
10       TargetClass targetClass2 =targetFunc2.getTargetClass("java");
11       System.out.println(targetClass2.oneString);
12   }
13 }
14
15 @FunctionalInterface
16 interface TargetFunc {
17     TargetClass getTargetClass(String a);
18 }
19
20 class TargetClass {
21     String oneString;
22
23     public TargetClass() {
24         oneString ="default";
25     }
26
27     public TargetClass(String a) {
28         oneString =a;
29     }
30 }
```

注意:

(1) 函数式接口的方法 getTargetClass(String a)有一个 String 类型的参数,所以当使用构造器引用时,引用的是有一个 String 参数的那个构造器(第 27~29 行)。

(2) 本例输出的结果是:

```
java
java
```

注意到第一行输出的不是 123,而是 java,因为 Lambda 表达式的原因,当执行:

```
targetFunc1.getTargetClass("123");
```

这行代码时,调用的实际上是 Lambda 体:

```
new TargetClass("java");
```

所以输出的结果和字符串"123"没关系。

14.3.6 数组引用

数组引用算是构造器引用的一种,可以引用一个数组的构造,语法为:

```
dataType[]::new
```

方法引用与 Lambda 表达式示例:

```
int[]::new 等价于 lambda 表达式 x->new int[x];
```

【代码 14-11】 数组引用实例。

TestMethodRef.java

```
 1    public class TestMethodRef {
 2        public static void main(String[] args) {
 3            //Lambda 表达式
 4            ArrayFunc<int[]>arrFunc1 = (n) -> new int[n];
 5            int[] stringArr1 = arrFunc1.getArr(10);
 6            System.out.println(stringArr1.length);
 7
 8            //方法引用
 9            ArrayFunc<int[]>arrFunc2 = int[]::new;
10            int[] stringArr2 = arrFunc2.getArr(5);
11            System.out.println(stringArr2.length);
12        }
13    }
14
15    @FunctionalInterface
16    interface ArrayFunc<T>{
17        T getArr(int a);
18    }
```

程序运行结果:

```
10
5
```

注意：使用数组引用时,函数式接口中抽象方法必须是有参数的,而且参数只能有一个,必须是数值类型(int 或 Integer),这个参数代表的是将要生成数组的长度。

习题

1. 方法引用是一个( )表达式。

A. 函数　　　　　　　B. Lambda　　　　　　C. 方法调用　　　　　D. 引用

2. 方法引用的操作符是( )。

A. *　　　　　　　　　B. ->　　　　　　　　C. ::　　　　　　　　D. =>

3. 以下( )属于方法引用的类型。

A. 类名::静态方法名　　　　　　　　　　B. 对象::实例方法名

C. 类名::实例方法名　　　　　　　　　　D. 类名::new

14.4 Stream

14.4　Stream

14.4.1　Stream 概述

Stream(流)是 Java 8 中处理集合的关键抽象概念,是 Lambda 的核心应用。Stream 使用一种类似用 SQL 语句从数据库查询数据的直观方式来提供对 Java 集合运算和表达的高阶抽象。Stream API 是对集合类的补充与增强,它主要用来对集合进行各种便利的聚合操作或者批量数据操作。Stream API 借助于 Lambda 表达式对集合数据的遍历、提取、过滤、排序等一系列操作的简化,以一种函数式编程的方式,对集合进行操作,极大地提高了编程效率和程序可读性。使用 Stream API 对集合数据进行操作,就类似于使用 SQL 执行的数据库查询。也可以使用 Stream API 来并行执行操作。简而言之,Stream API 提供了一种高效且易于使用的处理数据的方式。

Stream 不同于 java.io 的 InputStream 和 OutputStream，它代表的是任意 Java 对象的序列。两者的对比如表 14.4 所示。

表 14.4　Stream 与 InputStream 和 OutputStream 的对比

	java.io	java.util.stream
存储	顺序读写的 byte 或 char	顺序输出的任意 Java 对象实例
用途	序列化至文件或网络	内存计算或业务逻辑

Stream 是数据渠道，用于操作数据源（集合、数组等）所生成的元素序列。集合面向的是数据，Stream 面向的是计算。

Stream 具有如下特点。

（1）Stream 自己不会保存数据。

（2）Stream 不会修改原来的数据源。相反，它们会返回一个持有结果的新 Stream。

（3）惰性计算，即 Stream 操作是延迟执行的。流在中间处理过程中，只是对操作进行了记录，并不会立即执行，只有等到需要结果的时候才会进行实际的计算。

14.4.2　Stream 的操作流程

本节以一个集合从遍历到 Stream 操作的例子来说明 Stream 的操作流程。有一个存储整数的列表，统计大于 30 的元素的个数，代码段如下。

```
List<Integer>numbers =Arrays.asList(2,5,8,16,19,28,23,89,15,34,5,237,58);
int count =0;
for (Integer i : numbers) {
    if (i >30) {
        count++;
    }
}
System.out.println("count: " +count);
```

将以上遍历的代码转换成使用 Stream 的 API 来实现如下。

```
long count =numbers.stream().filter(i ->i >30).count();
System.out.println("count: " +count);
```

使用 Stream API 来实现的流程，如图 14.3 所示。

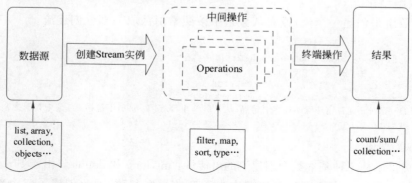

图 14.3　Stream 操作流程

Stream 的操作流程有以下三个步骤。

（1）创建 Stream。

获取数据源并创建 Stream 实例。数据源是 Stream 的操作对象，数据源可以是数组、列表、对象或者 I/O 流。

（2）中间操作（Intermediate Operations）。

执行中间操作链，对数据源的数据进行处理。执行中间操作，每次转换原有 Stream 对象不改变，返回一个新的 Stream 对象（可以有多次转换），这就允许对其操作可以像链条一样排列，变成一个管道。中间操作可以是过滤、排序、类型转换等操作。

（3）终止操作（终端操作，Terminal Operations）。

执行终止操作，产生结果，到此整个流消亡。终端操作主要是对最终结果进行计数、求和、创建新集合等操作。

14.4.3 Stream 操作

1. 创建 Stream

进行流操作的第一步是创建一个流，下面介绍几种常见的创建流的方式。

1）创建空流

```
Stream stream =Stream.empty();
```

2）通过构造器创建流

```
Stream<String>buildStream = Stream.<String>builder().add("hello").add("java").add("world").build();
buildStream.forEach(str ->System.out.println(str));        //遍历流中的数据,使用: Lambda 表达式
Stream<Object>objectStream = Stream.builder().add("hello").add("java").add("world").build();
objectStream.forEach(System.out::println);                //遍历流中的数据,使用: 方法引用
```

3）从集合创建流

如果已经有一个集合对象，那么可以直接通过调用其 stream()方法或 parallelStream()方法得到对应的流。使用集合创建流是常用的方式。例如：

```
List<String>list =Arrays.asList("hello", "world", "java");
Stream listStream =list.stream();                    //获取串行的 Stream 对象
Stream parallelListStream =list.parallelStream();    //获取并行的 Stream 对象
```

4）从数组创建流

可以从数组来创建一个流，或者从数组中按照索引截取一部分创建流。

```
//方式一
Stream<String>streamFromArr =Stream.of("hello", "java", "world");
//方式二
String[] strArr ={ "hello", "java", "world" };
Stream<String>stream =Arrays.stream(strArr);
//从数组的一部分创建流请注意不要索引越界;从索引 1 开始,到 2 结束(不包括 2);流中数据为"java"
Stream<String>streamOfArrPart =Arrays.stream(strArr, 1, 2);
```

5）基本类型流

Java 8 提供了从三种基本类型创建流的可能性：int,long 和 double。由于 Stream<T>是一个通用接口，并且无法使用基本类型作为泛型的类型参数，因此创建了三个新的特殊接口：IntStream,LongStream,DoubleStream。可根据范围创建数值流，例如：

```
IntStream intStream =IntStream.range(1, 100);                           //1,2,…,99;不包含最后一个数
LongStream longStream =LongStream.rangeClosed(1, 100);                  //1,2,…,100;包含最后一个数
DoubleStream doubleStream =DoubleStream.of(12.2,11.1,13.3);            //包含 12.2,11.1,13.3 三个数
```

6）无限流

（1）generate()方法创建无限流。

generate()方法接收 Supplier＜T＞ 函数来生成元素,而且生成若不加以限制将不会停止,直到超出内存限制。下面的例子将生成 10 个 50 以内的随机整数。

```
Stream<Integer>stream =Stream.generate(() ->new Random().nextInt(50)).limit(10);
stream.forEach(System.out::println);
```

（2）iterate()方法创建无限流。

创建无限流的另一种方法是使用 iterate()方法,和 generate()方法一样都要加以限制。不同的是,iterate()方法第一个参数作为起始的种子,第二个函数参数用来定制生成元素的规则。下面的例子是把 1 作为第一个元素,后面每个元素都在上一个元素的基础上加 1,限制长度为 10,将会打印 1～10。

```
Stream<Integer>integerStream =Stream.iterate(1, seed ->seed +1).limit(10);
integerStream.forEach(System.out::println);
```

7）字符串流

借助 String 类的 chars()方法,String 也可以用作创建流的数据源。由于没有 CharStream,用 IntStream 代替表示字符流。

```
IntStream streamOfChars ="abc".chars();
```

以下示例根据指定的 RegEx 将 String 拆分为子字符串。

```
Stream<String>streamofString =Pattern.compile("-").splitAsStream("2021-8-24");
```

8）文件流

对于 BufferReader 而言,它的 lines()方法也同样可以创建一个流。下面的例子通过 lines()方法生成文本文件的 Stream＜String＞。文本的每一行都成为流的一个元素。

```
File file =new File("c:/file/test.txt");
BufferedReader br =new BufferedReader(new InputStreamReader(new FileInputStream(file)));
Stream<String>stream =br.lines();
stream.forEach(System.out::println);
br.close();
```

2. 中间操作

中间操作会返回一个新的流,如 filter 返回的是过滤后的 Stream,一个流可以后面跟随零个或多个 intermediate 操作。其目的主要是打开流,做出某种程度的数据映射/过滤,然后会返回一个新的流,交给下一个操作使用。这类操作都是惰性化的,就是说,仅调用到这类方法,并没有真正开始流的遍历。而是在终端操作开始的时候才真正开始执行,也称为"惰性求值"。

下面介绍一些常用的中间操作。

1）筛选与切片

• filter(Predicate p)：接收 Lambda 表达式,从流中排除某些元素。

• limit(long n)：获取 n 个元素。

- skip(long n)：跳过 n 个元素，配合 limit(n)可实现分页。
- distinct：通过流中元素的 hashCode()和 equals()去除重复元素。

```
Stream<Integer>stream =Stream.of(6, 4, 6, 7, 3, 9, 8, 10, 12, 14, 14);
Stream<Integer>newStream =stream.filter(s ->s >5)          //6 6 7 9 8 10 12 14 14
    .distinct()                                            //6 7 9 8 10 12 14
    .skip(2)                                               //9 8 10 12 14
    .limit(2);                                             //9 8
newStream.forEach(System.out::println);
```

2）映射
- map(Function f)：接收一个函数作为参数，该函数会被应用到每个元素上，并将其映射成一个新的元素。
- mapToDouble(ToDoubleFunction f)：接收一个函数作为参数，该函数会被应用到每个元素上，产生一个新的 DoubleStream。
- mapToInt(ToIntFunction f)：接收一个函数作为参数，该函数会被应用到每个元素上，产生一个新的 IntStream。
- mapToLong(ToLongFunction f)：接收一个函数作为参数，该函数会被应用到每个元素上，产生一个新的 LongStream。
- flatMap(Function f)：扁平化映射，接收一个函数作为参数，将流中的每个值都换成另一个流，然后把所有流连接成一个流。这个操作是针对类似多维数组的，比如集合里面包含集合，相当于降维作用。

```
List<String>list =Arrays.asList("a,b,c", "1,2,3");

Stream<String>s1 =list.stream().map(s ->s.replaceAll(",", "-"));    //将逗号替换成-
s1.forEach(System.out::println);                                    //a-b-c 1-2-3

Stream<String>s3 =list.stream().flatMap(s ->{
String[] split =s.split(",");                                       //将每个元素转换成一个 stream
    Stream<String>s2 =Arrays.stream(split);
    return s2;
});
s3.forEach(System.out::println);                                    //a b c 1 2 3
```

3）排序
- sorted()：产生一个新流，其中按自然顺序排序，流中元素需实现 Comparable 接口。
- sorted（Comparator com）：产生一个新流，其中按比较器顺序排序，自定义 Comparator 排序器。

```
List<Integer>list =Arrays.asList(34, 12, 6, 67);
//Integer 类自身已实现 Compareable 接口
list.stream().sorted().forEach(System.out::println);               //6 12 34 67
```

3. 终端操作

终端操作是指返回最终结果的操作，如 count 或者 forEach 操作。一个流只能有一个 terminal 操作，当这个操作执行后，流就被使用"光"了，无法再被操作。所以这必定是流的最后一个操作。Terminal 操作的执行，才会真正开始流的遍历，并且会生成一个结果。

下面介绍一些常用的终端操作。

1）遍历

• forEach 和 forEachOrdered：对流进行遍历并执行某个操作，无返回值。

在遍历时二者是有区别的，在并行流中，forEach()方法可能不一定遵循顺序，而 forEachOrdered()将始终遵循顺序。在序列流中，两种方法都遵循顺序。并行流就是把一个内容分成多个数据块，并用不同的线程分别处理每个数据块的流。

forEach()方法表示内部迭代（使用 Collection 接口需要用户去做迭代，称为外部迭代。相反，Stream API 使用内部迭代）。

```
//在顺序流中 forEach 和 forEachOrdered 这两个方法都将按顺序执行操作
Stream.of("A", "B", "C", "D").forEach(e ->System.out.println(e));          //ABCD
Stream.of("A", "B", "C", "D").forEachOrdered(e ->System.out.println(e));   //ABCD
//在并行流中 forEach 不保证按顺序执行。可能是 C B A D,输出不一定是按顺序执行
Stream.of("A", "B", "C", "D").parallel().forEach(e ->System.out.println(e)); //CBAD
//在并行流中 forEachOrdered 方法总是保证按顺序执行。
Stream.of("A", "B", "C", "D").parallel().forEachOrdered(e ->System.out.println(e));
                                                                             //ABCD
```

2）匹配与查找

• allMatch(Predicate p)：接收一个 Predicate 函数，当流中所有元素都符合该断言时才返回 true，否则返回 false。

• noneMatch(Predicate p)：接收一个 Predicate 函数，当流中每个元素都不符合该断言时才返回 true，否则返回 false。

• anyMatch(Predicate p)：接收一个 Predicate 函数，只要流中至少有一个元素满足该断言则返回 true，否则返回 false。

• findFirst：返回流中第一个元素。

• findAny：返回流中的任意元素。

```
List<Integer>list =Arrays.asList(5, 6, 7, 8, 9);

boolean allMatch =list.stream().allMatch(e ->e >20);          //false
boolean noneMatch =list.stream().noneMatch(e ->e >20);        //true
boolean anyMatch =list.stream().anyMatch(e ->e >8);           //true

Integer findFirst =list.stream().findFirst().get();           //5
Integer findAny =list.stream().findAny().get();               //5
```

3）聚合

• count：返回流中元素的总个数。

• max(Comparator c)：返回流中元素最大值。

• min(Comparator c)：返回流中元素最小值。

```
List<Integer>list =Arrays.asList(5, 6, 7, 8, 9);
long count =list.stream().count();                            //5
Integer max =list.stream().max(Integer::compareTo).get();     //9
Integer min =list.stream().min(Integer::compareTo).get();     //5
```

4）归约

归约，也称缩减，顾名思义，是把一个流缩减成一个值，能实现对集合求和、求乘积和求最值操作。

- reduce(T iden, BinaryOperator b)：可以将流中元素反复结合起来，得到一个值，返回 T。
- reduce（BinaryOperator b）：可以将流中元素反复结合起来，得到一个值，返回 Optional。

```
List<Integer>list =Arrays.asList(5, 6, 7, 8, 9);

//求和方式 1
Optional<Integer>sum =list.stream().reduce((x, y) ->x +y);
//求和方式 2
Optional<Integer>sum2 =list.stream().reduce(Integer::sum);
System.out.println("list 求和: " +sum.get() +"," +sum2.get());         //list 求和: 35,35
//求乘积
Optional<Integer>product =list.stream().reduce((x, y) ->x * y);
System.out.println("list 求积: " +product.get());                     //list 求积: 15120

//求最大值
Optional<Integer>max =list.stream().reduce((x, y) ->x >y ? x : y);
System.out.println("list 求最大值: " +max.get());                     //list 求最大值: 9
```

5）收集

收集可以说是内容最繁多、功能最丰富的部分了。从字面上理解，就是把一个流收集起来，最终可以是收集成一个值也可以收集成一个新的集合。

- collect(Collector c)：将流转换为其他形式。接收一个 Collector 接口的实现，用于给 Stream 中元素做汇总的方法。

collect 主要依赖 java.util.stream.Collectors 类内置的静态方法。

假设存在如下的学生列表：

```
class Student {
    /** 姓名 */
    String name;
    /** 性别 */
    String sex;
    /** 年龄 */
    int age;

    Student(String name, String sex, int age) {
      this.name =name;
      this.sex =sex;
      this.age =age;
    }

    //省略了 getter/setter

    @Override
    public String toString() {
        return String.format("[name=%s,sex=%s,age=%d]", name, sex, age);
    }
}

List<Student>stuList =Arrays.asList(
     new Student("Rose", "female", 18),
     new Student("Jack", "male", 23),
     new Student("Mary", "female", 25),
     new Student("David", "male", 12));
```

（1）归集。

Collect(归集)是一种十分有用的最终操作，因为流不存储数据，那么在流中的数据完成处理后,需要将流中的数据重新归集到新的集合里。toList()、toSet()和 toMap()比较常用。

- toList():把流中元素归集到 List,返回 List。
- toSet():把流中元素归集到 Set,返回 Set。
- toMap():把流中元素归集到 Map,返回 Map。

```
List<Integer>list =Arrays.asList(1, 6, 3, 4, 6, 7, 9, 6, 20);
//Collectors.toList(): 将 stream 转换为 List
List<Integer>listNew =list.stream().filter(x ->x %2 ==0).collect(Collectors.toList());
System.out.println("toList:" +listNew);        //toList:[6, 4, 6, 6, 20]

                                               //Collectors.toSet(): 将 stream 转换为 Set
Set<Integer>set =list.stream().filter(x ->x %2 ==0).collect(Collectors.toSet());
System.out.println("toSet:" +set);             //toSet:[4, 20, 6],去掉重复的元素

//Collectors.toMap(): 将 stream 转换为 Map
Map<String, Integer>map =stuList.stream().filter(s ->s.getAge() >20)
    .collect(Collectors.toMap(Student::getName, s ->s.getAge()));
System.out.println("toMap:" +map);             //toMap:{Jack=23, Mary=25}
```

(2) 统计。

Collectors 提供了一系列用于数据统计的静态方法。

- 计数:count。
- 平均值:averagingInt、averagingLong、averagingDouble。
- 最值:maxBy、minBy。
- 求和:summingInt、summingLong、summingDouble。
- 统计以上所有:summarizingInt、summarizingLong、summarizingDouble。

```
//求学生总数
Long count =stuList.stream().collect(Collectors.counting());
//求平均年龄
Double average =stuList.stream().collect(Collectors.averagingDouble(Student::getAge));
//求最大年龄
Optional<Integer>maxAge =stuList.stream().map(Student::getAge).collect(Collectors.maxBy
(Integer::compare));
//求年龄之和
Integer sum =stuList.stream().collect(Collectors.summingInt(Student::getAge));
//一次性统计所有信息
DoubleSummaryStatistics collect =stuList.stream().collect(Collectors.summarizingDouble
(Student::getAge));

System.out.println("学生总数: " +count);
System.out.println("学生平均年龄: " +average);
System.out.println("学生最大年龄: " +maxAge.get());
System.out.println("学生年龄总和: " +sum);
System.out.println("学生年龄所有统计信息: " +collect);
```

输出结果:

```
学生总数:4
学生平均年龄:19.5
学生最大年龄:25
学生年龄总和:78
学生年龄所有统计信息:DoubleSummaryStatistics{count=4, sum=78.000000, min=12.000000,
average=19.500000, max=25.000000}
```

(3) 分区/分组。

- partitioningBy():分区,将 stream 按 true 或 false 分为两个 Map,返回 Map<

Boolean，List＞。例如，学生按年龄是否高于 20 分为两部分。

- groupingBy()：分组，根据某属性值对流分组，属性为 K，结果为 V，返回 Map＜K，List＞。例如，学生按性别分组。有单级分组和多级分组。

```
//将学生按年龄是否大于20分区
Map< Boolean, List < Student > > partitioning = stuList. stream (). collect (Collectors.
partitioningBy(x ->x.getAge() >20));
//将学生按性别分组
Map< String, List < Student > > group = stuList. stream (). collect (Collectors. groupingBy
(Student::getSex));

System.out.println("学生按年龄是否大于 20 分区情况: " +partitioning);
System.out.println("学生按性别分组情况: " +group);
```

输出结果：

```
学生按年龄是否大于 20 分区情况: {false=[[name=Rose, sex=female, age=18], [name=David, sex=
male, age=12]], true=[[name=Jack, sex=male, age=23], [name=Mary, sex=female, age=25]]}
学生按性别分组情况: {female=[[name=Rose, sex=female, age=18], [name=Mary, sex=female, age=
25]], male=[[name=Jack, sex=male, age=23], [name=David, sex=male, age=12]]}
```

（4）接合。

- joining()：可以将 stream 中的元素用特定的连接符（如果没有，则直接连接）连接成一个字符串，返回字符串。

```
String names = stuList.stream().map(s ->s.getName()).collect(Collectors.joining(","));
System.out.println("所有学生的姓名: " +names);

List<String>list =Arrays.asList("A", "B", "C");
String str =list.stream().collect(Collectors.joining("-"));
System.out.println("拼接后的字符串: " +str);
```

输出结果：

```
所有学生的姓名: Rose,Jack,Mary,David
拼接后的字符串: A-B-C
```

4. 操作实例

下面通过一个实例来总结下 Stream 的常用操作。

【代码 14-12】 Stream 操作实例。Student 类同前。

StreamOperationDemo.java

```
1    import java.util.Arrays;
2    import java.util.Comparator;
3    import java.util.List;
4    import java.util.stream.Collectors;
5
6    public class StreamOperationDemo {
7        public static void main(String[] args) {
8            //待操作数据
9            List<Student>stuList =Arrays.asList(
10               new Student("Rose", "female", 18),
11               new Student("Jack", "male", 23),
12               new Student("Mary", "female", 25),
13               new Student("David", "male", 12));
14
15           //===打印出学生的详情===
16           System.out.println("学生详情: ");
```

```
17          stuList.stream().forEach(stu ->System.out.println(stu.toString()));
18
19          //===找出年龄在 20 岁以上的学生===
20          System.out.println("年龄在 20 岁以上的学生: ");
21          List<Student>stu20List=stuList.stream().filter(stu->stu.getAge()>20)
                          .collect(Collectors.toList());
22          stu20List.stream().forEach(System.out::println);
23
24          //===按照年龄排序===
25          System.out.println("按照年龄排序(升序): ");
26          List<Student>sortedStuList=stuList.stream().sorted(Comparator
                  .comparing(Student::getAge)).collect(Collectors.toList());
27          sortedStuList.stream().forEach(System.out::println);
28          System.out.println("按照年龄排序(降序): ");
29          sortedStuList=stuList.stream().sorted(Comparator.comparing
                  (Student::getAge).reversed()).collect(Collectors.toList());
30          sortedStuList.stream().forEach(System.out::println);
31
32          //===获取所有姓名===
33          System.out.println("学生所有姓名: ");
34          List<String>stuNames=stuList.stream().map(Student::getName)
                                  .collect(Collectors.toList());
35          stuNames.stream().forEach(System.out::println);
36
37          //===统计学生总人数、找出最大年龄和最小年龄===
38          long totalStu=stuList.stream().count();
39          int maxAge=stuList.stream().max(Comparator
                  .comparing(Student::getAge)).get().getAge();
40          int minAge=stuList.stream().min(Comparator.comparing (Student::getAge))
                                              .get().getAge();
41          System.out.printf("学生总人数:%d,最大年龄:%d,最小年龄:%d\n",totalStu,maxAge,
            minAge);
42
43          //===获得所有学生年龄总和===
44          int totalAge =stuList.stream().map(Student::getAge).reduce(0,(a,b)->a+b);
45          System.out.println("所有学生年龄总和: "+totalAge);
46      }
47  }
```

程序运行结果:

```
学生详情:
[name=Rose,sex=female,age=18]
[name=Jack,sex=male,age=23]
[name=Mary,sex=female,age=25]
[name=David,sex=male,age=12]
年龄在 20 岁以上的学生:
[name=Jack,sex=male,age=23]
[name=Mary,sex=female,age=25]
按照年龄排序(升序):
[name=David,sex=male,age=12]
[name=Rose,sex=female,age=18]
[name=Jack,sex=male,age=23]
[name=Mary,sex=female,age=25]
按照年龄排序(降序):
[name=Mary,sex=female,age=25]
[name=Jack,sex=male,age=23]
[name=Rose,sex=female,age=18]
[name=David,sex=male,age=12]
学生所有姓名:
```

```
Rose
Jack
Mary
David
学生总人数:4,最大年龄:25,最小年龄:12
所有学生年龄总和: 78
```

习题

1. Stream 的使用说明正确的是(　　　)。

A. Stream 流是一种数据结构,保存数据,它只是在原数据集上定义了一组操作。每个 Stream 流可以使用多次

B. 操作不是惰性的,访问到流中的一个元素,立即执行这一系列操作。

C. 从有序集合、生成器、迭代器产生的流或者通过调用 Stream.sorted()产生的流都是有序流,但在并行处理时会在处理完成之后不能恢复原顺序

D. 使用 Stream 流,可以清楚地知道每个数据集做何种操作,可读性强。而且可以轻松地获取并行化 Stream 流,不用编写多线程代码

2. 下列哪些方法不是 Java 8 的 Stream 中的中间操作方法?(　　　)

A. filter()　　　　　B. map()　　　　　C. limit()　　　　　D. findAny()

3. 使用 Stream 的基本步骤不包括(　　　)。

A. new Stream()

B. Stream.of()

C. 对 Stream 进行聚合操作,获取想要的结果

D. 转换 Stream,每次转换原有 Stream 对象不改变,返回一个新的 Stream 对象(可以有多次转换)

4. Stream 不能重复使用,以下(　　　)方法执行完后,流将被关闭。

A. filter()　　　　　B. map()　　　　　C. sorted()　　　　　D. forEach()

知识链接

链 14.1　Optional 类

链 14.2　Stream 复用

14.5 本章小结

14.5　本 章 小 结

1. 函数式编程是一种编程范式,即一切都是数学函数。函数式编程语言的核心是它以处理数据的方式处理代码。这意味着函数应该是"第一等公民"(first class),并且能够被赋值给变量,传递给函数,等等。

2. Lambda 表达式是一个匿名函数,基于数学中的 λ 演算得名,直接对应于其中的 Lambda 抽象,是一个匿名函数,即没有函数名的函数。Java Lambda 表达式的一个重要用

法是简化某些匿名内部类(Anonymous Classes)的写法。

3. 函数式接口是指有且只有一个抽象方法的接口,函数式接口适用于函数式编程的场景,Lambda 就是 Java 中函数式编程的体现,可以使用 Lambda 表达式创建一个函数式接口的对象,一定要确保接口中有且只有一个抽象方法,这样 Lambda 才能顺利地进行推导。

4. 方法引用是 Lambda 表达式的一种特殊形式,如果正好有某个方法满足一个 Lambda 表达式的形式,那就可以将这个 Lambda 表达式用方法引用的方式表示,但是如果这个 Lambda 表达式比较复杂就不能用方法引用进行替换。实际上,方法引用是 Lambda 表达式的一种语法糖。

5. Stream 是对集合(Collection)对象功能的增强,它专注于对集合对象进行各种非常便利、高效的聚合操作,或者大批量数据操作。通常需要多行代码才能完成的操作,借助于 Stream 流式处理可以很简单地实现。Stream 不是集合元素,它不是数据结构并不保存数据,它是有关算法和计算的,更像一个高级版本的 Iterator。同时 Stream 提供串行和并行两种模式进行汇聚操作。

6. Stream API 提供了一套新的流式处理的抽象序列;Stream API 支持函数式编程和链式操作;Stream 可以表示无限序列,并且大多数情况下是惰性求值的。

习题

1. 函数式接口编程,要求如下。

(1)使用注解@FunctionalInterface 定义一个函数式接口 CurrentDateTimePrinter,其中抽象方法为 void printCurrentDateTime()。

(2)在测试类中定义 static void showDateTime(CurrentDateTimePrinter dateTimePrinter),该方法的预期行为是使用 dateTimePrinter 打印当前日期及时间,格式形如"2022-02-04 20:47:25"。

(3)测试 showDateTime(),使用 Lambda 表达式完成需求。

2. 函数式接口编程,要求如下。

(1)使用注解@FunctionalInterface 定义一个函数式接口 IntCalc,其中抽象方法为 int calc(int a, int b)。

(2)在测试类中定义 static void getProduct(int a, int b, IntCalc calc),该方法的预期行为是使用 calc 得到 a 和 b 的和并打印结果。

(3)测试 getProduct(),使用 Lambda 表达式完成需求。

3. 函数式接口及方法引用编程,要求如下。

(1)使用注解@FunctionalInterface 定义一个函数式接口 NumberToString,其中抽象方法为 String convert(int num)。

(2)在测试类中定义 static void decToHex(int num, NumberToString nts),该方法的预期行为是使用 nts 将一个十进制整数转换成十六进制表示的字符串,已知该行为与 Integer 类中的 toHexString()方法一致。

(3)测试 decToHex(),使用方法引用完成需求。

4. Stream 编程。员工类名为 Employee,属性有 name(姓名)、salary(薪资)、age(年

龄)、sex(性别)、area(地区),成员方法有每个属性对应的 getter 及 setter。使用 Stream 编程完成以下需求。

(1) 从员工集合中筛选出 salary 大于 8000 的员工,并放置到新的集合里。

(2) 统计员工的最高薪资、平均薪资、薪资之和。

(3) 将员工按薪资从高到低排序,同样薪资者年龄小者在前。

(4) 将员工按性别分类,将员工按性别和地区分类,将员工按薪资是否高于 8000 分为两部分。

附录 A 符 号

A.1 Java 主要操作符的优先级和结合性

Java 主要操作符的优先级和结合性如表 A.1 所示。

表 A.1 Java 主要操作符的优先级和结合性

优 先 级	操 作 符	结 合 性
1	()、[]	从左到右
2	!、+(正)、-(负)、~、++、--	从右到左
3	*、/、%	从左到右
4	+(加)、-(减)	从左到右
5	<<、>>、>>>	从左到右
6	<、<=、>、>=、instanceof	从左到右
7	==、!=	从左到右
8	&(按位与)	从左到右
9	^	从左到右
10	|	从左到右
11	&&	从左到右
12	||	从左到右
13	?:	从右到左
14	=、+=、-=、*=、/=、%=、&=、|=、^=、~=、<<=、>>=、>>>=	从右到左

说明：

（1）除了 &&、\|\| 和 ?: 操作符，其他操作符的操作数都在操作执行之前求值。同样，方法（包括构造方法）调用的自变量也在调用发生前计算。

（2）如果二元操作符的左操作数的求值引起异常，则右操作数的计算将不执行。

A.2 Javadoc 标签

Javadoc 标签如表 A.2 所示。

表 A.2 Javadoc 标签

Javadoc 标签	说 明 位 置			标 明 内 容
	类	方 法	域	
@see	√	√	√	转向另一个文档注释或 URL 的交叉引用
{@link}	√	√	√	内嵌到另一个文档注释或 URL 的交叉引用
@author	√			标明该类模块的开发作者
@version	√			标明该类模块的版本
@since	√			实体首次出现时的版本代码

Javadoc 标签	说 明 位 置			标 明 内 容
	类	方法	域	
@param P		√		对方法中某参数说明
@return		√		对方法返回值说明
@exception		√		对方法可能抛出的异常进行说明
@throws E		√		可能抛出的异常,旧版本为 exception E
@serial			√	使用默认序列机制的序列域
@serialField			√	由 GetFied 或 PutField 对象创建的域
@serialData			√	在序列化过程中写的附加数据
@serialData	√			(在 likes 中)到达文档根节点的相对路径

附录 B　Java 运行时异常类和错误类

Java 程序运行时系统主要抛出两种类型的异常：运行时异常（RuntimeException 类的扩展）以及错误（Error 类的扩展）。它们都是非检查型的异常。Error 异常表示非常严重的问题，通常不可恢复，并且不可能（很难）被捕捉。

大多数 RuntimeException 和 Error 类支持至少两个构造函数：一个无参；一个能够接受一个描述性的 String 对象。描述性字符串能够通过 getMessage() 获得，或者通过 getLocalizedMessage() 获得本地化的格式。

由于多数异常包含在 java.lang 中，所以仅把不包含在 java.lang 包中的异常的包名描述在解释后面的圆括号里。对于 RuntimeException 派生的异常类，将其父类省略。

B.1　RuntimeException 类

ArithmeticException：算术异常。产生了异常的数学条件，例如，整除数为零。

ArrayIndexOutOfBoundsException extends IndexOutOfBoundsException：数组下标越界异常。当构造方法使用了非常量时抛出。

ArrayStoreException：数组存储异常，即在数组里面试图存入非声明类型的对象。

ClassCastException：强制类型转换异常，试图进行非法的类型转换时抛出。

ClassNotFoundException：找不到类异常。当试图根据字符串形式的类名构造类，却遍历 CLASSPATH 之后找不到对应名称的.class 文件时，抛出该异常。

CloneNotSupportedException：不支持克隆异常。当没有实现 Cloneable 接口或者不支持克隆方法时，调用其 clone() 方法则抛出该异常。

ConcurrentModificationException：对象的修改与预先的约定有冲突（java.util）。

EmptyStackException：试图在空栈里进行出栈操作，这个异常只有一个无参构造方法（java.util）。

EnumConstantNotPresentException：枚举常量不存在异常。当应用试图通过名称和枚举类型访问一个枚举对象，而该枚举对象并不包含常量时抛出该异常。

Exception：根异常。用以描述应用程序希望捕获的情况。

IllegalAccessException：非法访问异常。当应用试图通过反射方式创建某个类的实例、访问该类属性、调用该类方法，而当时又无法访问类的、属性的、方法的或构造方法的定义时抛出该异常。

IllegalArgumentException：非法自变量被传递给了方法，如向需要正值的方法传递了一个负值。

IllegalMonitorStateException：非法监控状态异常。当一个线程试图等待自己并不拥有对象的监控器或者通知其他线程等待该对象的监控器时，抛出该异常。

IllegalStateException：非法状态异常。当在 Java 环境和应用尚未处于某个方法的合法调用状态，而调用了该方法时，抛出该异常。

IllegalThreadsStateException extends IllegalArgumentException：非法线程状态异常。在某个操作中，线程并不处于合法的状态中。例如，在一个已经启动的线程里，再次调用 start 方法。

IndexOutOfBoundsException：索引越界异常。当访问某个序列的索引值小于 0 或大于或等于序列大小时，抛出该异常。

InstantiationException：实例化异常。当试图通过 newInstance()方法创建某个类的实例，而该类是一个抽象类或接口时，抛出该异常。

InterruptedException：被中止异常。当某个线程处于长时间的等待、休眠或其他暂停状态，而此时其他的线程通过 Thread 的 interrupt()方法终止该线程时抛出该异常。

MissingResourceException：没有找到匹配的资源束或资源。这种异常仅有的构造方法带有三个字符串自变量：一个描述性的信息、资源类的名字、缺少的资源的关键字。类和关键字能够分别用 getClassName()和 getKey()重新获得(java.util)。

NegtiveArrySizetException：数组大小为负值异常。当使用负值创建数组时抛出该异常。

NoSuchElementException：在容器类对象里查找某一个元素失败。

NoSuchFieldException：属性不存在异常。当访问某个类的不存在的属性时抛出该异常。

NoSuchMethodException：方法不存在异常。当访问某个类的不存在的方法时抛出该异常。

NullPointerException：空指针异常。当应用试图在要求使用对象的地方使用了 null 时抛出该异常。

NumberFormatException extends IllegalArgumentException：数字格式化异常。当试图将一个 String 转换为指定的数字类型，而该字符串却不满足数字类型要求的格式时抛出该异常。

SecurityException：安全异常。由安全管理器抛出，用于指示违反安全情况的异常。

StringIndexOutOfBoundsException extends IndexOutOfBoundsException：String 对象里的索引越界。提供附加的构造方法，参数为不定的索引，报告描述性消息。

TypeNotPresentException：类型不存在异常。这是一种不被检查异常。

UnsupportedOperationException：不支持的方法异常。方法试图操作一个它不支持的对象，例如，试图修改一个标记为"只读"的对象。在 java.until 里被容器类使用，以指示它们不支持可选的方法。

B.2　Error 类

AbstractMethodError extends IncompatibleClassChangeError：抽象方法错误。试图调用抽象方法时发生。

ClassCirculartyError extends LinkageError：类循环环境错误。初始一个类时，检测到有环的存在。

ClassFormatError extends LinkageError：类格式错误。正在装载的类或接口定义格式错误。

ExceptionInInitializerError extends LinkageError：初始化错误。抛出一个不可捕捉的异常。

IllegalAccessError extends IncompatibleClassChangeError：非法访问错误，不允许对一个域或方法进行访问。当运行时存在的类版本否定其对某一个成员的访问，而在初始编译时是允许的，这时会导致此错误。

IncompatibleClassChangeEorror extends LinkageError：不兼容的类变化错误，当装载一个类或接口时，检测到有与类或接口的先前信息不兼容的改变，一版在修改了应用中的某些类的声明定义而没有对整个应用重新编译而直接运行的情况下，容易引发。

InstantiationError extends IncompatibleClassChangeError：实例化错误。当一个应用试图通过 Java 的 new 操作符构造一个抽象类或者接口时抛出该异常。

InternalError extends VirtualMachineError：内部错误。用于指示 Java 虚拟机发生了内部错误，这应该是"从不会发生的"。

LinkageError extends Error：链接错误。该错误及其所有子类指示某个类依赖于另外一些类，在该类编译之后，被依赖的类改变了其类定义而没有重新编译所有的类，进而引发错误的情况。

NoClassDefFoundError extends LinkageError：未找到类定义错误。当 Java 虚拟机或者类装载器试图实例化某个类，而找不到该类的定义时抛出该错误。

NoSuchFieldError extends IncompatibleClassChangeError：域不存在错误，在类或接口里找不到特定域。

NoSuchMethodError extends IncompatibleClassChangeError：方法不存在错误，在类或接口里找不到特定方法。

OutOfMemoryError extends VirtualMachineError：内存不足错误，可用内存不足以让 Java 虚拟机分配给一个对象。

StackOverflowError extends VirtualMachineError：栈溢出，有可能由无限的递归导致。

ThreadDeath extends Error：当调用 thread.stop 时，在牺牲线程里抛出 ThreadDeath 对象。如果捕捉到 Thread Death，它应该能被重新抛出，这样线程能够最终死亡。一个没有捕捉的 ThreadDeath 通常不被报告。这个错误只有一个无参构造方法，但是从不需要实例化。

UnknownError extends VirtualMachineError：未知错误，发生了一个未知但却严重的错误。

UnsatisfiedLinkError extends LinkageError：未满足链接错误，有一个本机代码方法不适合的链接。这通常意味着嵌入本机代码库没有找到，或者没有定义适合于其他已装载的类库的符号。

UnsupportedClassVersionError extends ClassFormatError：不支持的类版本错误，正在装载的类有一个虚拟机不支持的版本。

VerifyError extends LinkageError：验证错误。当验证器检测到某个类文件中存在内部不兼容或者安全问题时抛出该错误。

VirtualMachineRrror extends Error：虚拟机错误。虚拟机损坏或者缺少资源。

附录 C Java 常用工具包

Java 提供了丰富的标准类。这些标准类大多封装在特定的包里，每个包具有自己的功能，它们几乎覆盖了所有应用领域。或者说，有一个应用领域，便会有一个相应的工具包为之服务。因此，学习 Java，不仅要学习 Java 语言的基本语法，还要掌握有关工具包的用法。掌握的工具包越多，开发 Java 程序的能力就会越强。表 C.1 列出了 Java 中一些常用的包及其简要的功能。其中，包名后面的"．＊"表示其中包括一些相关的包。

表 C.1 Java 提供的部分常用包

包　　名	主 要 功 能
java.applet	提供创建 applet 需要的类，包括帮助 applet 访问其内容的通信类
java.awt. *	提供创建用户界面以及绘制和管理图形、图像的类
java.io	提供通过数据流、对象序列以及文件系统实现的系统输入/输出
java.lang. *	Java 编程语言的基本类库
java.math. *	提供一系列常用数学计算方法
java.rmi	提供远程方法调用相关类
java.net	提供了用于实现网络通信应用的类
java.security. *	提供设计网络安全方案需要的类
javax.sound. *	提供了 MIDI 输入/输出以及合成需要的类和接口
java.sql	提供访问和处理来自 Java 标准数据源数据的类
javax.swing. *	提供了一系列轻量级的用户界面组件
java.text	提供一些类和接口用于处理文本、日期、数字以及语法独立于自然语言之外格式的消息
java.util. *	包括集合类、时间处理模式、日期时间工具等的实用工具包
java.time. *	Java 8 日期时间工具包

注意：在使用 Java 时，除了 java.lang 外，其余类包都不是 Java 语言所必需的，使用时需要用 import 语句引入之后才能使用。

附录 D　知识链接二维码目录

参 考 文 献

[1] 张基温. 新概念 Java 程序设计大学教程[M]. 2 版. 北京：清华大学出版社,2016.

[2] 张基温. 新概念 Java 教程[M]. 北京：中国电力出版社,2010.

[3] 张基温,朱嘉钢,张景莉. Java 程序开发教程[M]. 北京：清华大学出版社,2002.

[4] 李兴华. Java 核心技术精讲[M]. 北京：清华大学出版社,2013.

[5] 张基温,陶利民. Java 程序开发例题与习题[M]. 北京：清华大学出版社,2003

[6] 成富. 深入理解 Java 7：核心技术与最佳实践[M]. 北京：机械工业出版社,2012.

[7] 秦小波. 设计模式之禅[M]. 2 版.北京：机械工业出版社,2014.

[8] Ken A，James G，David H. The Java Programing Language[M]. Third Edition. Reading，Mass.：Addison Wesley,2000.

[9] Ganna E. Helm R，Johnson R，et al. Design Pattern：Elements of Reusable Object-Oriented Software [M]. Reading，Mass.：Addison Wesley, 1995.

[10] 张基温. 计算机网络原理[M]. 2 版. 北京：高等教育出版社,2006.

[11] 周志明. 深入理解 Java 虚拟机[M]. 北京：机械工业出版社,2011.

[12] 梁勇. Java 语言程序设计(基础篇)[M]. 10 版. 北京：机械工业出版社,2015.

图书资源支持

感谢您一直以来对清华版图书的支持和爱护。为了配合本书的使用，本书提供配套的资源，有需求的读者请扫描下方的"书圈"微信公众号二维码，在图书专区下载，也可以拨打电话或发送电子邮件咨询。

如果您在使用本书的过程中遇到了什么问题，或者有相关图书出版计划，也请您发邮件告诉我们，以便我们更好地为您服务。

我们的联系方式：

清华大学出版社计算机与信息分社网站：https://www.shuimushuhui.com/

地　　址：北京市海淀区双清路学研大厦 A 座 714

邮　　编：100084

电　　话：010-83470236　010-83470237

客服邮箱：2301891038@qq.com

QQ：2301891038（请写明您的单位和姓名）

资源下载：关注公众号"书圈"下载配套资源。

资源下载、样书申请

书圈

图书案例

清华计算机学堂

观看课程直播